Dortmunder Be
und Erforschun
Mathematikunterrichts

Band 55

Reihe herausgegeben von

Stephan Hußmann, Fakultät für Mathematik, Institut für Entwicklung und Erforschung des Mathematikunterrichts, Technische Universität Dortmund, Dortmund, Deutschland

Marcus Nührenbörger, Institut für grundlegende und inklusive mathematische Bildung, Universität Münster, Münster, Deutschland

Susanne Prediger, Fakultät für Mathematik, Institut für Entwicklung und Erforschung des Mathematikunterrichts, Technische Universität Dortmund, Dortmund, Deutschland

Christoph Selter, Fakultät für Mathematik, Institut für Entwicklung und Erforschung des Mathematikunterrichts, Technische Universität Dortmund, Dortmund, Deutschland

Eines der zentralen Anliegen der Entwicklung und Erforschung des Mathematikunterrichts stellt die Verbindung von konstruktiven Entwicklungsarbeiten und rekonstruktiven empirischen Analysen der Besonderheiten, Voraussetzungen und Strukturen von Lehr- und Lernprozessen dar. Dieses Wechselspiel findet Ausdruck in der sorgsamen Konzeption von mathematischen Aufgabenformaten und Unterrichtsszenarien und der genauen Analyse dadurch initiierter Lernprozesse. Die Reihe „Dortmunder Beiträge zur Entwicklung und Erforschung des Mathematikunterrichts" trägt dazu bei, ausgewählte Themen und Charakteristika des Lehrens und Lernens von Mathematik – von der Kita bis zur Hochschule – unter theoretisch vielfältigen Perspektiven besser zu verstehen.

Reihe herausgegeben von
Prof. Dr. Stephan Hußmann
Prof. Dr. Marcus Nührenbörger
Prof. Dr. Susanne Prediger
Prof. Dr. Christoph Selter
Technische Universität Dortmund, Deutschland

Monika Post

Darstellungsvernetzung bei bedingten Wahrscheinlichkeiten

Entwicklungsforschung mit Fokus auf Praktiken von Lehrkräften

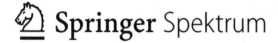 Springer Spektrum

Monika Post
Technische Universität Dortmund
Dortmund, Deutschland

Dissertation Technische Universität Dortmund, Fakultät für Mathematik, 2024
Tag der Disputation: 30.04.2024
Erstgutachterin: Prof. Dr. Susanne Prediger
Zweitgutachterin: Prof. Dr. Lena Wessel

ISSN 2512-0506 ISSN 2512-1162 (electronic)
Dortmunder Beiträge zur Entwicklung und Erforschung des Mathematikunterrichts
ISBN 978-3-658-47373-0 ISBN 978-3-658-47374-7 (eBook)
https://doi.org/10.1007/978-3-658-47374-7

Die Deutsche Nationalbibliothek verzeichnet diese Publikation in der Deutschen Nationalbibliografie; detaillierte bibliografische Daten sind im Internet über https://portal.dnb.de abrufbar.

Planung/Lektorat: Karina Kowatsch
Springer Spektrum ist ein Imprint der eingetragenen Gesellschaft Springer Fachmedien Wiesbaden GmbH und ist ein Teil von Springer Nature.
Die Anschrift der Gesellschaft ist: Abraham-Lincoln-Str. 46, 65189 Wiesbaden, Germany

Geleitwort

Bedingte Wahrscheinlichkeiten gelten als ein zentrales Konzept des Stochastikunterrichts, mit dem viele Jugendliche und Erwachsene empirisch nachweislich Schwierigkeiten haben. Dies gilt sowohl für das Grundverständnis zum Konzept als auch für das Dekodieren von Texten, bei dem man erkennen muss, wann nach kombinierten, einfachen oder bedingten Wahrscheinlichkeiten gefragt wird.

Die vorliegende Dissertation von Monika Post hat sich das Ziel gesetzt, verstehens- und sprachförderliche Unterrichtsansätze zu entwickeln und zu beforschen, die Lernende zum verständigen Umgang mit bedingten Wahrscheinlichkeiten und den ihnen zugrunde liegenden Teil-Ganzes-Strukturen befähigen. Sie fokussiert dazu das wohl bekannte Designprinzip der Darstellungsvernetzung (inkl. Sprachebenenvernetzung) und lotet es durch qualitative Tiefenanalysen zu seinen Wirkungen und Gelingensbedingungen in neuer Weise aus. Um von oberflächlichen Darstellungswechseln zu tiefgehenden Darstellungsvernetzungen mit Explikation der relevanten mathematischen Strukturen zu kommen, integriert sie fokussierte Designelemente in das entwickelte verstehens- und sprachförderliche Unterrichtsmaterial. Damit trägt die Dissertation ganz maßgeblich zur empirisch begründeten theoretischen Fundierung des Prinzips bei.

Doch Material allein macht keinen guten Unterricht, gerade für die Realisierung von Darstellungsvernetzungen erweisen sich die Gesprächsführungspraktiken von Lehrkräften als zentral, um mithilfe des Unterrichtsmaterials entsprechende Darstellungsverknüpfungsaktivitäten im Unterricht anzuregen und zu unterstützen. Mit dem qualitativ tiefgehenden, gegenstandsspezifischen Forschungsfokus auf die Praktiken der Lehrkräfte geht die Dissertation neue Wege,

die bisherige Forschungszugänge der Dortmunder MuM-Forschungsgruppe mit
ihrem Fokus auf Lernprozesse auch auf die Lehrprozesse ausweitet.

Das erste **Theoriekapitel** stellt nicht nur den existierenden Forschungsstand
zur bedingten Wahrscheinlichkeit und der ihnen zugrunde liegenden Teil-vom-
Ganzen-Beziehung, sondern auch semiotische und epistemische Perspektiven
auf Darstellungsvernetzung dar. Dabei wird die hohe Relevanz des Auffaltens
und Verdichtens für das explizite Vernetzen von Darstellungen herausgearbeitet. Dieses mathematikdidaktische, fach- und sprachintegrierte Theoriefundament
wird im zweiten Theoriekapitel mit praxeologischen Forschungstraditionen in
gegenstandsbezogener Weise verbunden, sodass daraus ein gegenstandsspezifi-
sches Analyseinstrument für die Gesprächsführungspraktiken von Lehrkräften
abgeleitet werden kann.

Im **Methodenkapitel**, Kapitel 4, werden die Vorgehensweisen des Entwick-
lungsforschungsprojekts vorgestellt, die diese Theoriebeiträge erst ermöglicht
haben, indem es den Fokus auf die Lehrprozesse der Lehrkräfte, nicht allein
die Lernprozesse der Lernenden (wie sonst meist in der Dortmunder MuM-
Forschungsgruppe) legt. Folgerichtig werden nicht Designexperimente im Laborsetting untersucht, sondern im ökologisch validen Klassensetting mit sieben
intensiv auf die Unterrichtseinheit vorbereiteten Lehrkräften.

Im **Entwicklungskapitel**, Kapitel 5, wird das Entwicklungsprodukt der
Entwicklungsforschungsstudie vorgestellt, die verstehens- und sprachförderli-
che Unterrichtsreihe zur bedingten Wahrscheinlichkeit, in dem das Prinzip der
Darstellungsvernetzung (inkl. Sprachebenenvernetzung) im Zusammenspiel mit
anderen Designprinzipien gegenstandsbezogen umgesetzt und iterativ in seiner
Umsetzung ausgeschärft wird.

Der **empirische Teil** der Arbeit umfasst die Kapitel 6–8. In **Kapitel 6** werden zunächst lernendenseitig konzeptuelle und sprachliche Anforderungen bei
der Darstellungsvernetzung und Ressourcen der Lernenden zu ihrer Bewältigung
rekonstruiert. Damit wird die Grundlage gelegt, spezifische Fokussierungen von
Verstehenselementen und Anforderungen an die epistemischen und semiotischen
Aktivitäten der Lernenden herauszuarbeiten. In **Kapitel 7** werden dann die Praktiken der Lehrkräfte untersucht, mit denen Darstellungen verknüpft und im besten
Fall auch explizit vernetzt werden. Dabei zeigt sich die hohe Bedeutung der
Gesprächsführung für das Navigieren zwischen stärker verdichteten und stärker
aufgefalteten Verstehenselementen, das die Lernenden in der Regel nicht allein
vollständig bewältigen. Angeregt werden muss immer wieder die Explikation,
wie die Darstellungen in der Tiefe vernetzt sind, dabei erweist sich das Auffalten der beteiligten Verstehenselemente als entscheidend, jedoch ist es nicht für

alle Verstehenselemente gleichermaßen üblich. In der Kontrastierung verschiedener Szenen werden typische Praktiken rekonstruiert, die nicht Lehrkräftetypen abbilden, stattdessen können für alle Lehrkräfte mehrere Praktiken nachgewiesen werden.

Hoch interessant ist die longitudinale Rekonstruktion der Praktiken über mehrere Stufen des intendierten Lernpfads hinweg in **Kapitel 8**, denn dadurch zeigt sich eindrucksvoll, wie unterschiedlich die gleichen Lehrkräfte und Klassen in den verschiedenen Stufen des Lernpfads kommunizieren. Was zu Beginn explikationsbedürftig war, kann später in verdichteter Form sicher verwendet werden. Doch wenn zu Beginn nicht angemessen aufgefaltet wurde (insbesondere auch die Teil-Ganzes-Beziehung), dann tauchen die gleichen Schwierigkeiten immer wieder auf, und die Lerngelegenheiten verbleiben an der Oberfläche. Alle drei Empiriekapitel beeindrucken sehr durch die Tiefe der Analysen und die Prägnanz der herausgearbeiteten Ergebnisse.

Im **Schlusskapitel,** Kapitel 9, werden schließlich zentrale Entwicklungs- und Forschungsergebnisse der vorliegenden Entwicklungsforschungsstudie zusammengefasst und eingebettet, die methodischen Limitationen redlich diskutiert und mögliche Anschlussstudien vorgestellt. Konsequenzen für die Unterrichtspraxis sowie Aus- und Fortbildung von Lehrkräften werden kurz dargestellt.

Insgesamt ergibt sich damit ein sehr vielschichtiges Bild einer eindrucksvoll tiefgehenden und innovativen Forschungs- und Entwicklungsarbeit, die substantiell zur Theoriebildung fach- und sprachintegrierter Lehr-Lern-Prozesse gerade mit dem Fokus auf gegenstandsbezogene Gesprächsführungspraktiken der Lehrkräfte beiträgt. Ihr zentraler Theoriebeitrag liegt neben der akkuraten Spezifizierung des Lerngegenstands vor allem in der höchst interessanten Verschränkung der semiotischen und epistemischen Perspektive auf unterschiedlich tiefgehende Darstellungsverknüpfungen und explizit tiefgehende Darstellungsvernetzungen und in der Rekonstruktion der Navigationen der Lehrkräfte in ihren Gesprächsführungspraktiken.

Daher wünsche ich dieser Arbeit viele Lesende und dass sie für Anschlussforschung fruchtbar gemacht wird.

Susanne Prediger

Danksagung

An dieser Stelle möchte ich mich bei all denjenigen Menschen aus meinem beruflichen und privaten Umfeld bedanken, die mich auf dem Weg zur Promotion begleitet und unterstützt haben.

Besonders bedanken möchte ich mich an erster Stelle bei meiner Doktormutter Prof. Dr. Susanne Prediger für die Betreuung, Unterstützung und Begleitung in meinem Promotionsprozess. Ihre Expertise, die kreativen Denkanstöße, konstruktiven Feedbacks, intensiven Gespräche sowie ihre Begeisterung für die Mathematikdidaktik haben mich im Promotionsprozess, in der Erstellung der Arbeit und darüber hinaus insbesondere in meiner persönlichen Weiterentwicklung in vielfältiger Weise unterstützt und gefördert. Für all das möchte ich an dieser Stelle meinen herzlichen Dank ausdrücken!

Ich bedanke mich außerdem bei Prof. Dr. Lena Wessel für die Zweitbetreuung meiner Arbeit. Ihre Begeisterung für meine Arbeit, das Interesse am Thema und das konstruktive Feedback haben mich insbesondere in der letzten Phase der Promotion sehr unterstützt und in der Fertigstellung bestärkt.

Bei meinen Kolleginnen und Kollegen am IEEM sowie vor allem bei der AG Prediger möchte ich mich für die ganz besondere Arbeitsatmosphäre bedanken. Die sehr intensiven gemeinsamen Diskussionen und Denkanregungen in den Arbeitssitzungen, in gemeinsamer Projektarbeit in den unterschiedlichen Projekt-Teams und die zahlreichen Gespräche haben maßgeblich zur Weiterentwicklung meiner Arbeit im Promotionsprozess beigetragen. Insbesondere möchte ich mich hierbei bei Bianca Beer und Dilan Şahin-Gür sowie bei meiner Generationsrunde (den „Küken" Alexandra Tondorf, Katharina Zentgraf, Kim Quabeck und Stefan

Korntreff) für das gemeinsame Durchleben von Höhen und Tiefen, die zahlreichen Kaffeepausen und die unheimlich produktiven Lese- und Diskussionsrunden bedanken. Auch den unterschiedlichen Projekt-Teams und meinen aktuellen und ehemaligen Bürokolleginnen und – kollegen danke ich für die Unterstützung und großartige Zusammenarbeit.

Bedanken möchte ich mich zudem bei den studentischen Hilfskräften (insbesondere Lina Nunes Matias) für ihre zuverlässige Arbeit, das kritische Mitdenken und die Unterstützung unter anderem in Datenerhebungen und -auswertungen sowie beim Korrekturlesen der Arbeit.

Mein Dank gilt auch allen Lernenden, Eltern, Lehrkräften und Schulleitungen für die Teilnahme an der Studie, ohne deren Engagement diese Studie und Arbeit nicht hätte entstehen können. Besonders möchte ich mich hierbei bei den an den Erprobungen beteiligten Lehrkräften für die enge Zusammenarbeit, gemeinsame Weiterentwicklung von Materialien sowie die konstruktiven Rückmeldungen bedanken.

Besonders dankbar bin ich zudem meinen Freunden und meiner Familie für ihr Vertrauen in mich, ihren Beistand in allen Phasen des Promotionsprozesses und die wohltuenden Ablenkungen. Ein großer Dank gilt meinen Eltern, meinem Bruder Matthias und meinem Verlobten Sascha, die stets an mich geglaubt haben und mich von Anfang an in all meinen Ideen und auf diesem Weg zur Promotion unterstützt und ermutigt haben. Danke für alles, was ihr mir jeden Tag mitgebt: Ihr seid meine Motivation und mein Rückhalt in stressigen Zeiten. Danke für jeden einzelnen schönen gemeinsamen Moment und insbesondere die Zuversicht, mich jederzeit auf euch verlassen zu dürfen. Danke!

Inhaltsverzeichnis

Abbildungsverzeichnis

Tabellenverzeichnis

Einleitung

1

Die Aufgabe in Abbildung 1.1 zu bedingten Wahrscheinlichkeiten stammt aus einer Erprobung im Klassenunterricht. Die Lernenden sollen die Wahrscheinlichkeiten A und B zu Daten einer Umfrage der Größe nach ordnen.

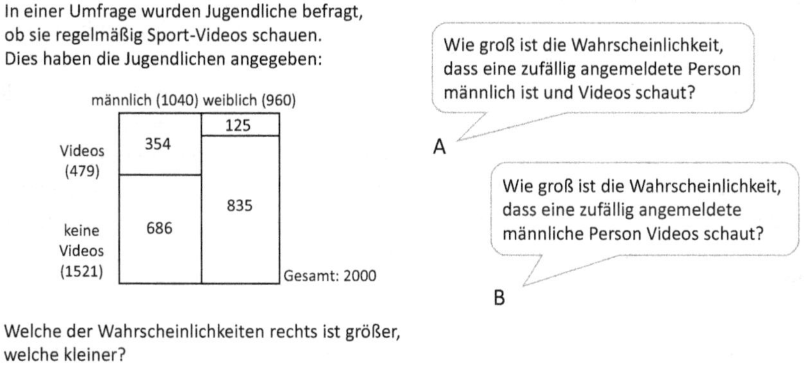

In einer Umfrage wurden Jugendliche befragt, ob sie regelmäßig Sport-Videos schauen. Dies haben die Jugendlichen angegeben:

männlich (1040) weiblich (960)

	männlich	weiblich
Videos (479)	354	125
keine Videos (1521)	686	835

Gesamt: 2000

Welche der Wahrscheinlichkeiten rechts ist größer, welche kleiner?

A — Wie groß ist die Wahrscheinlichkeit, dass eine zufällig angemeldete Person männlich ist und Videos schaut?

B — Wie groß ist die Wahrscheinlichkeit, dass eine zufällig angemeldete männliche Person Videos schaut?

Abb. 1.1 Aufgabenstellung zu bedingten Wahrscheinlichkeiten

Vielen Jugendlichen und Erwachsenen fällt es schwer zu erkennen, dass sich hinter den sprachlichen Feinheiten in den Aussagen unterschiedliche Situationen verbergen, wie bei Natascha und Cem (Post & Prediger 2020d). Natascha (15 Jahre) sagt zum Beispiel in einem Designexperiment: „Hä, das hier ist doch das gleiche." Cem erklärt etwas später: „Ja, weil es geht um die zufällig angemeldeten Personen, die männlich sind und Videos schauen. […] Nur das ‚und' hier, sprachlich ist es verändert worden" (Post & Prediger 2020d, S. 38).

© Der/die Autor(en), exklusiv lizenziert an Springer Fachmedien Wiesbaden GmbH, ein Teil von Springer Nature 2025
M. Post, *Darstellungsvernetzung bei bedingten Wahrscheinlichkeiten*, Dortmunder Beiträge zur Entwicklung und Erforschung des Mathematikunterrichts 55, https://doi.org/10.1007/978-3-658-47374-7_1

Ähnliche Schwierigkeiten lassen sich bei vielen Lernenden beobachten, die beispielsweise den Teil und das Ganze der als Anteil gefassten Wahrscheinlichkeit nicht tragfähig identifizieren und folglich bedingte (Aussage B) und kombinierte (Aussage A) Wahrscheinlichkeiten verwechseln (Gigerenzer & Hoffrage 1995). Vielversprechende Ansätze, Lernende in der Entwicklung konzeptuellen Verständnisses und damit auch im Verständnis bedingter Wahrscheinlichkeiten zu unterstützen, umfassen unter anderem das Verknüpfen unterschiedlicher Darstellungen und das Adressieren inhaltlich relevanter Verstehenselemente (Duval 2006; Korntreff & Prediger 2022; Prediger & Wessel 2011; Renkl et al. 2013). Mehrere Darstellungen anzubieten (wie im Beispiel oben), reicht jedoch nicht immer aus, um das Verständnis der Lernenden für die involvierten Teil-Ganzes-Beziehungen zu fördern. Studien deuten auf die Relevanz hin, diese Darstellungen auch bewusst in Beziehung zueinander zu setzen (Duval 2006; Uribe & Prediger 2021) und Lernende in der Etablierung tiefgehender Vernetzungen der Darstellungen statt anderer oberflächlicher Verknüpfungen zu unterstützen (Rau & Matthews 2017).

Um solche Ansätze im Unterricht umzusetzen, ist die Entwicklung von Unterrichtsmaterial entscheidend. Dem geht die vorliegende Entwicklungsforschungsstudie nach, indem ein Lehr-Lern-Arrangement mit Fokus auf Darstellungsverknüpfung gestaltet und beforscht wird, um das Verständnis zu fördern. Dies erfolgt im Forschungsformat Fachdidaktischer Entwicklungsforschung (Cobb et al. 2003; Prediger et al. 2012) mit der doppelten Zielsetzung, lokale Theorien zu Lehr-Lern-Prozessen sowie Entwicklungsprodukte (z. B. Lehr-Lern-Arrangement, Designprinzipien etc.) zu generieren (Prediger, Gravemeijer et al. 2015).

Notwendigkeit der Untersuchung unterrichtlichen Handelns von Lehrkräften
Neben reichhaltigen Unterrichtsmaterialien ist die Wirksamkeit von Lerngelegenheiten auch erheblich von der unterrichtlichen Umsetzung bestimmt, insbesondere auch von der Gesprächsführung von Lehrkräften (Franke et al. 2007; Henningsen & Stein 1997). Selbst bei gleichbleibender Aufgabenqualität unterscheiden sich die Qualitäten der Interaktion erheblich, mit empirisch nachweislichem zusätzlichem Einfluss auf die Leistungszuwächse von Lernenden, wie beispielsweise Neugebauer und Prediger (2023) für in der Interaktion verortete Qualitätsdimensionen wie den Umgang mit Beiträgen von Lernenden zeigen.

Auch viele qualitative Studien zeigen, dass Lerngelegenheiten unterschiedlich fruchtbar sind, je nach Ausgestaltung der unterrichtlichen Umsetzung (Franke et al. 2007).

Während also in vielen Entwicklungsforschungsstudien vor allem die Lern-prozesse der Lernenden in den Blick genommen werden (Gravemeijer & Cobb 2006), gibt es gute Gründe, auch die Lehrprozesse in der Entwicklungsforschung genauer zu untersuchen (Burkhardt 2006). Dies sollte nicht nur gegenstands-übergreifend erfolgen, sondern konkret für einzelne Unterrichtsgegenstände wie bedingte Wahrscheinlichkeiten (Prediger, Quabeck et al. 2022).

Dazu sollten auch in Entwicklungsforschungsstudien die gegenstandsbezo-genen Aspekte unterrichtlichen Handelns von Lehrkräften genauer identifiziert werden, die für den Verständnisaufbau zu dem Lerngegenstand relevant sind. In den Fokus der Forschung zum Lehrkräftehandeln sind hierzu zunehmend Prak-tiken von Lehrkräften gerückt, mit einer Vielzahl an unterschiedlichen Ansätzen zur Beforschung des Handelns (da Ponte & Chapman 2006).

Auch aus der Perspektive der Forschung zu Darstellungen zeigt sich der Bedarf, neben Lernprozessen stärker Lehrprozesse und damit das Handeln von Lehrkräften im Umgang mit Darstellungen zu untersuchen:

„But a gap in extant research concerns the role of visualization in the sociocultu-ral context of mathematics classrooms, and how its power might be promoted in the learning of specific mathematics topics: […] How can teachers promote the use of visual means for effective learning of mathematics in classrooms?" (Presmeg 2014, S. 152)

Studien zu Wissen, Einstellungen und Orientierungen von Lehrkräften zu Darstel-lungen und Darstellungsverknüpfung deuten auf große Heterogenität bezüglich des Bewusstseins für die Relevanz von Darstellungen (z. B. Schmitz & Eichler 2015) als auch beispielsweise bezüglich der Wahrnehmung von Verknüpfungen in der Analyse von fiktiven Unterrichtssituationen (Dreher & Kuntze 2015a) hin. Es besteht Bedarf nach Professionalisierungsmöglichkeiten (Dreher & Kuntze 2015b).

Aus dieser Perspektive heraus wird das für die Arbeit gewählte Forschungs-format Fachdidaktischer Entwicklungsforschung nicht nur auf Lernprozesse (Prediger, Gravemeijer et al. 2015), sondern auch auf Lehrprozesse fokussiert: Neben Lernprozessen werden die Umsetzung des Unterrichtsmaterials und die etablierten Lehr-Lern-Prozesse unter anderem mit Blick auf Praktiken von Lehr-kräften in Bezug auf die Frage, wie Lehrkräfte über das Unterrichtsmaterial in der Umsetzung unterstützt werden können (siehe hierzu Burkhardt 2006), untersucht.

Leitend für die vorliegende Arbeit sind damit folgende Entwicklungs- und Forschungsfragen zum Erkenntnisinteresse dieser Arbeit:

- Entwicklungsinteresse: Wie kann ein Lehr-Lern-Arrangement zur Etablierung von Darstellungsvernetzung gestaltet sein, um Verständnis für bedingte Wahrscheinlichkeiten zu fördern? Wie können Lehrkräfte über dieses Material in der Umsetzung unterstützt werden?

- Forschungsinteresse: Welche Verknüpfungsaktivitäten zwischen Darstellungen und welche typischen unterrichtlichen Praktiken von Lehrkräften zur Darstellungsverknüpfung können in gemeinsamen Gesprächssituationen rekonstruiert werden? Wie verlaufen die initiierten gemeinsamen Lernwege?

Ausgehend von sozialkonstruktivistischen lehr-lerntheoretischen Grundannahmen wird Lernen als aktiver Prozess begriffen, der im sozialen Kontext fachbezogener Interaktionen aufbauend auf bereits aufgebauten Verständnissen durch Beteiligung an reichhaltigen (z. T. durch Lehrkräfte angeleiteten) epistemischen und semiotischen Aktivitäten erfolgt, was Verinnerlichungs- und Konstruktionsprozesse für den Verständnisaufbau ermöglicht (Vygotsky 1978). Mathematikdidaktisch sind dazu oft Verknüpfungsaktivitäten zwischen verbalen, symbolischen und graphischen Darstellungen relevant, die in dieser Arbeit genauer untersucht werden, sowohl im Hinblick auf die gegenstandsbezogene Lernprozesse der Lernenden als auch im Hinblick auf die Lehrprozesse der Lehrenden (d. h. die unterrichtlichen Praktiken, um Lernende in entsprechende epistemische und semiotische Aktivitäten zu involvieren).

Aufbau der Arbeit
Im theoretischen Teil der Arbeit wird in *Kapitel 2* zunächst der Forschungsstand zum Lerngegenstand bedingte Wahrscheinlichkeiten sowie zu möglichen Förderansätzen und Lernprozessen im Verständnisaufbau dargestellt. Hierzu werden *Lern*prozesse aus epistemischer und semiotischer Perspektive betrachtet und der Lerngegenstand entsprechend spezifiziert. In *Kapitel 3* wird der Forschungsstand zu *Lehr*prozessen mit Fokus auf den Umgang mit Darstellungen vorgestellt. Neben der Erläuterung des Bedarfs des Fokuswechsels von Lern- auf Lehrprozesse werden in diesem Kapitel unterrichtliche Praktiken von Lehrkräften theoretisch konzeptualisiert und ein Einblick in den Forschungsstand zu Wissen, Orientierungen und zum unterrichtlichen Handeln im Umgang mit Darstellungen gegeben.
    Kapitel 4 umfasst den methodischen Rahmen zum Forschungsformat Fachdidaktischer Entwicklungsforschung dieser Arbeit und stellt die Methoden der Datenerhebung und -auswertung vor.
    Zur Darstellung der Entwicklungsprodukte dieser Arbeit werden in *Kapitel 5* einerseits zentrale Designprinzipien erläutert und ausgeschärft sowie das

entwickelte Lehr-Lern-Arrangement dargestellt. Zur späteren Analyse des Unterstützungspotenzials des Materials in der Umsetzung werden zudem für eine Aufgabe zentrale Entwicklungslinien des Designprinzips der Darstellungs- und Sprachebenenvernetzung entlang der Designexperiment-Zyklen nachgezeichnet.

Der empirische Teil stellt den Schwerpunkt der Arbeit dar: Zur empirisch fundierten weiteren Spezifizierung der Anforderungen bei Darstellungsvernetzungen zum Lerngegenstand wird in *Kapitel 6* analysiert, welche Verstehenselemente, Darstellungen und Verknüpfungen Lernende adressieren. Dadurch wird auch zur Spezifizierung und Strukturierung des Lerngegenstandes Teil-Ganzes-Beziehungen bei bedingten Wahrscheinlichkeiten beigetragen. In *Kapitel 7* werden die typischen unterrichtlichen Praktiken von Lehrkräften an prototypischen Umsetzungen rekonstruiert und die Praktiken systematisiert.

Aufbauend auf Kapitel 7 erfolgen in *Kapitel 8* empirische Rekonstruktionen gemeinsamer Lernwege und Praktiken im Vergleich mehrerer Lehrkräfte über mehrere Kernaufgaben hinweg. Dabei wird auch das Unterstützungspotenzial der sukzessive ins Unterrichtsmaterial integrierten Fokussierungen für die unterrichtliche Umsetzung anhand der rekonstruierten Praktiken betrachtet.

Abschließend werden in *Kapitel 9* die zentralen Ergebnisse zusammengefasst und diskutiert. Zudem werden Implikationen für die Unterrichtspraxis sowie für die Aus- und Fortbildung von Lehrkräften, Grenzen der vorliegenden Studie sowie mögliche Anschlussfragen dargestellt.

Forschungsstand zum Lerngegenstand und zu Lernprozessen – Verständnisaufbau für bedingte Wahrscheinlichkeiten mit Darstellungsvernetzung

2

Wie groß ist eigentlich die Wahrscheinlichkeit, dass eine Person mit positivem Corona-Test tatsächlich infiziert ist? Solche Fragen haben nicht zuletzt während der Corona-Pandemie an Alltagsrelevanz gewonnen. Um sie angemessen einzuschätzen, ist inhaltliches Verständnis zu bedingten Wahrscheinlichkeiten und komplexen Anteilsbeziehungen erforderlich. Studien zeigen allerdings, dass sowohl Jugendliche im Schulalter als auch Erwachsene erhebliche Schwierigkeiten haben, solche Aussagen richtig zu interpretieren (z. B. Binder et al. 2015; McDowell & Jacobs 2017). Die Beherrschung von Rechenregeln reicht hierbei nicht aus, wenn zugrunde liegende Strukturen nicht identifiziert werden können.

Das Ziel dieses Kapitels ist, bedingte Wahrscheinlichkeiten als Lerngegenstand fachdidaktisch zu spezifizieren sowie den Forschungsstand zu Lernprozessen hinsichtlich der Frage, wie Verständnis für bedingte Wahrscheinlichkeiten gefördert werden kann, darzustellen. Diesbezügliche Lernprozesse werden im Rahmen dieser Arbeit aus einer epistemischen Perspektive (d. h. in Bezug auf die Wissenskonstruktion einzelner Elemente) als auch einer semiotischen Perspektive (d. h. in Bezug auf den Umgang mit verschiedenen Darstellungen inkl. Sprachebenen) betrachtet. Zentral für den Aufbau von konzeptuellem Verständnis ist der Ansatz, relevante Verstehenselemente und Darstellungen explizit zu verknüpfen. Im Verlauf der Arbeit wird die Bezeichnung *Darstellungsverknüpfung* als Sammelbegriff für unterschiedliche semiotische Aktivitäten (auch bezeichnet als Verknüpfungsaktivitäten zwischen Darstellungen) verwendet, die sich darin unterscheiden, wie explizit und bewusst die Verknüpfung erfolgt (Abschnitt 2.3.2). *Darstellungsvernetzung* bezieht sich hingegen auf eine bestimmte Verknüpfungsaktivität, in der Darstellungen bewusst und explizit in Beziehung zueinander gesetzt werden (später auch Erklären der Verknüpfung zwischen Darstellungen).

M. Post, *Darstellungsvernetzung bei bedingten Wahrscheinlichkeiten*, Dortmunder Beiträge zur Entwicklung und Erforschung des Mathematikunterrichts 55, https://doi.org/10.1007/978-3-658-47374-7_2

In Abschnitt 2.1 erfolgt eine erste fachdidaktische Spezifizierung des Lerngegenstandes, indem der Forschungsstand zur bedingten Wahrscheinlichkeit dargestellt wird. In Abschnitt 2.2 werden Lernprozesse aus epistemischer Perspektive betrachtet und epistemische Aktivitäten zum Verständnisaufbau beschrieben. Daraufhin wird in Abschnitt 2.3 im Rahmen der semiotischen Perspektive auf Darstellungsverknüpfungen und das Prinzip der Darstellungsvernetzung fokussiert. In Abschnitt 2.4 werden Ansätze zum Lehren und Lernen abgeleitet. In Abschnitt 2.5 wird die epistemische und semiotische Perspektive verschränkt und damit der theoretische Rahmen herausgearbeitet, wie Lernprozesse innerhalb dieser Arbeit erfasst werden. In Abschnitt 2.6 werden aus dem Kapitel abgeleitete zentrale Ideen und Zielsetzungen der vorliegenden Arbeit zusammengefasst.

2.1 Bedingte Wahrscheinlichkeiten als Teil-von-Ganzen-Beziehungen verstehen – Forschungsstand zum Lerngegenstand

Die Relevanz von bedingten Wahrscheinlichkeiten ergibt sich sowohl aus alltäglicher als auch schulischer und beruflicher Perspektive. Das Verständnis und der Umgang stellen Lernende vor Schwierigkeiten, welche vielfach betrachtet worden sind. Um Performanz und Verständnis für bedingte Wahrscheinlichkeiten zu fördern, sind aus der Forschungsperspektive aufgaben- und personenspezifische Einflussfaktoren auf die Performanz untersucht worden. Andere Studien betrachten die erforderlichen kognitiven Prozesse und untersuchen die Lernprozesse aus der Lernendenperspektive.

In Abschnitt 2.1.1 wird zunächst die Relevanz von bedingten Wahrscheinlichkeiten dargestellt. Daraufhin werden Hürden und Schwierigkeiten beim Verständnis bzw. bei der Performanz betrachtet (Abschnitt 2.1.2). Im Anschluss werden der Forschungsstand zur Förderung des konzeptuellen Verständnisses sowie Ansätze zum Lehren und Lernen dargestellt (Abschnitt 2.1.3). Zuletzt folgt eine Zusammenfassung (Abschnitt 2.1.4).

2.1.1 Relevanz von bedingten Wahrscheinlichkeiten

Im Alltag sind zahlreiche statistische Informationen und darunter Aussagen zu bedingten Wahrscheinlichkeiten beispielsweise in Zeitungen, im Fernsehen oder in anderen Medien enthalten (Bea 1995). Besonders in Zusammenhang mit der

Corona-Pandemie wurden Menschen intensiv mit Informationen beispielsweise über die Genauigkeit von Corona-Tests konfrontiert, wie Angaben zur *Sensitivität eines Tests von 80 %* oder zur *Spezifität von 98 %*. Um diese Werte richtig zu interpretieren, müssen die dahinterliegenden bedingten Wahrscheinlichkeiten verstanden werden (siehe z. B. Bicker 2020; empirische Ergebnisse zur Interpretation dieser Aussagen siehe Álvarez-Arroyo et al. 2022).

Charakterisiert wird das Denken in bedingten Wahrscheinlichkeiten zum Beispiel als Prozess:

> „[…] a process of adaptively updating prior probabilities with new information (by whatever means) to reach a new, or posterior, probability." (Brase & Hill 2015, S. 2)

Diese Art von Schlussfolgerungen ist grundlegend für Entscheidungsprozesse beispielsweise in Bereichen wie Recht (Satake & Murray 2014) oder Medizin (Ashby 2006). Daher sind bedingte Wahrscheinlichkeiten Bestandteil von Lehrplänen für die Gesamtschulen (Sek II) und das Gymnasium (Sek I und II) im Bereich Stochastik (MSW NRW 2014, 2019) mit verstehensbezogenen Zugriffen und später formal mit dem Satz von Bayes.

Ein typisches Beispiel für die Alltagsrelevanz bietet die folgende Aufgabenstellung aus dem Bereich der Medizin (Eddy 1982; Gigerenzer & Hoffrage 1995; McDowell & Jacobs 2017):

> „The probability of breast cancer is 1% for a woman at age forty who participates in routine screening. If a woman has breast cancer, the probability is 80% that she will get a positive mammography. If a woman does not have breast cancer, the probability is 9.6% that she will also get a positive mammography. A woman in this age group had a positive mammography in a routine screening. What is the probability that she actually has breast cancer? ___%" (Gigerenzer & Hoffrage 1995, S. 685)

Ausgehend von der Krankheitsrate (Basisrate $P(K)$) sowie zwei bedingten Wahrscheinlichkeiten zur Genauigkeit des Tests soll die bedingte Wahrscheinlichkeit $P(K|T)$ ermittelt werden, dass jemand tatsächlich infiziert ist (d. h., unter das Ereignis K fällt) unter der Bedingung eines positiven Testergebnisses (d. h., unter das Ereignis T fällt). Formal mathematisch kann diese bedingte Wahrscheinlichkeit mit dem Satz von Bayes berechnet werden (Büchter & Henn 2007; Eichler & Vogel 2013; Wolpers 2002):

$$P(K|T) = \frac{P(T \cap K)}{P(T)} = \frac{P(T \cap K)}{P(T \cap K) + P(T \cap \overline{K})} = \frac{P(T|K) \cdot P(K)}{P(T|K) \cdot P(K) + P(T|\overline{K}) \cdot P(\overline{K})}$$

Während Experten die gesuchte Größe schnell identifizieren und bestimmen können, müssen Novizen zunächst lernen, was eine bedingte Wahrscheinlichkeit bedeutet und wie man diese Strukturen identifiziert. Zudem ist die komplexe Formel nicht notwendig, wenn der erste Bruch $\frac{P(T \cap K)}{P(T)}$ inhaltlich verstanden und seine Komponenten durchdrungen werden. Die notwendigen kognitiven Prozesse können über die Betrachtung der zugrunde liegenden Teil-Ganzes-Relationen unterstützt werden (Loibl & Leuders 2024; Abschnitt 2.2.2). In diesem Fall wird nach dem Anteil der Infizierten von denjenigen mit einem positiven Testergebnis (Teil-vom-Teil) gefragt, was beispielsweise abzugrenzen ist vom Anteil der infizierten und positiv getesteten Personen an allen Befragten (Teil-vom-Gesamten).

Dieser kurze Einblick zeigt die Notwendigkeit eines verstehensbezogenen Zugangs zu bedingten Wahrscheinlichkeiten auf. Zur fachdidaktischen Spezifizierung werden in den nachfolgenden Abschnitten zunächst Hürden beim Verständnis bedingter Wahrscheinlichkeiten sowie der Forschungsstand zur Förderung von Verständnis und Performanz dargestellt.

2.1.2 Forschungsstand zu Hürden beim konzeptuellen Verständnis und Performanz bei bedingten Wahrscheinlichkeiten

Im Laufe der Jahre sind Lösungshäufigkeiten sowie Schwierigkeiten, typische Fehler und Herausforderungen auf Grundlage von Fehleranalysen und Analysen von Lernprozessen zu bedingten Wahrscheinlichkeiten erhoben und untersucht worden. Unter anderem wurde aus psychologischer Perspektive in den frühen Jahren der Forschung hierzu die Frage diskutiert, ob und inwiefern menschliche probabilistische Schlussfolgerungen und das Urteilsvermögen den Regeln der Wahrscheinlichkeitstheorie entsprechen (Brase & Hill 2015; Kahneman & Tversky 1972; McDowell & Jacobs 2017).

Anhand von Aufgabentypen wie in Abschnitt 2.1.1 wurde zudem in einer Breite an Studien empirisch gezeigt, dass verschiedene Personengruppen erhebliche Schwierigkeiten haben, derartige Problemstellungen zu Wahrscheinlichkeiten richtig zu lösen (McDowell & Jacobs 2017). Beispielsweise berichtet Eddy (1982), dass 95 % der befragten Medizinerinnen und Medizinern die Bayessche Situation nicht richtig einschätzen und die Wahrscheinlichkeit für Brustkrebs unter Bedingung eines positiven Testergebnisses mit 75 % statt ca. 8 % angeben. In einer Untersuchung von Studierenden unterschiedlicher Fachrichtungen liegt der Anteil der korrekten Lösung bei 16 % (Gigerenzer & Hoffrage 1995). Geringe

Lösungshäufigkeiten bei ähnlichen Aufgaben zu bedingten Wahrscheinlichkeiten wurden für viele Personengruppen gezeigt, wie Fachkräfte zum Beispiel in der Medizin oder im Rechtswesen (z. B. Eddy 1982; Hoffrage & Gigerenzer 1998; Hoffrage et al. 2000), Studierende (z. B. Binder et al. 2020; Chapman & Liu 2009; Ellis et al. 2014) sowie Jugendliche im Schulalter (z. B. Binder et al. 2015).

Über die reine Betrachtung der Lösungshäufigkeiten hinaus werden in Studien konkrete konzeptuelle Hürden, Herausforderungen und typische Fehler analysiert. Im Zusammenhang mit dem Satz von Bayes wird unter anderem häufig von *base-rate neglect* (Barbey & Sloman 2007; Bar-Hillel 1980) berichtet, womit die Übergewichtung oder Vernachlässigung der Basisrate gemeint ist:

> „[...] participants tended to overweight or ignore base rates (e.g., the prevalence of breast cancer in a population) in probabilistic inference [...]." (McDowell & Jacobs 2017, S. 1273)

Eine weitere Herausforderung ist beispielsweise die Chronologie und Kausalität von Ereignissen (Falk 1979).

Typische Fehlstrategien werden in der Literatur sowohl für Wahrscheinlichkeiten als auch Häufigkeiten beschrieben (für einen Überblick siehe z. B. Bea 1995; Binder et al. 2020; Bruckmaier et al. 2019; Gigerenzer & Hoffrage 1995). Einige dieser typischen Fehlstrategien sind beispielsweise:

- Fisherian / Verwechslung oder Identifikation der bedingten Wahrscheinlichkeit mit inversen Wahrscheinlichkeit (Gigerenzer & Hoffrage 1995; Shaughnessy 1992; Zhu & Gigerenzer 2006)
- Joint occurrence / Verwechslung oder Identifikation der bedingten Wahrscheinlichkeit mit kombinierten Wahrscheinlichkeit (Gigerenzer & Hoffrage 1995)
- Base rate only / Verwechslung oder Identifikation mit Basisrate (Gigerenzer & Hoffrage 1995; Zhu & Gigerenzer 2006)

Die Häufigkeit und Ausprägung von Fehlstrategien variieren dabei abhängig von der Darstellung und davon, ob die Aufgabe in Wahrscheinlichkeiten oder natürlichen Häufigkeiten angegeben ist (Binder et al. 2020; Bruckmaier et al. 2019).

Das Verwechseln bedingter Wahrscheinlichkeiten mit der inversen oder auch kombinierten Wahrscheinlichkeit ist eine zentrale Schwierigkeit beim Umgang mit bedingten Wahrscheinlichkeiten (Bea 1995; Pollatsek et al. 1987; Shaughnessy 1992). Als mögliche Ursache werden beispielsweise kausale Schlussfolgerungen (Pollatsek et al. 1987) oder Schwierigkeiten beim Verständnis der sprachlichen Formulierung aufgeführt: Pollatsek et al. (1987) verweisen auf die Interpretation der gesuchten Beziehung aus der sprachlichen Formulierung der Aussage heraus. In ähnlicher Weise deuten Watson und Moritz (2002) auf die Herausforderung hin, die gesuchte Beziehung aus der Aussage heraus zu dekodieren: „[…] identifying the nature of conditional events in different grammatical constructions and contexts" (S. 81). Dabei scheint eine Frage nach Häufigkeit zum Beispiel über ‚out of' im Vergleich zu Fragen im Wahrscheinlichkeitsformat, das „unpacking the grammar" (Watson & Moritz 2002, S. 82) und damit das Lösen zu unterstützen. Fragen im Wahrscheinlichkeitsformat und damit komplexere Formulierungen sind demnach herausfordernder in der Interpretation.

Bereits kleine sprachliche Variationen der Formulierung können unterschiedliche Wahrscheinlichkeiten ausdrücken und damit die Bedeutung verändern, was für Lernende herausfordernd sein kann und im Unterricht zu wenig Beachtung findet (Kapadia 2013):

> „For example, consider three events: 'having TB, given a positive test result'; 'having TB and getting a positive test result'; 'getting a positive result when one has TB'. In language these may be taken to be very similar or almost identical events; in probability the first is a conditional probability and the second is a composite probability (of both events taking place); the third one is a conditional probability which is inverse of the first one (linked by Bayes formula). Such subtleties are crucial but too rarely explored in the traditional classroom, except in the context of answering test or examination questions correctly." (S. 1105)

Während Pollatsek et al. (1987) sowie Watson und Moritz (2002) auf sprachliche Herausforderungen bei der Interpretation vorgegebener Aussagen zu bedingten Wahrscheinlichkeiten verweisen, beobachten Pfannkuch und Budgett (2017) zudem bei der Analyse von Lernprozessen, dass Lernenden das Formulieren passender Aussagen zu bedingten Wahrscheinlichkeiten schwerfällt und Verbalisierungen unpassend und unvollständig sind.

Durch diesen Einblick werden vielfältige Schwierigkeiten bei der Bestimmung und im Verständnis bedingter Wahrscheinlichkeiten deutlich. Herausfordernd für die Lernenden ist dabei unter anderem, die Wahrscheinlichkeiten (z. B. bedingte Wahrscheinlichkeit, inverse Wahrscheinlichkeit, kombinierte Wahrscheinlichkeit) untereinander zu trennen und die richtige Beziehung zwischen den beteiligten

Größen zu identifizieren. Einige Studien deuten auf sprachliche Herausforderungen und die Relevanz von Sprache beim Verständnis bedingter Wahrscheinlichkeiten einerseits bei der Interpretation vorgegebener Aussagen und andererseits bei der eigenständigen Verbalisierung der Zusammenhänge hin. Im nachfolgenden Abschnitt wird ein Einblick in den Forschungsstand zur Förderung von Verständnis bedingter Wahrscheinlichkeiten gegeben.

2.1.3 Forschungsstand zur Unterstützung des Umgangs mit und Förderung von konzeptuellem Verständnis zu bedingten Wahrscheinlichkeiten

Eine erste Annäherung an mögliche Unterstützungsangebote für das Verständnis zu bedingten Wahrscheinlichkeiten bieten zahlreiche quantitative Leistungsstudien, die aufgabenspezifische Einflussfaktoren auf die Performanz von Lernenden untersuchen (z. B. durch Variation der Aufgabenstellung bzgl. des Informationsformats oder der Visualisierung). Diese werden zunächst zusammengefasst. Im Anschluss werden Ergebnisse von Studien dargestellt, welche Lern- und Denkprozesse genauer betrachten. Am Ende dieses Abschnitts werden Implikationen für das Lehren und Lernen und damit Unterstützungs- und Förderansätze zur Entwicklung konzeptuellen Verständnisses zusammengefasst.

Aufgabenspezifische Einflussfaktoren zur Verbesserung der Performanz und Transparenz der Informationsstruktur
Viele quantitative Leistungsstudien untersuchen Aufgaben mit unterschiedlichen Darbietungsformen ohne vorherige Lerngelegenheiten, um aufgabenspezifische Einflussfaktoren zu spezifizieren, die zur besseren Performanz führen, also das Lösen der Aufgaben erleichtern. Über unterschiedliche Studien hinweg werden wiederholt die Nutzung natürlicher Häufigkeiten als Format für die gegebenen Informationen und der Einsatz visueller Darstellungen als Einflussfaktoren herausgestellt, welche höhere Lösungshäufigkeiten unterstützen (für einen Überblick siehe Metastudie in McDowell & Jacobs 2017; siehe z. B. auch Binder et al. 2015 für Jugendliche im Schulalter; Brase & Hill 2015).

Das *Format für die gegebenen Informationen* (auch Informationsformat) bezieht sich hierbei auf die gewählte Darstellung der gegebenen Informationen (u. a. Variation der symbolisch-numerischen Darstellung, womit auch eine Änderung der Formulierungen, d. h. der textlichen Darstellung, einhergeht; Abschnitt 2.3.3). Natürliche Häufigkeiten als Format für die gegebenen Informationen wurden von Gigerenzer und Hoffrage (1995) vorgeschlagen: Dabei wird eine Aufgabe (d. h.

u. a. Angaben der relevanten Informationen, Fragestellung etc.) nicht mit Wahrscheinlichkeiten ausgedrückt (Prozentangaben bzw. Zahlen zwischen 0 und 1 und Formulierungen in Form von Einzelereigniswahrscheinlichkeiten, z. B. Aufgabenstellung in Abschnitt 2.1.1), sondern mit natürlichen Zahlen, denen eine Struktur des *natural sampling* zugrunde liegt, d. h. Mächtigkeiten von Gruppen und Teilgruppen (Brase & Hill 2015). Natural sampling umfasst hierbei, dass Informationen wie folgt eingeordnet werden: „[…] the online categorization of […] information into groups, including groups which can be subsets of one another" (Brase & Hill 2015, S. 3).

Gigerenzer und Hoffrage (1995) konkretisieren den Unterschied zwischen den beiden Informationsformaten am folgenden Beispiel:

- Im Wahrscheinlichkeitsformat: „The probability of breast cancer is 1% for women at age forty who participate in routine screening." (S. 688)
- Im Format natürlicher Häufigkeiten: „10 out of every 1,000 women at age forty who participate in routine screening have breast cancer." (S. 688)

Diese Übersetzung von Wahrscheinlichkeitsangaben in „[…] statistical inferences on the basis of statistical data" (Girotto & Gonzalez 2001, S. 249) vereinfacht die Rechnung, da die Information über die Basisrate in den (nicht-normalisierten) Häufigkeiten enthalten ist und notwendige Informationen direkt ablesbar sind, sodass diese nicht erst wie im Wahrscheinlichkeitsformat komplex ermittelt werden müssen (Girotto & Gonzalez 2001; McDowell & Jacobs 2017).

Viele Studien bestätigen, dass Aufgaben mit natürlichen Häufigkeiten besser gelöst werden, wenn auch mit variierenden Erfolgsquoten und Bedingungen (z. B. für Studierende in Binder et al. 2020; Gigerenzer & Hoffrage 1995; Johnson & Tubau 2013; Yamagishi 2003; für Jugendliche im Schulalter in Binder et al. 2015; in einer Meta-Studie über 35 Studien hinweg in McDowell & Jacobs 2017). Zur Erklärung des unterstützenden Effekts sind dabei unterschiedliche theoretische Ansätze herangezogen worden, wie beispielsweise *nested set theory* (siehe folgender Absatz) und *ecological rationality framework* (für Einordnung und Definition siehe McDowell & Jacobs 2017). Als wesentliche Gemeinsamkeit dieser Theorieansätze stellen McDowell und Jacobs (2017) heraus, dass diese darin übereinstimmen, warum natürliche Häufigkeiten das Lösen unterstützen: Durch natürliche Häufigkeiten wird die Struktur der Informationen (d. h. die Beziehungen zwischen den gegebenen Informationen) verdeutlicht. Im Zuge der Suche nach Erklärungen für den unterstützenden Effekt natürlicher Häufigkeiten wurden weitere Ausdifferenzierungen vorgenommen, beispielsweise in weitere Variationen des Informationsformats wie relative Häufigkeiten (Evans et al. 2000;

Gigerenzer & Hoffrage 1995; Macchi 2000; McDowell & Jacobs 2017). Dabei wurde die Relevanz der Struktur der Informationen (mehrfach) herausgearbeitet, diskutiert und theoretisch angebunden (für einen Überblick siehe McDowell & Jacobs 2017).

In diesem Zuge stellen Studien in unterschiedlicher Weise heraus, dass der Effekt nicht per se auf die Nutzung natürlicher Häufigkeiten als symbolisch-numerische Darstellung zurückzuführen ist, sondern damit gleichzeitig Variationen auf weiteren Ebenen einhergehen: Girotto und Gonzalez (2001) vergleichen die Performanz von Aufgabenversionen mit unterschiedlichen Informationsformaten. Sie zeigen, dass der Anteil richtiger Lösungen, unabhängig vom Informationsformat, höher ist, wenn das Problem in einer Struktur vorgegeben wird, die sich durch Unterteilung einer Menge in Teilmengen auszeichnet, und die Fragestellung in der Aufgabe dazu anregt, die beiden Terme des Anteils separat zu bestimmen. In ähnlicher Weise führen Evans et al. (2000) den Effekt darauf zurück, dass die Problemdarstellung Mengeninklusion als mentales Modell auslöst. Macchi (2000) führt den positiven Effekt auf die Formulierung des Textes zurück, d. h., inwiefern darin die Beziehungen zwischen den Wahrscheinlichkeiten und Teilmengen expliziert werden. In der *nested-sets hypothesis* wird der Effekt natürlicher Häufigkeiten auf die Transparenz der Beziehungen der verschachtelten Mengen zurückgeführt, wobei diese in unterschiedlicher Weise transparent gemacht werden können, wie zum Beispiel durch Darstellungen (Sloman et al. 2003). Diese unterschiedlichen Studien zeigen damit, dass unterschiedliche Variationen (z. B. bezüglich des Informationsformats, sprachlicher Explikationen der textlichen Darstellung oder der Nutzung von Darstellungen) dazu beitragen können, die Struktur der vorliegenden Informationen transparenter zu machen.

Insgesamt ergibt sich damit aus der Forschung zu aufgabenspezifischen Einflussfaktoren, dass das Transparentmachen der Struktur der Informationen (bezeichnet z. B. als *partitioned structure* bei Girotto & Gonzalez 2001; *mental model of set inclusion* bei Evans et al. 2000; *nested-set* bei Sloman et al. 2003) auf verschiedenen Ebenen Performanz unterstützen kann. Ein Einflussfaktor hierbei ist auch der Einsatz von Darstellungen (McDowell & Jacobs 2017). Für den Lerngegenstand relevante Darstellungen werden hierzu in Abschnitt 2.3.3 betrachtet.

Während bisher hauptsächlich aufgabenspezifische Einflussfaktoren wie natürliche Häufigkeiten untersucht wurden, um das Lösen von Aufgaben zu bedingten Wahrscheinlichkeiten zu erleichtern, fokussiert die folgende Studie stärker die *kognitiven Prozesse* und *mentalen Schritte*, die notwendig sind, damit Lernende Verständnis aufbauen und Anteile selbst strukturieren können (Loibl & Leuders

2024; Abschnitt 2.2.2). Hierfür wird vorgeschlagen, den Zugang zu Wahrscheinlichkeiten über Anteile zu gestalten (Loibl & Leuders 2024; Pfannkuch & Budgett
2017). Der Zugang zu Wahrscheinlichkeiten über relative Häufigkeiten bzw.
Anteile kann Verständnis unterstützen, wobei relevante kognitive Schritte nicht
reduziert werden (Loibl & Leuders 2024; Abschnitt 2.2.2). Im Gegensatz zu normalisierten Wahrscheinlichkeiten (Abschnitt 2.3.3) sind bei (nicht-normalisierten)
natürlichen bzw. absoluten Häufigkeiten Informationen wie die Basisrate bereits
enthalten, sodass die Rechnung vereinfacht wird. Bei Anteilen hingegen bleiben die zentralen mentalen Schritte analog wie bei Wahrscheinlichkeiten erhalten
(Loibl & Leuders 2024). Gleichzeitig unterstützt das Format der Anteile im
Umgang mit Aufgaben zu bedingten Wahrscheinlichkeiten, indem eine mentale
Darstellung der *relevanten Struktur* aktiviert wird:

> „In the proportion framing the verbal description ('part of' wording, multiple cases
> indicated by plural) can activate mental representations of part-whole ratios and, more
> specifically, the representation of 'nested proportions' (proportions of proportions)
> which allow for a mental operation that corresponds to a multiplicative combination
> of the base rate and hit rate.“ (Loibl & Leuders 2024, S. 4033)

In der Studie lösen 37 Teilnehmende acht Aufgaben zu bedingten Wahrscheinlichkeiten, je nach Bedingung entweder im Informationsformat mit Wahrscheinlichkeiten oder Anteilen. Auswertung der Lösungen und Erklärungen zeigen, dass das
Format mit Anteilen in den meisten Fällen zur Anwendung der multiplikativen
Strategie zur Lösung der Aufgabe führt, während im Format zu Wahrscheinlichkeiten ein hoher Anteil von Fehlstrategien wie Addition von Wahrscheinlichkeiten
beobachtet wurde (Loibl & Leuders 2024).

Während bei der Untersuchung aufgabenspezifischer Einflussfaktoren, wie beispielsweise dem Einsatz natürlicher Häufigkeiten, die mentalen Schritte reduziert
und vereinfacht werden, untersucht also die hier zitierte Studie die Nutzung
von Anteilen als Zugang zu bedingten Wahrscheinlichkeiten. Dadurch werden
einerseits die für das Verständnis zentralen mentalen Schritte aufrechterhalten
und gleichzeitig kann das Verständnis unterstützt werden, indem die mentale Darstellung der relevanten Struktur aktiviert wird (Loibl & Leuders 2024;
Abschnitt 2.2.2).

Lern- und Denkprozesse zum Aufbau konzeptuellen Verständnisses und Ansätze zum Lehren und Lernen

Statt Aufgaben zu vereinfachen, verfolgt ein anderer Strang der Forschung das Ziel, die Lernenden darin zu fördern, auch anspruchsvolle Informationsdarstellungen zu entschlüsseln. Dazu wurden Lern- und Denkprozesse mit Blick auf die Frage, wie Verständnis gefördert werden kann, untersucht.

Denken von Jugendlichen im Schulalter wird beim Auseinandersetzen mit Aufgaben zu bedingten Wahrscheinlichkeiten beispielsweise über langfristige Stufen beschrieben. So verfeinern Tarr und Jones (1997) existierende Stufungen anhand von Interviews mit Lernenden der Jahrgangsstufen 4–8 ausgehend vom subjektiven Urteilen leicht ablenkbar durch irrelevante Merkmale (Stufe 1) über begrenzt quantitatives Denken (Stufe 2) zum quantitativen Denken (Stufe 3) und numerischen Argumentieren (Stufe 4) hin. Die langfristigen Entwicklungs-Rekonstruktionen über Stufen tragen jedoch nur begrenzt zu konkreten Förderansätzen bei.

In Studien zu Effekten von Lerngelegenheiten (für einen Überblick siehe z. B. Büchter et al. 2022) wie beispielsweise Trainingskursen (Bea & Scholz 1995; Büchter et al. 2022), Lehr-Lern-Arrangements (Vargas et al. 2019) oder kurzfristigen Unterweisungen durch Vorlegen gelöster Beispielprobleme (Chow & van Haneghan 2016) wird unter anderem der unterstützende Effekt von natürlichen Häufigkeiten (z. B. Chow & van Haneghan 2016; Sedlmeier & Gigerenzer 2001) und dem Einsatz von graphischen Darstellungen (z. B. Bea & Scholz 1995; Sedlmeier & Gigerenzer 2001) auf Performanz bestätigt. Lernprozesse werden hierbei allerdings nicht vertiefend analysiert.

In anderen Studien werden Darstellungen eingesetzt und initiierte Denkprozesse analysiert. Beispielsweise untersuchen Pfannkuch und Budgett (2017) Denkprozesse von sechs Studierenden im ersten Studienjahr im Umgang mit einer dem Einheitsquadrat ähnlichen Darstellung. Sie beobachten, dass der Einsatz dazu anregen kann, Beziehungen zu erkennen, diese zu verbalisieren, statistisches und kontextuelles Wissen anzuknüpfen und Verknüpfungen zwischen der Darstellung und numerischen Werten aber auch Anteilen und absoluten Zahlen herzustellen. Verknüpfungen betrachten sie als relevant für den Aufbau konzeptuellen Verständnisses:

„[...] such behaviour [understanding the relationship between visual and numerical information] also assists in deepening conceptual understanding. We believe this relationship between counts and proportions is important for students to recognize and discuss in order to deepen their understanding about proportional reasoning." (Pfannkuch & Budgett 2017, S. 308)

Das Verknüpfen unterschiedlicher Darstellungen wird auch in anderen Studien als relevant herausgearbeitet, um Verständnis zu fördern. Die Studie von Budgett und Pfannkuch (2019) deutet darauf hin, dass der Einsatz dynamischer Darstellungen und die Verknüpfung unterschiedlicher Darstellungen (wie Einheitsquadrat, symbolischer Darstellung und einer dynamischen Darstellung des Baumdiagramms, in der auch Proportionen und Verteilungen abgebildet sind) über Farbkodierungen oder dynamische Verknüpfungen fördern können, zwischen bedingten Wahrscheinlichkeiten und ihrer Inversen zu unterscheiden und das Verständnis sukzessive aufzubauen.

Mithilfe von Eye-Tracking untersuchen Bruckmaier et al. (2019) anhand verschiedener Darstellungen und Informationsformate Strategien beim Lösen einfacher, kombinierter und bedingter Wahrscheinlichkeiten und sehen auch hier den Bedarf nach Explikation von Verknüpfungen. Sie stellen fest, dass in Zusammenhang mit dem Baumdiagramm und dem Wahrscheinlichkeitsformat mehr Fehler gemacht wurden als bei der Vierfeldertafel und dem Häufigkeitsformat, und sie beobachten abhängig von Darstellung bzw. Informationsformat unterschiedliche Strategien und Fehler. Zudem weisen sie darauf hin, dass den Teilnehmenden teilweise das Verständnis der Struktur der jeweiligen Darstellungen fehlt. Sie empfehlen daher, die Beziehungen zwischen Darstellungen und Informationsformaten wie Wahrscheinlichkeiten und Häufigkeiten zu explizieren und in ihren Eigenschaften zu kontrastieren, d. h., zu explizieren, an welcher Stelle bestimmte Informationen aber auch Wahrscheinlichkeiten und Häufigkeiten in den jeweils verschiedenen Darstellungen vorzufinden sind: „[…] visualizations should be taught in a more *integrative* and *contrasting* way" (Bruckmaier et al. 2019, S. 24). Durch den Fokus auf unterschiedliche Eigenschaften der Darstellungen soll der Verwechslung verschiedener Situationstypen (d. h. Teil-Ganzes-Strukturen, die den Wahrscheinlichkeiten zugrunde liegen; Abschnitt 2.2.2) begegnet werden (Bruckmaier et al. 2019). Verständnis für bedingte Wahrscheinlichkeiten kann demnach gefördert werden, indem verschiedene Darstellungen und Informationsformate explizit in Beziehung gesetzt werden. Daher werden in Abschnitt 2.3.3 die Befunde zu verschiedenen Darstellungen genauer erläutert.

Analysen von Lernprozessen zeigen auch, dass Lernenden die Verbalisierung der Wahrscheinlichkeiten bzw. Beziehungen schwerfällt bzw. häufig unvollständig oder unpassend ist und unterstützt werden muss (Pfannkuch & Budgett 2017). Bereits kleine sprachliche Variationen in Formulierungen zu Wahrscheinlichkeiten können die Bedeutung verändern und unterschiedliche Wahrscheinlichkeiten ausdrücken (Kapadia 2013). Daraus folgt die Relevanz von Sprache für den Aufbau von Verständnis und der Einbezug von Sprache in die Lernprozesse:

„We conjecture that a teaching strategy that starts with students expressing in their own words the myriad stories contained within two-way tables may be useful in helping students to appreciate the nuances of conditional and joint probability statements […]." (Pfannkuch & Budgett 2017, S. 308)

Kapadia (2013) untersucht bei fünf Studierenden die Effekte eines Lehr-Lern-Arrangements, in dem unter anderem auf die sprachliche Formulierung von Wahrscheinlichkeitsaussagen und Auswirkungen kleiner sprachlicher Änderungen auf die gesuchte Wahrscheinlichkeit fokussiert wird. Dabei zeigen sich bei drei Teilnehmenden am Ende des Kurses wesentliche Verbesserungen. Trotz des sehr kleinen Samples gibt diese Studie erste Hinweise darauf, dass explizite Auseinandersetzung mit Sprache das Lernen von bedingten Wahrscheinlichkeiten unterstützen kann.

Insgesamt deutet dieser Einblick in Studien zu Lernprozessen mit dem Fokus auf Förderung von Verständnis darauf hin, dass Darstellungen und Informationsformate explizit in Beziehung zu setzen und Sprache zum Verbalisieren der Zusammenhänge zu fördern, wichtige Förderansätze sein könnten, um Verständnis von bedingten Wahrscheinlichkeiten aufzubauen.

Welche sprachlichen Anforderungen dabei fokussiert werden sollten, lässt sich zum Teil aus Leistungsstudien, die Performanz vergleichen, ableiten: So führen beispielsweise Watson und Moritz (2002) höhere Lösungsraten bei Aussagen zu Häufigkeiten im Vergleich zu Wahrscheinlichkeiten auch auf die Komplexität der jeweiligen grammatischen Form zurück. Die Formulierung über „out of" könnte demnach das Dekodieren der Grammatik erleichtern. Sie schlagen daher vor, im Unterricht für sprachliche Unterschiede in den Aussagen zu sensibilisieren, indem Aussagen zu bedingten und kombinierten Wahrscheinlichkeiten gleichzeitig betrachtet werden:

„The findings of the current study […] indicate the need to encourage students to interpret the language of the two types of events concurrently. Students may be assisted by emphasizing simple terms that stress the logical relations. The phrases 'both A and B' or 'A and also B' may assist in specifying the conjunction event rather than the disjunction or conditional, provided A and B are first considered, and the overlap is stressed. 'Of the group B' as a phrase for the conditioning reference set would seem to assist students to interpret $P(A|B) = P(A \text{ and } B)/P(B)$. " (Watson & Moritz 2002, S. 83)

Darauf aufbauend können Interpretationen komplexerer Aussagen im Wahrscheinlichkeitsformat gefördert werden, indem Lernende auf die vorherigen Konzepte und Sprache zurückgreifen (Watson & Moritz 2002).

Aus Interviews zu unterschiedlichen Aufgaben zu bedingten Wahrscheinlichkeiten folgern Watson und Kelly (2007) eine mögliche Stufung hinsichtlich der
Anforderung von Aufgaben. Stufe 1 beginnt mit Fragen in Kombination mit einer
Vierfeldertafel mit dem Ziel, Informationen aus der Tafel zu lesen. In Stufe 2
werden Fragen im Wahrscheinlichkeitsformat im Kontext von Urnen oder mit
der Vierfeldertafel als visuelle Strukturhilfe in bekannten Kontexten interpretiert.
In Stufe 3 steht die Interpretation der Sprache zum Ausdrücken von Bedingungen
in Wahrscheinlichkeiten im Vordergrund, und schließlich Aufgaben mit höherer
numerischer und sprachlicher Komplexität. Zum Abschluss wird auch der Satz
des Bayes thematisiert. Diese Stufung gibt auch Hinweise für die Konzipierung
von Lernpfaden.

2.1.4 Zusammenfassung

Trotz großer Relevanz haben Jugendliche und Erwachsene vielfältige Schwierigkeiten im Umgang mit bedingten Wahrscheinlichkeiten (Abschnitt 2.1.2), zum
Beispiel bei der Abgrenzung bedingter Wahrscheinlichkeiten von inversen und
kombinierten Wahrscheinlichkeiten, d. h. mit dem Identifizieren der richtigen
Beziehung zwischen beteiligten Größen.

Kognitionsbezogene Studien zu relevanten mentalen Schritten schlagen vor,
Anteile als Zugang zu bedingten Wahrscheinlichkeiten zu nutzen, um die zentralen mentalen Schritte aufrechtzuerhalten und Lernende zu befähigen, Anteile
in Teil-Ganzes-Strukturen selbst zu strukturieren (Loibl & Leuders 2024). In
quantitativen Leistungsstudien identifizierte aufgabenspezifische Einflussfaktoren
tragen im Gegensatz dazu zur Verbesserung der Performanz bei, indem die Aufgabendarstellung leichter zugänglich gemacht und Anforderungen an mentale
Schritte reduziert werden. Gemeinsamkeit vieler dieser identifizierten Faktoren
wie natürliche Häufigkeiten, Darstellungen oder Manipulationen von Aufgabenformulierungen ist, dass sie die Struktur der Informationen transparent und
damit leichter zugänglich machen (McDowell & Jacobs 2017). Jeweils aus unterschiedlicher Perspektive verweisen beide Ansätze darauf, die zugrunde liegende
Struktur, nämlich die der Teil-Ganzes-Relationen, zu explizieren, um kurzfristige
Lösungshäufigkeiten bei Aufgaben zu steigern oder mittelfristig das Verständnis
der Lernenden zu fördern.

Die wenigen Studien zu Lernprozessen verdeutlichen die Relevanz, sowohl
unterschiedliche Darstellungen als auch unterschiedliche Informationsformate
explizit in Beziehung zu setzen, und sie geben zudem erste Hinweise auf

den Aufbau einer themenbezogenen Sprache als mögliche Ansätze zur Förderung von Verständnis (Bruckmaier et al. 2019; Budgett & Pfannkuch 2019; Pfannkuch & Budgett 2017). Insgesamt bilden das Explizieren der zugrunde liegenden Teil-Ganzes-Strukturen sowie der Beziehungen zwischen Darstellungen und Informationsformaten und die Förderung von Sprache mögliche Ansätze, um Verständnis für bedingte Wahrscheinlichkeiten und für den Zusammenhang zu der inversen und kombinierten Wahrscheinlichkeit zu fördern.

Bislang gibt es allerdings einen starken Fokus auf Studien zur Verbesserung von Performanz durch Änderung aufgabenspezifischer Merkmale, Untersuchungen der Effekte von Trainings oder theoretische Beiträge (Bruckmaier et al. 2019). Dagegen gibt es nur wenige Studien mit Fokus auf die tiefergehende Analyse von Lern- und Denkprozessen (McDowell & Jacobs 2017; McNair 2015). So fordern McDowell und Jacobs (2017) in ihrem Review:

> „We suggest that current research methodologies employed in the study of elementary textbook tasks can be extended to incorporate more experience-based and process-tracing approaches. […] We hope that future work will focus not only on different performance criteria but on the processes leading up to the correct solution as well, with the aim to understand why many participants continue to have difficulties solving Bayesian inference problems." (S. 1300 f.)

Auch Pfannkuch und Budgett (2017) fordern insbesondere mehr Forschung, die die Wirkungen von ausgewählten Darstellungen auf die Lernprozesse genauer untersuchen.

Der Einblick in den aktuellen Forschungsstand zeigt somit auf, dass ein Bedarf an Studien zur Analyse von Lehr-Lern-Prozessen beim Aufbau konzeptuellen Verständnisses zu bedingten Wahrscheinlichkeiten existiert. Dazu soll diese Arbeit einen Beitrag leisten. Hierfür wird im Rahmen der Arbeit ein Lehr-Lern-Arrangement entwickelt sowie relevante Lehr-Lern-Prozesse zum Aufbau von Verständnis für bedingte Wahrscheinlichkeiten hinsichtlich der folgenden Fragen untersucht:

- Wie kann ein Lehr-Lern-Arrangement gestaltet sein, um Verständnis für bedingte Wahrscheinlichkeiten aufzubauen?
- Welche gemeinsamen Lernwege einer Klassengemeinschaft können durch dieses Lehr-Lern-Arrangement angeregt werden?

Die Zusammenfassung des Forschungsstands begründet die Auswahl des Zugangs zu bedingten Wahrscheinlichkeiten über Anteile mit Fokus auf Explikation der zugrunde liegenden Teil-Ganzes-Relationen. Aus dem Forschungsstand ergeben sich auch erste Hinweise darauf, dass dieser Zugang realisiert werden könnte, indem unterschiedliche Darstellungen explizit in Beziehung gesetzt werden und Sprache zur Dekodierung von Aussagen und Verbalisierung von Zusammenhängen gefördert wird. Diese Vermutung wird im Folgenden durch die epistemische Perspektive auf den Verständnisaufbau theoretisch fundiert.

2.2 Lernprozesse und Spezifizierung des Lerngegenstandes aus epistemischer Perspektive

> „One of the most widely accepted ideas within the mathematics education community is the idea that students should understand mathematics." (Hiebert & Carpenter 1992, S. 65)

Ausgehend von diesem Leitgedanken sollen Lernende bedingte Wahrscheinlichkeiten nicht nur berechnen können, sondern das dahinterliegende Konzept verstehen lernen. In diesem Abschnitt wird zunächst der theoretische Hintergrund dargestellt, was *Verstehen* und Prozesse des Aufbaus von Verständnis kennzeichnet und wie diese durch Rückgriff auf das kognitionspsychologische Verstehensmodell nach Drollinger-Vetter (2011) im Rahmen der vorliegenden Arbeit konzeptualisiert werden (Abschnitt 2.2.1). Darauf aufbauend kann der (in Abschnitt 2.1 grob spezifizierte) Lerngegenstand der Teil-Ganzes-Strukturen hinsichtlich relevanter Verstehenselemente in Abschnitt 2.2.2 genauer spezifiziert werden.

2.2.1 Konzeptualisierung von Verständnisaufbau als Auffaltungs- und Verdichtungsaktivitäten von Verstehenselementen

Hiebert und Carpenter (1992) definieren Verständnis über ein gut verknüpftes Netzwerk:

> „A mathematical idea or procedure or fact is understood if it is part of an internal network. More specifically, the mathematics is understood if its mental representation is part of a network of representations. The degree of understanding is determined by the number and the strength of the connections. A mathematical idea, procedure, or fact is understood thoroughly if it is linked to existing networks with stronger or more numerous connections." (S. 67)

Demnach bedeutet es, Verständnis für ein mathematisches Konzept entwickelt zu haben, dass das Konzept Teil eines gut verknüpften, internen Netzwerkes geworden ist. Verstehen wird dabei als Verknüpfen beispielsweise von Ideen oder Fakten aufgefasst (Hiebert & Carpenter 1992). Aufbau von Verständnis geht dabei mit zunehmender Größe und Strukturierung des Netzes einher, indem neue Informationen angeknüpft oder Beziehungen hergestellt werden (Hiebert & Carpenter 1992). Aus kognitionspsychologischer Perspektive beschreibt Aebli (1994) Verstehen als Begriffs- bzw. Strukturaufbauprozesse (Drollinger-Vetter 2011), innerhalb welcher Elemente eines Netzes verknüpft und zu einem neuen Element objektiviert bzw. verdichtet werden. Auf diesem Ansatz aufbauend entwickelt Drollinger-Vetter (2011) ein kognitionspsychologisches Verstehensmodell, in welchem Verknüpfungen zwischen Konzepten, Repräsentationen und Verstehenselementen als relevant für Verständnis betrachtet werden. *Verstehenselemente* werden hierbei konzeptualisiert als

> „[...] die Teilelemente [...] [eines] Konzepts, welche man verstanden haben muss, um das Konzept als Ganzes verstehen zu können. Diese Teilelemente müssen im Vorwissen der Schülerinnen und Schüler vorhanden sein und sie lassen sich zum Konzept verknüpfen und verdichten." (Drollinger-Vetter 2011, S. 187 f.)

Neben den Verknüpfungen zu anderen Konzepten und zwischen Darstellungen führt Drollinger-Vetter (2011) am Beispiel des Satzes von Pythagoras die *Verknüpfungen von Verstehenselementen* als zentrale Aktivitäten an, in denen Bedeutungen aufgebaut werden.

Mit dem Verstehensmodell bietet Drollinger-Vetter (2011) somit auch eine Beschreibungssprache für Lernprozesse zum Aufbau von Verständnis: Verständnis für ein Konzept wird entwickelt durch *Verknüpfungen* und *Verdichten* von Verstehenselementen zu komplexeren Verstehenselementen. In Anlehnung an Aebli (1994) sind Verdichtungen, die er als Objektivierungen bezeichnet, „[...] leicht fassbare und leicht behaltbare Konzentrate des bisher aufgebauten Netzes [...]" (Aebli 1994, S. 104).

Verdichten hat somit eine entlastende Funktion (Drollinger-Vetter 2011) und ermöglicht, Neues zu greifen:

> „Im Zuge der Begriffsbildung entsteht ein ganzes Netz von Beziehungen. Als Netz kann er sie sich noch nicht vergegenwärtigen. Aber indem er die Beziehungen in gewissen Elementen objektiviert, gelingt es ihm, die vorgängig geknüpften Beziehungen gegenwärtig zu halten." (Aebli 1994, S. 103)

Diese verdichteten Konzepte werden *eingeebnet* in das Netz (Aebli 1994). Aus dieser Perspektive wird ein weiteres relevantes Merkmal des Ansatzes deutlich, nämlich, dass auch die inverse Aktivität zum Verdichten möglich ist, nämlich *Auffaltungsaktivitäten.* So hebt Drollinger-Vetter hervor, „[...] dass man flexibel im Begriffsnetz auf- und absteigen und verschiedene Perspektiven einnehmen kann" (Drollinger-Vetter 2011, S. 65). Verdichtete Konzepte können demnach wieder vollständig *aufgefaltet* werden, d. h., dass die ursprünglichen Beziehungen und Verstehenselemente, welche beim Verdichten verloren gegangen sind, rekonstruiert werden (Drollinger-Vetter 2011). Aebli (1994) formuliert dies über die Metapher eines Lichtkegels:

> „Wenn man ihn [jemand] auffordert, einen Begriff [...] zu erklären, wird er das betref-
> fende Schema von der Spitze aus rekonstruieren. Es ist, wie wenn der Betreffende
> von einem Knoten aus in ein komplexes Netz von Beziehungen blickte und er diese
> von da aus schrittweise rekonstruierte. [...] Ein vorhandener Begriff gleicht einem
> Lichtkegel, der in das vorhandene Wissen hineinleuchtet." (S. 108)

Diesen theoretischen Überlegungen nach vollzieht sich die Entwicklung von Verständnis für ein mathematisches Konzept im Lernprozess zusammengefasst wie folgt: Um Verständnis für ein mathematisches Konzept zu entwickeln, müssen relevante Verstehenselemente erworben bzw. konstruiert, dann *verknüpft* und Schritt für Schritt zu komplexeren Verstehenselementen bzw. neuen Konzepten *verdichtet* werden (Korntreff & Prediger 2022). Verständnis äußert sich darin, dass das verstandene Konzept Teil eines gut strukturierten Wissensnetzes ist, indem flexible Bewegungen möglich sind, sowie, dass das verdichtete Konzept in die ausführlichen Beziehungen und Verstehenselemente *aufgefaltet* werden kann (Aebli 1994; Drollinger-Vetter 2011; Hiebert & Carpenter 1992; Prediger & Zindel 2017).

Prediger und Zindel (2017) haben diese Konstrukte im Facettenmodell zur Konzeptualisierung des Kerns des Funktionsbegriffs adaptiert, um die für das Verständnis vom Funktionsbegriff relevanten konzeptuellen Anforderungen über gegenstandsbezogene Verstehenselemente sowie Aktivitäten des Auffaltens und Verdichtens zu spezifizieren und in Lernprozessen zu analysieren (siehe auch Zindel 2019; Korntreff & Prediger 2022 für Spezifizierung zu algebraischen Konzepten ohne empirische Analyse der Verstehensprozesse). In ihrem Modell betonen Prediger und Zindel (2017) flexible Auffaltungs- und Verdichtungsbewegungen entlang des Modells als Merkmal konzeptuellen Verständnisses.

In Anlehnung an diese Konzeptualisierung können hieraus Anforderungen an die Gestaltung von Verstehensangeboten in Lehr-Lern-Prozessen abgeleitet werden, wie das „[...] Vorkommen, Auffalten und Vernetzen der Verstehenselemente der thematischen Konzepte [...]" (Korntreff & Prediger 2022, S. 287; Abschnitt 2.4 und Kapitel 5 für Ableitung von Designprinzipien).

Zusammenfassend bedeutet, ein mathematisches Konzept zu verstehen, dass dieses Teil eines gut vernetzten Wissensnetzes ist, welches sich durch flexible Auffaltungs- und Verdichtungsbewegungen auszeichnet. Verständnis zu entwickeln erfordert, relevante Verstehenselemente zu erwerben bzw. zu konstruieren, sie zu verknüpfen und zu komplexeren Verstehenselementen zu verdichten. Daran anschließend werden im Rahmen dieser Arbeit Lernprozesse von Lernenden bzw. gemeinsame Lernprozesse einer Klassengemeinschaft hinsichtlich adressierter Verstehenselemente sowie Auffaltungs- und Verdichtungsaktivitäten analysiert (Post & Prediger 2024b; Prediger & Zindel 2017). Auf dieser theoretischen Basis werden im nachfolgenden Abschnitt die für den Lerngegenstand relevanten Verstehenselemente sowie Verknüpfungs-, Auffaltungs- und Verdichtungsaktivitäten spezifiziert.

2.2.2 Spezifizierung des Lerngegenstandes aus epistemischer Perspektive

Wie in Abschnitt 2.1.3 dargestellt, kann der Zugang zu bedingten Wahrscheinlichkeiten über Anteile den Umgang mit Aufgaben fördern, ohne die für das Lösen und Verständnis relevanten mentalen Schritte zu reduzieren oder zu vereinfachen.

Loibl und Leuders (2024) beschreiben dabei die relevanten mentalen Schritte, die notwendig sind, damit Lernende verdichtete Informationen selbst strukturieren können.

In Schritt 1 steht im Fokus, eine mentale Repräsentation der zugrunde liegenden Struktur zu aktivieren und damit die Struktur der *part-of-part relation* zu erkennen. Dies wird durch den Zugang über Anteile und Beziehungswörter, welche die Teil-Ganzes-Beziehungen sprachlich ausdrücken, unterstützt:

„When presenting a Bayesian situation with proportions, the subset structure is made salient via the part-of-a-whole relationship that is inherent in the proportion concept through phrases like 'of all' and 'of these'. In particular, the specific subset structure of Bayesian reasoning can be characterized as 'nested proportions' or 'part-of-part relation'." (Loibl & Leuders 2024, S. 4034)

Im Gegensatz zum Zugang über natürliche Häufigkeiten bleiben bei diesem Ansatz über (normalisierte) Anteile die zentralen mentalen Schritte wie bei Wahrscheinlichkeiten erhalten (Loibl & Leuders 2024; Abschnitt 2.1.3). In Schritt 1 wird zudem eine mentale Repräsentation der quantitativen Werte als Brüche aktiviert (z. B. über Teil-Ganzes-Verhältnisse in Balken). Auf Grundlage dieser mentalen Vorstellung von relevanten Größen bzw. Anteilen über Teil-Ganzes-Verhältnisse können mentale Operationen zur Bestimmung des gesuchten Werts über eine Kombination der Anteile erfolgen, in denen Größen beispielsweise als Anteile von Anteile kombiniert werden (Schritt 2) und der gesuchte Wert als Anteil an dem neuen Ganzen bestimmt wird (Schritt 3).

In ihrer Studie zeigen Loibl und Leuders (2024), dass das Informationsformat mit Anteilen im Vergleich zum Wahrscheinlichkeitsformat zu einem höheren Anteil richtiger Antworten führt und somit das Verständnis unterstützen könnte. Entscheidend in diesem Zugang ist damit das Aktivieren der mentalen Darstellung der zugrunde liegenden Teil-Ganzes-Strukturen, auf deren Grundlage die weiteren mentalen Schritte und Operationen zur Bestimmung der gesuchten Größe erfolgen. Diese Aspekte werden für den Zugang bedingter Wahrscheinlichkeiten im Rahmen dieser Arbeit (u. a. in der Umsetzung des intendierten Lernpfads in Kapitel 5) adaptiert und auf das Einheitsquadrat als alternative Darstellung bezogen, die aufgrund der Relevanz der Teil-Ganzes-Strukturen später Anteilsbild genannt wird.

Die Relevanz der Explikation der Teil-Ganzes-Strukturen wurde in Abschnitt 2.1.3 bereits auch durch die Ergebnisse quantitativer Leistungsstudien zum Vergleich der Performanz bei unterschiedlichen Darbietungsformen von Aufgaben herausgearbeitet: Das Unterstützungspotenzial von spezifischen Informationsformaten, Darstellungen oder sprachlichen Explikationen wurde darauf zurückgeführt, dass diese unterschiedlichen Darbietungsformen die Struktur der Informationen transparent machen. Die Struktur zeichnet sich durch die Verschachtelung, das Ineinandergreifen und das Enthaltensein der Mengen bzw. Größen sowie die Verdeutlichung von Beziehungen der Mengen bzw. Größen aus. Textseitge bzw. aufgabenseitige Veränderungen, die diese Struktur verdeutlichen bzw. transparent machen, können Performanz unterstützen (Abschnitt 2.1.3; Sloman et al. 2003) und den Strukturierungsprozess durch Reduktion der mentalen Schritte vereinfachen (Ayal & Beyth-Marom 2014; Loibl & Leuders 2024; Abschnitt 2.1.3).

Um statt der Vereinfachung Lernende zu fördern, selbst relevante Strukturierungsschritte zu erlernen, müssen diese explizit thematisiert werden. Hierfür wird in dieser Arbeit das Explizieren dieser zugrunde liegenden Teil-Ganzes-Struktur fokussiert, um Verständnis zu fördern und darauf aufbauend gesuchte Größen zu bestimmen. Dazu wird der *Anteil* in seine Teil-Ganzes-Struktur (Loibl & Leuders 2024; Sloman et al. 2003) aufgefaltet. Evans et al. (2000) schreiben hierzu:

> „In order to express a probability as ___ out of ___ it is necessary to specify a denominator – the set of people out of whom those with the disease should be measured."
> (S. 211)

Insgesamt bietet die Didaktik der Bruchrechnung einen sehr breit aufgearbeiteten Forschungsstand zu Verstehenselementen des Anteilskonzepts (Malle 2004; Padberg & Wartha 2017; Schink 2013). Aufgrund des Umfangs wird hier lediglich ein Einblick in die im Rahmen der Arbeit relevanten Verstehenselemente zum Anteilskonzept gegeben, diese umfassen die Identifikation des *Ganzen* (Schink 2013), des *Teils* sowie der *Teil-Ganzes-Beziehung* (Prediger 2013). Analysen beispielsweise zu komplexen Anteilsbeziehungen wie das Anteil-vom-Anteil-Modell zum Konzept der Multiplikation von Brüchen verweisen darauf, dass die Identifikation des richtigen Ganzen vor allem bei wechselnden Ganzen eine Hürde und gleichzeitig einen relevanten Schritt in der Bestimmung des Anteil-vom-Anteil-Modells darstellt (Prediger & Schink 2009). Das Ganze und der Teil stehen jedoch nicht unverbunden nebeneinander, sondern werden in einer Teil-Ganzes-Beziehung verknüpft. Hier wird die Deutung des Anteils als relationaler Begriff relevant, nämlich in der Deutung des Anteils als Beziehung zwischen dem Teil und dem Ganzen (Prediger 2013). Wie in Abbildung 2.1 dargestellt, bedeutet somit das Auffalten des Anteils, den Teil, das Ganze sowie die Teil-Ganzes-Beziehung zu explizieren. Teil und Ganzes werden in der Teil-Ganzes-Beziehung verknüpft. Diese identifizierten feineren Verstehenselemente können wiederum zum Anteil verdichtet werden.

Wie sich im Zuge der iterativen Weiterentwicklung und Erforschung entlang der Designexperiment-Zyklen zunehmend gezeigt hat, sind die epistemischen Aktivitäten wie Verknüpfen, Auffalten und Verdichten als Übergänge zwischen feineren und stärker verdichteten Verstehenselementen beschreibbar. Auffalten bedeutet demnach, feinere Verstehenselemente zu adressieren und Verdichten bzw. Verknüpfen, komplexere bzw. stärker verdichtete Verstehenselemente zu adressieren.

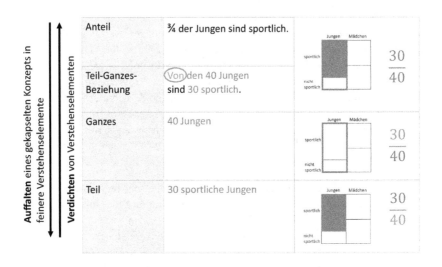

Abb. 2.1 Verstehenselemente mit Aktivitäten des Auffaltens und Verdichtens zum Lerngegenstand (adaptiert und übersetzt aus Post & Prediger 2024b, S. 103)

Vielen Lernenden aber auch Erwachsenen fällt die sprachliche und inhaltliche Trennung der bedingten, inversen und kombinierten Wahrscheinlichkeit schwer (Abschnitt 2.1.2). In Ansätzen zur Förderung von Verständnis ist ein Ziel, diese Konzepte unterscheiden zu lernen (Bruckmaier et al. 2019; Budgett & Pfannkuch 2019; Kapadia 2013). Erklärt werden können diese Unterschiede über *Anteile an verschiedenen Ganzen*.

Im Zuge der iterativen Weiterentwicklung nach den ersten Designexperiment-Zyklen dieser Arbeit wurden zudem weitere Verstehenselemente aufgegriffen, um für unterschiedliche Wahrscheinlichkeiten die *Teile, Ganze* und *Teil-Ganzes-Beziehungen* zu *unterscheiden*. Es stellte sich als bedeutsam heraus, diese Anteile an verschiedenen Ganzen zu allgemeiner gefassten unterschiedlichen *Situationstypen* zu verdichten (Post & Prediger 2022):

- Zur einfachen Wahrscheinlichkeit gehört der Situationstyp der *einfachen Aussage*, in der ein Teil vom Gesamten betrachtet wird und der Teil nur durch ein Merkmal beschrieben wird (Abbildung 2.2, 2. Spalte).
- Zur kombinierten Wahrscheinlichkeit gehört der Situationstyp der *kombinierten Aussage*, in der ein Teil vom Gesamten betrachtet wird, aber der Teil durch zwei Merkmale beschrieben wird (Abbildung 2.2, 3. Spalte).

- Zur bedingten Wahrscheinlichkeit gehört der Situationstyp der *Teil-vom-Teil-Aussage*, in der ein Teil von einem anderen Teil betrachtet wird (nested sets), und der engere Teil durch zwei Merkmale beschrieben wird (Abbildung 2.2, 4. Spalte).

In Abbildung 2.2 wird ein Überblick über die gegenstandsbezogenen Verstehenselemente sowie Auffaltungs- und Verdichtungsaktivitäten am Beispiel einer Umfrage mit 80 Kindern, in der neben dem Geschlecht erfasst wurde, ob diese regelmäßig Sport machen, für die drei typischen Wahrscheinlichkeiten gegeben.

Abb. 2.2 Überblick über Verstehenselemente zur Unterscheidung unterschiedlicher Wahrscheinlichkeiten und Anteilsaussagen. (in Anlehnung an Post & Prediger 2022 und Korntreff et al. 2023, S. 424)

In den ersten beiden Zeilen ist erfasst, zu welcher Wahrscheinlichkeits- bzw. Anteilsaussage welcher Situationstyp gehört. Die Unterschiede zwischen diesen Situations- bzw. Anteilstypen können durch die folgende Auffaltungs- aktivität erklärt werden: Für jeden Fall kann jeweils der Teil, das Ganze und die Teil-Ganzes-Beziehung adressiert und diese Verstehenselemente für die drei Fälle untereinander unterschieden und verglichen werden. So unterscheidet sich die kombinierte von der Teil-vom-Teil-Aussage darin, dass einmal die gesamte Gruppe und einmal nur eine Teilgruppe als Ganzes betrachtet wird. Davon wird jeweils eine Teilgruppe mit 2 Merkmalen betrachtet. Bei der kombinierten Aussage wird damit von dem Gesamten ein Teil und davon ein Teil betrachtet, während bei der Teil-vom-Teil-Aussage bereits als Ganzes eine Teilgruppe genommen wird und davon ein Teil betrachtet wird. Bei der einfachen Wahrscheinlichkeit wird auch die gesamte Gruppe als Ganzes gewählt, aber in Abgrenzung zu den beiden anderen Fällen davon lediglich eine Teilgruppe mit einem Merkmal betrachtet.

Neben der Explikation von Teil, Ganzem und der Teil-Ganzes-Beziehung separat für jeden Wahrscheinlichkeitstyp bzw. Situationstyp haben sich in den Designexperimenten damit das explizite Vergleichen und Unterscheiden der Teile, Ganzen und Teil-Ganzes-Beziehungen als wichtige Verstehenselemente herausgestellt, um die Unterschiede zwischen Wahrscheinlichkeits- und Anteilsaussagen zu verstehen und erklären zu können. Erklärt werden können diese Unterschiede, indem in einer Auffaltungsaktivität diese feineren Verstehenselemente im unteren Teil in Abbildung 2.2 adressiert werden. Diese können wiederum zu den komplexeren Situationstypen oder Wahrscheinlichkeiten verdichtet werden.

Zusammenfassend ist im Abschnitt 2.2 Verstehen über das Adressieren und Konstruieren relevanter Verstehenselemente sowie Verknüpfungs-, Auffaltungs- und Verdichtungsaktivitäten konzeptualisiert worden. Auf dieser theoretischen Grundlage sind die für den Lerngegenstand bedingte Wahrscheinlichkeiten relevanten Verstehenselemente sowie Verknüpfungs-, Auffaltungs- und Verdichtungsaktivitäten spezifiziert worden. Im folgenden Abschnitt werden Lernprozesse aus semiotischer Perspektive betrachtet.

2.3   Lernprozesse und Spezifizierung des Lerngegenstandes aus semiotischer Perspektive: Prinzip der Darstellungs- und Sprachebenenvernetzung

In diesem Abschnitt werden Lernprozesse aus semiotischer Perspektive mit Fokus auf relevante Darstellungen und deren Verknüpfung betrachtet. *Verknüpfungen zwischen Darstellungen* können dabei mit variierendem Grad an Explizitheit und Bewusstheit realisiert werden (Duval 2006; Renkl et al. 2013), die expliziteste wird als *Vernetzung* (Uribe & Prediger 2021) bezeichnet. Damit haben die Verknüpfungen unterschiedliche Bedeutungen für den Lernprozess.

Zunächst wird die Rolle von Darstellungen und Darstellungsverknüpfung für den Lernprozess und das Prinzip der Darstellungs- und Sprachebenenvernetzung erläutert (Abschnitt 2.3.1). In Abschnitt 2.3.2 werden unterschiedliche

Verknüpfungsaktivitäten zwischen Darstellungen und deren Relevanz für den Lernprozess dargestellt. In Abschnitt 2.3.3 werden die relevanten Darstellungen für die Teil-Ganzes-Struktur für bedingte Wahrscheinlichkeiten thematisiert.

2.3.1 Relevanz von Darstellungen für das Mathematiklernen und das Prinzip der Darstellungs- und Sprachebenenvernetzung

Relevanz von Darstellungsverknüpfung für das Mathematiklernen

Darstellungen, Verknüpfungen zwischen Darstellungen und deren Bedeutung für Lernprozesse sind bereits in den 1960er Jahren aus entwicklungspsychologischer (Bruner 1966) und danach zunehmend aus mathematikdidaktischer Perspektive (Janvier 1987; Lesh et al. 1987) untersucht worden. Auch heute werden multiple Darstellungen als zentrale Bestandteile des Mathematikunterrichts in Lehrplänen und Handreichungen (KMK 2022) herausgestellt und intensiv untersucht (siehe z. B. Gagatsis & Nardi 2016; Kuhnke 2013).

Darstellungen und Darstellungsverknüpfungen bilden einerseits eine *Lernhilfe* (Kuhnke 2013; Wessel 2015) mit großer Relevanz für das Mathematiklernen, denn der Umgang mit multiplen Darstellungen und ihre Verknüpfung kann zur Entwicklung konzeptuellen Verständnisses für mathematische Konzepte beitragen (Dufour-Janvier et al. 1987; Duval 2006; Gagatsis & Nardi 2016; Goldin & Shteingold 2001; Lesh 1979; Lesh et al. 1987; Marshall et al. 2010; Uribe & Prediger 2021). Ergebnisse empirischer Studien deuten auf einen positiven Effekt von vielfältigen Darstellungen und Darstellungsverknüpfung auf das Mathematiklernen hin (z. B. Cramer 2003; Prediger & Wessel 2013). Darstellungen sind wichtig für das Mathematiklernen, weil mathematische Objekte nicht per se greifbar sind, sondern erst durch Darstellungen zugänglich werden (Duval 2006). Darstellungen können zudem verschiedene Funktionen erfüllen, die Ainsworth (1999) aus instruktionspsychologischer Perspektive folgendermaßen zusammenfasst: „[…] to complement, constrain and construct" (Ainsworth 1999, S. 134; siehe auch Ainsworth 2006). Bezogen auf mathematische Konzepte können unterschiedliche Darstellungen jeweils unterschiedliche Merkmale oder Facetten des Konzepts hervorheben (Duval 2006; Gagatsis & Shiakalli 2004; Goldin & Shteingold 2001) und sich damit gegenseitig ergänzen. Daher ist die Einbindung vielfältiger Darstellungen für ein umfangreiches Konzeptverständnis wichtig und kann das Mathematiklernen unterstützen (Acevedo Nistal et al. 2009; Goldin & Shteingold 2001; Mainali 2021).

Allerdings ist der Umgang mit Darstellungen immer auch *Lerngegenstand*, weil deren Deutung nicht selbsterklärend ist, sondern relevante Strukturen erst hineingesehen werden müssen (Lesh 1979; für einen Überblick siehe z. B. Kuhnke 2013). In diesem Zuge werden unter anderem konzeptuelle Herausforderungen, Hürden, Gelingensbedingungen, Einflussfaktoren sowie Design- und Unterstützungsmöglichkeiten untersucht (z. B. Ainsworth 2006). Eine Herausforderung für das Lernen mit vielfältigen Darstellungen ist, dass deren Bedeutung erst interpretiert und ausgehandelt werden muss (Gravemeijer et al. 2002; Meira 1998). Neben unterschiedlichen kognitiven Aufgaben und Anforderungen (Acevedo Nistal et al. 2009; Ainsworth 2006) betont Ainsworth (2006): „Learners must know how a representation encodes and presents information […]" (S. 186).

Darstellungen und Verknüpfungen sind in unterschiedlichen Klassifizierungen, Konzeptualisierungen sowie theoretischen Ansätzen betrachtet worden, zum Beispiel im Zusammenhang mit Problemlösen, Modellieren und Verständnisaufbau. Aufgrund des Umfangs wird an dieser Stelle auf die vollständige Abbildung verzichtet und auf entsprechende Literatur verwiesen (für einen Überblick siehe z. B. Gagatsis & Nardi 2016; Mainali 2021; Presmeg 2006).

Prinzip der Darstellungs- und Sprachebenenvernetzung
In unterschiedlichen Modellen ist versucht worden, die jeweils relevanten Darstellungen und Verknüpfungen zu systematisieren: Beispielsweise unterscheidet Bruner (1966) aus entwicklungspsychologischer Perspektive die Darstellungsebenen enaktiv, ikonisch und symbolisch und verweist auf die zunehmend bessere Koordination als Zeichen der Entwicklung von Denken. Im *Lesh Translation Model* (Cramer 2003; Lesh 1979; Lesh et al. 1987) ist durch die Ergänzung des realen Kontexts, die Ausdifferenzierung in gesprochene und geschriebene Symbole und Unterscheidung von Verknüpfungen das Modell aus mathematikdidaktischer Perspektive weiterentwickelt worden. Duval (2006) unterscheidet zwischen Darstellungsregistern und betrachtet die Verknüpfungsaktivitäten *conversion* und *treatment* als Schlüsselaktivitäten zum Aufbau konzeptuellen Verständnisses. Im Rahmen dieser Arbeit wird auf das *Prinzip der Darstellungs- und Sprachebenenvernetzung* zurückgegriffen (Prediger et al. 2016; Prediger & Wessel 2011, 2013).

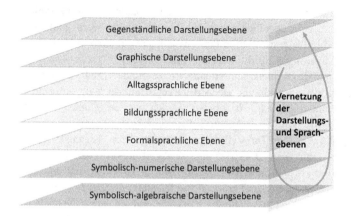

Abb. 2.3 Prinzip der Darstellungs- und Sprachebenenvernetzung (aus Prediger 2020b, S. 32; inhaltlich unverändert nachgebaut; für ungekürzte Variante siehe Prediger & Wessel 2011, S. 167)

In Anlehnung an mathematikdidaktische (Clarkson 2009; Duval 2006; Lesh 1979) sowie sprachdidaktisch-linguistische Ansätze (u. a. Bruner 1966; Leisen 2005; von Kügelgen 1994) werden im *Prinzip der Darstellungs- und Sprachebenenvernetzung* mathematikdidaktisch relevante Darstellungen sowie Sprachebenen integriert und das *Vernetzen* dieser Ebenen als relevante Verknüpfungsaktivitäten zum Aufbau von Verständnis hervorgehoben (Prediger et al. 2016; Prediger & Wessel 2011).

Dabei werden folgende Aspekte herausgestellt:

• Verknüpfung unterschiedlicher **Darstellungen**: Das Prinzip wird auf unterschiedliche für das Mathematiklernen relevante Darstellungen bezogen, nämlich die symbolisch-algebraische, symbolisch-numerische, graphische und gegenständliche Darstellungsebene. Sie nicht nur nebeneinanderzustellen, sondern durch die Lernenden aktiv verknüpfen zu lassen, hat sich als lernförderlich herausgestellt (z. B. Bruner 1966; Duval 2006; Lesh 1979; Lesh et al. 1987).

• Verknüpfung unterschiedlicher **Sprachebenen**: Für das Prinzip werden in Anlehnung an sprachdidaktisch-linguistische Ansätze (von Kügelgen 1994) drei Sprachebenen miteinbezogen: die alltagssprachliche, bildungssprachliche und formalsprachliche Ebene. Sie lassen sich nicht als getrennte Sprachen, sondern soziolinguistisch als Register konzeptualisieren, d. h. als „[...] set of meanings, the configuration of semantic patterns, that are typically drawn upon under the specified conditions, along with the words and structures that are used in the realization of these meanings" (Halliday & Hasan 1976, S. 23) und „ways of saying different things" (Halliday 1978, S. 35). Diesen liegen bestimmte Kommunikationssituationen zugrunde (Prediger et al. 2016). Sie werden als eigenständige Ebenen aufgegriffen, da auch diese ebenfalls verknüpft und sogar explizit vernetzt werden müssen (Clarkson 2009; Prediger et al. 2016; Prediger & Wessel 2013; von Kügelgen 1994).

• Verknüpfung über **Darstellungsvernetzung**: Zum Verständnisaufbau führen Prediger und Wessel (2011) als Verknüpfungsaktivität das *Vernetzen von Darstellungs- und Sprachebenen* an (Begriff in Anlehnung an von Kügelgen 1994) und grenzen damit bewusst von Darstellungswechseln ab: „Eine mentale Konstruktion von *Beziehungen* kann nicht allein durch Darstellungswechsel erfolgen, sondern muss im Diskurs durch verbale Explizierungen unterstützt werden" (Prediger 2020b, S. 34). Zielsetzung von Darstellungsvernetzung ist, dass Beziehungen zwischen den Ebenen hergestellt und die Verknüpfungen expliziert werden (Prediger 2020a; Uribe & Prediger 2021). Die Ebenen sollen dabei flexibel und wiederkehrend vernetzt werden (Prediger & Wessel 2013).

• Bis auf die Sprachebenen, welche bewusst hierarchisch angeordnet sind, sind die übrigen Darstellungsebenen gleichrangig. Durch die Anordnung wird eine steigende Abstraktion ausgedrückt, die je nach Inhalt leicht variieren kann (Prediger & Wessel 2011), jedoch keine Wertigkeit abbildet. In einer auf mehrsprachige Lehr-Lern-Prozesse bezogenen Version (Prediger & Wessel 2011) werden die Sprachebenen zusätzlich nach unterschiedlichen Sprachen unterschieden, was im Rahmen dieser Arbeit jedoch nicht weiter betrachtet wird.

Vereinfacht wird der Begriff der Darstellung im Rahmen dieser Arbeit zusammenfassend für die in Abbildung 2.3 abgedruckten Darstellungs- und Sprachebenen genutzt (vgl. dazu Wessel 2015). Diese werden in Abschnitt 2.3.3 gegenstandsbezogen spezifiziert.

2.3.2 Unterschiedliche Verknüpfungsaktivitäten zwischen Darstellungen

Da das Nebeneinanderstellen von multiplen Darstellungen (inkl. Sprachebenen) allein kaum lernwirksam wird, kommt es darauf an, *Verknüpfungsaktivitäten* zu initiieren (Duval 2006; Lesh 1979). Diese unterscheiden sich jedoch in ihren

Qualitäten, so dass es sich lohnt, terminologisch die unterschiedlichen Verknüpfungsaktivitäten nach dem Grad ihrer Bewusstheit und Explizitheit zu unterscheiden (Uribe & Prediger 2021), die bislang in der Literatur unterschiedlich benannt oder nicht explizit terminologisch unterschieden werden.

Die Begriffe Darstellungsverknüpfungsaktivitäten und semiotische Aktivitäten werden in dieser Arbeit je nach Kontext synonym verwendet.

Die Verknüpfungsaktivitäten werden im Folgenden vorgestellt und danach charakterisiert, (a) was die jeweilige Verknüpfungsaktivität auszeichnet, (b) welche Herausforderungen auftreten können und (c) wie die jeweilige Verknüpfungsaktivität unterstützt wird (damit wird der entsprechende Abschnitt aus Post & Prediger 2024b ausgebaut).

Nebeneinanderstellen von Darstellungen ohne Verknüpfung

Gerade, weil Darstellungen auch komplementär eingesetzt werden, um unterschiedliche Verstehenselemente herauszuarbeiten (Ainsworth 2006), werden sie zuweilen nicht verknüpft hintereinander genutzt oder nebeneinandergestellt. Doch zeigen empirisch Studien, dass durch isolierte, nicht verknüpfte oder einseitige Betrachtung von Darstellungen oft nur unzureichende Teilkonzepte und damit konzeptuelle Hürden entwickelt werden können. Am Beispiel negativer Zahlen veranschaulichen Goldin und Shteingold (2001), dass Kinder an eine bestimmte Darstellung geknüpfte unvollständige Teilkonzepte unabhängig voneinander entwickeln können. In anderen Beiträgen und Studien wird darauf verwiesen, dass unterschiedliche Darstellungen zu einem mathematischen Konzept als inhaltlich unabhängig bzw. isoliert betrachtet werden und die Beziehung zwischen den Darstellungen hinsichtlich des mathematischen Konzepts nicht erkannt wird (Ainsworth 2006; Dufour-Janvier et al. 1987; Duval 2006; Elia et al. 2007; Gagatsis & Shiakalli 2004). Beispielsweise wird anhand von Funktionen verdeutlicht:

„[...] pupils' conception that different representations of a function are distinct and autonomous mathematical objects and not just different ways of expressing the meaning of the particular notion." (Elia et al. 2007, S. 549)

Duval (2006) formuliert zudem die Verwechslung der Darstellung mit dem mathematischen Objekt und das Erkennen des mathematischen Objekts über verschiedene Darstellungen hinweg als weitere Herausforderungen.

Unterstützt werden können Lernende durch eine (frühe) Auseinandersetzung mit den unterschiedlichen relevanten Darstellungen (Goldin & Shteingold 2001) sowie dadurch, dass sie lernen, Darstellungen zu verknüpfen und Beziehungen zwischen diesen herzustellen (Ainsworth 2006; Ainsworth et al. 2002; Duval 2006; Kaput 1989; Seufert 2003).

Wechseln zwischen Darstellungen als unbewusste, implizite Verknüpfung
Einige Studien beschreiben flexible Bewegungen zwischen Darstellungen. Beispielsweise beobachten Lesh et al. (1987) für Problemlöseaufgaben, dass Lernende *instinktiv* zwischen unterschiedlichen Darstellungen hin- und herwechseln, um Teilaspekte in unterschiedlichen Darstellungen zu adressieren, was auf entwickelte Lösekompetenz hindeuten kann:

> „Good problem solvers tend to be sufficiently flexible in their use of a variety of relevant representational systems that they instinctively switch to the most convenient representation to emphasize at any given point in the solution process." (S. 38)

Zwischen Sprachen sind flexible Wechsel bzw. Bewegungen mit dem mehrsprachen-linguistischen Blick auf *code-switching* untersucht worden (z. B. Barwell 2009; Moschkovich 2007). Code-switching ist zudem mathematikdidaktisch adaptiert worden, um Verknüpfungen zwischen vielfältigen Darstellungen zu untersuchen (Bossé et al. 2019; Uribe & Prediger 2021). Dabei werden Konzepte zwischen mehreren Darstellungen abwechselnd angesprochen oder einzelne Verstehenselemente oder Begriffe einer Darstellung aufgegriffen, während eine andere Darstellung primär adressiert wird, wie das folgende Beispiel verdeutlicht (Bossé et al. 2019):

> „For instance, in reference to the function $P(x) = x^2 - x - 6$ a student may state, 'P of x equals x squared minus x minus 6 intersects the x-axis at 3 and -2.' In this case, vocabulary associated with a graph is employed to articulate ideas associated with a symbolic polynomial." (S. 39)

Uribe und Prediger (2021) beschreiben zudem Wechseln als eine temporäre Verknüpfungsaktivität entweder innerhalb einer Darstellung oder zwischen Darstellungen, wenn jeweils unterschiedliche inhaltliche Elemente aufgegriffen werden.

All diese Ansätze beschreiben die Existenz von flexiblen Bewegungen zwischen Darstellungen, die oft implizit und unbewusst erfolgen, was auf eine Flexibilität im Umgang mit verschiedenen Darstellungen verweisen kann. In dieser Arbeit wird eine Verknüpfung daher als *Wechseln* bezeichnet, wenn die Verknüpfung eher implizit und unbewusst erfolgt und die Relation zwischen den Darstellungen nicht verbalisiert wird (Uribe & Prediger 2021). Dabei können unterschiedliche Verstehenselemente in den jeweiligen Darstellungen adressiert oder einzelne Elemente oder Begriffe einer Darstellung aufgegriffen werden, während eine andere primär adressiert wird.

Qualitative Untersuchungen deuten auf die Vielschichtigkeit von code-switching hin: Wechseln kann die Kommunikation von leistungsstarken Lernenden darstellen, wenn diese flexibel und schnell über Übereinstimmungen in Darstellungen kommunizieren (Bossé et al. 2019; siehe auch Lesh et al. 1987 bei Problemlöseprozessen). Die Studie von Prediger et al. (2019) zum Zusammenhang zwischen Mehrsprachigkeit und Konzeptlernen deutet einerseits auf eine Bereicherung des konzeptuellen Verständnisses hin, wenn Lernende über code-switching unterschiedliche Konzeptualisierungen eines Konzepts in verschiedenen Sprachen ausdrücken. Wechseln können andererseits aber auch mathematik-schwächere Lernende, um über unklare oder unbekannte Darstellungen zu kommunizieren (Bossé et al. 2019).

Übersetzen zwischen Darstellungen als bewusste Verknüpfung

Für den Aufbau konzeptuellen Verständnisses verweisen Studien auf bewusstes Übersetzen zwischen Darstellungen (Calor et al. 2020; Duval 2006; Janvier 1987; Lesh 1979; Lesh et al. 1987). Übersetzen wird beschrieben als Übergang von einer Darstellung zur anderen (Janvier 1987), als Abbildung des Konstrukts (bzw. der Information) der ersten Darstellung auf das der anderen Darstellung (Adu-Gyamfi et al. 2012) oder auch als Transformation von Darstellungen:

> „[...] one has to transform the source 'target-wise' or, in other words, to look at it from a 'target point of view' and derive the results." (Janvier 1987, S. 29)

Beispielsweise konkretisiert Janvier (1987) diese Verknüpfungen am Beispiel von Variablen über Aktivitäten wie Lesen, Interpretieren, Skizzieren, Berechnen etc. Eine Anforderung an erfolgreiches Übersetzen ist, dass beim Übergang die Struktur, das Konzept bzw. die Bedeutung des Konzepts erhalten bleibt (Adu-Gyamfi et al. 2012):

> „The aim is to require students to answer the item ['written symbol to picture' translation] correctly by establishing a relationship (or mapping) from one representational system to another, preserving structural characteristics and meaning in much the same way as in translating from one written language to another." (Lesh et al. 1987, S. 34)

In Abgrenzung zum Wechseln zeichnet Übersetzen demnach aus, dass dieselbe Idee in beiden Darstellungen adressiert wird, die Verknüpfung sich durch höheren Grad an Bewusstheit auszeichnet (Uribe & Prediger 2021) und die adressierte Struktur bzw. Konzeptidee in beiden Darstellungen erhalten bleibt. Daran anschließend wird in dieser Arbeit das bewusste Übersetzen zwischen Darstellungen also gefasst als das (verbale oder gestische) Adressieren des korrespondierenden Konzepts oder Verstehenselements in verschiedenen Darstellungen (Post & Prediger 2024b).

Studien zeigen gemischte Ergebnisse zum Einfluss von Übersetzungsaufträgen auf die Leistung: Erprobungen eines Curriculums basierend auf dem *Lesh Translation Model* zeigen, dass die Lernenden der Interventionsgruppe bessere Ergebnisse in schriftlichen Tests erzielten als die Kontrollgruppe im traditionellen Unterricht, unter anderem bei Items zum konzeptuellen Verständnis (Cramer 2003). Andere Studien berichten von niedrigen Lösungsraten bei Aufgaben zum Übersetzen (z. B. Lesh et al. 1987). Calor et al. (2020) zeigen, dass im Unterricht, in dem bewusstes Übersetzen durch Aufgaben initiiert wurde, im Vergleich zur Kontrollgruppe sowohl der Anteil als auch die Qualität mathematischer Diskussionen gestiegen sind, aber zwischen den Gruppen kein Unterschied hinsichtlich der Steigerung der mathematischen Leistung beobachtet werden konnte. Calor et al. (2020) stellen die Vermutung auf, dass die fehlende Leistungssteigerung in der Interventionsgruppe auf das Fehlen qualitativ hochwertiger mathematischer Diskussionen wie beispielsweise Erklären oder Begründen zurückzuführen sein könnte. Um das Übersetzen zu fördern, kann es regelmäßig trainiert (Castro et al. 2022), gemeinsam mit der inversen Übersetzung thematisiert (Janvier 1987; Lesh 1979; Lesh et al. 1987) oder Hilfsdarstellungen als Übersetzungs-Brücken genutzt werden (Lesh 1979; Lesh et al. 1987).

Typische Schwierigkeiten beim Übersetzen zwischen Darstellungen (Adu-Gyamfi et al. 2012; Castro et al. 2022; Gagatsis & Nardi 2016; Lesh 1979) sind unter anderem, die Beziehungen und Ähnlichkeiten zwischen verschiedenen Darstellungen in Bezug auf die mathematische Struktur zu erkennen (Lesh 1979), fehlerhafte Interpretation der Merkmale in den jeweiligen Darstellungen (Adu-Gyamfi et al. 2012) oder unvollständige Übersetzungen, wenn nicht alle relevanten Verstehenselemente adressiert werden (Adu-Gyamfi et al. 2012). Bei einigen Darstellungen können wesentliche Bestandteile in beiden Darstellungen einander durch „one-to-one mapping" (Duval 2006, S. 122) zugeordnet werden. Schwierigkeiten werden jeweils zurückgeführt auf Herausforderungen im Erkennen der Beziehung zwischen den Informationen bzw. Verstehenselementen in den Darstellungen.

Um diese Schwierigkeiten zu überwinden, schlägt Duval (2006) die operative Variation vor (Untersuchung der Wirkungen von Variationen in den zu verknüpfenden Darstellungen), um über die Inhalte der Darstellung hinweg das mathematisch Relevante zu erkennen.

Vernetzen von Darstellungen durch explizites Erklären der Verknüpfung
Jenseits des Übersetzens zeigen sich jene Aktivitäten als mathematikdidaktisch bedeutsam, in denen explizite Zusammenhänge bzw. Verknüpfungen zwischen Darstellungen hergestellt und verbalisiert werden (Ademmer & Prediger eingereicht; Duval 2006; Marshall et al. 2010; Prediger & Wessel 2013; Uribe & Prediger 2021). Vernetzen wird auch in instruktionspsychologischer Perspektive in seiner Relevanz für *„sense-making"* (Rau et al. 2012, S. 175; siehe auch Rau et al. 2017) untersucht. Vernetzen wird charakterisiert als explizites Erklären, wie zwei Darstellungen zusammengehören:

> „[…] the ability to explain how different representations map to one another based on corresponding and differing features and the ability to integrate information from multiple representations involves sense-making processes." (Rau et al. 2017, S. 334)

Vernetzen soll somit nicht auf oberflächliche, sondern konzeptuell relevante Merkmale abzielen, um eine Verknüpfung auf oberflächlicher Ebene ohne konzeptuelles Verständnis zu vermeiden (Rau & Matthews 2017; Uribe & Prediger 2021). Renkl et al. (2013) verdeutlichen am Beispiel der Pfadregel, dass es nicht reicht, das Malzeichen der Rechnung einer Stelle im Baumdiagramm oberflächlich zuzuordnen:

> „Ideally, the learners would integrate the multiplication sign of the equation and the 'points of branching' in the tree diagram. This is done in order to understand the underlying structure […]." (S. 398)

Neben der einfachen Zuordnung einzelner Verstehenselemente beispielsweise durch Einfärben ist demnach entscheidend zu erklären, wie beide Darstellungen hinsichtlich der zugrunde liegenden konzeptuellen Struktur zusammenhängen (Berthold & Renkl 2009; Renkl et al. 2013). Aus mathematikdidaktischer Perspektive unterscheiden Uribe und Prediger (2021) in ähnlicher Weise Verknüpfungsaktivitäten, in denen die Verknüpfung zwischen Darstellungen expliziert wird: „[…] an explicit verbalization of *how* the elements are connected" (Uribe & Prediger 2021, S. 8). Diese umfassen Erklärungen, wie die Konzepte innerhalb der Darstellungen zusammenhängen (Uribe & Prediger 2021), d. h., wie die Teilaspekte des fokussierten Konzepts korrespondieren (Marshall et al. 2010; Post &

Prediger 2024b). Uribe und Prediger (2021) differenzieren diese Verknüpfungsstufe weiter aus, indem sie Begründungen der Verknüpfung als weitere Stufe hinzunehmen, in der Wissenskonstruktion stattfindet.

In Anlehnung an die vorgestellte mathematikdidaktische und instruktionspsychologische Literatur wird *Vernetzen* von Darstellungen (inkl. Sprachebenen) in dieser Arbeit zusammenfassend charakterisiert als *Erklären von Verknüpfungen zwischen Darstellungen*, was die ausdrückliche Artikulation einschließt, wie diese Vernetzung erfolgt. Es sind aktive und explizite Aktivitäten, in denen erklärt wird, wie zwei oder mehr Darstellungen zusammenhängen, d. h., wie die relevanten Verstehenselemente des mathematischen Konzepts in Beziehung stehen. Hierzu werden die Korrespondenzen von Elementen genannt und ggf. begründet, wobei nicht oberflächliche Merkmale, sondern die strukturell relevanten Elemente und Zusammenhänge adressiert werden sollen.

Viele qualitative Lernprozessstudien deuten darauf hin, dass gerade Vernetzen im Vergleich zu weniger elaborierten Verknüpfungsaktivitäten relevant für die Entwicklung konzeptuellen Verständnisses und die Bedeutungskonstruktion zu sein scheint (Ademmer & Prediger eingereicht; Uribe & Prediger 2021). Explizites Vernetzen kann dazu beitragen, die relevante Struktur zu erkennen (Duval 2006) sowie die mathematische Idee nicht isoliert, sondern als Teil eines Netzes verknüpfter Ideen zu betrachten (Marshall et al. 2010). Bei der Analyse von Ressourcen von mehrsprachigen Lernenden mit Fokus auf Sprachen, Sprachebenen und Darstellungen beobachten Uribe und Prediger (2021), dass Ressourcen hinsichtlich aktivierter Darstellungen und Verknüpfungen sehr unterschiedlich verteilt sind: von bewussten Verknüpfungen zwischen relevanten Verstehenselementen bis hin zum lediglich isolierten Übersetzen vereinzelter Verstehenselemente, die lernendenseitig oder von der Lehrkraft initiiert wurden. Es kann daher nicht davon ausgegangen werden, dass Lernende relevante Verknüpfungsaktivitäten eigenständig erfolgreich initiieren können, daher sollten sie entsprechend unterstützt werden (Uribe & Prediger 2021). Daraus leitet sich die Forderung ab, die Etablierung von Vernetzungsaktivitäten im Klassenunterricht zu unterstützen, sowohl durch Weiterentwicklung von Material als auch in Bezug auf das Handeln der Lehrkraft im Unterrichtsgespräch. In instruktionspsychologischen Studien hat sich als lernwirksam erwiesen, den Fokus der Lernenden in den Lernprozessen auf die relevanten Elemente zu steuern (Berthold & Renkl 2009):

> „[...] it appears to be important to instructionally guide the learners in a twofold way: (a) a relating aid can help the learners to identify corresponding parts in different representations and (b) prompts can direct the learners' attention to the structural

level that abstracts from the specifics of a given problem and its multirepresentational solution." (S. 71 f.)

Uribe und Prediger (2021) folgern aus ihren qualitativen Lernprozessanalysen in ähnlicher Weise auch für Sprachebenen, dass explizite, elaboriertere Verknüpfungsaktivitäten im Material angeregt sowie von der Lehrkraft etabliert und unterstützt werden müssen, um konzeptuelles Verständnis zu fördern. Marshall et al. (2010) nennen beispielsweise als Strategie, Gelegenheiten zu bieten, Lernende in den Dialog zur Darstellungsvernetzung einzubinden. Lehrkräfte müssen zudem entsprechend unterstützt werden (Uribe & Prediger 2021):

„The connection processes were the main differences between the cases, with the more elaborate connection processes being more effective for the mathematics understanding. As a consequence, designers of curriculum material should support teachers to scaffold and explicate elaborated connection processes such as translation, articulation, and justification in order to leverage students' repertoires-in-use. Roughly speaking: Students' funds of languages, registers, and representations only become a source for meaning-making when the curriculum material and the teachers support the connection processes on the micro-level." (S. 22)

Zusammenfassung
Im Rahmen der vorliegenden Arbeit werden die in Abbildung 2.4 dargestellten Verknüpfungsaktivitäten betrachtet.

4. **Vernetzen**, d. h. explizites **Erklären der Verknüpfung** zwischen Darstellungen durch Nennung der Korrespondenzen der Verstehenselemente (und eventuell Begründung der Korrespondenzen)

3. **Übersetzen** zwischen Darstellungen durch Nennung der Korrespondenz des Verstehenselements / der Information

2. Implizit **Wechseln** zwischen Darstellungen ohne Bewusstsein für Wechsel

1. **Keine Verknüpfung** (**Nebeneinander** mehrerer Darstellungen ohne Verknüpfung oder nur eine Darstellung)

Abb. 2.4 Verknüpfungsaktivitäten (übersetzt aus Post & Prediger 2024b, S. 101; in Anlehnung an Uribe & Prediger 2021, S. 7)

Diese werden von unten nach oben zunehmend elaborierter (Uribe & Prediger 2021), und unterscheiden sich darin, wie bewusst und explizit die Verknüpfung erfolgt (Post & Prediger 2024b): In Stufe 1 werden entweder einzelne Darstellungen oder mehrere Darstellungen nebeneinander ohne Verknüpfung adressiert. Während in Stufe 2 eine erste unbewusste implizite Verknüpfung über Wechseln passiert, werden die Darstellungen in Stufe 3 bewusst verknüpft, indem die Korrespondenz eines Verstehenselements genannt wird. Diese Aktivitäten sind abzugrenzen von expliziten Aktivitäten in Stufe 4, in denen bewusst und explizit erklärt wird, wie die Darstellungen zusammenhängen. Für die Entwicklung konzeptuellen Verständnisses zu einem mathematischen Konzept scheinen insbesondere Verknüpfungsaktivitäten der vierten Stufe relevant.

2.3.3 Spezifizierung des Lerngegenstandes aus semiotischer Perspektive für bedingte Wahrscheinlichkeiten

In diesem Abschnitt wird der Lerngegenstand der bedingten Wahrscheinlichkeiten aus semiotischer Perspektive spezifiziert, d. h., die relevanten Darstellungen inklusive der Sprachebenen (Abschnitt 2.3.1) herausgearbeitet.

Graphische Darstellungen
In quantitativen Leistungsstudien zum Vergleich der Performanz bei unterschiedlichen Darbietungsformen ist der Einsatz von unterschiedlichen Darstellungen in einer Reihe von Studien untersucht und als ein relevanter Faktor identifiziert worden, um Performanz zu unterstützen (McDowell & Jacobs 2017). Dabei liefern die Studien unterschiedliche Ergebnisse und Erklärungsansätze zu unterschiedlichen Darstellungen (siehe z. B. Böcherer-Linder & Eichler 2019; McDowell & Jacobs 2017). Statt einer vollständigen Übersicht über die Vielzahl unterschiedlicher graphischer Darstellungen zu bedingten Wahrscheinlichkeiten werden diese Ergebnisse hier nur exemplarisch vorgestellt und auf Literatur zum detaillierteren Überblick verwiesen (z. B. Batanero & Álvarez-Arroyo 2024; Binder et al. 2015; Khan et al. 2015; Spiegelhalter et al. 2011).

Beispielsweise können bedingte Wahrscheinlichkeiten bzw. Häufigkeiten visualisiert werden über:

- Vierfeldertafeln (Binder et al. 2015; Böcherer-Linder & Eichler 2019; Eichler et al. 2020; Steckelberg et al. 2004)
- Baumdiagramme (Binder et al. 2015; Eichler et al. 2020; Reani et al. 2018; Sedlmeier & Gigerenzer 2001; Steckelberg et al. 2004; Yamagishi 2003) und Doppelbaumdiagramme (Böcherer-Linder & Eichler 2019; Wassner 2004)

- Häufigkeitsnetze (Binder et al. 2020; Binder et al. 2023)
- Einheitsquadrate bzw. Eikosogramme, im Folgenden genannt Anteilsbilder (Bea 1995; Bea & Scholz 1995; Böcherer-Linder & Eichler 2017, 2019; Oldford & Cherry 2006; Pfannkuch & Budgett 2017; Talboy & Schneider 2017)
- Euler-Diagramme (Micallef et al. 2012; Reani et al. 2018; Sloman et al. 2003)

Graphische Darstellungen, welche zur Transparenz der *nested-set* Struktur und Relationen beitragen, könnten Bayessches Schlussfolgern unterstützen (Sloman et al. 2003; Yamagishi 2003). Nach einer Unterscheidung der Haupteigenschaften von Darstellungen nach Khan et al. (2015) zählen Darstellungen wie das Rouletterad, das Euler-Diagramm und das Einheitsquadrat zu *nested-set* Darstellungen, in denen Beziehungen zwischen Größen beispielsweise über Flächen, die in anderen enthalten sind, dargestellt werden (siehe auch Böcherer-Linder & Eichler 2017). Sie sind abzugrenzen zu den Typen *frequency* (z. B. Darstellungen mit graphischer Darstellung der Häufigkeit über Icons) oder *branching* wie beispielsweise dem Baumdiagramm, welches sich durch Verzweigungen und Aufspaltungen von Gruppen in Teilgruppen oder Zusammenführungen auszeichnet.

Um die Wahrscheinlichkeiten und Anteilsbeziehungen konkret über Relationen von Flächen zu visualisieren und Verknüpfungen zu anderen Darstellungen zu untersuchen, wird im Rahmen der Arbeit exemplarisch das Einheitsquadrat als graphische Darstellung fokussiert. Wesentliche Eigenschaften und Forschungsergebnisse zu Einheitsquadraten werden in den folgenden Abschnitten zusammengefasst (für ausführliche Beschreibung der Eigenschaften und des Aufbaus siehe z. B. Bea 1995; Oldford & Cherry 2006).

Im Einheitsquadrat können Anteile und Wahrscheinlichkeiten sowohl numerisch als auch graphisch und quantitativ über die zu den Zahlenwerten proportionalen Flächen visualisiert werden (Bea & Scholz 1995; Böcherer-Linder & Eichler 2019; Oldford & Cherry 2006). Die Beziehungen zwischen den Größen werden dargestellt über verschachtelte Flächen: „[...] areas being included in other areas and therefore [the unit square] provides an image of sets being included in other sets" (Böcherer-Linder & Eichler 2017, S. 3). Die relevanten Strukturen der Teil-von-Ganzen-Beziehungen können visualisiert werden, indem sie farblich markiert werden (siehe Böcherer-Linder & Eichler 2017 für verschiedene Wahrscheinlichkeiten). Damit können Verhältnisse sowohl horizontal als auch vertikal und somit auch die für den Satz von Bayes relevanten bedingten Wahrscheinlichkeiten dargestellt werden (Böcherer-Linder & Eichler 2017). Durch Veränderung einer Größe können qualitative Zusammenhänge, d. h.

Auswirkungen der Veränderungen auf andere Flächengrößen und Verhältnisse, untersucht werden (Bea & Scholz 1995).

Quantitative Leistungsstudien zum Vergleich der Performanz bei Einsatz unterschiedlicher Darstellungen als auch Studien zu Effekten von Trainings auf Performanz liefern gemischte Ergebnisse hinsichtlich des Unterstützungseffekts des Einheitsquadrats (z. B. Bea & Scholz 1995; Böcherer-Linder & Eichler 2017, 2019; Talboy & Schneider 2017). Die Studie von Böcherer-Linder und Eichler (2017) deutet darauf hin, dass das Einheitsquadrat gerade bei komplexen Anteilsbeziehungen wie zum Bayesschen Schlussfolgern, die nicht der hierarchischen Struktur des Baumes entsprechen, unterstützen könnte. Zudem kann das Einheitsquadrat zur Förderung von Verständnis beitragen: So untersuchen Bea und Scholz (1995) den Effekt eines Trainingsprogramms unter Einsatz unterschiedlicher graphischer Darstellungen und der numerischen Darstellung und stellen eine Überlegenheit des Einheitsquadrats bei langfristiger Betrachtung des Trainingserfolgs fest, unter anderem bei Items zum Verständnis und Verwechslung mit der inversen bedingten Wahrscheinlichkeit (Bea 1995). Pfannkuch und Budgett (2017) untersuchen Denkprozesse von sechs Studierenden im ersten Studienjahr im Umgang mit einem Eikosogramm. Sie beobachten, dass der Einsatz dazu anregt, Beziehungen zu erkennen, diese zu verbalisieren, statistisches und kontextuelles Wissen anzuknüpfen und Verknüpfungen zwischen der Darstellung und numerischen Werten, aber auch Anteilen und absoluten Zahlen herzustellen, wobei sie gerade Verknüpfungen als relevant für den Aufbau konzeptuellen Verständnisses betrachten (Abschnitt 2.1.3). Dass andere Studien (z. B. Böcherer-Linder & Eichler 2019) weniger Unterstützungspotenziale nachweisen konnten, deutet darauf hin, dass graphische Darstellungen nie allein wirken, sondern die Lernenden erst lernen müssen, die relevanten Strukturen hineinzusehen (Lesh 1979). Wie dies mithilfe von Darstellungsvernetzungsaktivitäten angeregt werden kann, ist Gegenstand dieser Arbeit.

Symbolische und textliche Darstellung
Studien verweisen darauf, dass Variationen in der Aufgabendarstellung mit unterschiedlichen kognitiven Prozessen verknüpft sind (Abschnitt 2.1.3 und 2.2.2; z. B. reduziert die Darstellung einer Aufgabe mit natürlichen Häufigkeiten die Anzahl mentaler Schritte und vereinfacht dadurch die Rechnung). Diese Variationen umfassen dabei unterschiedliche Dimensionen (z. B. Girotto & Gonzalez 2001). Im Rahmen dieser Arbeit werden einige Variationen hinsichtlich der numerischen und textlichen Darstellung der vorgegebenen Aussage bzw. Problemdarstellung betrachtet.

Neben der *symbolisch-algebraischen Darstellung* von bedingten Wahrscheinlichkeiten wie beispielsweise über Formeln oder mathematische Notationen und Schreibweisen (Büchter & Henn 2007; Eichler & Vogel 2013; Wolpers 2002) umfasst die symbolische Darstellung unterschiedliche *symbolischnumerische Darstellungen*. Hierbei kann unterschieden werden zwischen Brüchen (z. B. 80/100), dem Bruch als Zahlenpaar, wobei die Teil-Ganzes-Beziehung ausdrückt wird (z. B. 80 von 100), Prozentangaben (z. B. 80 %) oder Dezimalzahlen zwischen 0 und 1 (z. B. 0,8) (Barton et al. 2007). Während nicht-normalisierte Angaben (z. B. von-Ausdrücke von Zahlenpaaren) Informationen über die Basisrate enthalten, ist es bei normalisierten Angaben (z. B. Prozentangaben oder Dezimalzahlen) nicht der Fall (McDowell & Jacobs 2017).

Unter *textlicher Darstellung* werden im Rahmen dieser Arbeit die vorgegebenen Aussagen zu Wahrscheinlichkeiten und Anteilen gefasst, welche Lernende dekodieren müssen und häufig mit einer numerischen Darstellung kombiniert werden. Daher wird diese Darstellung im Rahmen der Arbeit auch *vorgegebene Aussage* (Abschnitt 2.5) genannt. Formulierungen können nach der Anzahl der Ereignisse unterschieden werden: „[…] the information may concern only one event (single-event probability) or a set of events (frequency)" (Barton et al. 2007, S. 255). In Tabelle 2.1 wird ein Einblick über Variationen der textlichen Darstellung gegeben.

Während Häufigkeiten meist ex post statistisch über mehrere Fälle berichten, sind Wahrscheinlichkeiten meist ex ante mit Fokus auf eine Person bzw. ein künftiges oder hypothetisches Ereignis mit folgenden Eigenschaften formuliert:

> „[…] data is presented as percentages or fractions and is […] normalized and, thus, requires a multiplicative combination of base rates and hit rates." (Loibl & Leuders 2024, S. 4034)

In der zweiten und dritten Kategorie kann zwischen Aussagen zu relativen Häufigkeiten / Anteilen und natürlichen bzw. absoluten Häufigkeiten unterschieden werden. Das Format der Anteile stimmt in den oberen Eigenschaften von Wahrscheinlichkeiten überein, sie beziehen sich jedoch nicht nur auf einen Fall, sondern mehrere Fälle und ein abstraktes Sample (Loibl & Leuders 2024). Natürliche Häufigkeiten beziehen sich auf ein konkretes Sample (für weitere Unterscheidung siehe Abschnitt 2.1.3; Girotto & Gonzalez 2001; McDowell & Jacobs 2017).

Tabelle 2.1 Einblick in textliche Darstellungen (in Anlehnung an Barton et al. 2007, S. 255; Gigerenzer & Hoffrage 1995, S. 688; Loibl & Leuders 2024, S. 4034)

Textliche Darstellung	Beispiele
Wahrscheinlichkeit	• Wahrscheinlichkeit, dass eine an Brustkrebs erkrankte Frau ein positives Mammographie-Ergebnis erhält, beträgt 80 %. • Wenn eine Frau an Brustkrebs erkrankt ist, dann erhält sie in 80 von 100 Fällen ein positives Mammographie-Ergebnis.
Relative Häufigkeiten / Anteile (abstraktes Sample) Natürliche / Absolute Häufigkeiten (konkretes Sample)	• 80 % aller Frauen mit Brustkrebs erhalten ein positives Mammographie-Ergebnis. • 80 von 100 Frauen, die an Brustkrebs erkrankt sind, erhalten ein positives Mammographie-Ergebnis.

Verbale Darstellung und die Relevanz von Sprache für Mathematiklernen
Sprache hat nicht nur eine kommunikative, sondern auch eine kognitive Funktion als Denkwerkzeug (Maier & Schweiger 1999; siehe auch Pimm 1987). Als „[...] kognitives Werkzeug [...], das Denk- und Verstehensprozesse unterstützt" (Wessel 2015, S. 16) hat sich Sprache im Hinblick auf das Mathematiklernen als wichtig für die Entwicklung konzeptuellen Verständnisses erwiesen (z. B. Prediger & Zindel 2017 für funktionale Zusammenhänge; Überblick in Prediger 2022a). In Leistungsstudien ist der Einfluss bildungssprachlicher Kompetenz nicht nur für die Mathematikleistung im Allgemeinen, sondern spezifisch für konzeptuelles Verständnis mehrfach gezeigt worden (z. B. Prediger, Wilhelm et al. 2015; Ufer et al. 2013). Sprache dient demnach dazu, mathematische Ideen ausdrücken und denken sowie Gedanken dazu strukturieren zu können:

„Auch abstraktere Zusammenhänge und Konzepte, die sich in der Alltagssprache nur noch sehr umständlich ausdrücken lassen, können bildungs- und fachsprachlich gefasst werden und so selbst zu neuen Denkobjekten werden." (Prediger 2020b, S. 30)

Der enge Zusammenhang zwischen Sprachkompetenz und Mathematikleistung bedeutet im Umkehrschluss aber auch, dass eine unzureichende Sprachkompetenz ein Hindernis beim Mathematiklernen sein könnte, worauf unterschiedliche Studien hinweisen (für einen Überblick siehe z. B. Prediger & Özdil 2011; Wessel 2015). Daher sollte Sprache systematisch im Mathematikunterricht einbezogen werden (Prediger 2020a).

Alltagssprache	Bildungssprache	Fachsprachen der Fächer
Wortebene		
Begriffe mit weiteren Bedeutungsfeldern	⬅┈┈➡	spezifisch definierte Begriffe mit eng abgegrenzten Bedeutungen
kontextgebundene Bedeutung von Wörtern	⬅┈┈➡	weitgehend kontextentbundene Bedeutung von Wörtern
...		
Satz- und Textebene		
konzeptionelle Mündlichkeit der Sprache	⬅┈┈➡	konzeptionelle Schriftlichkeit der Sprache
Kontextualisierungen (d. h. stets Situationsbezug)	⬅┈┈➡	Dekontextualisierungen (d. h. abstrahiert von konkreten Situationen)
einfache grammatikalische Satzkonstruktionen; oft unvollständige Sätze	⬅┈┈➡	vollständige Sätze mit komplexen Satzstrukturen und Nominalisierungen, komplexen Attributen, Passiv, Konjunktiv, verkürzte Nebensatzkonstruktionen („wird das Ganze, ..." statt „wenn das Ganze...")
...		
Ebene der Diskursfunktionen		
Beschreiben, Darstellen, Erläutern, Erklären nur so weit zur Verständigung mit Gegenüber nötig	⬅┈┈➡	möglichst vollständiges und exaktes Beschreiben, Darstellen, Erläutern, Erklären, zuweilen ohne konkreten Adressaten
Argumentieren mit nicht expliziter Argumentationsbasis	⬅┈┈➡	Argumentieren durch expliziten Bezug zur Argumentationsbasis (im idealen Fall)
reales Argumentieren gegeneinander	⬅┈┈➡	fiktives Argumentieren zur Kohärenzherstellung
...		

Abb. 2.5 Beispiele für graduelle Unterschiede zwischen Alltagssprache, Bildungssprache und Fachsprache (aus Meyer & Prediger 2012, S. 3; inhaltlich unverändert nachgebaut)

Zur Spezifizierung der sprachlichen Anforderungen wird im Prinzip der Darstellungs- und Sprachebenenvernetzung allgemein die verbale Darstellung in die alltagssprachliche, bildungssprachliche und fachsprachliche Sprachebene ausdifferenziert (Abschnitt 2.3.1). In Abbildung 2.5 sind Merkmale der drei Sprachebenen dargestellt (zur genaueren Unterscheidung siehe auch Morek & Heller 2012; Prediger et al. 2016; Snow & Uccelli 2009). Die Alltagssprache ist die Sprache der alltäglichen Kommunikation (Cummins 1979), in der Auslassungen oder Gesten enthalten sein können. Bildungssprache zeichnet sich hingegen durch einen höheren Grad an Präzision und Explizitheit aus und ist verdichteter als Alltagssprache (Cummins 1979; Snow & Uccelli 2009). Die Fachsprache bzw. die formalsprachliche Ebene ist noch präziser und zeichnet sich zudem durch Symbolsprache, Definitionen etc. aus (Maier & Schweiger 1999). Eine besondere Herausforderung beim Mathematiklernen ist, dass es sich bei mathematischen Begriffen häufig um Beziehungen handelt (Prediger 2013; Steinbring 1998). Sprache und darunter vor allem Bildungssprache ist erforderlich, um diese Beziehungen auszudrücken und deren Bedeutungen zu erklären (Prediger 2013).

Schon Prediger und Krägeloh (2016) arbeiteten heraus, dass die allgemeine sprachwissenschaftliche Unterscheidung in alltagssprachliche, bildungssprachliche und fachsprachliche Sprachebene zu grob ist, um sie für die Entwicklung und Forschung zu einem konkreten Lerngenstand zu nutzen. Für die genauere Spezifizierung bildungs- und fachsprachlicher Anforderungen für einen konkreten Lerngegenstand hat die Dortmunder MuM-Forschungsgruppe daher die Konstrukte bedeutungs- und formalbezogener Sprachebene entwickelt (Prediger 2015, 2019d, 2022a; Wessel 2015). Als *formalbezogene Sprachebene* wird dabei jener Teil der Fachsprache bezeichnet, der sich auf symbolische und innermathematische Strukturen bezieht und vorrangig für das formale innerfachliche Argumentieren und Erläutern von Rechenwegen herangezogen wird. Die *bedeutungsbezogene Sprachebene* umfasst hingegen jene Teilbereiche der Bildungs- und Fachsprache, die für das informelle Beschreiben mathematischer Strukturen und Erklären von Bedeutungen relevant sind (Prediger 2024). Die Unterscheidung ist insofern relativ, als dass zum Beispiel die formalsprachlichen Mittel der Arithmetik („Ich zerlege die Zahl 13 in Zehner und Einer und multipliziere stellenweise: $5 \cdot 13 = 5 \cdot 10 + 5 \cdot 3$") im weiteren Bildungsverlauf zu bedeutungsbezogenen Sprachmitteln der Algebra werden können („Bei $a \cdot (b + c)$, da stelle ich mir vor, dass b für die Zehner und c für die Einer einer Zahl b + c stehen und ich die Zahl zerlege, dann kann ich einzeln multiplizieren und addieren"). Die bedeutungsbezogenen Sprachmittel sind also für jeden neuen Lerngegenstand diejenigen, die zum Beschreiben der mathematischen Strukturen und zum Erklären von Bedeutungen benötigt werden, sie können teilweise durch Sachanalysen spezifiziert werden, die dann empirisch weiter ausdifferenziert werden (Prediger 2019d, 2024).

In dem bisherigen Forschungsstand zu Lernprozessen in Bezug auf bedingte Wahrscheinlichkeiten finden sich bereits wichtige Hinweise über möglicherweise bedeutsame gegenstandsbezogene Sprachmittel. So berichten Studien, dass für Lernende nicht nur das Dekodieren von Aussagen zu bedingten Wahrscheinlichkeiten, sondern besonders das Formulieren von Zusammenhängen (Pfannkuch & Budgett 2017) herausfordernd ist (Abschnitt 2.1.2 und 2.1.3). Kleine sprachliche Variationen in den Formulierungen können hierbei bereits die Bedeutung verändern (Kapadia 2013).

Über den im Rahmen dieser Arbeit gewählten Zugang zu bedingten Wahrscheinlichkeiten können die zugrunde liegenden bedeutungstragenden Zusammenhänge hinter bedingten Wahrscheinlichkeiten über Anteilsbeziehungen an verschiedenen Ganzen beschrieben und erklärt werden (Abschnitt 2.2.2). Beim Anteil handelt es sich dabei um einen relationalen Begriff (Prediger 2013; Abschnitt 2.2.2). Zur Spezifizierung konkreter bedeutungsbezogener Sprachmittel kann somit auf Forschung zum Begriff des Anteils zurückgegriffen werden (Prediger 2013; Wessel 2015).

Insbesondere haben sich in den empirischen Analysen im Dissertationsprozess folgende Unterscheidungen als relevant herausgestellt, die in die systematische Unterscheidung von Sprachebenen in dieser Arbeit eingehen (Tabelle 2.2).

Tabelle 2.2 Unterscheidung von Sprachebenen zum Lerngegenstand bedingter Wahrscheinlichkeiten mit beispielhaften Sprachmitteln (übersetzt und adaptiert aus Post & Prediger 2024b, S. 99)

Kontextuelle Sprache	Bedeutungsbezogene (kontextunabhängige) Sprache	Formalbezogene Sprache
auf den Kontext bezogene Verbalisierung der Bedeutungen	bedeutungsbezogene, aber dekontextualisierte Verbalisierung der Strukturen	auf die symbolische und formalmathematische Darstellung bezogene Verbalisierung
• alle positiv Getesteten und davon die tatsächlich Erkrankten • die Gruppe der Jungen • 80 % aller Jugendlichen schauen gerne Serien • die weiblichen Sportlichen von allen	• Ganzes, Teil, Anteil • ein Teil von einem Teil • ein Teil vom Ganzen • Ganzes ist das Gesamte / ein Teil • Teil hat ein / zwei Merkmale • Teil-vom-Teil- / Teil-vom-Gesamten-Struktur • einfache, kombinierte, Teil-vom-Teil-Aussage	• Zähler dividiert durch Nenner • Zähler, Nenner einsetzen • einfache, kombinierte, bedingte Wahrscheinlichkeit • Ereignis, Bedingung

In Anlehnung an die Unterscheidung der bedeutungsbezogenen und formalbezogenen Sprachebenen werden in dieser Arbeit die in Tabelle 2.2 dargestellten Ausdifferenzierungen unterschieden. Die kontextuelle Sprachebene und die bedeutungsbezogene kontextunabhängige Sprachebene sind beide Teil der bedeutungsbezogenen Sprachebene, über welche die Teil-Ganzes-Strukturen entweder kontextgebunden oder dekontextualisiert verbalisiert werden. Während

Teil-Ganzes-Beziehungen in kontextueller Sprache konkret kontextgebunden verbalisiert werden können (z. B. die Erkrankten von den positiv Getesteten), ist
für die Explikation der allgemeinen Struktur eine Ablösung vom konkreten Kontext nötig, beispielsweise um Wahrscheinlichkeiten hinsichtlich der verschiedenen
Strukturen zu unterscheiden oder Verstehenselemente explizit zu adressieren
(für Beispiel siehe Post & Prediger 2022, 2024b). Hierfür werden Sprachmittel
gewählt, über welche kontextunabhängig abstrakt, aber bedeutungsbezogen die
Teil-Ganzes-Strukturen beschrieben werden können (z. B. Teil von einem Teil).

Die formalbezogene Sprachebene nimmt zwei Funktionen ein, symbolisch
dargestellte Rechnungen zu Brüchen etc. zu verbalisieren und formalbezogene
Zusammenhänge in der formalen Sprache der Wahrscheinlichkeiten zu fassen.

2.3.4   Zusammenfassung

Theoretische Überlegungen und empirische Ergebnisse deuten auf die Relevanz von Darstellungen und Verknüpfungen für das Mathematiklernen hin
(Abschnitt 2.3.1). Auf der Grundlage bisheriger Studien können unterschiedliche Verknüpfungsaktivitäten zwischen Darstellungen abgeleitet werden, die
sich darin unterscheiden, wie bewusst und explizit die Verknüpfung erfolgt
(Abschnitt 2.3.2). Als besonders relevant für die Entwicklung konzeptuellen Verständnisses scheint das Vernetzen von Darstellungen. Dies bedeutet, dass es
nicht ausreicht, Lernenden vielfältige Darstellungen bereitzustellen. Es bedarf
Lerngelegenheiten, diese auch explizit zu vernetzen. Aus instruktionspsychologischer und mathematikdidaktischer Perspektive zeichnet diese Aktivitäten aus,
dass erklärt wird, *wie* Darstellungen zusammenhängen, d. h., wie die konzeptuell
relevanten Verstehenselemente zusammenhängen.

In der Literatur wurden Designprinzipien von Unterrichtsmaterialien und
Implementationen im Unterricht mit Fokus auf Darstellungsvernetzung entwickelt
sowie Lernprozesse untersucht (Abschnitt 2.4), die sich auch auf den Lerngegenstand bedingte Wahrscheinlichkeit übertragen lassen. Es besteht allerdings
weiterhin Bedarf, den Einsatz von Darstellungen im Unterricht (z. B. Mainali
2021) sowie die praktische Implementation in der Klasse und deren Zusammenhang zu den initiierten Prozessen sowohl gegenstandsübergreifend als auch vor
allem gegenstandsbezogen zu untersuchen:

„Finally, we know relatively little about how specific classroom-based implemen-
tations of the design principles described above affect students' learning." (Rau &
Matthews 2017, S. 541)

Zu bedingten Wahrscheinlichkeiten sind bereits Darstellungen vielfach untersucht worden, häufig im Rahmen von Studien, die abhängig von aufgabenspezifischen Merkmalen (z. B. graphische Darstellungen oder numerische Formate) Performanz oder Trainingseffekte untersuchen. In Abschnitt 2.3.3 wurden die im Rahmen der Arbeit relevanten Darstellungen erläutert. Einige Studien geben auch erste Hinweise auf die Relevanz von Verknüpfungen zwischen Darstellungen und Informationsformaten, um Verständnis für bedingte Wahrscheinlichkeiten zu fördern (Abschnitt 2.1.3). Diese Prozesse sind allerdings bisher wenig untersucht worden, worauf zum Beispiel Pfannkuch und Budgett (2017) hinweisen, wenn sie mehr Forschung zu Wirkungen ausgewählter Darstellungen auf die Lernprozesse fordern.

Die vorliegende Arbeit knüpft an diesen Forschungs- und Entwicklungsbedarf in mehrfacher Weise an: Im Entwicklungsteil (Kapitel 5) dieser Arbeit werden Designelemente zur Gestaltung eines Lehr-Lern-Arrangements zu bedingten Wahrscheinlichkeiten mit einem Schwerpunkt auf Darstellungsvernetzung in Anlehnung an bestehende Ansätze mit Fokus auf Lernende ausdifferenziert. Zusätzlich vertieft diese Arbeit den Fokus auf Lehrkräfte, indem in der Entwicklung des Designs auch gefragt wird, wie Lehrkräfte durch das Material bei der Etablierung von Darstellungsvernetzungsaktivitäten unterstützt werden können. Zu diesem noch weit weniger untersuchten Fokus auf Lehrkräfte werden in Kapitel 7 und 8 zudem Praktiken von Lehrkräften zur Darstellungsverknüpfung am Lerngegenstand bedingter Wahrscheinlichkeiten rekonstruiert und dadurch initiierte Darstellungsverknüpfungsaktivitäten in gemeinsamen Lernprozessen der Klassengemeinschaft beschrieben.

Das Lehr-Lern-Arrangement und die Entwicklung des Designs gründen dabei auf den Ergebnissen zum Forschungsstand zu bedingten Wahrscheinlichkeiten. Daher werden im folgenden Abschnitt diese Ansätze zur Förderung konzeptuellen Verständnisses auf Grundlage der zuvor dargestellten theoretischen Hintergründe und empirischen Ergebnisse zusammenfassend abgeleitet.

2.4 Ansätze zur Förderung konzeptuellen Verständnisses

In diesem Abschnitt werden ausgehend von den vorherigen Perspektiven Ansätze zum Lehren und Lernen von bedingten Wahrscheinlichkeiten abgeleitet. Hieraus werden erste Gestaltungs-Prinzipien hergeleitet, die in Kapitel 5 als Designprinzipien für das Lehr-Lern-Arrangement weiter ausgeführt, für den vorliegenden Lerngegenstand konkretisiert und in Kapitel 3, 7 und 8 auch als Anforderungen an die unterrichtlichen Praktiken von Lehrkräften in der Interaktion betrachtet werden.

Verknüpfungsaktivitäten zwischen Verstehenselementen
Ein übergreifendes Prinzip für das Lehren und Lernen ist die *Verstehensorientierung* (Hiebert & Carpenter 1992; Prediger 2009). Demnach sollen Lernende nicht nur Rechenregeln zu bedingten Wahrscheinlichkeiten beherrschen, sondern dahinterliegende Konzepte verstehen lernen und Rechenprozeduren damit verknüpfen können. In Anlehnung an die Auffassung von Verständnis als gut vernetztes Wissensnetz werden Verknüpfen, Verdichten und Auffalten als relevante Aktivitäten von Lernenden zum Aufbau konzeptuellen Verständnisses beschrieben (Abschnitt 2.2.1; Aebli 1994; Drollinger-Vetter 2011; Hiebert & Carpenter 1992; Prediger & Zindel 2017). Daran anschließend nennen Korntreff und Prediger (2022) folgende Anforderungen an die Qualität von Verstehensangeboten in Lernmaterialien: „[…] Vorkommen, Auffalten und Vernetzen der Verstehenselemente der thematischen Konzepte […]" (S. 287). Demnach sind das *Verknüpfen* und *Vernetzen, Auffalten* und *Verdichten* zwischen Verstehenselementen zentrale Aktivitäten, die im Lernprozess angeregt und unterstützt werden sollten (Zindel 2019). Dem geht voraus, Lernende anzuregen, die *relevanten Verstehenselemente* mental zu konstruieren und zu *adressieren*.

Vernetzen von Darstellungen inklusive Sprachebenen
Um konzeptuelles Verständnis für Zusammenhänge aufzubauen, wird in der Literatur auf Instruktionsstrategien und Praktiken verwiesen, Lernende darin zu unterstützen, explizite Zusammenhänge zwischen Darstellungen herzustellen und dafür Gelegenheiten über die elaborierteste Verknüpfungsaktivität *Erklären der Verknüpfung* bzw. *Vernetzen von Darstellungen* zu bieten (Abschnitt 2.3; Marshall et al. 2010; Rau & Matthews 2017). Diese expliziten Verknüpfungsaktivitäten sollten dabei einerseits über das Design im Material eingebunden werden und andererseits sollten Lehrkräfte darin unterstützt werden, diese Aktivitäten zu etablieren:

> „The connection processes were the main differences between the cases, with the more elaborate connection processes being more effective for the mathematics understanding. As a consequence, designers of curriculum material should support teachers to scaffold and explicate elaborated connection processes such as translation, articulation, and justification in order to leverage students' repertoires-in-use. Roughly speaking: Students' funds of languages, registers, and representations only become a source for meaning-making when the curriculum material and the teachers support the connection processes on the micro-level." (Uribe & Prediger 2021, S. 22)

Aus den bereits vorgestellten Befunden zu produktiven Lernprozessen werden in der Literatur folgende Anforderungen an das Design von Material und die Praktiken von Lehrkräften formuliert:

- **Fokussierung auf relevante Verstehenselemente und Strukturen statt auf oberflächliche Merkmale und isolierte Elemente**: Eine Anforderung an Darstellungsvernetzung ist, dass Verknüpfungen nicht auf oberflächliche, sondern auf konzeptuell relevante Verstehenselemente des Konzepts abzielen (Rau & Matthews 2017; Abschnitt 2.3.2). Neben der „einfachen" Zuordnung einzelner Verstehenselemente ist zudem entscheidend zu erklären, wie beide Darstellungen hinsichtlich der zugrunde liegenden konzeptuellen Struktur zusammenhängen (Berthold & Renkl 2009; Renkl et al. 2013).
- **Anregung zur aktiven Etablierung und Erklärungen**: Eine weitere Anforderung zur Umsetzung expliziter Verknüpfung von Darstellungen ist, dass Lernende zur verbalen *Erklärung*, wie Darstellungen zusammenhängen, sowie *aktiver Etablierung* dieser Zusammenhänge beispielsweise durch Zuordnungen entsprechender Elemente angeregt werden (Rau & Matthews 2017).
- **Unterstützung durch Lehrkräfte**: Da Lernenden Zuordnungen häufig schwerfallen oder sie dabei oberflächliche Merkmale adressieren, müssen diese im Erkennen der konzeptuell relevanten Elemente unterstützt werden (Rau et al. 2017; Rau & Matthews 2017). Prediger, Quabeck et al. (2022) betonen dazu die Relevanz von adaptiven Scaffolds seitens der Lehrkraft, Prediger und Wessel (2013) heben dabei die Auswahl des passenden Scaffolds, aber auch des passenden Moments hervor.

2.5 Synthese epistemischer und semiotischer Dimensionen im Navigationsraum: Verschränkte Perspektive auf Lerngegenstand und Lernprozesse

In den vorangehenden Abschnitten wurde der Lerngegenstand separat aus semiotischer und epistemischer Perspektive spezifiziert: In Abschnitt 2.3 wurde er aus semiotischer Perspektive mithilfe der gegenstandsbezogen relevanten Darstellungs- und Sprachebenen spezifiziert, die durch verschiedene semiotische Verknüpfungsaktivitäten zueinander in Beziehung zu bringen sind. In Abschnitt 2.2 wurde der hier gewählte Zugang zu bedingten Wahrscheinlichkeiten über Anteilsbeziehungen aus epistemischer Perspektive spezifiziert, indem auf Basis des in Abschnitt 2.2.1 vorgestellten kognitionspsychologischen Verstehensmodells die epistemischen Aktivitäten des Auffaltens der Wahrscheinlichkeit als Anteil in seine detaillierteren Verstehenselemente (Teil, Ganzes, Teil-Ganzes-Beziehung) und die zugehörigen Verdichtungsaktivitäten als entscheidend für den Verständnisaufbau identifiziert wurden.

Diese separaten Spezifizierungen werden in diesem Abschnitt zu einer verschränkten Perspektive zusammengeführt. Diese soll später ermöglichen, die semiotischen und epistemischen Aktivitäten der Lernenden und die Navigationen von Lehrkräften zum Anregen und Unterstützen dieser Aktivitäten detailliert zu beschreiben. Dazu wurde mithilfe der ersten empirischen Analysen des Dissertationsprozesses ein sogenannter Navigationsraum entwickelt (Post & Prediger 2024b), in dem Äußerungen von Lernenden und Lehrkräften sowohl bzgl. der adressierten Verstehenselemente als auch der adressierten Darstellungen (inkl. Sprachebenen) verortet und damit die epistemischen und semiotischen Aktivitäten als Bewegungen im Navigationsraum erfasst werden können (ähnlich in Prediger 2022b; Prediger, Quabeck et al. 2022). Dieser Navigationsraum ist in Abbildung 2.6 abgebildet und wird im Folgenden genauer erläutert.

		Vorgegebene Aussage (VA)	Kontextuelle Sprache (KS)	Bed.-bez. Sprache (BS)	Graphische Darst. (GD)	Formalbez. Sprache (FS)	Symbolische Darst. (SD)
	Wahrscheinlichkeit						
	Situationstyp						
	Anteil						
	Teil-Ganzes-Beziehung						
	TGB vergleichen						
	Ganzes						
	Ganze vergleichen						
	Teil						
	Teile vergleichen						

Semiotische Verknüpfungsaktivitäten

keine Verknüpfung   Wechsel — — —   Übersetzen ——   Verknüpfung Erklären ≡≡≡

Auffalten eines gekapselten Konzepts in feinere Verstehenselemente

Verdichten von Verstehenselementen

Abb. 2.6 Navigationsraum aufgespannt von Darstellungen und semiotischen Aktivitäten (in Spalten) sowie Verstehenselementen mit Auffaltungs- und Verdichtungsaktivitäten (in Reihen) (veröffentlicht in Post & Prediger 2024b, S. 105; hier in übersetzter und adaptierter Version)

Durch die Verschränkung der Perspektiven können also die Lehr-Lern-Prozesse detailliert in Bezug auf die Verknüpfungs-, Auffaltungs- und Verdichtungsaktivitäten zwischen Verstehenselementen und Darstellungen beschrieben und analysiert werden (vgl. Post & Prediger 2024b). Aus epistemischer Perspektive können die adressierten Verstehenselemente sowie Auffaltungs- und Verdichtungsaktivitäten erfasst werden, welche in der Matrix durch Auf- und Abwärtsbewegungen dargestellt werden (Abschnitt 2.2): Feinere Verstehenselemente können von unten nach oben zu komplexeren Verstehenselementen verdichtet werden. Komplexere verdichtete Verstehenselemente können wiederum in die ursprünglichen Beziehungen und feineren Verstehenselemente aufgefaltet werden (Aebli 1994; Drollinger-Vetter 2011). Über die Spalten kann analysiert werden, welche Darstellungen adressiert und wie bewusst bzw. explizit diese verknüpft werden (Abschnitt 2.3). Der Aufbau der Matrix erlaubt diese für das Verstehen als relevant ausgearbeiteten Verknüpfungsaktivitäten im Zusammenhang zu betrachten: Es kann erfasst werden, in welchen Darstellungen bestimmte Verstehenselemente adressiert und verknüpft, aber auch, welche Verstehenselemente zur Explikation bestimmter Darstellungsverknüpfungen adressiert werden.

Über die Analyse von Lernprozessen hinaus bietet das Modell zudem einen Rahmen, um den Zusammenhang zwischen Darstellungsverknüpfungsaktivitäten und Auffaltungs- und Verdichtungsaktivitäten zwischen Verstehenselementen empirisch begründet zu charakterisieren und zu erklären. Um genauer darzustellen, was das hier abgeleitete Modell hinsichtlich des Zusammenhangs zwischen epistemischer und semiotischer Perspektive auszeichnet, werden nachfolgend Gemeinsamkeiten und Unterschiede zu den in Abschnitt 2.2.1 herangezogenen Modellen erläutert. Im Pythagoras-Verstehensmodell kombiniert Drollinger-Vetter (2011) Verknüpfungen zwischen Verstehenselementen, Konzepten und Repräsentationen und beschreibt alle drei Verknüpfungsarten als relevant für Verstehen. Repräsentationen werden aufgefasst als verdichtete Verstehenselemente und ihre Verknüpfungen, die wiederum zu Konzepten verdichtet werden können (Drollinger-Vetter 2011). In Abgrenzung hierzu werden im Navigationsraum Verknüpfungen zwischen Verstehenselementen und Darstellungen nicht über Stufen der Verdichtung unterschieden (Drollinger-Vetter 2011), sondern die Verschränkung beider Perspektiven betrachtet, die als gleichrangig gesehen werden.

Prediger und Zindel (2017) adaptieren das Modell und spezifizieren konzeptuelle und sprachliche Anforderungen beim Aufbau von Verständnis für den Funktionsbegriff. Sie untersuchen zudem den Zusammenhang dieser Anforderungen zur Darstellungsverknüpfung genauer. In Anlehnung an das kognitionspsychologische Verstehensmodell betrachten sie dazu die Facetten des Funktionsbegriffs jeweils im Lichte bestimmter Darstellungen und deuten auf die konzeptuelle Anforderung hin, verschiedene Facetten eines Konzepts zwischen symbolischer und verbaler Darstellung zu verknüpfen:

> „[...] *concept demand of coordinating and connecting the different facets in both representations*: all conceptual facets can become relevant for succeeding in coordinating the symbolic equation and the phrase 'in dependency of' (literally translated from German), as they have to be adequately addressed, combined, and related between representations." (Prediger & Zindel 2017, S. 4172)

Dabei stellen sie fest, dass Auffaltungs- und Verdichtungsaktivitäten bezogen auf den konzeptuellen Lernprozess eng verwoben sind mit parallel verlaufenden sprachlichen Prozessen, die sie als „[...] decomposing and condensing on the language-related side [...]" (S. 4184) bezeichnen. Die Untersuchung der Verknüpfungen zwischen symbolischer und verbaler Darstellung ergibt: „Eine tragfähige Darstellungsvernetzung erfordert ein paralleles Auffalten und Verdichten der beiden beteiligten Darstellungen [...]" (Zindel 2019, S. 279). Prediger und Zindel (2017) schlagen hiermit einen Rahmen vor, beide Perspektiven gleichzeitig zu betrachten und den Zusammenhang zu untersuchen.

Mit dem in dieser Arbeit abgeleiteten zweidimensionalen Navigationsraum kann dieser Rahmen gewinnbringend ergänzt werden: Über die Erfassung in zwei Dimensionen lässt sich der Zusammenhang nun noch präziser analysieren. Während Prediger und Zindel (2017) den Zusammenhang zwischen symbolischer und verbaler Darstellung analysieren, fokussiert das Modell hier stärker den Zusammenhang zu Verknüpfungsaktivitäten zwischen unterschiedlichen Darstellungen, indem weitere Darstellungen eingebunden und Verknüpfungsarten differenzierter betrachtet werden. Theoretische Überlegungen zu semiotischen Aktivitäten wie der Unterscheidung der unterschiedlichen Verknüpfungsaktivitäten legen dabei nahe, dass nicht nur das *Wie*, sondern auch das *Was* wichtig zur Charakterisierung der Prozesse ist und diese in Zusammenhang mit adressierten Verstehenselementen betrachtet werden sollten (Abschnitt 2.3). Beispielsweise zeichnet explizites Erklären von Verknüpfungen aus, dass erklärt wird, *wie* Darstellungen zusammenhängen, d. h., wie die konzeptuell relevanten Verstehenselemente zusammenhängen (Abschnitt 2.3.2). Die Gemeinsamkeit beider Perspektiven ist dabei, dass in beiden Perspektiven Verknüpfungen jeweils eine elementare Rolle für die Entwicklung konzeptuellen Verständnisses spielen (Abschnitt 2.2.1 und 2.3.2).

Zusammenfassend ist in diesem Abschnitt dargestellt worden, wie die zuvor separat betrachteten Perspektiven auf Lernprozesse und den Lerngegenstand kombiniert werden. Durch die Synthese ergibt sich eine verschränkte Perspektive, die es erlaubt, Lernprozesse und auch Lehrprozesse im Zusammenspiel der semiotischen und epistemischen Perspektive zu betrachten sowie Darstellungsverknüpfungsaktivitäten in Verständnisaufbauprozessen genauer zu untersuchen und auszudifferenzieren.

2.6 Zusammenfassung und Zielsetzungen in Hinblick auf Lernprozesse

In Abschnitt 2.1 wurde der Forschungsstand zu bedingten Wahrscheinlichkeiten dargestellt. Insgesamt leiten sich aus den vorhandenen Studien das Explizieren der zugrunde liegenden Teil-Ganzes-Strukturen, das Vernetzen verschiedener Darstellungen sowie die Förderung von Sprache als mögliche Ansätze ab, um Verständnis für bedingte Wahrscheinlichkeiten und für den Zusammenhang zu der inversen und kombinierten Wahrscheinlichkeit zu fördern. Die aktuelle Forschungslage zeigt unter anderem eine Vielzahl an quantitativen Leistungsstudien, in denen Performanz bei unterschiedlicher Darbietung der Aufgabe verglichen wird oder auch Studien, die Effekte von Trainings untersuchen. Es zeigt sich Bedarf nach weiteren Studien, in denen Lern- und Denkprozesse zu bedingten Wahrscheinlichkeiten näher untersucht werden.

In Abschnitt 2.2 wurde unter Rückgriff auf kognitionspsychologische Ansätze (Drollinger-Vetter 2011) Verstehen über Auffaltungs- und Verdichtungsaktivitäten von Verstehenselementen konzeptualisiert (Prediger & Zindel 2017). Diese epistemische Perspektive auf Lernprozesse ermöglichte mit dem Ansatz, zugrunde liegende Teil-Ganzes-Beziehungen zu explizieren, relevante Verstehenselemente sowie Auffaltungs- und Verdichtungsaktivitäten zum Aufbau konzeptuellen Verständnisses zu bedingten Wahrscheinlichkeiten zu spezifizieren.

Aus semiotischer Perspektive auf Lernprozesse verweisen Studien darauf, dass der Einsatz von Darstellungen und deren Verknüpfung den Aufbau konzeptuellen Verständnisses unterstützen können, allerdings nur unter gut identifizierten Gelingensbedingungen (Abschnitt 2.3). Hierzu wurden auf Basis bisheriger instruktionspsychologischer und mathematikdidaktischer Forschungsergebnisse unterschiedliche Verknüpfungsaktivitäten zwischen Darstellungen dargestellt, da ein Bereitstellen von vielfältigen Darstellungen (ebenso wie Sprachebenen) allein nicht ausreicht. Lernende benötigen weitere Lerngelegenheiten zum expliziten Vernetzen der Darstellungen (inkl. Sprachebenen), indem erklärt wird, wie die

Darstellungen zusammenhängen. Diesbezüglich besteht weiter Bedarf, den Einsatz von Darstellungen im Unterricht und die praktische Implementation im Klassensetting sowie den Zusammenhang zu Lernprozessen tiefergehend zu untersuchen, sowohl für bedingte Wahrscheinlichkeiten als auch darüber hinaus. Aufbauend auf diesen Ergebnissen und Perspektiven wurden in Abschnitt 2.4 Gestaltungsprinzipien für einen verstehensförderlichen Unterricht zusammengetragen, die sowohl für das Handeln von Lehrkräften als auch für die Designprinzipien für die Entwicklung von Lehr-Lern-Arrangements entscheidend sind (Kapitel 5). Diese umfassen die Verstehensorientierung, das Adressieren von relevanten Verstehenselementen, die Anregung von Verknüpfungs-, Auffaltungs- und Verdichtungsaktivitäten zwischen Verstehenselementen sowie das Vernetzen von Darstellungen und Sprachebenen.

Anschließend an den separaten Blick auf Lernprozesse aus epistemischer und semiotischer Perspektive wurden diese in Abschnitt 2.5 im Navigationsraum als Beschreibungsmittel für die Analyse von Lehr-Lern-Prozessen kombiniert. Diese Perspektive ermöglicht, Lernprozesse im Zusammenspiel der semiotischen und epistemischen Perspektive zu betrachten sowie Darstellungsverknüpfungsaktivitäten in Verständnisaufbauprozessen zu untersuchen und auszudifferenzieren.

Mit der vorliegenden Arbeit soll für bzw. exemplarisch am Lerngegenstand bedingter Wahrscheinlichkeiten ein Beitrag zu den hier abgeleiteten Forschungslücken geleistet werden. Mit Blick auf die Lernprozesse von Lernenden ergeben sich hierfür folgende Zielsetzungen der Arbeit, welche richtungsweisend für die Entwicklung eines Lehr-Lern-Arrangements sowie die Rekonstruktion und Analyse von Praktiken von Lehrkräften und gemeinsamer Lernwege einer Klassengemeinschaft im weiteren Verlauf der Arbeit sind:

- Gestaltung eines Lehr-Lern-Arrangements für den Gegenstand bedingter Wahrscheinlichkeiten mit Fokus auf Aufbau inhaltlicher Ideen zu bedingten Wahrscheinlichkeiten und Darstellungsvernetzung
- Ausdifferenzierung von Designelementen für das Designprinzip der Darstellungsvernetzung
- Analyse der Implementation von Darstellungsvernetzung im Unterricht
- Analyse von Lehr-Lern-Prozessen bei der Entwicklung konzeptuellen Verständnisses zu bedingten Wahrscheinlichkeiten sowie des Zusammenhangs von semiotischen und epistemischen Verknüpfungsaktivitäten

Forschungsstand zu Lehrprozessen: Unterrichtspraktiken zur Darstellungsverknüpfung

3

In Kapitel 2 wurde der Forschungsstand zum Lerngegenstand (Verständnis der bedingten Wahrscheinlichkeit) und zu Lernprozessen (Verständnisaufbau durch Darstellungsvernetzung) dargelegt und Gelingensbedingungen eines Verständnisaufbaus zusammengetragen, wie sie in einer fachdidaktischen Lernforschung mit *lernprozessfokussierenden Design-Research-Ansätzen* und Interventionsstudien gewonnen wurden. Dabei zeigte sich, dass die Bereitstellung von vielfältigen Darstellungen allein nicht ausreicht, sondern es Lerngelegenheiten für das explizite Vernetzen der Darstellungen (inkl. Sprachebenen) bedarf.

Diese Lerngelegenheiten lassen sich zwar durch Unterrichtsmaterialien und Aufgaben anlegen, sind jedoch auch erheblich von ihrer Ausgestaltung in den Lehrprozessen abhängig, d. h. ihrer unterrichtlichen Behandlung durch Lehrkräfte. Daher wird in dieser Arbeit ein *lehrprozessfokussierender Design-Research-Ansatz* verfolgt und die Unterrichtspraktiken von Lehrkräften bei der Arbeit mit den entwickelten Unterrichtsmaterialien fokussiert.

In diesem Kapitel wird der Forschungsstand zu Lehrprozessen für die Thematik des Umgangs mit Darstellungen aufgearbeitet, indem der Bedarf des Fokuswechsels von Lern- zu Lehrprozessen genauer erläutert wird (Abschnitt 3.1) und Unterrichtspraktiken theoretisch konzeptualisiert werden (Abschnitt 3.2). In Abschnitt 3.3 wird ein Einblick in den Forschungsstand zu Wissen, Orientierungen und unterrichtlichem Handeln von Lehrkräften im Umgang mit Darstellungen gegeben. In Abschnitt 3.4 erfolgt die Spezifizierung der im Rahmen dieser Arbeit betrachteten *Praktiken zur Darstellungsverknüpfung* für den Lerngegenstand bedingte Wahrscheinlichkeiten.

M. Post, *Darstellungsvernetzung bei bedingten Wahrscheinlichkeiten*, Dortmunder Beiträge zur Entwicklung und Erforschung des Mathematikunterrichts 55, https://doi.org/10.1007/978-3-658-47374-7_3

3.1   Fokuswechsel von Lernprozessen zu Lehrprozessen – Relevanz von Lehrprozessen für das Lernen

Unterrichten zeichnet sich durch das Herstellen und Aushandeln von Beziehungen zwischen dem Inhalt und den Beteiligten sowie Interaktionen zwischen der Lehrkraft und den Lernenden mit Fokus auf einen Inhalt aus (Franke et al. 2007; Hiebert & Grouws 2007). Lehrkräfte werden hierbei vor vielfältige Anforderungen und Aufgaben gestellt, die Franke et al. (2007) folgendermaßen zusammenfassen:

> „[…] (a) shaping classroom mathematical discourse, (b) developing classroom norms that support engagement around the mathematical ideas, and (c) developing relationships with students and the class in a way that supports opportunities for participation in the classroom's mathematical work." (S. 230)

In der Mathematikdidaktik ist vielfach diskutiert worden, was solche Formen des Unterrichtens ausmacht, die auf Förderung mathematischer Fähigkeiten und konzeptuellen Verständnisses abzielen, d. h., welche Merkmale des Unterrichtens das verstehensbezogene Lernen beeinflussen (Franke et al. 2007; Hiebert & Grouws 2007). Hierfür sind unterschiedliche Faktoren identifiziert und untersucht worden: So können reichhaltige Aufgaben und Unterrichtsmaterialien, welche Lehrkräfte im Unterricht einsetzen, das Mathematiklernen unterstützen (z. B. Pöhler et al. 2017; Stein & Lane 1996). Für eine erfolgreiche Etablierung der dadurch anvisierten Lerngelegenheiten sind allerdings über die Wahl der Aufgabe (und weitere Aspekte wie beispielsweise Zeit) hinaus weitere Faktoren von Relevanz, zum Beispiel die Einführung der Aufgabe, die Unterrichtsgespräche zur Aufgabe oder unterstützende Handlungen der Lehrkraft (Franke et al. 2007; Henningsen & Stein 1997; Jackson et al. 2013; Stein et al. 1996).

Neben konsequenter Einforderung und Unterstützung von Erklärungen und Verknüpfungen kann unter anderem auch die Art des Unterrichtsgesprächs und der Interaktionen zwischen Lernenden und Lehrkräften Einfluss auf die Lerngelegenheiten und Lernprozesse haben (Henningsen & Stein 1997; Hiebert & Wearne 1992; Yackel et al. 1990). Mögliche Aspekte sind hierfür unter anderem, inwiefern im Gespräch eine Breite unterschiedlicher Antworten und Verfahren berücksichtigt und entwickelt wird sowie Lernende in der Verbalisierung von Gedanken und Bedeutungen unterstützt werden (Franke et al. 2007; Hiebert & Wearne 1992; Yackel et al. 1990) oder Verknüpfungen zwischen Darstellungen fokussiert und Ideen zusammenhängend entwickelt werden (Hiebert & Wearne

1992). In einer Interventionsstudie vergleicht Götze (2019) Abschlussstandort-bestimmungen von Lernenden aus drei Gruppen: eine Interventionsgruppe mit Lernenden aus Klassen, in denen Lehrkräfte vorab über die Bedeutung des Diskurses, die inhaltlich relevanten Sprachhandlungen sowie Unterstützungen über Mikro-Scaffolding informiert wurden, eine weitere Interventionsgruppe, welche mit dem Material zwar gearbeitet hat, jedoch ohne explizite Informationen zu den relevanten Sprachhandlungen und Unterstützungen auf der Mikro-Ebene zu erhalten, und eine Kontrollgruppe. Lernende aus Klassen, deren Lehrkräfte über die Bedeutung von Diskurs und Mikro-Scaffolding informiert wurden, zeigten einen höheren Anteil kausaler Begründungen zu operativen Zusammenhängen als Lernende der anderen Gruppen (Götze 2019).

Diese Ergebnisse weisen darauf hin, dass Lernprozesse und die Fruchtbarkeit von Lerngelegenheiten auch erheblich vom Handeln der Lehrkraft und der Ausgestaltung der Lehrprozesse abhängen. Lehrkräfte sind ein wichtiger Faktor für den Lernerfolg (Hattie 2009). Daher ergibt sich die Notwendigkeit, nicht nur die Lernprozesse, sondern gleichermaßen die Lehrprozesse zu fokussieren, um Bedingungen für die Gestaltung von Lerngelegenheiten für mathematische Fähigkeiten und konzeptuelles Verständnis zu untersuchen und zu verbessern (Franke et al. 2007; Hiebert & Grouws 2007).

Studien, die sich mit dem Zusammenhang von Lehren und Lernen befassen, deuten auch darauf hin, dass Lehrkräfte sich in ihrem Handeln unterscheiden. Der gesamte Strang der Unterrichtsqualitätsforschung hat nachgewiesen, dass Lernzuwächse von Lernenden erheblich von der Ausgestaltung des Unterrichts abhängen (Hiebert & Grouws 2007; Klieme 2019; Kunter et al. 2013). Diese wird oft auch durch die Aufgabenqualitäten erfasst (z. B. Kunter et al. 2013). Es gibt jedoch Belege, dass auch bei konstant gehaltenen Aufgabenqualitäten unterschiedliche Unterrichtsqualitäten erzeugt werden: Neugebauer und Prediger (2023) setzen Unterrichtsmaterial zur Entwicklung konzeptuellen Verständnisses zu Prozenten in 18 Klassen ein und untersuchen die Leistungszuwächse der Lernenden in Abhängigkeit von der umgesetzten Unterrichtsqualität. Die Ergebnisse zeigen, dass Qualitätsdimensionen, welche in der Interaktion zwischen Lehrkraft und Lernenden zu verorten sind (z. B. Umgang mit Beiträgen von Lernenden), sich zwischen Klassen erheblich unterscheiden und einen signifikanten zusätzlichen Einfluss auf die Leistungszuwächse der Lernenden haben.

Insgesamt belegen also auch diese quantitativen Studien die qualitativ längst herausgearbeitete Relevanz (Franke et al. 2007), neben den Lernprozessen auch die Lehrprozesse und das unterrichtliche Handeln von Lehrkräften zu fokussieren, um Merkmale, Handlungen etc. weiter zu bestimmen, in denen sich

Lehrkräfte unterscheiden und welche produktive Lerngelegenheiten schaffen und unterstützen.

Zusammenfassend zeigen bisherige Studienergebnisse, dass die Fruchtbarkeit von Lerngelegenheiten und Lernprozessen unter anderem auch erheblich von deren Ausgestaltung in den Lehrprozessen und Handlungen von Lehrkräften abhängt. Lehrkräfte unterscheiden sich dabei in diesen Ausgestaltungen und Handlungen. Aus diesem Grund ergibt sich die Relevanz, Lehrprozesse gleichermaßen unter der Fragestellung zu fokussieren, welche Faktoren die Entwicklung konzeptuellen Verständnisses fördern können. Ein Ziel dieser Arbeit ist, zur Dekompositionsagenda von Praktiken von Lehrkräften am Beispiel von Praktiken zur Darstellungsverknüpfung (Kapitel 7) beizutragen. Im nachfolgenden Abschnitt wird dazu zunächst eine Konzeptualisierung der Lehrprozesse über unterrichtliche Praktiken bereitgestellt.

3.2   Theoretische Konzeptualisierung von unterrichtlichen Praktiken von Lehrkräften

In diesem Abschnitt wird dargestellt, wie das Handeln von Lehrkräften und Lehrprozesse über unterrichtliche Praktiken von Lehrkräften konzeptualisiert werden.

Hierzu wird zunächst ein Einblick in die Forschung zum Unterrichten sowie zu Praktiken gegeben (Abschnitt 3.2.1). Unterrichtliche Praktiken werden dann aus praxeologischer Perspektive konzeptualisiert (Abschnitt 3.2.2) und anschließend als Navigationspfade auf einem gegenstandsspezifischen Navigationsraum konkretisiert (Abschnitt 3.2.3).

3.2.1   Untersuchungen zu Lehrprozessen und Handeln von Lehrkräften

Unterrichten, Lehrkräfte und ihr Handeln werden unter anderem in der erziehungswissenschaftlichen und psychologischen Bildungsforschung und Mathematikdidaktik umfangreich beforscht (für einen Überblick siehe z. B. da Ponte & Chapman 2006; Franke et al. 2007; Gitomer & Bell 2016; Jacobs & Spangler 2017), zum Beispiel mit Fokus auf Wissen, Überzeugungen, Orientierungen, Vorstellungen oder Praktiken von Lehrkräften (da Ponte & Chapman 2006). Fragestellungen rund um Lehren sind beispielsweise, wie der im Unterricht etablierte Diskurs oder die Etablierung von Normen und Beziehungen mit Lernenden das

Schaffen von Lerngelegenheiten und das Mathematiklernen unterstützen können (Franke et al. 2007).

Zunehmend in den Fokus der Forschung zu Lehrtätigkeiten sind *Praktiken von Lehrkräften* gelangt (da Ponte & Chapman 2006). So fordern Franke et al. (2007):

> „[…] researchers in mathematics education, within various mathematical domains, could also marry the research on student thinking with classroom practice by beginning to identify core practices that teachers could follow. The routines of practice serve as a set of focal points (all conceptually connected) in which to embed our developing understanding of the interrelations of the features of classroom practice discussed in this chapter [here: discourse, norms and building relationships]." (S. 250)

Praktiken sind in den letzten Jahren insbesondere in Bezug auf Wahrnehmungspraktiken beforscht worden, aber auch solche der unterrichtlichen Umsetzung wie beispielsweise zum Leiten von Unterrichtsgesprächen (Jacobs & Spangler 2017).

Um einerseits Praktiken beschreiben und verstehen zu können sowie diese gezielt in der Lehrkräftebildung einzubinden, fordern Grossman, Compton et al. (2009) die Dekomposition von *Praktiken* in ihre Bestandteile. Dekomposition bedeutet hierbei, die konstituierenden Bestandteile zu identifizieren und zu beschreiben:

> „Decomposition of practice involves breaking down practice into its constituent parts for the purpose of teaching and learning." (Grossman, Compton et al. 2009, S. 2058)

Dabei gibt es eine große Vielfalt an unterschiedlichen Ansätzen, wie das Handeln von Lehrkräften erforscht wird (für einen Überblick siehe z. B. da Ponte & Chapman 2006), die sich unter der Perspektive von Praktiken zusammenfassen lassen, auch wenn die Forschenden selbst diese Bezeichnung nicht wählen. In ihrem Review von Beiträgen, die im Rahmen der PME (The International Group for the Psychology of Mathematics Education) entstanden sind, beschreiben da Ponte und Chapman (2006), dass Praktiken bzw. Praxis in den frühen Studien eher als Aktionen, Handlungen oder Verhalten aufgefasst wurden, während diese zunehmend in Zusammenhang mit Wissen, Überzeugungen, Motiven, Intentionen, Normen, dem sozialen Setting sowie ihrem sich wiederholenden Charakter betrachtet werden. Dabei werden weiterhin vielfältige theoretische Hintergründe herangezogen, insbesondere kognitionspsychologische, interaktionistische und soziokulturelle Perspektiven (da Ponte & Chapman 2006).

Methodisch werden Praktiken von Lehrkräften etwa über Selbstberichte bzw. Selbsteinschätzungen (z. B. Bossé et al. 2011; Cunningham 2005) oder auch über tatsächliche Beobachtungen des Unterrichtsgeschehens (z. B. Bossé et al.

2011; da Ponte & Quaresma 2016; Kuntze et al. 2018; Velez et al. 2017) erfasst, wobei die „Korngröße" der Analyse von Praktiken jeweils unterschiedlich sein kann (Jacobs & Spangler 2017). Rekonstruiert werden Praktiken beispielsweise über die Erfassung von Zielen / Arbeitsbereichen, Fragen und Impulsen (z. B. Shaughnessy et al. 2021; Velez et al. 2017), oder auch weiterer unterschiedlicher Unterrichtsvariablen wie beispielsweise Zeit, Auswahl von Aufgaben oder Strukturierung des Unterrichts (siehe Überblick über unterschiedliche Studien in da Ponte & Chapman 2006). Praktiken werden beispielsweise in der Expertiseforschung durch Vergleich von Lehrkräften mit unterschiedlicher Berufserfahrung (Leinhardt 1989), über die längerfristige Weiterentwicklung von Praktiken entlang von Fortbildungen (Silver et al. 2005; Stein et al. 2022), in Zusammenhang mit professionellem Wissen (Escudero & Sánchez 2002) oder unter der Perspektive curricularer Fragen (da Ponte & Chapman 2006) betrachtet.

Dieser kurze Überblick verdeutlicht, dass Studien rund um Praktiken eine Vielfalt an theoretischen Hintergründen und Konzeptualisierungen, methodischen Herangehensweisen und Fragestellungen auszeichnet. Dies korrespondiert zu der generellen Bilanz, die Praetorius und Charalambous (2023) aus ihrem Versuch ziehen, eine einheitliche Theorie des Mathematiklehrens zusammenzustellen. Sie heben heraus, dass die bisherigen Beiträge in der Forschungslandschaft zum Lehrkräftehandeln sehr divers, unstrukturiert und teilweise sogar eher vortheoretisch sind und es keinen einheitlichen Zugang zu geben scheint. Dies gilt auch für den etwas spezifischeren Bereich der Praktiken (da Ponte & Chapman 2006; Franke et al. 2007).

Ausgehend von dieser Diversität von Zugängen, wie Praktiken erfasst werden, wird für die Erfassung und Betrachtung von unterrichtlichen Praktiken von Lehrkräften im Rahmen dieser Arbeit die soziokulturelle bzw. praxeologische Perspektive als theoretischer Rahmen zur Konzeptualisierung gewählt und adaptiert. Diese wird im folgenden Abschnitt genauer erläutert.

3.2.2 Unterrichtliche Praktiken von Lehrkräften aus praxeologischer Perspektive

In ihrem Überblick zu PME-Beiträgen schlagen da Ponte und Chapman (2006) vor, Praktiken als wiederkehrende Tätigkeiten im sozialen Setting zu betrachten, wobei Wissen, Bedeutungen und Intentionen berücksichtigt werden. In diesem Abschnitt wird zunächst auf die Situierung im Kontext von Lehrprozessen eingegangen, bevor anschließend Praktiken aus praxeologischer Perspektive konzeptualisiert werden. Diese Konzeptualisierung wird abschließend adaptiert, indem sie um eine präskriptive Betrachtungsweise sowie eine Fokussierung auf einen bestimmten Lerngegenstand ergänzt wird.

Perspektive auf Lehrprozesse als situiert und sozial
Basierend auf dem Grundverständnis, dass Wissen und Lernen *sozial* und *situiert* sind, sehen Putnam und Borko (2000) als relevante Fragestellung und Forschungsperspektive, auch Unterrichtstätigkeiten und Lehrkräftebildung als sozial und situiert zu betrachten.

Während sich situierte Perspektiven auf das Handeln und Lernen von Lernenden im Jahr 2000 bereits etabliert hatten, ist der Artikel von Putnam und Borko (2000) als einer der einflussreichsten viel zitiert worden, der für einen Transfer der theoretischen Perspektive auf das Handeln und Lernen von Lehrkräften plädiert. Auch Lehrkräfte handeln stets in sozialen Kontexten in situierter Weise, daher muss dies für die gezielte Anregung von Professionalisierung berücksichtigt werden:

> „By starting with the assumption that all knowledge is situated in contexts, we were able to provide support for the general argument that teachers' learning should be grounded in some aspect of their teaching practice." (Putnam & Borko 2000, S. 12)

Die Gebundenheit aller Professionalität an das unterrichtliche Handeln wird nicht kognitionstheoretisch gedeutet, sondern aus sozialer Perspektive: Das Handeln von Lehrkräften ist in ihre *discourse communities* sozial eingebunden, an denen Lehrkräfte teilhaben und deren Denk- sowie Handlungsweisen sozial geteilt werden. Putnam und Borko (2000) plädieren dafür, neben dem Handeln, auch das professionelle Wissen als sozial geteilt und situiert zu betrachten. Professionelles Wissen wird demnach verstanden als

- situiert und entwickelt im (Klassen- bzw. Unterrichts-) Kontext,
- anwendbar in einer Breite von ähnlichen Situationen und
- geknüpft an bestimmte Aktivitäten, Aufgaben und Merkmale in diesem Klassenkontext.

In ähnlicher Weise werden in der folgenden Konzeptualisierung mathematikdidaktischer Expertise von Lehrkräften Wissen und Haltungen eng an konkrete situative Anforderungen und Handlungen von Lehrkräften geknüpft:

„[…] considering teachers' situated practices to cope with situational demands in real
or simulated classroom situations and their interplay with the underlying orientations,
categories, and concrete pedagogical tools." (Prediger 2019b, S. 370)

In Anlehnung an das Expertisemodell von Bromme (1992) betrachtet Prediger
(2019a, 2019b) im Modell gegenstandsspezifischer Expertise Wissen und Haltungen von Lehrkräften in Verbindung mit Anforderungssituationen im Unterricht
und damit, wie Lehrkräfte in Anforderungssituationen handeln. Die typischen
gegenstandsbezogenen Anforderungssituationen im Mathematikunterricht bewältigen Lehrkräfte über *Praktiken* (Prediger 2019b; Prediger & Buró 2021).
Praktiken werden hierbei aufgefasst als „wiederkehrende Handlungsmuster"
(Prediger & Buró 2021, S. 191), denen bestimmte didaktische Werkzeuge, Orientierungen und Kategorien zugrunde liegen (Prediger 2019b). Um Lehrprozesse,
Lehrtätigkeiten und das Handeln von Lehrkräften als situiert im Unterrichtskon-
text zu untersuchen, legt dieses Modell somit nahe, Praktiken als Phänomene
zu betrachten, mittels derer Lehrkräfte spezifische Anforderungssituationen unter
Rückgriff auf sozial geteilte Orientierungen und Kategorien sowie etablierte
didaktische Werkzeuge bewältigen.

   Anschließend an den hier dargestellten theoretischen Hintergrund werden
Lehrtätigkeiten und Lehrkräftebildung als situiert und sozial betrachtet. Im Folgenden werden Praktiken in Anschluss an die beiden kurz skizzierten Zugänge
aus praxeologischer Perspektive noch spezifischer konzeptualisiert.

Konzeptualisierung von Praktiken aus praxeologischer Perspektive
Für die folgende Konzeptualisierung von Praktiken im Rahmen dieser Arbeit lässt
sich das Konstrukt sozialer Praktiken aus Sicht der ethnographischen bzw. praxeologischen Unterrichtsforschung (für einen Überblick siehe Breidenstein 2009;
Reckwitz 2003) anschließen.

   Ziel der praxeologischen Unterrichtsforschung ist, das alltägliche Unterrichtshandeln und -geschehen mit Fokus auf die Rekonstruktion von Unterrichtspraktiken zu beschreiben und zu analysieren (Breidenstein 2009). Das den Praktiken
zugrunde liegende Wissen wird dabei als ggf. implizit angesehen, sodass die
Rekonstruktion vorrangig auf Beobachtung des Unterrichtsgeschehens basiert:

   „Die zentrale Forschungsstrategie besteht deshalb in der Beobachtung und Aufzeichnung der alltäglichen Praktiken selbst. Auf der Grundlage ihrer Aufzeichnung geht es
   dann um die sorgfältige Rekonstruktion der immanenten Regeln und Logiken jener
   Praktiken, wie sie nicht zuletzt auch den Unterrichtsalltag konstituieren." (Breidenstein 2009, S. 207)

Grundlegend hierfür ist die folgende Perspektive auf Unterrichtsprozesse:

> „Das Soziale wird in praxeologischen Ansätzen nicht mehr, wie in klassischen Hand-
> lungstheorien, in normativen Orientierungen oder, wie in ‚rational choice'-Ansätzen,
> in Entscheidungen der Handelnden angenommen, sondern in den alltäglichen sozia-
> len Praktiken selbst verortet, die durch praktisches Wissen und praktisches Können
> bestimmt sind." (Breidenstein 2009, S. 206)

Dies bedeutet, dass Praktiken als ein Phänomen betrachtet werden, über deren
Einsatz nicht jedes Mal bewusst und individuell entschieden wird, sondern was
in gewisser Weise sozial etabliert ist, im Kontext von Unterrichtspraktiken in der
sozialen Berufsgruppe von Lehrkräften (einer Schulart, eines Faches, einer Schule
etc.). Unterricht wird somit betrachtet als:

> „[...] Bündel aufeinander bezogener, ineinander verschränkter sozialer Praktiken
> [...], die es in ihrer Eigendynamik und in ihrem immanenten Funktionieren zu erkun-
> den gilt." (Breidenstein 2009, S. 207)

Erforscht werden Praktiken demnach durch Beobachtung, indem das implizite
Wissen sowie Regeln, Logiken und Routinen, die den Praktiken innewohnen und
für diese grundlegend sind, rekonstruiert werden (Breidenstein 2009).

Konkret können Praktiken in Anbindung an die praxistheoretische Perspektive von Kolbe et al. (2008) als „[...] regelgeleitete, typisierte und routinisiert
wiederkehrende Aktivitäten" (Kolbe et al. 2008, S. 131) aufgefasst werden.

Aufgrund der Situierung im sozialen Kontext lässt sich dieser Begriff der
Praktik an das Konstrukt mathematischer Praktiken aus interaktionistischer
Perspektive (Cobb et al. 2001) anschließen, weil er sich auf dieselben sozio-
kulturellen Wurzeln mit der Betonung auf implizite Etablierung in sozialen
Gemeinschaften (z. B. Wenger 1998) bezieht. Dennoch werden mathematische
Praktiken in interaktionistischer Perspektive mit anderem Fokus analysiert, der
hier explizit abgegrenzt werden soll: Aus interaktionistischer Perspektive werden
Praktiken als ko-konstruiert in der Interaktion von Lehrkräften mit der Klas-
sengemeinschaft und gebunden an einen mathematischen Gegenstand betrachtet
(Cobb et al. 2001). Der Fokus liegt hierbei darauf, die Entwicklung mathema-
tischen Denkens in der Klassengemeinschaft zu analysieren (Cobb 1998; Cobb
et al. 2001). Praktiken werden demnach als ein Phänomen betrachtet, das im
Zusammenspiel aller in der Klassengemeinschaft etabliert wird.

Als Beispiel dient dazu das Konstrukt der soziomathematischen Normen
(Cobb et al. 2001; Yackel & Cobb 1996), worunter interaktiv im Klassenraum
ausgehandelte und konstituierte Kriterien (z. B. für eine gute mathematische

Erklärung) gefasst werden, über welche Praktiken näher bestimmt und regu-
liert werden (Cobb et al. 2001; Yackel 2004; Yackel & Cobb 1996). In dieser
interaktionistischen Forschungsrichtung werden Praktiken damit aus deskriptiv-
explanativer Sicht betrachtet, mit dem Ziel, die in der Interaktion von der
Klassengemeinschaft etablierten Praktiken sowie soziomathematischen Normen,
welche diese näher bestimmen, zu analysieren und zu verstehen.

In ähnlicher Weise ist es Ziel der praxeologischen Unterrichtsforschung, Praktiken durch Rekonstruktion zu beschreiben und zu analysieren, ohne diese aus
normativer Perspektive zu bewerten (Breidenstein 2009). Da der Begriff der Praktik aus praxeologischer Perspektive situiert in der sozialen Situation ist und auf
der Beobachtung und Rekonstruktion von Unterrichtssituationen beruht, ist auch
dieser zwangsläufig in der Interaktion verortet und zu einem gewissen Grad als
ko-konstruiert zu betrachten. Praxeologisch wird Praktik aber breiter gefasst als
eine „[...] ethnographisch zu beobachtende und zu rekonstruierende Art und
Weise, etwas zu tun oder zu sein bzw. etwas aufzuführen" (Kolbe et al. 2008,
S. 135). Während also in interaktionistischer Perspektive das interaktive Zusammenspiel von Lehrkräften und Lernenden und die ko-konstruktive Konstitution
der mathematischen Praktiken im Fokus stehen, wird in dieser Arbeit in praxeologischer Perspektive die Lehrkraft und ihr Handeln als steuernde Instanz
fokussiert, auch wenn die Steuerung durchaus erheblich durch die Interaktion
mitgeprägt ist.

Zusammenfassend werden Praktiken aus praxeologischer Perspektive als routinierte, regelgeleitete Aktivitäten im Unterrichtsgeschehen aufgefasst, die in
gewissem Sinne sozial etabliert sind. Eine Praktik in dieser Perspektive ist
bestimmt durch implizite Regeln, Logiken und Routinen, die sich aus Beobachtung rekonstruieren lassen. Über das Konstrukt von Praktiken lässt sich somit
das Lehrkräftehandeln beschreiben, indem diese aus Beobachtung des Unterrichtsgeschehens rekonstruiert werden. In Abgrenzung zum interaktionistischen
Praktikenbegriff wird im Rahmen dieser Arbeit ein besonderer Fokus auf das
Lehrkräftehandeln gesetzt, obwohl auch diese Praktiken zu einem gewissen Grad
als ko-konstruiert zu betrachten sind. Der Schwerpunkt der praxeologischen
Forschungsrichtung liegt auf der Rekonstruktion von Praktiken.

Andere Forschungsrichtungen hingegen zielen darauf ab, Praktiken
präskriptiv-evaluierend zu betrachten und damit produktive Praktiken zu
identifizieren, um diese beispielsweise gezielt in der Lehrkräftebildung einzubinden. Der hier eingeführte (auf der praxeologischen Forschungsrichtung
basierende) Praktikenbegriff wird um eine solche präskriptive Betrachtungsweise
sowie die Fokussierung auf einen bestimmten Lerngegenstand ergänzt, um
zumindest erste Schritte zur Identifizierung von *produktiven Praktiken* zum

unterrichtlichen Handeln von Lehrkräften zu machen. Hierzu werden zunächst die Praktiken deskriptiv untersucht, mit denen Lehrkräfte *gegenstandsspezifische Anforderungssituationen* bewältigen, und zu den initiierten Lernwegen in Bezug gesetzt. Dazu werden die Hintergründe im folgenden Abschnitt beschrieben.

Identifikation produktiver unterrichtlicher Praktiken von Lehrkräften zur Bewältigung gegenstandsspezifischer Anforderungssituationen
Während in der interaktionistischen und praxeologischen Forschungsrichtung der Fokus auf das Beschreiben und Verstehen von Praktiken gelegt wird, werden in anderen Forschungstraditionen Praktiken aus einer präskriptiv-evaluierenden Perspektive betrachtet. So wird im Kontext der praxis-basierten Lehrkräftebildung die Aufmerksamkeit auf die Identifikation von *core practices* bzw. *high-leverage practices* in Abgrenzung zu den früher vorrangig auf Wissen ausgerichteten Curricula der Lehrkräftebildung in den Vereinigten Staaten gelegt (Ball & Forzani 2009; Forzani 2014; Grossman, Hammerness et al. 2009; Jacobs & Spangler 2017). Ziel hierbei ist, besser zu verstehen, was qualitativ hochwertigen Unterricht auszeichnet, und entsprechende *Kernpraktiken* im Kontext der Lehrkräftebildung zu fördern (Jacobs & Spangler 2017):

> „[...] to reorganize the curriculum around a set of core practices and then help novices develop professional knowledge, and skill, as well as an emerging professional identity around these practices." (Grossman, Hammerness et al. 2009, S. 277)

In dieser Forschungsrichtung werden normative Aspekte zur Evaluation von Praktiken herangezogen, um diejenigen Kernpraktiken zu identifizieren, welche mathematisches Lernen fördern und die weitere Kriterien wie zum Beispiel die Erlernbarkeit durch zukünftige Lehrkräfte oder die Relevanz für das Unterrichten erfüllen (Ball et al. 2009; Grossman, Hammerness et al. 2009). Hierbei wird also nicht nur das Ziel verfolgt, Praktiken zu beschreiben und zu untersuchen, sondern es geht auch darum, produktive Praktiken zu identifizieren, welche das Mathematiklernen unterstützen, um diese beispielsweise gezielt in der Lehrkräftebildung zu fördern.

Dieser Diskussionsstrang zu Kernpraktiken verdeutlicht durch die Fokusverschiebung von der vorrangigen Ausrichtung des Curriculums auf Wissen zum praxis-basierten Ansatz über die Kernpraktiken die Relevanz von Praktiken als zentrales Konstrukt in der Expertise von Lehrkräften. In ähnlicher Weise verweisen andere Autorinnen und Autoren, welche sich mit der Spezifizierung von Expertise von Lehrkräften beschäftigen, auf Praktiken als Handlungsmuster, mit denen Lehrkräfte typische Aufgaben und Anforderungen beim und für das Unterrichten bewältigen (Bass & Ball 2004; Bromme 1992; Prediger 2019a, 2019b).

Damit identifizierte Praktiken allerdings erlernbar werden, müssen diese zunächst in ihrem Kern verstanden werden. Daher fordern Grossman, Compton et al. (2009) die Dekomposition von Praktiken in ihre Bestandteile, um einerseits zum Beschreiben und zum Verständnis von Praktiken in ihren Kernelementen bei-zutragen und andererseits eine gezielte Einbindung in der Lehrkräftebildung zu ermöglichen. Die Intention hinter der Zerlegung in die relevanten Bestandteile und deren Zusammenhänge ist, die Struktur der Praktik und somit die Prak-tik konzeptuell zu erfassen, was Resnick und Kazemi (2019) folgendermaßen zusammenfassen:

> „The aim is not to 'script' practice but rather to foster understanding of the struc-ture and vision of practice to support effective improvisation in response to context-specific interactions. While tools such as frameworks of components of practice are often part of engaging in decomposition, the power of decomposition lies in organi-zing learning experiences around components of practice in a way that makes them conceptually accessible to learners." (S. 2)

Um allerdings rekonstruierte Praktiken hinsichtlich ihrer Produktivität einzuschät-zen, inwiefern diese Praktiken mathematisches Lernen unterstützen, sollte auch der Lerngegenstand Teil der Dekomposition der Praktik sein. Beispielsweise betont Forzani (2014), dass zum Leiten von Diskussionen unter anderem das Erlernen von übergreifenden Fragetechniken nicht ausreicht, sondern in diesen der Bezug auf das angestrebte gegenstandsbezogene Lernziel wichtig ist:

> „Learning to lead a whole class discussion, for example, is not only about perfecting the technical skills of asking questions and managing student participation [...] but about doing these things in relation to content-specific learning goals for students." (S. 366)

Über Praktiken bewältigen Lehrkräfte bestimmte Anforderungssituationen und zielen dabei auf bestimmte mathematikspezifische Lernziele ab, wie beispiels-weise die Förderung des Verständnisses eines mathematischen Konzepts durch Darstellungsverknüpfung. Ob eine Praktik diesbezüglich produktiv ist, ist dem-nach daran festzumachen, ob und wie eine Lehrkraft mittels der Praktik ange-strebte mathematikbezogene Lernziele und -prozesse in Hinblick auf den Lernge-genstand auch tatsächlich anregt und unterstützt. Beispielsweise könnte betrachtet werden, ob eine Lehrkraft im Unterrichtsgespräch bestimmte Vorstellungen,

Verstehenselemente oder Darstellungen und deren Verknüpfung adressiert, um Verständnis anzuregen oder zu unterstützen. Bei der Rekonstruktion und Analyse von Praktiken ist somit auch der konkrete Lerngegenstand miteinzubeziehen (Franke et al. 2007). Daher wird die praxeologische Perspektive auf Praktiken in dieser Arbeit um den Bezug auf einen konkreten Lerngegenstand ergänzt.

Praktiken werden im Rahmen der vorliegenden Arbeit aus praxeologischer Perspektive als routinierte, regelgeleitete, im Unterrichtsgeschehen zu beobachtende Handlungsweisen konzeptualisiert. Anschließend an diese Konzeptualisierung verdeutlicht die praxis-basierte Perspektive auf Kernpraktiken die Relevanz, diese rekonstruierten Praktiken auch präskriptiv zu bewerten. Auch wenn der Empirieteil vorrangig deskriptive und explanative Befunde generiert, wird die präskriptive Perspektive vorbereitet, um langfristige Professionalisierungsangebote empirisch fundieren zu können (Prediger 2019b). Dazu werden im Schlussteil aus der deskriptiven und explanativen Rekonstruktion von existierenden Praktiken zum tieferen Verständnis ihrer Logiken und ihrer Einbettung in Lernwege über mehrere Aufgaben hinweg auch erste Schlüsse zur Identifikation produktiver Praktiken gezogen, die die Entwicklung von Vorstellungen zu mathematischen Konzepten fördern, um diese beispielsweise gezielt in der Lehrkräftebildung einsetzen zu können.

Hierfür müssen Praktiken in die relevanten Bestandteile und ihre Beziehungen zerlegt werden, um diese in ihrer Struktur zu verstehen und lernbar zu machen. Gerade der Dekompositionsgedanke verdeutlicht, Praktiken gegenstandsspezifisch zu betrachten, um produktive Praktiken für das mathematische Lernen eines bestimmten Lerngegenstandes zu identifizieren. In diesem Sinne werden Praktiken im Rahmen der vorliegenden Arbeit als wiederkehrende, typische, situative Handlungsweisen von Lehrkräften betrachtet, mit denen Lehrkräfte gegenstandsspezifische Anforderungssituationen bewältigen. Hierfür werden Praktiken im folgenden Abschnitt als Navigationspfade auf einem gegenstandsspezifischen Navigationsraum konzeptualisiert.

3.2.3 Konzeptualisierung von Praktiken als Navigationspfade auf einem gegenstandsspezifischen Navigationsraum

Im Rahmen der vorliegenden Arbeit werden unterrichtliche Praktiken von Lehrkräften zu einer bestimmten Anforderungssituation untersucht, nämlich Darstellungsverknüpfung in Plenumsgesprächen zu etablieren. Ziel ist dabei, solche

Praktiken theoretisch und empirisch begründet zu identifizieren, die die Entwicklung konzeptuellen Verständnisses zum Lerngegenstand über die Verknüpfung der
Darstellungen fördern. Im Folgenden wird dargestellt, wie produktive Praktiken
im Rahmen der vorliegenden Arbeit konkret gefasst und wie davon ausgehend
Praktiken gegenstandsspezifisch konzeptualisiert werden.

Kriterien zur präskriptiven Identifikation produktiver Praktiken
In Anlehnung an die Spezifizierung des Lerngegenstandes aus epistemischer und
semiotischer Perspektive (Kapitel 2) werden diejenigen Praktiken als produktiv
bewertet, die Verständnis fördern und zur Darstellungsvernetzung für die jeweils
relevanten Verstehenselemente anregen. Diese werden im Folgenden genauer
erläutert.

Um *konzeptuelles Verständnis* zu fördern, identifizieren Hiebert und Grouws
(2007) zwei Faktoren, nämlich die Fokussierung auf Konzepte und mathematische Zusammenhänge sowie Gelegenheiten für die Auseinandersetzung und das
Ringen mit den relevanten mathematischen Ideen. In ihrer quantitativen Unter-
richtsqualitätsstudie zeigt Drollinger-Vetter (2011), dass bereits das Vorkommen
von Verstehenselementen einen Effekt auf den Leistungszuwachs von Lernenden
hat. Demnach zeichnet sich verstehensförderlicher Unterricht dadurch aus, dass
die als relevant identifizierten, gegenstandsbezogenen Verstehenselemente bzw.
mathematischen Zusammenhänge (in ihrem Fall zum Satz des Pythagoras) adressiert werden und die Lernenden Gelegenheit zur produktiven Auseinandersetzung
mit den Verstehenselementen haben. Für den Aufbau von Verständnis sind ergänzend hierzu in Abschnitt 2.2 folgende epistemische Aktivitäten herausgearbeitet
worden: Um Verständnis für ein mathematisches Konzept zu entwickeln, müssen relevante Verstehenselemente erworben, *verknüpft* und Schritt für Schritt
zu komplexeren Verstehenselementen bzw. neuen Konzepten *verdichtet* werden.
Verständnis äußert sich darin, dass das verstandene Konzept Teil eines gut strukturierten Wissensnetzes ist, indem flexible Bewegungen möglich sind, sowie, dass
das verdichtete Konzept in die Verstehenselemente und ihre Beziehungen *aufgefaltet* werden kann (Aebli 1994; Drollinger-Vetter 2011; Hiebert & Carpenter
1992; Prediger & Zindel 2017).

Demzufolge werden im Rahmen dieser Arbeit solche Praktiken als produktiv
hinsichtlich der Förderung konzeptuellen Verständnisses gefasst, in denen Verstehensangebote gemacht werden, in denen relevante Verstehenselemente adressiert
sowie über Auffalten und Verdichten verknüpft werden. Ziel der genaueren
qualitativen Rekonstruktion in dieser Arbeit ist nicht, im Sinne der quantitativen Unterrichtsqualitätsforschung nachzuweisen, dass diese Praktiken tatsächlich

zu Lernzuwachs führen (wie Drollinger-Vetter 2011 oder Neugebauer & Prediger 2023), sondern die gegenstandsbezogene Ausgestaltung der theoretisch konzeptualisierten produktiven und weniger produktiven Praktiken genauer zu unterscheiden und zu charakterisieren.

Aus der Lernforschung ist zudem bekannt, dass die Entwicklung konzeptuellen Verständnisses durch die *Verknüpfung unterschiedlicher Darstellungen* unterstützt werden kann (Duval 2006), wofür unterschiedliche Verknüpfungsaktivitäten identifiziert worden sind (Abschnitt 2.3.2). Für die Entwicklung konzeptuellen Verständnisses scheinen diejenigen semiotischen Verknüpfungsaktivitäten besonders relevant, in denen Darstellungen explizit verknüpft werden. Hierzu braucht es entsprechende Lerngelegenheiten. Gemäß der Lernforschung zeichnet diese Verknüpfungen aus, dass erklärt wird, wie Darstellungen zusammenhängen (Renkl et al. 2013; Uribe & Prediger 2021; Abschnitt 2.3.2). Das bedeutet, dass erklärt wird, wie die konzeptuell relevanten Verstehenselemente in den jeweiligen Darstellungen und dadurch auch die Darstellungen zusammenhängen. Hierfür ist es wichtig, dass nicht oberflächliche, sondern die konzeptuell relevanten Verstehenselemente adressiert werden (Rau & Matthews 2017).

Im Fokuswechsel von Lernprozessen auf Lehrprozesse fundieren diese Ergebnisse der Lernforschung somit die präskriptive Bewertung von unterrichtlichen Praktiken zur Darstellungsverknüpfung wie folgt: Es werden diejenigen Praktiken als produktiv bewertet, in denen Verstehensgelegenheiten geschaffen werden und in denen gegenstandsspezifische Darstellungen adressiert und hinsichtlich der relevanten Verstehenselemente explizit vernetzt werden (Post & Prediger 2024b). Die ersten beiden Kriterien verdeutlichen dabei bereits den Bedarf, Praktiken gegenstandsspezifisch zu betrachten, um die relevanten Verstehenselemente, Darstellungen und Verknüpfungen beschreiben und untersuchen zu können.

Ein weiterer Faktor für das Mathematiklernen und Schaffen produktiver Lerngelegenheiten ist die Beteiligung der Lernenden an den Kernelementen der Gespräche (Franke et al. 2007; für Praktiken zum Orchestrieren von Plenumsdiskussionen siehe z. B. Stein et al. 2008).

Zusammenfassend wird die Produktivität von Praktiken darüber erfasst, inwiefern

- relevante Verstehenselemente adressiert, verknüpft, aufgefaltet und verdichtet werden,
- Zusammenhänge zwischen relevanten Darstellungen für die konzeptuell relevanten Verstehenselemente erklärt werden und
- Lernende an den Aushandlungsprozessen beteiligt werden.

Analyseeinheit zur Erfassung von Praktiken
Jacobs und Spangler (2017) sehen in Bezug auf Kernpraktiken weiteren Forschungsbedarf darin, die bisher identifizierten Praktiken besser zu verstehen sowie
weitere Praktiken mit Blick auf die Passung zu bestimmten Zielgruppen zu erforschen. Unter anderem nennen sie dafür die Analyseeinheit und den Einbezug des
Lerngegenstandes als mögliche Dimensionen für zukünftige Dekompositionen
von Praktiken:

> „What foci might be productive for other populations or particular contexts? For
> example, should researchers focus on different core practices for elementary versus
> secondary mathematics teachers or early-career teachers versus experienced teachers?
> Similarly, should targeted core practices vary by content areas (e.g., teaching rational
> numbers vs. geometry)? We acknowledge that many practices, of multiple grain sizes,
> could be productive, but we underscore the potential benefits of identifying which
> practices are likely to give the most leverage for improving teaching and learning with
> a target audience." (Jacobs & Spangler 2017, S. 785)

Hinsichtlich der Analyseeinheit argumentieren Schwarz et al. (2021), dass für die
Analyse von Praktiken größere Analyseeinheiten als beispielsweise vereinzelte
Gesprächsimpulse nötig sind:

> „[…] an intermediate grain size called a *sense-making moment* or a composite set of
> moments called an *episode* that is larger than turn-of-talk discourse moves but smaller
> than curricular adaptations." (S. 114 f.)

Sie argumentieren, dass kleine Einheiten von vereinzelten Turns nicht das vollständige Bild der Interaktion abbilden, insofern zwar Beiträge von einzelnen
Lernenden interpretiert werden können, aber die Interaktion der Lehrkraft mit der
gesamten Klasse über mehrere Turns hinweg nicht erfasst werden kann (Schwarz
et al. 2021). Analyse in größeren Einheiten ermöglicht Folgendes:

> „Analyzing sense-making moments has allowed us to see how certain teacher and stu-
> dent moves can expand opportunities for sense-making, maintain sense-making, or
> close down further sense-making." (Schwarz et al. 2021, S. 117)

In ähnlicher Weise fordern Jacobs und Spangler (2017), dass Praktiken hinsichtlich der Analyseeinheit nicht zu kleinkörnig sein sollten, aber gleichzeitig auch
nicht zu komplex.

Praktiken als Navigationspfade auf einem gegenstandsspezifischen Navigationsraum

Um Praktiken hinsichtlich der relevanten Verstehenselemente, Darstellungen und Verknüpfungen gegenstandsspezifisch beschreiben, analysieren und evaluieren zu können, werden diese im Rahmen der vorliegenden Arbeit nach dem Ansatz von Prediger, Quabeck et al. (2022) als Navigationspfade auf einem gegenstandsspezifischen Navigationsraum aufgefasst. Die Autorinnen konzeptualisieren Praktiken folgendermaßen: „[...] *teaching practices as the teachers' steering trajectories on a content-specific navigation space* [...]" (Prediger, Quabeck et al. 2022, S. 7).

Der Navigationsraum wird dabei von den jeweils relevanten Verstehenselementen und Darstellungen aufgespannt, sodass Äußerungen von Lehrkraft und Lernenden in diesem 2-dimensionalen Navigationsraum verortet und Navigationspfade erfasst werden können (z. B. Prediger, Quabeck et al. 2022 für adaptive Praktiken zu Brüchen in Kleingruppenförderungen; Prediger 2022b für adaptive Praktiken zu funktionalen Zusammenhänge im Klassenunterricht; Ademmer & Prediger eingereicht für verstehensförderliche Gesprächsführungspraktiken zur Volumenformel von Quadern; Abschnitt 3.4.2). Hiermit werden Praktiken im Sinne wiederkehrender, typischer Handlungsweisen von Lehrkräften gegenstandsspezifisch betrachtet. Statt einzelner Impulse werden Praktiken über die Navigationspfade als Sinneinheiten erfasst (Schwarz et al. 2021). Indem sowohl Beiträge von Lehrkräften als auch von Lernenden im Navigationsraum verortet werden, ermöglicht die Konzeptualisierung darüber hinaus, den Umgang mit Beiträgen der Lernenden und damit den Lernendeneinbezug zu beschreiben und zu untersuchen. Hierfür können Navigationsimpulse von Lehrkräften im Navigationsraum ausgehend von den verorteten Beiträgen von Lernenden und Lehrkräften lokalisiert werden (siehe hierzu auch Prediger, Quabeck et al. 2022). Über die Navigationspfade können damit typische, wiederkehrende, situative Handlungsweisen von Lehrkräften in gemeinsamen Unterrichtsphasen beschrieben werden, wobei diese über die Verortung der Pfade in dem Navigationsraum gebunden an einen bestimmten Lerngegenstand betrachtet werden.

Zusammenfassung

Ausgehend von der Betrachtung von Lehr- und Lernprozessen als sozial und situiert im Kontext, werden unterrichtliche Praktiken von Lehrkräften im Rahmen der vorliegenden Arbeit aus praxeologischer Sicht als wiederkehrende, typische Handlungsweisen von Lehrkräften konzeptualisiert (Abschnitt 3.2.2). Diese rekonstruktive Perspektive auf Praktiken mit Fokus auf Beschreiben und Analysieren von Praktiken ist um präskriptive Bewertungskriterien ergänzt worden, um unter den rekonstruierten unterrichtlichen Praktiken von Lehrkräften auch produktive Praktiken identifizieren zu können. Für die Identifikation produktiver Praktiken hat sich die Notwendigkeit eines gegenstandsspezifischen Ansatzes zur Fassung von Praktiken gezeigt, um anhand der adressierten Verstehenselemente, Darstellungen und Verknüpfungen produktive Praktiken zur Darstellungsvernetzung und Förderung konzeptuellen Verständnisses zu identifizieren. Dafür werden Praktiken konkret als Navigationspfade auf einem gegenstandsspezifischen Navigationsraum konzeptualisiert, der von den Verstehenselementen, Darstellungen und Verknüpfungsaktivitäten aufgespannt wird. Diese Konzeptualisierung erlaubt es, Praktiken in größeren Sinneinheiten zu erfassen und den Einbezug von Lernenden in die Navigationen der Lehrkräfte zu untersuchen. Im nachfolgenden Abschnitt wird der Forschungsstand berichtet, inwiefern das Handeln von Lehrkräften zum Umgang mit Darstellungen im Unterricht für die Förderung konzeptuellen Verständnisses bereits untersucht worden ist.

3.3   Forschungsstand zum Umgang von Lehrkräften mit Darstellungen und zu Praktiken zur Darstellungsverknüpfung

Unterrichtliche Praktiken von Lehrkräften werden im Rahmen dieser Arbeit zur Bewältigung der Anforderungssituation *Etablierung von Darstellungsverknüpfung für den Lerngegenstand bedingte Wahrscheinlichkeiten* betrachtet. In der Literatur wird die Relevanz expliziter Verknüpfungsaktivitäten zwischen Darstellungen für die Bedeutungskonstruktion zu mathematischen Konzepten hervorgehoben sowie darauf verwiesen, im Unterricht entsprechende Lerngelegenheiten zu schaffen und Lernende darin zu unterstützen (Abschnitt 2.3 und 2.4). In diesem Abschnitt wird ein Einblick in den Forschungsstand zum Handeln und Umgang von Mathematiklehrkräften mit Darstellungen beim Unterrichten gegeben.

In Abschnitt 3.3.1 werden zunächst Ergebnisse einiger Studien zusammengestellt, welche Wissen, Orientierungen und Wahrnehmung von Lehrkräften im Umgang mit Darstellungen beim Unterrichten fokussieren. Daraufhin erfolgt ein Einblick in bisherige Untersuchungen zum tatsächlichen unterrichtlichen Handeln von Lehrkräften in Bezug auf Darstellungen (Abschnitt 3.3.2).

3.3.1 Wissen, Orientierungen und Wahrnehmungspraktiken von Lehrkräften im Umgang mit Darstellungen

Ein Teil der Forschung in der Mathematikdidaktik beschäftigt sich mit Orientierungen und Wissen von Lehrkräften im Umgang mit Darstellungen beim Unterrichten, ohne das tatsächliche Unterrichtshandeln einzubeziehen. Hierzu wird beispielsweise untersucht, inwiefern Lehrkräfte Darstellungen als Lernhilfe für den Aufbau konzeptuellen Verständnisses einschätzen. Weitere Studien mit Schwerpunkt auf Diagnostizieren untersuchen unter anderem, inwiefern Lehrkräfte Darstellungen und Verknüpfungen wahrnehmen.

Wissen und Orientierungen zu Darstellungen beim Unterrichten
Zu Darstellungen und Verknüpfung von Darstellungen sind Wissen, Einstellungen und Orientierungen von Lehrkräften untersucht worden (z. B. Dreher & Kuntze 2015a, 2015b; Dreher et al. 2016; Schmitz 2017; Schmitz & Eichler 2015; Stylianou 2010). Einige ausgewählte Ergebnisse werden hier zusammengefasst.

In einer Interview-Studie mit 18 US-amerikanischen Lehrkräften beobachtet Stylianou (2010) durchmischte Wahrnehmungen zur Rolle von Darstellungen, wobei die Mehrheit der in der Studie untersuchten Lehrkräfte Darstellungen eher eine untergeordnete Rolle zuweist. Ein Teil der Lehrkräfte betrachtet Darstellungen angesichts des vollen Lehrplans eher als zusätzliche Bürde und Lerngegenstand, anstatt Darstellungen als Werkzeug zur Förderung von Verständnis wahrzunehmen. Lehrkräfte sehen den Nutzen eher für die mathematisch starken Lernenden, wobei ein großer Teil auch ausdrückt, dass über Darstellungen unterschiedliche Zugänge zum mathematischen Gegenstand für verschiedene Lernstile ermöglicht werden könnten. Stylianou (2010) untersucht auch, wie Lehrkräfte die Rolle von Darstellungen in unterschiedlichen Unterrichtsphasen einschätzen. Sie stufen Darstellungen als relevant in der Einführungsphase zur Veranschaulichung oder als Diagnoseinstrument ein, sind allerdings über den gezielten Einsatz in der Explorations- oder Systematisierungs-Phase eher verunsichert. Unter den interviewten Lehrkräften dieser Studie stellt Stylianou (2010) somit eher ein Ringen um den sinnvollen Einsatz im Unterricht fest.

Für den deutschen Kontext zeigen Studien unterschiedliche Ergebnisse: Hinsichtlich der Gründe für den Einsatz vielfältiger Darstellungen schätzen Lehrkräfte in einer Fragebogen-Studie von Dreher und Kuntze (2015b) im Durchschnitt Gründe wie Erinnerungsstütze, Motivation, Interesse oder Lerntypen als wichtiger ein als die Notwendigkeit dieser vielfältigen Darstellungen für die Entwicklung von Verständnis (für Lehrkräfte in Ausbildung siehe auch Dreher et al. 2016). Themenspezifisch für den Lerngegenstand Brüche sprechen sich aber Lehrkräfte im Schuldienst eher dafür aus, dass vielfältige Darstellungen einbezogen werden sollten, um Verständnis zu fördern und auf individuelle Präferenzen einzugehen, anstatt nur eine Darstellung zu fokussieren (Dreher & Kuntze 2015a, 2015b). Sie befürchten auch eher nicht, dass vielfältige Darstellungen das Erlernen von Regeln behindern könnten (Dreher & Kuntze 2015a, 2015b). In qualitativen Auswertungen zweier Interviews deuten Schmitz und Eichler (2015) auf Unterschiede unter Lehrkräften hin: Während eine Lehrkraft die Relevanz von Darstellungen darin sieht, dass diese beim Verstehen, Erklären und Begründen unterstützen können, sieht eine andere Lehrkraft die Relevanz eher in Darstellungen als Gedächtnisstütze und setzt diese ein, da es sich um eine Norm zu handeln scheint. Bewusstsein über die Relevanz von Verknüpfungen für das Verstehen wird in beiden Fällen nicht deutlich (Schmitz & Eichler 2015).

Insgesamt scheinen sowohl angehende als auch erfahrene Lehrkräfte die Rolle von unterschiedlichen Darstellungen für das Mathematiklernen und darunter insbesondere für den Aufbau von Verständnis zu mathematischen Konzepten zwar zum Teil, aber nicht vollständig zu erfassen.

Wahrnehmung von Lehrkräften zu Darstellungen und Darstellungsverknüpfung
Während die im vorangehenden Abschnitt skizzierten Interview- sowie Fragebogen-Studien Wissen und Orientierungen von Lehrkräften zur Funktion und Rolle von Darstellungen beim Unterrichten untersuchen, gibt es auch situiertere Studien, die untersuchen, inwiefern Lehrkräfte den Einsatz vielfältiger Darstellungen oder Verknüpfungen sowie mögliche damit verbundene Hürden beispielsweise in konkreten Unterrichtsszenen (in Transkriptausschnitten, Vignetten etc.) wahrnehmen. Dreher und Kuntze (2015a, 2015b) beobachten, dass Lehrkräfte in Unterrichtsszenen (vorgelegte Transkripte zu fiktiven Unterrichtsszenen) initiierte Wechsel von Darstellungen und damit verbundene mögliche Hürden selten wahrnehmen, wobei Lehrkräfte in der Ausbildung diese nur halb so oft wahrnehmen wie Lehrkräfte im Dienst. Friesen et al. (2018) analysieren, welche Sprachmittel Lehrkräfte verwenden, um die Nutzung von Darstellungen in Unterrichtssituationen (vorgelegt in Textform und in Form von Comics) zu analysieren. Sie stellen fest, dass ein Drittel dieser Sprachmittel einen Bezug zu Darstellungen aufweist, wovon sich lediglich 20 % auf Wechsel oder die Verknüpfung von Darstellungen beziehen.

Diese Studien deuten auf eine fehlende Sensibilität für die Verknüpfungen zwischen Darstellungen in den Wahrnehmungspraktiken von Lehrkräften hin. Ähnliche Phänomene zeigen sich in Beurteilungspraktiken zu Lernpotenzialen von Aufgaben. Dreher und Kuntze (2015a) lassen das Lernpotenzial zweier

Aufgabentypen von Lehrkräften unterschiedlicher Sekundarschultypen beurteilen, wobei im ersten Typ eine Verknüpfung intendiert ist, während in der anderen
eine nicht hilfreiche bildliche Darstellung gegeben wird. Sie beobachten relevante
Unterschiede zwischen den Lehrkräftegruppen darin, inwiefern sie in der Aufgabe
zur Verknüpfung höheres Lernpotenzial erkennen. Berg (2013) untersucht Beur-
teilungen von Lehramtsstudierenden zu Aufgaben, welche eine Verknüpfung von
Darstellungen anregen. Die Mehrheit der Studierenden schätzen die Aufgaben als
interessant und herausfordernd ein. Gleichzeitig erkennen nur einige den Nutzen
geometrischer Darstellungen und es fällt den Studierenden teilweise schwer, die
unterschiedlichen Darstellungen zu einem mathematischen Konzept miteinander
zu verknüpfen.

*Zusammenfassung und weiterer Forschungsbedarf zu Lehrprozessen mit Darstel-
lungen*
Insgesamt zeigen die Ergebnisse der hier vorgestellten Studien zu Wissen und
Orientierungen in Bezug auf Darstellungen, dass Lehrkräfte zum Teil die Relevanz von Darstellungen beim Unterrichten grundsätzlich anerkennen, gleichzeitig
große Heterogenität unter Lehrkräften bzgl. des Bewusstseins für die Relevanz
von Darstellungen für den Aufbau konzeptuellen Verständnisses besteht. Studien zu Wahrnehmungs- und Beurteilungspraktiken von Lernpotenzialen von
Aufgaben zeigen zudem, dass Schlüsselaspekte wie Verknüpfungen bei der Analyse von Unterrichtssituationen unterschiedlich wahrgenommen und reflektiert
werden und teils Sensibilität für die Wahrnehmung von Verknüpfungen fehlt.
Auf Grundlage dieser Ergebnisse fordern die Forschenden, Bewusstsein für
die vielseitige Relevanz zu schaffen, um entsprechende Praktiken im Unterricht zu ändern (Stylianou 2010). Des Weiteren fordern sie konsequentere
Professionalisierungsgelegenheiten zu Darstellungen (Dreher & Kuntze 2015b).
    Davon ausgehend, dass die Fruchtbarkeit von unterrichtlichen Lerngelegen-
heiten und Lernprozessen unter anderem auch erheblich von deren Ausgestaltung
in den Lehrprozessen und Handlungen von Lehrkräften abhängt (Abschnitt 3.1),
verdeutlichen diese Ergebnisse auch aus Perspektive der Forschung zu Darstellungen und Darstellungsverknüpfung die Notwendigkeit, nicht nur Lernprozesse,
sondern gerade auch Lehrprozesse im Umgang mit Darstellungen genauer zu
untersuchen. Dabei reicht das Vorhandensein von Darstellungen nicht aus, um
reichhaltige Lerngelegenheiten zu schaffen:

> „But a gap in extant research concerns the role of visualization in the sociocultu-
> ral context of mathematics classrooms, and how its power might be promoted in the
> learning of specific mathematics topics [...] How can teachers promote the use of

visual means for effective learning of mathematics in classrooms?" (Presmeg 2014, S. 152)

Die dargestellten Herausforderungen, der Bedarf nach Aus- und Fortbildungspro-grammen als auch der Einfluss des Handelns der Lehrkraft auf die Mathema-tikleistung und Lerngelegenheiten verdeutlichen, dass Lehrprozesse im Umgang mit Darstellungen im Unterricht weiterer Untersuchung bedürfen. Ziel der vor-liegenden Arbeit ist hierzu beizutragen, indem in Anlehnung an die Forderung nach einer Dekomposition von Praktiken in die konstituierenden Bestandteile von Grossman, Compton et al. (2009) unterrichtliche Praktiken von Lehrkräften zur Etablierung von Darstellungsverknüpfung untersucht werden. Hierzu wird im fol-genden Abschnitt ein Einblick in bisherige Untersuchungen zum unterrichtlichen Handeln von Lehrkräften mit Darstellungen gegeben.

3.3.2 Forschungsstand zum unterrichtlichen Handeln von Lehrkräften im Umgang mit Darstellungen

In diesem Abschnitt wird ein Einblick in Studien gegeben, in denen das konkrete unterrichtliche Handeln von Lehrkräften mit Fokus auf Darstellungen über Selbst-berichte oder tatsächliche Beobachtungen untersucht wird. Daran wird dargestellt, wie das Handeln bisher operationalisiert worden ist und welche Erkenntnisse zum unterrichtlichen Handeln gewonnen werden konnten. Die Studien unterscheiden sich hierbei darin, welche Bestandteile der Praktiken (z. B. adressierte Darstellun-gen, Verknüpfungen, Impulse, Fragen etc.) erfasst werden. Die Erläuterung der Studien zum Umgang mit Darstellungen beim Unterrichten erfolgt daher danach, welche Bestandteile genau erfasst und untersucht werden.

Studien mit Fokus auf adressierte Darstellungen
In einigen Studien wird erfasst, inwiefern und welche Darstellungen adressiert werden. Um Dimensionen der Expertise von Lehrkräften zu identifizieren und in die Lehrkräftebildung einzubinden, untersucht Leinhardt (1989) in Expertise-Kontrastierung neben verschiedenen weiteren Elementen die Nutzung von Dar-stellungen in Erklärungen. Erklärungen zeichnen sich bei Leinhardt (1989) durch ein Zusammenspiel von bestimmten Zielen und Aktionen aus, um bestimmte Inhalte zu vermitteln. Diese zielen entweder auf Klären, Lernen oder Verstehen von Prozeduren bzw. Konzepten ab. Auf Grundlage von Unterrichtsbeobach-tungen und Interviews erfolgt die Bewertung von Erklärungen von Lehrkräften

darüber, inwiefern diese definierten Ziele erreicht werden. Verbale bzw. numerisch / konkrete Darstellungen stellen häufig verschränkte Teilziele dar. Die
Ergebnisse zeigen, dass bei Experten-Lehrkräften in jeder Erklärung eine vollständige numerisch / konkrete und verbale Darstellung der Prozedur bzw. des
Konzepts enthalten ist und die Erklärung vollständig und gut verknüpft ist.
In den Erklärungen der Novizen-Lehrkräfte ist nur zur Hälfte eine numerische bzw. konkrete und zu einem Viertel eine verbale Darstellung enthalten
und die Autorin berichtet von fehlender Verknüpfung und Vollständigkeit sowie
inhaltlichen Fehlern in der Erklärung. Diesen Unterschied zwischen Experten-
und Novizen-Lehrkräften konkretisiert Leinhardt (1989) folgendermaßen: Teile
der Erklärung bei Novizen-Lehrkräften wie beispielsweise Darstellung des Konzepts / der Prozedur in unterschiedlichen Darstellungen stehen nicht verknüpft
nebeneinander oder widersprechen sich sogar, indem beispielsweise unzusam-
menhängend verschiedene Verstehenselemente bzw. Inhalte gezeigt werden.
Erklärungen von Experten-Lehrkräften zeichnen sich eher durch Vollständigkeit
und Verknüpfungen aus.

Anhand dieser Ergebnisse wird deutlich, dass für eine gute Erklärung nicht
die Nutzung bestimmter Darstellungen allein ausschlaggebend ist, sondern eher,
inwiefern beispielsweise fokussierte mathematische Inhalte und damit auch die
Darstellungen verknüpft werden und der Zusammenhang verdeutlicht wird. Daher
scheint neben der Art der Darstellung und der Adressierung dieser essentiell, die
inhaltlichen und semiotischen Verknüpfungen und die Art dieser Verknüpfungen
als weiteren Bestandteil aufzugreifen, um Praktiken in ihrem Kern zu fassen.

Studien zu Verknüpfungen zwischen Darstellungen beim Unterrichten
Gegenstand anderer Studien sind Verknüpfungen zwischen Darstellungen. Neben
der Art der Darstellungen erfassen Cunningham (2005) über Selbsteinschätzungen in Fragebögen und Bossé et al. (2011) über Selbsteinschätzungen
und Unterrichtsbeobachtung, wie häufig das Übersetzen zwischen Darstellungen
adressiert wird. Bossé et al. (2011) untersuchen zusätzlich den Zusammenhang
zwischen Beliefs und selbstberichteten sowie beobachteten Praktiken. Sie finden heraus, dass die an der Studie beteiligten Lehrkräfte Übersetzungen von der
symbolischen, numerischen oder graphischen Darstellung in die verbale Darstellung hinsichtlich ihrer Erwartung und Fähigkeiten der Lernenden als gering und
somit als schwierig einschätzen. Gleichzeitig adressieren Lehrkräfte diese nur
selten im Unterricht. Andererseits werden Übersetzungen von verbaler in die graphische Darstellung häufig im Unterricht eingebunden, obwohl Lehrkräfte den
Erfolg in ihrer Erwartung und Fähigkeit der Lernenden als gering einschätzen,
in der Hoffnung einer Verbesserung, wenn die Verknüpfung häufig eingebunden

wird. Cunningham (2005) identifiziert ebenfalls Unterschiede in der Häufigkeit bestimmter Verknüpfungen und beobachtet auf Grundlage der Selbsteinschätzungen, dass für Verknüpfungen, mit denen Lernende Schwierigkeiten haben, die wenigsten Lerngelegenheiten geboten werden.

Ergänzend unternehmen Bossé et al. (2011) eine Klassifizierung verschiedener Übersetzungen abhängig von Merkmalen und beobachten, dass manche Übersetzungen besonders herausfordernd sind. Als mögliche Gründe verweisen sie darauf, dass diese entweder eine Übergangsdarstellung als Hilfestellung erfordern oder, wie im Fall der verbalen Darstellung, es vor allem bei komplexeren mathematischen Konzepten anspruchsvoll ist, alle relevanten Verstehenselemente der ursprünglichen Darstellungen auszudrücken. In den Studien wird der Bedarf nach passenden Unterrichtsstrategien zur Unterstützung von Lernenden (Bossé et al. 2011) sowie Lerngelegenheiten für Verknüpfungen, welche relevant für Verständnisaufbau sind, (Cunningham 2005) ausgedrückt.

Kuntze et al. (2018) untersuchen im Unterricht zum Thema „Prozentrechnung", wie Lehrkräfte in Kleingruppenarbeitsphasen Lernende in der Nutzung von Darstellungen und Verknüpfung unterstützen. Hierzu wurde neben genutzten Darstellungen, Kontextfaktoren, initiierenden Personen und Länge der Situationen auch erfasst, inwiefern die Lehrkraft eine Verknüpfung zu den Darstellungen der Lernenden herstellt sowie, ob die Lernenden zur Verknüpfung ermutigt und darin unterstützt werden. Ausgewertet wurden Situationen in Kleingruppenarbeitsphasen, in denen es eine Interaktion der Lernenden mit der Lehrkraft gab, mit insgesamt 30 an der Studie beteiligten Lehrkräften. Kuntze et al. (2018) zeigen, dass lediglich in 17 % aller 271 Situationen, in denen mindestens ein Darstellungsregister identifiziert werden konnte, mehr als eine Darstellung entweder von der Lehrkraft oder den Lernenden adressiert wurde. Lediglich in 8 Situationen wurden die Darstellungen verknüpft, von denen in lediglich 2 Situationen die Lehrkraft die Verknüpfung unterstützt hat.

Diese Studien geben einen Einblick in die Unterrichtspraxis, inwiefern bzw. welche Verknüpfungen in welcher Häufigkeit im Unterricht eingebunden werden und welche Herausforderungen hierbei auftreten. Bossé et al. (2011) und Cunningham (2005) beobachten, dass beim Unterrichten einige der schwierigen Verknüpfungen vermieden werden, welche aber gerade relevant für den Aufbau von Verständnis sind. Die Studie von Kuntze et al. (2018) zeigt zudem, dass an der Studie beteiligte Lehrkräfte in der Interaktion mit Lernenden in Kleingruppenarbeitsphasen vielfältige Darstellungen und Verknüpfungen eher selten adressieren. Insgesamt verdeutlichen diese Studien damit sowohl den großen Bedarf nach Unterrichtsstrategien als auch nach weiteren Lerngelegenheiten und gezielter Unterstützung von Lernenden zur Etablierung von

Darstellungsverknüpfung seitens der Lehrkraft (Bossé et al. 2011; Kuntze et al. 2018).

Die bisherigen Studien fokussieren eher das Übersetzen (Bossé et al. 2011) oder das Verknüpfen als eher allgemeines Phänomen (Kuntze et al. 2018). Wie Verknüpfungsaktivitäten beschrieben und operationalisiert werden, unterscheidet sich in den Studien. Eine Möglichkeit weiterer Ausdifferenzierung zeigt der Beitrag von Askew (2019). Askew (2019) rekonstruiert kein Handeln, schlägt jedoch einen Rahmen zur Untersuchung von Unterricht und darin ein bewertendes Rating vor, Unterschiede zwischen Verknüpfungen zu erfassen und den Einsatz von Werkzeugen (u. a. auch Artefakte, Wörter, Symbole und Diagramme etc.) zu beschreiben. Dabei soll nicht nur das Vorkommen erfasst werden, sondern auch Unterschiede unter anderem zwischen Lehrkräften im Einsatz dieser Mittel differenzierter beschrieben werden. Über verschiedene Stufen werden unter anderem die vermittelnde Nutzung sowie Typen von Artefakten und ausdifferenzierte Stufen mathematischer Verknüpfungen erfasst (Askew 2019). Für die Aufgabe, mathematische Verknüpfungen zu bilden, werden beispielsweise folgende Stufen unterschieden (Askew 2019, S. 217):

- unzusammenhängende / inkohärente Beispiele
- umfassende Behandlung eines Beispiels
- Herstellen von Verknüpfungen zwischen Beispielen, Artefakten oder Episoden
- Herstellen von mehrfachen Verknüpfungen zwischen Beispielen, Artefakten oder Episoden

Diese Studie verdeutlicht, dass ein reines Erfassen des Vorkommens von Verknüpfungen nicht ausreicht, sondern die Art der Verknüpfung differenzierter betrachtet werden sollte, um feine Unterschiede greifen zu können.

Offen bleiben bis hierhin allerdings die folgenden Fragen: Über welche konkreten Handlungen und Strategien können Lehrkräfte Verknüpfungen zwischen Darstellungen etablieren und unterstützen? Welche Handlungen, Strategien etc. von Lehrkräften wurden bisher rekonstruiert? Im folgenden Abschnitt wird daher ein Einblick in Studien gegeben, in denen konkretes Handeln von Lehrkräften rekonstruiert wird.

Rekonstruktion von Handlungen von Lehrkräften im Umgang mit Darstellungen
Während vorherige Studien eher bisherigen Unterricht hinsichtlich der Frage erfassen, inwiefern bestimmte Darstellungen und Verknüpfungen adressiert werden, wird in anderen Studien das Handeln von Lehrkräften im Umgang mit Darstellungen beim Unterrichten fokussiert.

Velez et al. (2017, 2019, 2022) untersuchen über Unterrichtsbeobachtung die Interaktion zwischen Lehrkraft und Lernenden und das Handeln von Lehrkräften hinsichtlich der Frage, wie Lehrkräfte die Nutzung und Interpretation von Darstellungen steuern und fördern. Sie analysieren hierzu adressierte Darstellungen sowie Fragetypen und Handlungen von Lehrkräften und beschreiben damit in Fallbeispielen die Interaktionen und das Handeln von Lehrkräften. Für Handlungen unterscheiden sie die folgenden Kategorien (Velez et al. 2022, mit leichten Abwandlungen in den Studien von 2017 und 2019):

- Auswahl oder Erstellung einer Darstellung fördern
- Nutzen und Interpretation einer Darstellung fördern
- Verknüpfung zwischen Darstellungen fördern
- Reflexion über Darstellungen fördern

Beim dritten Punkt listen Velez et al. (2022) unterschiedliche Verknüpfungstypen auf: „Challenging to establish treatments, conversions and connections" (Velez et al. 2022, S. 4362). Sie differenzieren damit im Ansatz unterschiedliche Verknüpfungen. Bei Fragetypen unterscheiden sie die Kategorien Fokussieren, Bestätigung und Nachfragen (Velez et al. 2022).

Darauf aufbauend untersuchen Velez et al. (2017, 2019, 2022) Unterrichtsphasen (Einführung in Aufgabe, Arbeitsphase und Klassendiskussion) in Klassensettings an Fallbeispielen. In der Beschreibung stellen sie eine unterschiedliche Nutzung von Frageimpulsen und Handlungen sowie einen unterschiedlichen kognitiven Anspruch dieser abhängig von den Unterrichtsphasen und den Beiträgen und Schwierigkeiten der Lernenden fest (Velez et al. 2022). Vor allem in den gemeinsamen Klassendiskussionen spielt das Verknüpfen der Darstellungen eine tragende Rolle, die jeweils von verschiedenen Lehrkräften unterschiedlich angesteuert wird: Eine Lehrerin bezieht die Darstellungen der Lernenden zu Beginn ein, dann ergänzt sie eigene Darstellungen, arbeitet auf die symbolische Darstellung hin und fordert dann die Verknüpfung zu den vorherigen (Velez et al. 2019). Eine andere Lehrerin lässt einige Lernende nacheinander vorstellen, fordert jeweils die Verknüpfung der Darstellungen ein und arbeitet daraufhin gemeinsam auf die symbolische Darstellung hin (Velez et al. 2017). In der gemeinsamen Diskussionsphase im Kurs einer dritten Lehrkraft (Velez et al. 2022) ist das Ziel, dass die Lernenden ihre Darstellungen erklären. Dies leitet der Lehrer der Klasse durch rhetorische Fragen und geschlossene Fragen zur Bestätigung. Mit zunehmenden Schwierigkeiten bei den Lernenden reduziert der Lehrer den kognitiven Anspruch der Aktionen und Fragen und erhöht diesen bei weniger Schwierigkeiten.

In ähnlicher Weise wird auch in anderen Studien das Handeln und die Interaktion zwischen der Lehrkraft und den Lernenden anhand von Fallbeispielen beschrieben (Kuntze et al. 2018). Kuntze et al. (2018) untersuchen, wie Lehrkräfte die Verknüpfung unterstützen. Ausgehend von der fehlerhaften Prozentrechnung eines Lernenden fordert die Lehrkraft auf, ein Balkendiagramm zu zeichnen und ermutigt, die gegebenen Werte mit dieser graphischen Darstellung zu verknüpfen.

Die dargestellten Studien geben Einblick in unterschiedliche Strategien von Lehrkräften, welche vor allem an einzelnen Transkripten aus Fallbeispielen dargestellt werden, jedoch ohne darauf aufbauend „typische" Strategien systematisch abzuleiten. Die Studien schlagen Kategorisierungen von Impulsen vor, im Ansatz auch hinsichtlich unterschiedlicher Arten von Verknüpfung (z. B. in Velez et al. 2022). In der Analyse werden Unterschiede in der Art der Verknüpfung und Umsetzung der Verknüpfungen jedoch nicht systematisch erfasst. Unklar bleibt zudem die Frage nach der Analyseeinheit (Abschnitt 3.2.3). Betrachtet werden zwar kleine Elemente wie Impulse, die jedoch durch das Beschreiben der Fallbeispiele in einen größeren Handlungszusammenhang gebracht werden.

In der Studie von Ott und Wille (2022) wird ein Analysezugang vorgestellt, mit dessen Hilfe Verknüpfungen systematischer erfasst werden können, wobei sich diese nicht auf Plenumssituationen im Klassensetting, sondern auf Eins-zu-eins-Situationen (zwischen Lehramtsstudierenden und Grundschulkindern) beziehen: Es werden mithilfe eines Analyseinstruments graphisch Turn für Turn die Nutzung von Diagrammen und die Kommunikation über Diagramme in unterschiedlichen Darstellungssystemen sowie deren Verknüpfung erfasst. Zudem wird der Zusammenhang zum Diskurs untersucht. Auf dieser Grundlage analysieren Ott und Wille (2022) für ein Tandem Muster in der Interaktion, unter anderem zum Umgang mit Fehlern. Im Vergleich zu den vorherigen Studien werden Interaktionen nicht nur an einem einzelnen Transkript beschrieben, sondern für ein Tandempaar längsschnittlich unterschiedliche Situationen analysiert und diese auf Muster in der Interaktion beim Umgang mit den Darstellungen und Entwicklungen hin betrachtet. Hierfür werden Szenen über mehrere Turns hinweg analysiert. Die Analyse beschränkt sich allerdings im Vergleich zu den vorherigen Studien (z. B. Velez et al. 2017, 2019, 2022) auf Eins-zu-eins-Situationen.

Bedarf der Ausdifferenzierung der Praktiken zur Darstellungsverknüpfung in Plenumsgesprächen
Der Einblick in die Studien zum Umgang mit Darstellungen beim Unterrichten verdeutlicht, dass existierende Studien unterschiedliche Bestandteile von Praktiken im Sinne von Grossman, Compton et al. (2009) erfassen, um folgendes Ziel

zu erreichen: „[...] breaking down complex practice into its constituent parts for the purposes of teaching and learning" (S. 2069).

In den ersten beiden Unterabschnitten dieses Abschnitts 3.3.2 wurden Studien vorgestellt, die vorrangig das Vorkommen und die Art der adressierten Darstellungen und Verknüpfungen erfassen und untersuchen, d. h., ob und wie häufig bestimmte Darstellungen und Verknüpfungen vorkommen. Relevante Bestandteile sind den Studien nach die Erfassung der Art der adressierten Darstellungen (Leinhardt 1989), ob eine Verknüpfung zwischen Darstellungen (Kuntze et al. 2018) und welche Art von Verknüpfung hergestellt wird (z. B. Übersetzen bei Bossé et al. 2011), wobei in manchen Studien auch unterschiedliche Verknüpfungen unterschieden und damit differenzierter erfasst werden (z. B. Askew 2019).

Ausgehend von den Einblicken in die Praxis wird in existierenden Studien auf den Bedarf nicht nur von Unterrichtsdesigns, sondern auch von tatsächlich in der unterrichtlichen Umsetzung geschaffenen Lerngelegenheiten und Ansätzen von Lehrkräften zur gezielten Unterstützung von Lernenden beim Etablieren von Darstellungsverknüpfung verwiesen (z. B. in Bossé et al. 2011; Kuntze et al. 2018). Die Studien im dritten Unterabschnitt zielen daher auf die Rekonstruktion des konkreten Handelns von Lehrkräften und der Interaktion zwischen Lehrkräften und Lernenden beim Umgang mit Darstellungen ab.

Teil der Analyse dieser Unterrichtsbeobachtungsstudien sind unter anderem Aktionen, Impulse und Fragen von Lehrkräften (Velez et al. 2022). An Fallbeispielen werden zudem Strategien beschrieben, wie Lehrkräfte Lernende in der Nutzung und Verknüpfung von Darstellungen unterstützen (Kuntze et al. 2018; Velez et al. 2017, 2019, 2022), indem nicht nur einzelne Turns, sondern ganze Unterrichtssituationen betrachtet werden. Diese Studien beziehen sich allerdings oft auf Einzelfälle einzelner Transkripte, ohne Praktiken als wiederkehrende Handlungsmuster in größerer Breite zu erfassen. Mit einem etwas anderen Analysezugang zielt die Studie von Ott und Wille (2022) auf die Rekonstruktion von Mustern zu diagrammatischen Aktivitäten und Kommunikation darüber in der Interaktion zwischen einer Schülerin und einem Lehramtsstudierenden sowie die Analyse von Entwicklungen ab, wobei sich dieser Beitrag zunächst auf eine Eins-zu-eins-Situation bezieht. Sowohl Handlungen, Strategien, Impulse als auch Interaktionsmuster und damit die Beteiligung der Lernenden an den Prozessen über einzelne Turns hinaus zeichnen sich diesen Studien zufolge ebenfalls als relevante Bestandteile zur Analyse von Praktiken ab.

In den Studien finden sich unterschiedliche Hinweise darauf, dass Darstellungen eng mit den mathematischen Lerngegenständen zusammenhängen und daher gegenstandsbezogen betrachtet werden sollten. So verdeutlicht die Studie von

Leinhardt (1989), dass über Darstellungen unterschiedliche Aspekte eines Lerngegenstandes ausgedrückt werden könnten, die ggf. nicht zusammenpassen. Für
die Bewertung einer guten Erklärung kommt es dabei nicht nur auf die Darstellungen, sondern auf die dadurch adressierten Verstehenselemente und Verknüpfungen
an. Bossé et al. (2011) verweisen darauf, dass beim Übersetzen in die verbale
Darstellung von Bedeutung ist, ob nur bestimmte Eigenschaften oder alle relevanten Verstehenselemente der Ausgangsdarstellung darin ausgedrückt werden.
Ott und Wille (2022) stellen adressierte Elemente des mathematischen Konzepts
in der Analyse über eine zusätzliche Darstellung in einem Diagramm dar. Aus
diesen Beobachtungen lässt sich ableiten, dass Untersuchungen zum Umgang
mit Darstellungen und Darstellungsverknüpfung eng geknüpft mit adressierten
Verstehenselementen und der Entwicklung mathematischer Konzepte betrachtet
und der Zusammenhang zwischen diesen untersucht werden sollte. In ähnlicher
Weise wird in der Literatur vermehrt eine gegenstandsspezifische Erfassung von
Praktiken gefordert (Forzani 2014; Prediger, Quabeck et al. 2022).

Jacobs und Spangler (2017) stellen in ihrem Review zu Kernpraktiken zum
Leiten von Diskussionen zudem fest, dass viele Studien hauptsächlich die
Rekonstruktion von Zielen und Impulse von Lehrkräften fokussieren, teils in
Kombination mit voraus- oder nachfolgenden Aktivitäten der Lernenden, wäh-
rend die ko-konstruktive Konstituiertheit der Interaktion unterbelichtet bleibt.
Sie fordern die Entwicklung mathematikspezifischer Instrumente, welche die
Interaktion stärker erfassen. Schwarz et al. (2021) schlagen zur Erfassung der ko-
konstruktiven Konstituiertheit ebenfalls größere Analyseeinheiten über einzelne
Turns hinaus vor. Die Studien von Ott und Wille (2022) zur Rekonstruktion von
Interaktionsmustern sowie unter anderem Kuntze et al. (2018) zur Beschreibung
eines Fallbeispiels setzen hier an und beziehen längere Unterrichtssituationen ein.
Über die Einzelfälle hinausreichende systematischere Untersuchungen typischer
Praktiken zur Darstellungsverknüpfung als wiederkehrende Handlungsmuster in
Plenumssituationen scheinen derzeit noch auszustehen.

Die dargestellten Studien bieten zudem unterschiedliche Ansätze, wie und welche Verknüpfungen zwischen Darstellungen erfasst werden. Askew (2019) sowie
Ott und Wille (2022) führen hierzu mögliche Ausdifferenzierungen ein. Es scheint
allerdings noch an einer genaueren Ausdifferenzierung zu fehlen, welche und wie
genau Verknüpfungen zwischen Darstellungen etabliert werden und wie diese in
Zusammenhang zu der Entwicklung inhaltlicher Ideen stehen.

Zusammenfassend verdeutlicht der Einblick einerseits unterschiedliche
Ansätze aus der Forschung, den Umgang mit Darstellungen beim Unterrichten zu untersuchen, wobei sich die Studien in den erfassten Bestandteilen

möglicher Praktiken und Zielsetzungen unterscheiden. Zudem deutet dieser Einblick auf weiteren Forschungsbedarf hin, typische unterrichtliche Praktiken von
Lehrkräften in Plenumssituationen mit dem Fokus auf Darstellungsverknüpfung
gegenstandsspezifisch zu untersuchen.

3.4 Zusammenfassung des Forschungsstands zu Unterrichtspraktiken zur Darstellungsverknüpfung in Bezug auf den theoretischen Rahmen der vorliegenden Studie

In diesem Abschnitt wird zum einen eine Zusammenfassung über die zentralen
Ergebnisse des Kapitels gegeben. Zum anderen wird für den in Abschnitt 3.2
abgeleiteten theoretischen Rahmen zur Konzeptualisierung von Praktiken erläu-
tert, wie das Navigieren im Navigationsraum für den Lerngegenstand bedingte
Wahrscheinlichkeiten, der in Kapitel 2 eingeführt wurde, als unterrichtliche
Praktik zu operationalisieren ist.

3.4.1 Zusammenfassung des Forschungsstands zu Unterrichtspraktiken zur Darstellungsverknüpfung

Da die Fruchtbarkeit von Lerngelegenheiten für mathematisches Lernen auch
erheblich von den Lehrprozessen und der Ausgestaltung dieser Lerngelegenheiten von Lehrkräften abhängt, ist es wichtig, nicht nur *Lern*prozesse, sondern
auch *Lehr*prozesse zu untersuchen (Abschnitt 3.1). Studien zu Wissen, Einstellungen, Orientierungen sowie Wahrnehmungs- und Beurteilungspraktiken von
Lehrkräften, die den Umgang mit Darstellungen von Lehrkräften untersuchen,
verweisen dabei auf sehr heterogene Kapazitäten von Lehrkräften beim Einbezug von Darstellungen in den Unterricht und teilweise auf eingeschränktes
Bewusstsein für Darstellungsverknüpfung. Dies wurde jedoch hauptsächlich in
Erhebungen außerhalb der Unterrichtspraxis ermittelt (Abschnitt 3.3.1). Daher
ist Ziel der vorliegenden Arbeit, unterrichtliche Praktiken von Lehrkräften zur
Darstellungsverknüpfung zu untersuchen.

Ausgehend von der Breite unterschiedlicher Konzeptualisierungsansätze zur
Erfassung von Praktiken (Abschnitt 3.2.1) wurde für die Beschreibung und
Analyse unterrichtlicher Praktiken von Lehrkräften die praxeologische Perspektive sozialer Praktiken als theoretischer Rahmen zur Konzeptualisierung
gewählt (Abschnitt 3.2.2): Aus praxeologisch-rekonstruktiver Perspektive auf

Lehrprozesse werden Praktiken als routinierte, regelgeleitete, sozial etablierte Aktivitäten im Unterrichtsgeschehen aufgefasst und empirisch in ihrer Eigenlogik rekonstruiert.

Diese Konzeptualisierung wird in der vorliegenden Arbeit um eine präskriptive Perspektive und die Fokussierung auf einen bestimmten Lerngegenstand ergänzt, um rekonstruierte Praktiken zum unterrichtlichen Handeln von Lehrkräften in Bezug auf ihre Produktivität einschätzen zu können. Das Ziel ist damit, produktive Praktiken, mit denen Lehrkräfte typische Anforderungssituationen bewältigen, gegenstandsbezogen zu charakterisieren.

Als eine konkrete Anforderungssituation wurde aus dem Forschungsstand der Lernforschung zu Lernprozessen mit Darstellungen in Kapitel 2 hergeleitet, dass Lehrkräfte Verknüpfungsaktivitäten zwischen Darstellungen in gemeinsamen Gesprächsphasen im Unterricht initiieren und unterstützen sollten, weil Lernende allein ggf. nicht hinreichend tiefgehend vernetzen. Ziel unterrichtlicher Praktiken sollte aus präskriptiver Perspektive also sein, die explizite Verknüpfung von Darstellungen anzuregen und zu unterstützen, um die Entwicklung konzeptuellen Verständnisses für bedingte Wahrscheinlichkeiten zu fördern. Um bezüglich dieser Anforderungssituation produktive Praktiken identifizieren zu können, werden in Anlehnung an den Ansatz von Prediger, Quabeck et al. (2022) Praktiken als Navigationspfade auf dem in Abschnitt 2.5 eingeführten gegenstandsspezifischen Navigationsraum operationalisiert (Abschnitt 3.2.3). Im Folgenden wird erläutert, wie dazu die Theoriestränge verknüpft werden.

3.4.2 Navigieren im Navigationsraum als gegenstandsbezogene Operationalisierung von unterrichtlichen Praktiken zur Darstellungsverknüpfung

Praktiken werden in dieser Arbeit aus praxeologischer Perspektive als routinierte, regelgeleitete, sozial etablierte Aktivitäten bzw. Handlungen im Unterrichtsgeschehen konzeptualisiert. Diese Konzeptualisierung wird um eine präskriptive Perspektive und die Fokussierung auf einen bestimmten Lerngegenstand ergänzt, um rekonstruierte Praktiken zum unterrichtlichen Handeln von Lehrkräften auf ihre Produktivität hin untersuchen zu können (Abschnitt 3.2.2). Um aber produktive Praktiken zu identifizieren und in ihrem Kern verstehen zu können, müssen diese in die konstituierenden Bestandteile und ihre Zusammenhänge zerlegt und beschrieben werden (Grossman, Compton et al. 2009).

Ähnlich wie bei Prediger, Quabeck et al. (2022) wird dazu in dieser Arbeit eine Operationalisierung herangezogen, die zur Einschätzung der Produktivität sowohl den Stand der (fachdidaktischen und instruktionspsychologischen) Lernforschung zur Darstellungsverknüpfung als auch den Forschungsstand zum Verständnisaufbau zur bedingten Wahrscheinlichkeit heranzieht: Praktiken, d. h. routinierte Handlungsweisen von Lehrkräften, werden als produktiv aufgefasst, wenn sie das Verständnis fördern und Lernende zur Darstellungsvernetzung für die jeweils relevanten Verstehenselemente anregen (Abschnitt 3.2.3), d. h., wenn

- relevante Verstehenselemente adressiert, verknüpft, aufgefaltet und verdichtet,
- Zusammenhänge zwischen relevanten Darstellungen für die konzeptuell relevanten Verstehenselemente erklärt und
- Lernende an den Aushandlungsprozessen beteiligt und von der Lehrkraft unterstützt werden.

Die adressierten Darstellungen mit den semiotischen Verknüpfungsaktivitäten sowie die Verstehenselemente mit den Verknüpfungs-, Auffaltungs- und Verdichtungsaktivitäten zwischen Verstehenselementen sind also die konstituierenden Bestandteile, zwischen denen Lehrkräfte aufbauend auf den Beiträgen der Lernenden navigieren und in die sie durch ihre aktive (explizite oder implizite) Steuerung Lernende einbeziehen. Diese Operationalisierung wird aus vorangehenden Arbeiten (Erath et al. 2018; Prediger, Quabeck et al. 2022) übernommen, jedoch hier für Verknüpfungen von Darstellungen zum Lerngegenstand bedingte Wahrscheinlichkeiten und mit expliziterem Fokus auf die Auffaltungs- und Verdichtungsaktivitäten adaptiert.

Mit dieser Operationalisierung können Praktiken zur Darstellungsverknüpfung von Lehrkräften in Unterrichtsgesprächen untersucht werden. Dabei wird einerseits die ko-konstruktive Konstituiertheit der Gesprächsverläufe durch die Beiträge der Lernenden in der Lokalisierung der Navigationspfade berücksichtigt. Andererseits werden gerade die routinierten Aktivitäten und Handlungen von Lehrkräften dahingehend betrachtet, inwiefern beispielsweise bestimmte Darstellungen und Verstehenselemente durch ihre Steuerung von allen Beteiligten adressiert und verknüpft werden. Das bedeutet, der Fokus verschiebt sich von den Lernendenaktivitäten auf die Navigationspraktiken von Lehrkräfte, wenn untersucht wird, wie diese Aktivitäten umgesetzt, angeleitet, eingefordert und unterstützt werden.

Der gegenstandsbezogene Navigationsraum (Abbildung 3.1) stellt das zentrale Instrument dar, um zu erfassen, welche Verstehenselemente und Darstellungen in den Äußerungen und Aktivitäten von Lehrkräften und Lernenden adressiert werden und inwiefern diese verknüpft werden. Wie in Abschnitt 2.5 eingeführt und gegenstandsbezogen konkretisiert, wird der Navigationsraum von Darstellungen und semiotischen Verknüpfungsaktivitäten (zwischen den Spalten) sowie Verstehenselementen mit Auffaltungs- und Verdichtungsaktivitäten (in Übergängen zwischen den Reihen) aufgespannt. In diesem gegenstandsbezogenen Navigationsraum können die Äußerungen der Lernenden und Lehrkräfte hinsichtlich der adressierten Verstehenselemente sowie Darstellungen verortet und in einer Äußerung enthaltene Verknüpfungen zwischen Darstellungen über unterschiedliche horizontale Linien erfasst werden (Abschnitt 2.5). Übergänge zwischen Verstehenselementen, d. h. Auffaltungs- und Verdichtungsaktivitäten, werden über vertikale Pfeile markiert.

Aus der Abfolge der Turns und den Impulsen von Lehrkräften können Pfade rekonstruiert und beschrieben werden, wie Lehrkräfte die oben beschriebenen semiotischen und epistemischen Aktivitäten und damit die gemeinsamen Lernprozesse einer Klassengemeinschaft steuern. Unterrichtliche Praktiken, d. h. die routinierten Handlungsweisen, werden daher über Navigationspfade auf diesem gegenstandsbezogenen Navigationsraum operationalisiert (Abschnitt 3.2.3; Prediger, Quabeck et al. 2022).

Abb. 3.1 Navigationsraum aufgespannt von Darstellungen und semiotischen Verknüpfungsaktivitäten (in Spalten) sowie Verstehenselementen mit Auffaltungs- und Verdichtungsaktivitäten (in Reihen) (veröffentlicht in Post & Prediger 2024b, S. 105; hier in übersetzter und adaptierter Version)

Dieser Ansatz erlaubt, über Navigationspfade erfasste Steuerungen von Lehrkräften hinsichtlich der adressierten Darstellungen, Verstehenselemente und Verknüpfungen zu beschreiben und zu analysieren. Über die Beschreibung der Pfade im Navigationsraum werden Praktiken nicht in einzelnen Turns, sondern in etwas größeren Sinneinheiten erfasst (Schwarz et al. 2021). Das bedeutet allerdings auch, dass nicht nur einzelne Impulse oder Äußerungen von Lernenden, sondern auch die Äußerungen und Steuerungen von Lehrkräften sowie Interaktionen zwischen Lehrkräften und Lernenden erfasst werden und damit die Navigationspfade die gemeinsamen Lehr-Lern-Prozesse einer Klassengemeinschaft beschreiben. Hierdurch werden Praktiken, operationalisiert über diese Pfade, in Anlehnung an die interaktionistische Perspektive als ebenfalls in der Interaktion verortet und ko-konstruiert betrachtet (Cobb 1998; Cobb et al. 2001; siehe auch Prediger, Quabeck et al. 2022). Der Fokus der Analyse wird allerdings auf die routinierten Handlungsweisen von Lehrkräften zur Etablierung von Darstellungsverknüpfung gelegt. Die Betrachtung über Sinneinheiten sowie die Rekonstruktion des gemeinsamen Lernprozesses ermöglicht allerdings zu untersuchen, inwiefern und wie Lernende an den Prozessen beteiligt werden und Lehrkräfte über bestimmte Navigationen Lernende unterstützen und Lerngelegenheiten schaffen, Darstellungen zu verknüpfen und Verständnis zu bedingten Wahrscheinlichkeiten aufzubauen.

Im Anschluss an den in Abschnitt 3.3.2 dargestellten Forschungsbedarf ist Ziel dieser Arbeit, anhand dieser Operationalisierung typische unterrichtliche Praktiken von Lehrkräften zur Darstellungsverknüpfung in Plenumsgesprächen weiterführend gegenstandsbezogen zu untersuchen. Im Sinne der Design-Research-Methodologie soll daraus auch ermittelt werden, welche Fragen und Moderationsimpulse bereits in das Unterrichtsmaterial integriert werden können, um die Umsetzung des Unterrichtsmaterials zu unterstützen. Das Entwicklungs- und Forschungsinteresse umfasst die folgenden Aspekte:

- Rekonstruktion typischer unterrichtlicher Praktiken von Lehrkräften zur Darstellungsverknüpfung in gemeinsamen Plenumsgesprächen
- Untersuchung möglicher Unterstützungsmöglichkeiten von Lehrkräften in der Umsetzung dieser Praktiken durch das Unterrichtsmaterial

Methodischer Rahmen der Fachdidaktischen Entwicklungsforschung mit erweitertem Fokus auf Lehr-Lern-Prozesse

4

In diesem Kapitel wird der methodische Rahmen der Arbeit dargestellt. Die in dieser Arbeit präsentierte Studie ist Teil des Projekts MuM-Stochastik. Es ist verortet im Dortmunder MuM-Projekt, in dem seit 2009 sprachbildender Mathematikunterricht entwickelt und erforscht wird (Prediger 2019d, 2022a).

Die Arbeit nutzt als Forschungsformat die Fachdidaktische Entwicklungsforschung bzw. synonym Design-Research (Cobb et al. 2003; Prediger et al. 2012; van den Akker et al. 2006b), die hier jedoch nicht nur mit Fokus auf die Lernenden (Prediger, Gravemeijer et al. 2015), sondern auch mit Fokus auf unterrichtliche Praktiken von Lehrkräften ausgeführt wird. Dieses erweiterte Forschungsformat zeichnet sich durch die zweifache Zielsetzung aus, einerseits Lehr-Lern-Prozesse zu erforschen und andererseits Lehr-Lern-Arrangements zu entwickeln, die Lehrkräfte bei ihren unterrichtlichen Praktiken bestmöglich unterstützen.

Aus der zweifachen Zielsetzung Fachdidaktischer Entwicklungsforschung kann die weitere Unterteilung der Arbeit in den Entwicklungsteil (Kapitel 5) und den Forschungsteil (Kapitel 6, 7 und 8) abgeleitet werden. Diesem Forschungsformat entsprechend wird im *Entwicklungsteil* (Kapitel 5) als ein Entwicklungsprodukt dieser Arbeit das Design des über mehrere Zyklen hinweg erprobten und entwickelten Lehr-Lern-Arrangements präsentiert. Im *Forschungsteil* erfolgt die Spezifizierung der konzeptuellen und sprachlichen Anforderungen und Ressourcen der Lernenden (Kapitel 6), die Rekonstruktion typischer unterrichtlicher Praktiken von Lehrkräften zur Darstellungsverknüpfung (Kapitel 7)

M. Post, *Darstellungsvernetzung bei bedingten Wahrscheinlichkeiten*, Dortmunder Beiträge zur Entwicklung und Erforschung des Mathematikunterrichts 55, https://doi.org/10.1007/978-3-658-47374-7_4

sowie die Erforschung der durch dieses Lehr-Lern-Arrangement hervorgerufe-
nen Lehr-Lern-Prozesse der Klassengemeinschaft mit besonderem Fokus auf die
Darstellungsverknüpfung (Kapitel 8).

Die Forschungsprodukte bestehen also aus Einsichten zu gegenstandsbezo-
genen Lehr-Lern-Prozessen. Sie werden konkret über die gegenstandsbezogenen
Praktiken der Lehrkräfte beim Unterrichten des Materials in Hinblick auf Darstel-
lungsverknüpfung und die *gemeinsamen Lernwege* erfasst, d. h. die Sukzession
von Verstehensgelegenheiten in der Interaktion über mehrere Aufgaben hinweg.
Einsichten zu beiden Bereichen sind in jedem Designexperiment-Zyklus in die
Überarbeitung des Entwicklungsprodukts wieder eingeflossen, um Praktiken von
Lehrkräften möglichst gut durch das Material zu unterstützen.

In diesem Kapitel wird zunächst das übergreifende Forschungsformat der
Fachdidaktischen Entwicklungsforschung erläutert (Abschnitt 4.1). Daraufhin
folgt die Darstellung der Methoden der Datenerhebung (Abschnitt 4.2) und qualitativen Datenauswertung (Abschnitt 4.3) sowie zuletzt die ausdifferenzierten
Entwicklungs- und Forschungsfragen (Abschnitt 4.4).

4.1   Forschungsformat der Fachdidaktischen Entwicklungsforschung

Mit dem Anspruch, eine Brücke zwischen Wissenschaft bzw. Theorie und Praxis
zu schlagen und diese stärker zu verbinden, zeichnet sich das für diese Arbeit
gewählte Forschungsformat durch eine zweifache Zielsetzung aus (Anderson &
Shattuck 2012; Gravemeijer & Cobb 2006):

> „This intimate relationship between the development of theory and the improvement
> of instructional design for bringing about new forms of learning is a hallmark of the
> design experiment methodology." (Cobb et al. 2003, S. 13)

Durch die Wahl dieses Forschungsformats wird demnach ermöglicht, dass
im Rahmen dieser Arbeit einerseits aus unterrichtspraktischer Perspektive die
Erprobung und Entwicklung eines Lehr-Lern-Arrangements und andererseits die
Beforschung der dadurch initiierten Prozesse als Ziele verfolgt werden.

Im Folgenden wird zunächst ein Überblick zum Forschungsformat der Fach-
didaktischen Entwicklungsforschung im Allgemeinen gegeben (Abschnitt 4.1.1).
Im Anschluss wird die übliche Realisierung mit Fokus auf Lernprozesse im
Dortmunder Modell vorgestellt (Abschnitt 4.1.2). Danach wird die für diese
Arbeit vorgenommene Erweiterung der Fokussierung auf Lehrprozesse vorgestellt
(Abschnitt 4.1.3).

4.1.1 Erziehungswissenschaftliche und Fachdidaktische Entwicklungsforschung im Überblick

Entwicklungsforschung bzw. Design-Research (van den Akker et al. 2006b) hat seinen Ursprung in unterschiedlichen Forschungsansätzen und zeichnet sich durch eine Vielzahl an Variationen aus, die sich beispielsweise in Gründen und Zielen, Ergebnisart, Projektumfang oder Hintergrundtheorien unterscheiden (Prediger, Gravemeijer et al. 2015; für historische Hintergründe und Überblicke über verschiedene Studien siehe z. B. Bakker 2018; Plomp & Nieveen 2013; van den Akker et al. 2006a).

Trotz dieser unterschiedlichen Ausrichtungen weisen Studien zur Entwicklungsforschung gemeinsame Grundmotive sowie Merkmale auf. Van den Akker et al. (2006b) fassen folgende Motive zusammen: die Forschung für die Praxis und Bildungspolitik relevanter zu machen, Theorien zu entwickeln, die theoretisch fundiert sind, sowie die Praxis der Design-Entwicklung besser zu verstehen und dadurch zu fördern. Die meisten Studien zur Entwicklungsforschung zeichnen sich zudem durch gemeinsame Merkmale aus (Cobb et al. 2003; van den Akker et al. 2006b):

- interventionistisch und ausgelegt darauf, Interventionen zu verstehen und zu verbessern
- prospektiv und gleichzeitig reflektierend
- iterativ
- theorieentwickelnd
- praxisorientiert

Indem iterativ einerseits Formate für das Lernen entwickelt, andererseits gleichzeitig erforscht und auf dieser Grundlage Theorien generiert werden, wird ein theoretischer und praktischer Beitrag geleistet (Cobb et al. 2003).

Allgemein können Entwicklungsforschungsstudien in verschiedenen Settings durchgeführt und damit Lernen und Mittel zur Unterstützung des Lernens unterschiedlicher Gruppen untersucht werden, wie beispielsweise im Laborsetting mit einer kleinen Gruppe von Lernenden und einer Lehrkraft, im Klassensetting, im Rahmen der Aus- und Fortbildung von Lehrkräften oder auf Ebene der Schulorganisation (Cobb et al. 2003). Mit unterschiedlichen Settings können sich dabei sowohl Ziele als auch Analyseebenen verändern (Cobb et al. 2003; Prediger, Gravemeijer et al. 2015): Lernen kann statt Wissen auch andere Konstrukte wie Praktiken oder Identitäten umfassen. Im Laborsetting werden beispielsweise

Lernverläufe von Lernenden vorrangig analysiert, im Klassensetting oder in Studien zu Fortbildung von Lehrkräften kommen andere Ebenen wie zum Beispiel Dynamiken im Klassenraum, Normen oder Praktiken hinzu.

In der Vielzahl der Ansätze unterscheiden Prediger, Gravemeijer et al. (2015) Grundtypen von Entwicklungsforschung, die zwar beide praktische und theoretische Produkte erzeugen, jedoch unterschiedliche Schwerpunkte setzen:

- Entwicklungsforschung mit Fokus auf curriculare Produkte und Designprinzipien
- Entwicklungsforschung mit Fokus auf lokale Theorien zu Lehr-Lern-Prozessen

Im Rahmen dieser Arbeit wird an die Fachdidaktische Entwicklungsforschung im Dortmunder Modell (Prediger et al. 2012) angeknüpft, welche dem zweiten Grundtyp (siehe hierzu z. B. Gravemeijer & Cobb 2006) zuzuordnen ist und sich durch die Fokussierung auf die Lernprozesse der Lernenden und die Gegenstandsbezogenheit auszeichnet. Dieses spezifischere Forschungsformat wird im nächsten Abschnitt vorgestellt.

4.1.2 Gegenstandsbezogene Fachdidaktische Entwicklungsforschung im Dortmunder Modell

Während erziehungswissenschaftliche Entwicklungsforschung auch ohne fachdidaktische Fokussierung der Lerngegenstände interessante generische Ergebnisse liefern kann, ist die Gegenstandsbezogenheit ein zentrales Merkmal der Fachdidaktischen Entwicklungsforschung (Gravemeijer & Cobb 2006; Prediger et al. 2012; Prediger & Zwetzschler 2013) und hat sich auch für Fachdidaktische Entwicklungsforschung zum sprachbildenden Mathematikunterricht als zentral herausgestellt (Prediger 2022a; Prediger & Zindel 2017).

Wie in den meisten Modellen von Entwicklungsforschung zeichnet sich auch die Fachdidaktische Entwicklungsforschung im Dortmunder Modell (Prediger et al. 2012) durch ein zyklisches Vorgehen sowie Arbeitsbereiche wie Vorbereitung des Designexperiments (u. a. Klärung mathematischer Inhalte und Ziele sowie Ausgangspunkte, mögliche Lernprozesse, Entwicklung von Designs), Durchführung und Auswertung von Designexperimenten sowie Analyse mit lokaler Theoriebildung (z. B. in Gravemeijer & Cobb 2006) aus. Aufgrund der starken Betonung der Gegenstandsbezogenheit wurde im Dortmunder Modell zur Ausdifferenzierung ein vierter Arbeitsbereich hinzugenommen und mit den anderen drei systematisch und iterativ immer konsequenter vernetzt (Prediger et al. 2012; Abbildung 4.1):

- Spezifizierung und Strukturierung der Lerngegenstände
- (Weiter-) Entwicklung des Designs
- Durchführung und Auswertung der Designexperimente
- (Weiter-) Entwicklung lokaler Theorien

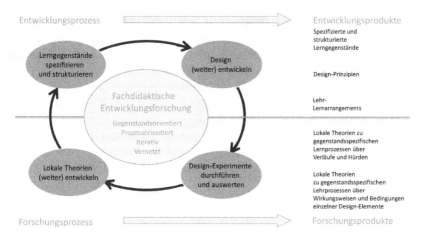

Abb. 4.1 Zyklisches Vorgehen in Fachdidaktischer Entwicklungsforschung im Dortmunder Modell (aus Prediger et al. 2012, S. 453)

Projekte beginnen dabei häufig (jedoch nicht zwingend) in den ersten beiden Arbeitsbereichen (Prediger et al. 2012) und werden zyklisch mehrfach iterativ durchgeführt (Cobb et al. 2003; Gravemeijer & Cobb 2006). Insgesamt zeichnet sich die Fachdidaktische Entwicklungsforschung somit durch Lernprozessorientierung im Sinne von Gravemeijer und Cobb (2006) sowie durch Gegenstandsbezogenheit durch die starke Betonung der Spezifizierung und Strukturierung des Lerngegenstandes aus (Prediger et al. 2012; Prediger & Zindel 2017).

Im Folgenden werden die vier Arbeitsbereiche genauer erläutert.

Spezifizierung und Strukturierung der Lerngegenstände
Ziel der Spezifizierung und Strukturierung des Lerngegenstandes ist, Lernziele, Ausgangspunkte (z. B. bisherige Ressourcen und Kompetenzen der Lernenden), mögliche antizipierte Lernverläufe, Unterrichtsaktivitäten etc. aus der Literatur

und der Empirie – zunächst theoretisch und danach auf Grundlage der Durchführung der Designexperimente und deren Auswertung – zu bestimmen (Cobb et al. 2003; Gravemeijer & Cobb 2006). In Fachdidaktischer Entwicklungsforschung ist diese Phase von der (Weiter-) Entwicklung des Designs getrennt worden, wodurch der intensive Fokus auf den Gegenstand deutlich wird (Prediger et al. 2012).

Zur Spezifizierung ist neben der Bestimmung des Lerngegenstandes aus fachlicher Perspektive auch die Lernendenperspektive, d. h. beispielsweise empirisch erhobene Vorstellungen und Denkweisen von Lernenden, zu berücksichtigen: Aus der wechselseitigen Verknüpfung und dem Vergleich beider Perspektiven können unter anderem mögliche lernförderliche Ansätze, aber auch Lernhürden oder Grenzen abgeleitet werden, welche die Grundlage für die Strukturierung des Lerngegenstandes bilden (Kattmann et al. 1997). Strukturierung bedeutet dann, die spezifizierten Elemente in sinnvolle Reihenfolgen und Bezüge zueinander zu bringen. Den Lerngegenstand zu spezifizieren und zu strukturieren, umfasst daher die Identifikation der für den Lerngegenstand wesentlichen Vorstellungen, Aspekte und Perspektiven, welche in Beziehung gesetzt und chronologisch strukturiert werden (Hußmann & Prediger 2016).

Hußmann und Prediger (2016) fassen folgende Ebenen zur Klärung des Lerngegenstandes zusammen:

- die formale Ebene (z. B. Konzepte, Theoreme, Prozeduren aus formaler Perspektive)
- die semantische Ebene (z. B. fundamentale Ideen, Grundvorstellungen, Darstellungen aus Perspektive des Verständnisaufbaus)
- die konkrete Ebene (z. B. Kontext und Problemsituationen sowie Kernfragen und -ideen)
- die empirische Ebene (z. B. individuelle Konzepte, Vorstellungen sowie Ressourcen von Lernenden, Lernwege und -hindernisse)

Zu den Ebenen können aus bestehender Literatur zentrale Erkenntnisse für den Lerngegenstand herangezogen werden (Cobb et al. 2003). Diese Spezifizierungen und Strukturierungen, welche die Grundlage für den intendierten Lernpfad darstellen, können durch die empirische Analyse der Lernprozesse im Laufe der Zyklen erweitert, überarbeitet und ausdifferenziert werden (Hußmann & Prediger 2016; siehe auch Gravemeijer & Cobb 2006).

Für Fachdidaktische Entwicklungsforschung zum sprachbildenden Mathematikunterricht wird zu den vier Ebenen eine sprachliche Ebene ergänzt (Prediger 2024; Prediger & Zindel 2017): Zum Spezifizieren des sprachlichen Lerngegenstandes werden zu jedem fachlichen Teil-Lernziel jeweils die relevanten Sprachhandlungen und Sprachmittel zunächst apriori theoretisch und dann empirisch rekonstruiert.

In der vorliegenden Arbeit wurde die aus der Literatur abgeleitete Spezifizierung und Strukturierung bereits in Kapitel 2 vorgestellt. In Kapitel 2 sind bereits einige Einsichten eingeflossen, die sich erst iterativ aus der empirischen Erprobung in Designexperimenten und der Analyse ergeben haben.

(Weiter-)Entwicklung des Designs
Ziel des Arbeitsbereichs ist die Entwicklung des Designs für das konkrete Lehr-Lern-Arrangement, welches auf der Strukturierung des Lerngegenstandes aufbaut. Hierzu werden Lernaktivitäten und Aufgabenstellungen, Lehr-Lern-Mittel zur Unterstützung von Lernprozessen sowie Wege zum Umgang mit typischen Hürden identifiziert und diese sowie das daraus entwickelte Design im Verlauf der Designexperiment-Zyklen ausdifferenziert (Prediger et al. 2012). Neben Aufgaben und Werkzeugen sind unter Umständen auch Normen und der Diskurs in der Klasse sowie die Rolle und das Handeln der Lehrkraft in der Planung zu berücksichtigen (Gravemeijer & Cobb 2006).

Die Entwicklung des Designs wird dabei geleitet von Designprinzipien: Designprinzipien sind prädiktive Theorieelemente (Prediger 2019c), die über Designexperiment-Zyklen hinweg zunehmend verfeinert werden können und Orientierungen geben, wie das Lehr-Lern-Arrangement gestaltet werden sollte, um bestimmte Ziele zu erreichen. Nach van den Akker (1999) und Prediger (2019c) haben Designprinzipien eine „Um-Zu"-Struktur. Es werden also intendierte Ziele mit Maßnahmen sowie Aussagen verknüpft, warum dieser Zusammenhang gilt. Designprinzipien werden über Designelemente wie beispielsweise konkrete Aufgaben, Scaffolds, Arbeitsmittel oder Impulse von Lehrkräften umgesetzt (Prediger 2019c).

Durchführung und Auswertung von Designexperimenten
Das entwickelte Design wird in Designexperimenten (Cobb et al. 2003) mehrfach iterativ erprobt, die wie folgt aufgefasst werden:

> „Darunter [gemeint sind hier Designexperimente] versteht man die (meist mehrfache) exemplarische Erprobung des Lehr-Lernarrangements mit Lernenden, um zu untersuchen, welche Lernprozesse tatsächlich durch sie initiiert werden, und inwieweit diese mit den zuvor angenommenen Lernpfaden übereinstimmen [...]." (Prediger et al. 2012, S. 455)

Durch die Erprobung soll nicht nur das ursprüngliche Design verbessert, sondern auch die initiierten Lehr-Lern-Prozesse besser verstanden werden (Gravemeijer & Cobb 2006).

Erprobungen können in verschiedenen Settings wie beispielsweise im Labor-setting mit nur zwei Lernenden oder im Klassensetting durchgeführt werden. Für die spätere Analyse und Gewinnung von Erkenntnissen ist abhängig vom Entwicklungs- und Forschungsinteresse eine gute Dokumentation der Prozesse und Produkte wichtig (Cobb et al. 2003; Gravemeijer & Cobb 2006).

Hinsichtlich der anschließenden Auswertung können unterschiedliche Metho-den, Hintergrundtheorien oder Analyseschwerpunkte fokussiert werden, die von der Zielsetzung und dem Setting abhängen (Gravemeijer & Cobb 2006; Predi-ger et al. 2012): Beispielsweise steht in den ersten Zyklen häufig die Eignung und Tragfähigkeit der entwickelten Aufgabenstellungen, Materialien, Aktivitä-ten und Strukturierungen der Lernumgebung im Vordergrund, bevor in späteren Zyklen die Lehr-Lern-Prozesse tiefer untersucht werden. In der Auswertung kön-nen zudem weitere Analyseebenen wie zum Beispiel Normen, Praktiken, Beitrag semiotischer Aktivitäten zum Lernen etc. hinzugezogen werden.

(Weiter-)Entwicklung lokaler Theorien sowie Entwicklungs- und Forschungspro-dukte

Auf Grundlage von Beobachtungen und Auswertungen der Daten aus den Designexperimenten werden Beiträge zu lokalen Theorien zu den Lerngegen-ständen oder -prozessen generiert (Prediger 2019c). Aufgrund der Bindung an einen konkreten Kontext der Erhebung und einen Lerngegenstand handelt es sich um lokale Theorien mit zunehmender empirischer Absicherung und Verfeinerung im Laufe der Designexperiment-Zyklen. Zudem fließen diese in die nachfol-genden Zyklen mit ein, um die vorherige Spezifizierung und Strukturierung sowie (Weiter-)Entwicklung des Designs auszudifferenzieren oder zu überarbeiten (Prediger et al. 2012).

Durch die iterative Verknüpfung der Zyklen werden in dieser Weise Entwicklungs- und Forschungsprodukte generiert (Prediger et al. 2012): Die Entwicklungsprodukte umfassen das konkrete Lehr-Lern-Arrangement, ausdiffe-renzierte oder neue Designprinzipien sowie den strukturierten und spezifizierten Lerngegenstand, während Forschungsprodukte „[…] eine im Laufe eines Projekts zunehmend ausdifferenzierte und empirisch abgesicherte lokale Theorie zu Ver-läufen, Hürden, Bedingungen und Wirkungsweisen des gegenstandsspezifischen Lehr-Lern-Prozesses" (Prediger et al. 2012, S. 456) umfassen.

Für die Fachdidaktische Entwicklungsforschung zum sprachbildenden Mathe-matikunterricht ist ein zentrales Produkt, die *konzeptuellen* und *sprachlichen* Anforderungen des Lerngegenstandes zunächst theoretisch, dann empirisch zu spezifizieren (Prediger 2019c, 2024): Ziel ist somit nicht nur zu untersuchen, *wie* sprachliche Lerngelegenheiten in den Unterricht eingebunden werden sollten (u. a. über Designprinzipien), sondern *was* gelernt werden soll, d. h., welche gegenstandsbezogenen konzeptuellen und sprachlichen Anforderungen fokussiert werden sollten, um konzeptuelles Verständnis zu mathematischen Konzepten zu entwickeln. Diese Anforderungen zu spezifizieren, umfasst für das vorliegende Projekt Folgendes (Prediger 2019c, 2024):

- die für die Bedeutung der mathematischen Konzepte relevanten Darstellungen, semiotischen Verknüpfungsaktivitäten, Verstehenselemente sowie Aktivitäten zum Verknüpfen, Auffalten und Verdichten dieser Verstehenselemente (Abschnitt 2.2 und 2.3)
- relevante Sprachhandlungen bzw. diskursive Praktiken, welche jeweils bestimmte fachliche Ziele realisieren, hier insbesondere die Sprachhandlung des Erklärens der Bedeutung mathematischer Konzepte (Pöhler & Prediger 2015; Prediger & Zindel 2017)
- Sprachmittel zur Realisierung dieser Sprachhandlungen, hier insbesondere bedeutungsbezogene Sprachmittel zum Erklären von Bedeutungen und Beschreiben mathematischer Strukturen (Pöhler & Prediger 2015; Wessel 2015)

Zusammenfassend werden im Forschungsformat Fachdidaktischer Entwicklungsforschung im zyklischen Vorgehen aus Design, Erprobung und Analyse Lernprozesse gegenstandsbezogen untersucht, wobei sowohl Entwicklungsprodukte (siehe Kapitel 5 für Lehr-Lern-Arrangement und Designprinzipien zu bedingten Wahrscheinlichkeiten) als auch Forschungsprodukte (z. B. lokale Theorien über Lernprozesse) generiert werden. Fachdidaktische Entwicklungsforschung zum sprachbildenden Mathematikunterricht trägt zudem insbesondere dazu bei, diejenigen konzeptuellen und sprachlichen Anforderungen zu spezifizieren und strukturieren, welche für die Entwicklung konzeptuellen Verständnisses wichtig sind. Im Rahmen der Arbeit wird in Kapitel 6 an dieses gegenstandsbezogene Forschungsformat angeschlossen, um anhand der gemeinsamen Lernprozesse der Klassengemeinschaft die konzeptuellen und sprachlichen Anforderungen für den Lerngegenstand bedingter Wahrscheinlichkeiten zu identifizieren. Während in der Fachdidaktischen Entwicklungsforschung zum sprachbildenden Mathematikunterricht bislang meistens *Lern*prozesse von Lernenden gegenstandbezogen fokussiert wurden (z. B. in Prediger & Wessel 2013; Prediger & Zindel 2017; Prediger & Zwetzschler 2013), wird im folgenden Abschnitt dargestellt, wie das Format um eine Fokussierung auf *Lehr*prozesse erweitert wird.

4.1.3 Erweiterung der Fokussierung von Lernprozessen auf Lehrprozesse

Wie in den vorherigen Abschnitten dargestellt, liegt der Fokus Fachdidaktischer Entwicklungsforschung im Dortmunder Modell und insbesondere der Fachdidaktischen Entwicklungsforschung zum sprachbildenden Mathematikunterricht auf der Analyse der Lernprozesse von Lernenden mit dem Ziel, einerseits lokale Theorien zu Lehr-Lern-Prozessen und andererseits Entwicklungsprodukte wie das Lehr-Lern-Arrangement, Designprinzipien sowie die Spezifizierung und Strukturierung des Lerngegenstandes zu erzeugen (Abschnitt 4.1.2). Inwiefern sich die auf dieser Grundlage entwickelten Unterrichtsmaterialien sowie Lerngelegenheiten als fruchtbar erweisen, hängt allerdings nicht nur vom Design des Unterrichtsmaterials, sondern auch erheblich von ihrer Ausgestaltung in den Lehrprozessen und dem Handeln von Lehrkräften ab (Abschnitt 3.1). So deuten die Ergebnisse der Interventionsstudie von Neugebauer und Prediger (2023) mit 18 Klassen für das im Rahmen der Fachdidaktischen Entwicklungsforschung zum sprachsensiblen Mathematikunterricht entwickelte Unterrichtsmaterial zu Prozenten (Pöhler & Prediger 2015) darauf hin, dass es selbst bei vorgegebenem Material starke Schwankungen in den unterrichtlichen Realisierungen der verschiedenen Lehrkräfte gibt. Daher zeigt sich hier die Notwendigkeit, über die Lernprozesse hinaus auch Lehrprozesse und die Rolle der Lehrkraft sowie mögliche Unterstützungen für Lehrkräfte in der Umsetzung des Materials genauer zu betrachten (dafür plädieren z. B. auch Cobb & Jackson 2015).

Wird das Handeln von Lehrkräften und werden Lehrprozesse in der Umsetzung von ersten Versionen des entwickelten Unterrichtsmaterials analysiert, dann können die Analyseergebnisse auch die Weiterentwicklung des Materials fundieren. Denn werden produktive und unproduktive Praktiken identifiziert, so lassen sich daraus auch Unterstützungsmöglichkeiten ableiten, mit denen nicht nur herausragende, sondern größere Gruppen von Lehrkräften gut unterrichten können. Daher schlägt Burkhardt (2006) ein Forschungsformat vor, dass ähnlich zu anderen Entwicklungsforschungsprojekten aus den Arbeitsbereichen Design, systematische Entwicklung und Evaluation besteht und von iterativer Entwicklung geprägt ist:

„[...] an engineering research approach [that] may enable research insights ⇒ better tools and processes ⇒ improved practice through creative design and systematic refinement using research methods." (S. 147)

Burkhardt (2006) betont damit über das für Lernende funktionierende Design von Unterrichtsmaterialien auch seine Optimierung im Lehrenden-Fokus, damit nicht nur herausragende, sondern auch größere Gruppen von Lehrkräften mit diesen Materialien gut unterrichten können: Die mit Lernendenfokus entstandenen Entwürfe von Unterrichtsmaterial werden bei Burkhardt (2006) in Zyklen systematisch hinsichtlich des Unterstützungspotenzials für Lehrkräfte weiterentwickelt. Hierbei wird der Transfer in andere Klassen sowie die Umsetzbarkeit angestrebter Lerngelegenheiten anhand des Materials durch andere Lehrkräfte mehrfach erprobt und das Material anhand von Rückmeldungen aus den Erprobungen überarbeitet und weiterentwickelt. Die Bedingungen, in denen erprobt wird, sind zunehmend näher an realistischen bzw. typischen Klassen, auf welche die Studie abzielt: In dem konkreten Projekt wird im Zyklus 1 mit Lehrkräften unterschiedlichen Erfahrungsgrads (erfahrene Lehrkräfte und Lehrkräfte der intendierten Zielgruppe) erprobt, während im Zyklus 2 eine für die Zielgruppe repräsentative Gruppe gewählt wird, um deren Umsetzungen zu untersuchen. Dokumentation der Prozesse und Feedback umfasst dabei Unterrichtsbeobachtung, Produkte der Lernenden und Interviews. Reflektiert und überarbeitet wird das Material, indem der Ablauf des Unterrichts und die Umsetzung der intendierten Aktivitäten reflektiert, aus den Erprobungen resultierende neue Ideen eingebaut sowie Fehler und Unklarheiten in Aktivitäten und Anleitungen überarbeitet werden. Zudem wird die Zugänglichkeit des Materials untersucht, d. h.: „[…] noting where the materials did not communicate effectively to teacher or students […]" (Burkhardt 2006, S. 137).

In der vorliegenden Arbeit wird methodisch an das Forschungsformat Fachdidaktischer Entwicklungsforschung zum sprachbildenden Mathematikunterricht angeschlossen, welches bislang vorrangig Lernprozesse von Lernenden fokussierte (Abschnitt 4.1.2). Dieses Forschungsformat wird ergänzt um den von Burkhardt (2006) vorgeschlagenen Fokus auf Lehrprozesse: Dieser besteht im Kern darin, dass die Umsetzung des entwickelten Unterrichtsmaterials durch Lehrkräfte und die dadurch geschaffenen Lerngelegenheiten untersucht werden und das Material bzgl. seines Unterstützungspotenzials weiterentwickelt wird. In Abbildung 4.2 ist der um den Fokus auf Lehrprozesse erweiterte Zyklus der Fachdidaktischen Entwicklungsforschung im Rahmen dieser Arbeit dargestellt.

Die Weiterentwicklung des Unterrichtsmaterials und Untersuchung der Lehr-Lern-Prozesse in dieser Arbeit erfolgen daher unter den folgenden Perspektiven:

- gegenstandsbezogene Lernprozesse von Lernenden zur Entwicklung konzeptuellen Verständnisses hinsichtlich konzeptueller und sprachlicher Anforderungen untersuchen

- Umsetzung des Unterrichtsmaterials durch Lehrkräfte und dadurch etablierte Lehr-Lern-Prozesse hinsichtlich der Frage untersuchen, wie Lehrkräfte in der Umsetzung durch das Material zunehmend unterstützt werden können, damit das Unterrichtsmaterial möglichst gut funktionieren und intendierte Lerngelegenheiten schaffen kann

Damit wird an den in Kapitel 3 ausgearbeiteten Fokuswechsel von Lern- zu Lehrprozessen angeschlossen, welcher unter anderem darauf gründet, dass der Ertrag von Lerngelegenheiten nicht nur vom Design von Aufgaben oder Unterrichtsmaterialien, sondern erheblich von der Ausgestaltung dieser in den Lehrprozessen und dem Handeln von Lehrkräften abhängt (Abschnitt 3.1).

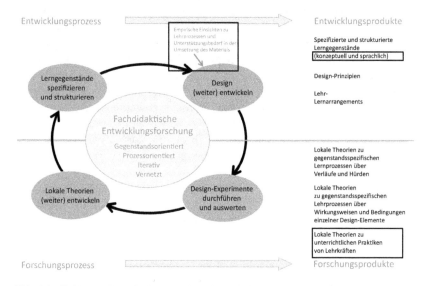

Abb. 4.2 Zyklus der Fachdidaktischen Entwicklungsforschung im Dortmunder Modell zum sprachbildenden Mathematikunterricht erweitert um den Fokus auf Lehrprozesse im Rahmen der vorliegenden Arbeit (adaptiert aus Prediger et al. 2012, S. 453 mit Erweiterungen in schwarz umrandeten Kästen)

Analog zur Fachdidaktischen Entwicklungsforschung zum sprachbildenden Mathematikunterricht werden im Rahmen der Arbeit für den Lerngegenstand bedingte Wahrscheinlichkeiten folgende Entwicklungsprodukte erzeugt: Designprinzipien und ausdifferenzierte Designelemente (Kapitel 5), der hinsichtlich konzeptueller und sprachlicher Anforderungen spezifizierte und strukturierte

Lerngegenstand (Kapitel 2, 5 und 6) sowie das Lehr-Lern-Arrangement (Kapitel 5). Das Design wird dabei zusätzlich unter der Perspektive weiterentwickelt, wie das Unterrichtsmaterial Lehrkräfte in der Etablierung und Umsetzung von Lernprozessen und Aktivitäten zur Darstellungsvernetzung zum Aufbau konzeptuellen Verständnisses zu bedingten Wahrscheinlichkeiten unterstützen kann (Abbildung 4.2). Hierfür werden die konkreten Umsetzungen des Materials über unterrichtliche Praktiken von Lehrkräften zur Darstellungsverknüpfung untersucht und diese als zusätzliche Analyseebene hinzugezogen (Kapitel 8). Im Rahmen dieser Entwicklungsforschungsstudie wird allerdings nicht die Weiterentwicklung dieser Praktiken, sondern die Weiterentwicklung des Materials auf Grundlage der Auswertung der Praktiken fokussiert. Die Forschungsprodukte umfassen neben lokalen Theorieelementen zu Lernprozessen und Lehrprozessen dadurch auch lokale Theorieelemente zu unterrichtlichen Praktiken von Lehrkräften zur Darstellungsverknüpfung. Da zur Analyse der Praktiken gemeinsame Lehr-Lern-Prozesse der gesamten Klassengemeinschaft betrachtet werden müssen, beziehen sich auch die Analysen und lokalen Theorien auf die gemeinsamen Lehr-Lern-Prozesse der untersuchten Kurse.

Im Folgenden werden die Methoden zur Datenerhebung und Datenauswertung sowie der konkrete Studienaufbau vorgestellt.

4.2 Studienaufbau und Methoden der Datenerhebung

In diesem Abschnitt wird zunächst ein Überblick über die Designexperiment-Zyklen gegeben (Abschnitt 4.2.1). Im Anschluss werden die Methoden der Datenerhebung vorgestellt (Abschnitt 4.2.2).

4.2.1 Überblick über die Designexperiment-Zyklen

Das vorliegende Entwicklungsforschungsprojekt umfasst vier Zyklen entlang des Modells der Fachdidaktischen Entwicklungsforschung. Im Anschluss an eine Vorstudie wurden in sieben Designexperiment-Serien Erprobungen im Klassensetting mit den jeweiligen Lehrkräften der Mathematikkurse durchgeführt. An diesen Erhebungen im Klassensetting (ohne Vorstudie) haben insgesamt sieben Lehrkräfte und 150 Lernende teilgenommen. Das Videomaterial aus diesen Erhebungen umfasst 2855 videographierte Unterrichtsminuten. Inklusive zusätzlicher Videoaufnahmen (weitere Kameras im Klassenraum aus zusätzlichen

Perspektiven, Tischaufnahmen von Kleingruppen von Lernenden etc.) umfasst die Datenbasis 8533 Minuten an Videomaterial von insgesamt 78 Sitzungen, wobei die Länge der einzelnen Sitzungen in den Kursen variierte und jeweils 45 bis 90 Minuten umfasste. In Tabelle 4.1 werden die Zyklen mit Informationen zur Schulform, zum Zeitraum und zu Zielen der jeweiligen Zyklen zusammengefasst.

Tabelle 4.1 Übersicht über Designexperimente im Labor- und Klassensetting

Zyklus 1 (10 / 2018 & 01 / 2019 Vorstudie; 03–05 / 2019 Gymnasium, Präsenzunterricht)

Methoden der Vorstudie und Designexperimente	Vorstudie: • Videographie unbeeinflussten Unterrichts (2 Sitzungen) • 2 Designexperimente im Laborsetting mit 2 Lernenden (2 Sitzungen) 2 Designexperiment-Serien im Klassensetting: • Kurs Herr Krause mit 23 Lernenden (EF): 4 Sitzungen mit insg. 234 vid. Unterrichtsminuten (insg. 386 Videominuten mehrerer Kameras) • Kurs Herr Lang mit 23 Lernenden (EF): 12 Sitzungen mit insg. 782 vid. Unterrichtsminuten (insg. 1602 Videominuten); C-Test sowie Fragebogen zum sprachlichen und familiären Hintergrund
Ziel	Identifikation sprachlicher und konzeptueller Anforderungen; Erprobung des ersten Lehr-Lern-Arrangements und Entwicklung hinsichtlich relevanter konzeptueller Schritte, Verstehenselemente, Sprachmittel und Darstellungen

Zyklus 2 (05 / 2019 Gymnasium, Präsenzunterricht)

Experimente im Klassensetting	• Kurs Herr Albrecht mit 24 Lernenden (EF): 4 Sitzungen mit insg. 238 vid. Unterrichtsminuten (insg. 483 Videominuten); C-Test sowie Fragebogen zum sprachlichen und familiären Hintergrund
Ziel	Weiterentwicklung des Lehr-Lern-Arrangements u. a. mit Fokus auf Darstellungsverknüpfung / -vernetzung und Verstehenselemente; Untersuchung und Überarbeitung der Zugänglichkeit des Materials für unterrichtende Lehrkraft

Zyklus 3 (09 / 2019 Gymnasium, Präsenzunterricht)

Experimente im Klassensetting	• Kurs Herr Becker mit 21 Lernenden (EF): 8 Sitzungen mit insg. 420 vid. Unterrichtsminuten (insg. 1680 Videominuten); C-Test sowie Fragebogen zum sprachlichen und familiären Hintergrund

(Fortsetzung)

Tabelle 4.1 (Fortsetzung)

Ziel	Weiterentwicklung des Lehr-Lern-Arrangements u. a. mit Ausschärfung der Designelemente zur Darstellungsvernetzung für relevante Verstehenselemente und deren Wirkungsweisen; Untersuchung und Überarbeitung der Zugänglichkeit des Materials für unterrichtende Lehrkraft
Zyklus 4 (01–02 / 2020 Berufskolleg (Fachoberschule für Gesundheit und Soziales), Präsenzunterricht; 04–05 / 2021 Gymnasium, Distanzunterricht)	
Experimente im Klassensetting	• Kurs Herr Schmidt mit 18 Lernenden (Berufskolleg, Jhg. 12): 9 Sitzungen mit insg. 600 vid. Unterrichtsminuten (insg. 2361 Videominuten); C-Test sowie Fragebogen zum sprachlichen und familiären Hintergrund • Kurs Herr Mayer mit 22 Lernenden (Berufskolleg, Jhg. 12): 5 Sitzungen mit insg. 330 vid. Unterrichtsminuten (insg. 1770 Videominuten); C-Test sowie Fragebogen zum sprachlichen und familiären Hintergrund • Kurs Frau Müller mit 19 Lernenden (Gymnasium, EF): 4 Sitzungen mit insg. 251 vid. Unterrichtsminuten (insg. 251 Videominuten) im Distanzunterricht mit synchronen und asynchronen Phasen
Ziel	finale Erprobung in unterschiedlichen Schulformen und Formaten mit Untersuchung der Zugänglichkeit des Materials für unterrichtende Lehrkräfte; Erprobung des Einsatzes von Erklärvideos (Kurs Mayer) sowie ausgewählter Aufgaben (Baustein A) asynchron in digitaler Lernumgebung (Kurs Müller)

Im Vorfeld der Designexperimente im Klassensetting wurde in Zyklus 1 eine Vorstudie mit Videographie unbeeinflussten Unterrichts sowie Designexperimenten im Laborsetting (d. h. Erprobung erster Aufgaben mit einem Paar von Lernenden) durchgeführt, um erste konzeptuelle und sprachliche Anforderungen zu identifizieren sowie den Lerngegenstand zu spezifizieren und strukturieren (Spezifizierung und Strukturierung der Lerngegenstände in Abschnitt 4.1.2). Die Analysen dieses Datenmaterials erlaubten nicht nur die Spezifizierung des Lerngegenstandes, sondern auch vertiefte Einblicke in die individuellen Denk- und Lernwege der Lernenden, welche in Plenumsphasen nur sehr begrenzt erfassbar sind.

Die Analyseergebnisse sind bereits in die Theoriebildung zum Lerngegenstand in Kapitel 2 dieser Arbeit eingeflossen sowie in die (Weiter-)Entwicklung des Lehr-Lern-Arrangements, das in Kapitel 5 erläutert wird.

In den Designexperimenten im Klassensetting in Zyklus 1–4 wurde das Unterrichtsmaterial einerseits hinsichtlich der Lehr-Lern-Prozesse und andererseits hinsichtlich des Unterstützungspotenzials für Lehrende in der Umsetzung des Materials untersucht und weiterentwickelt. Die diesbezüglichen Analysen werden in den Empiriekapiteln 6–8 dieser Arbeit dargestellt. Um ökologische Validität zu erzielen, wurde das Unterrichtsmaterial (möglichst realitätsnah) in unterschiedlichen Kontexten erprobt (Abschnitt 4.1.3; Burkhardt 2006). Dazu wurden sieben Lehrkräfte mit unterschiedlichem Grad an Berufserfahrung an unterschiedlichen Schulen aus urbanen und ländlichen Gebieten des Ruhrgebiets gewonnen. Zudem wurden zwei verschiedene Schulformen (Gymnasium und Berufskolleg) mit insgesamt fünf Mathematikkursen der Einführungsphase (EF, Jahrgangsstufe 10 bzw.11) an Gymnasien und zwei Mathematikkursen der Jahrgangsstufe 12 am Berufskolleg gewählt. Daten aus dem Distanzunterricht von Frau Müller wurden für die Optimierung der Aufgaben aus den asynchronen Arbeitsphasen herangezogen, jedoch nicht für die empirischen Kapitel 6–8 dieser Arbeit, die auf die gemeinsamen Unterrichtsphasen fokussieren.

Tabelle 4.2 Überblick über Lehrkräfte und Schulformen der Designexperimente im Klassensetting (detaillierte Daten zu Lernendenvoraussetzungen in Tabelle 4.4)

Zyklus	Lehrkraft (anonymisiert)	Berufserfahrung	Schulform und Einzugsgebiet
1	Herr Krause	im Vorbereitungsdienst	Gymnasium (Kleinstadt, gemischtes Einzugsgebiet)
1	Herr Lang	mehrjährige Berufserfahrung, zeitweise Beschäftigung in Forschung	Gymnasium (urbanes Gebiet, eher benachteiligtes Milieu)
2	Herr Albrecht	mehrjährige Berufserfahrung	Gymnasium (urbanes Gebiet, eher privilegiertes Milieu)
3	Herr Becker	Vorbereitungsdienst kürzlich abgeschlossen	Gymnasium (urbanes Gebiet, eher privilegiertes Milieu)
4	Herr Schmidt	mehrjährige Berufserfahrung	Berufskolleg (ländliches, eher privilegiertes Milieu)
4	Herr Mayer	mehrjährige Berufserfahrung	(wie Herr Schmidt)
4	Frau Müller	mehrjährige Berufserfahrung	Gymnasium (urbanes Gebiet, eher benachteiligtes Milieu)

In Tabelle 4.2 wird ein Überblick über die Schulen, Standorte und Lehrkräfte gegeben. Über die unterschiedlichen Standorte als auch Schulformen,

Jahrgangsstufen und Lehrkräfte wurde ermöglicht, ein breiteres Bild hinsichtlich der Erprobung des Unterrichtsmaterials, aber auch Zugänglichkeit des Materials für unterschiedliche Lehrkräfte sowie Mathematikkurse und der etablierten unterrichtlichen Praktiken von Lehrkräften zu erhalten. Um den Unterschied zwischen den teilnehmenden Mathematikkursen zu erfassen, wurde in einigen Mathematikkursen ein C-Test zur Erfassung der sprachlichen Ressourcen mit einem Fragebogen zum sozioökonomischen und familiären Hintergrund erhoben (Abschnitt 4.2.2).

4.2.2   Methoden der Datenerhebung

Durchführung der Designexperimente
Das Lehr-Lern-Arrangement wurde vorrangig im Klassensetting erprobt, um die gemeinsamen Lernprozesse im Plenum sowie die unterrichtlichen Praktiken von Lehrkräften und mögliche Unterstützung durch das Unterrichtsmaterial zu untersuchen. Unterrichtet wurde jeweils von den regulären Lehrkräften der Kurse. Die Forscherin nahm die Rolle der Beobachterin ein. Vor den Unterrichtseinheiten wurden Vorgespräche zwischen Lehrkraft und Forscherin zu den Zielen und möglichen Impulsen der jeweiligen Sitzungen geführt, wobei die Anzahl der Sitzungen variierte. Zum Teil erhielten die Lehrkräfte zudem Übersichten bzw. in späteren Zyklen didaktische Kommentare mit Hinweisen zu möglichen Impulsen, Zielen der Aufgaben und Lösungshinweisen.

Um die Lehr-Lern-Prozesse im Nachhinein analysieren zu können, wurde der Unterricht videographiert. Das Videomaterial der Designexperimente im Klassensetting umfasst ein Datenkorpus von insgesamt 2855 videographierten Unterrichtsminuten. Im Klassensetting wurde mit 2 Kameras aufgenommen. Eine Kamera wurde vorne neben der Tafel platziert und erfasste die Mehrheit der Lernenden. Die zweite Kamera wurde hinten im Klassenraum aufgestellt, um vorrangig Handeln und Gestik der Lehrkraft, Tafelbilder und genutzte Materialien sowie einen Teil der Lernenden zu erfassen. Der Ton wurde durch ein Funkmikrofon (getragen von der Lehrkraft) sowie im Raum platzierte Tischmikrofone aufgenommen. In einigen Zyklen wurden zudem einzelne Gruppentische durch eine weitere Kamera videographiert. Die Auswahl der Gruppentische erfolgte in den ersten Sitzungen nach Absprache mit der Lehrkraft, um möglichst leistungsheterogene Gruppen zu erfassen, sowie später anhand der Beteiligung. Im Kurs von Frau Müller wurden Plenumsphasen der synchronen digitalen Sitzungen sowie vereinzelt Break-Out-Sessions in Arbeitsphasen über eine Bildschirmaufnahme aufgenommen. Die Datenbasis umfasst insgesamt Videomaterial im Klassensetting von insgesamt 8533 Videominuten mit mehreren Kameras (vgl. Tabelle 4.1). Zusätzlich zu den Videoaufnahmen wurden schriftliche Bearbeitungen der Lernenden, Bearbeitungen der digitalen Selbstlernumgebung der Lernenden im Kurs von Frau Müller sowie Tafelbilder erhoben. Die Forscherin erstellte nach jedem Designexperiment Notizen zu prägnanten Beobachtungen.

Transkription
Die Videoaufnahmen der Plenumsphasen wurden für zentrale Aufgaben im Lernpfad (Abschnitt 5.2) vollständig und Arbeitsprozesse an Gruppentischen teilweise transkribiert. Die Transkripte wurden nach den Standards deutscher Sprache nach den Transkriptionsregeln in Tabelle 4.3 erstellt.

Tabelle 4.3 Regeln der Transkription

Konventionen	Bedeutung
Jasmin	Lernendennamen ausgeschrieben und anonymisiert
[NN]	sprechende Person nicht identifizierbar
5; 1/3; 0.3	Zahlen immer als Ziffern (auch Brüche und Dezimalzahlen)
..	Pause von 2 Sekunden
…	Pause von 3 Sekunden
[5 Sek.]	längere Pause von z. B. 5 Sekunden
,	zeigt Umplanungen, Umbrüche in Satzkonstruktion (z. B. „Wenn ich, naja also, wenn ich…")
–	zeigt den Abbruch in einem Wort an (z. B. „Anna, ka-kannst du bitte")
#	zeigt den Abbruch einer Aussage oder Unterbrechung durch andere Person, am Ende des Unterbrochenen und Satzanfang der Unterbrechenden
Sehen / gehen	unverständliche Wörter, bei denen man Alternativen verstehen kann
[ca. 8 Wörter unverständlich]	unverständliche Stellen mit Angabe der Anzahl der Wörter bzw. Dauer der Stelle
[*Leh umkreist Anteilsbild*]	In Klammern kursiv gesetzt werden Gesten, nonverbale Handlungen und Äußerungen der Lernenden und Lehrkraft (z. B. lachen, deiktische Mittel etc.), Interaktionen und zusätzliche relevante Hintergrundinformationen notiert. Erfasst wird nur, was mathematisch und analytisch relevant ist. Erfassung erfolgt beschreibend, nicht interpretierend.

(Fortsetzung)

Tabelle 4.3 (Fortsetzung)

Konventionen	Bedeutung
Ähm	nachdenkender oder überlegender Ausdruck / Lückenfüller
Mhm	zustimmender / bejahender Ausdruck
Hmm	zweifelnder oder nachdenkender Ausdruck
Mm / ehhe	verneinender / ablehnender Ausdruck
Ne	fragende Äußerung oder Äußerung, die nach Bestätigung bittet; bedeutet auch „Ja, ich stimme zu" (z. B. „Ist doch so, ne?")
Nee	bedeutet „Nein" (z. B. „Nee, da stimme ich nicht zu.")
LOL	Neologismen und Abkürzungen wie wörtlich genutzt
[…]	Auslassungen im Transkripttext

Grammatikfehler und besonders auffällige Abweichungen wie zum Beispiel Versprecher wurden erfasst. Dialekte wurden nicht erfasst. Die Namen der Personen wurden anonymisiert sowie die Turns bei Sprechendenwechseln durchlaufend nummeriert. Im Transkript wurden zudem ergänzende Informationen und Materialien ergänzt, wie die Aufgabenstellung und entstandene Produkte der Szene. In den Transkripten wurden neben verbalen Äußerungen auch inhaltlich relevante Mimik, Gestik sowie sonstige nonverbale Handlungen der Lernenden und Lehrkräfte erfasst, insofern sie für die Analyse der Entwicklung konzeptuellen Verständnisses und der semiotischen Aktivitäten relevant waren (zur Rolle von Gestik siehe z. B. Gagatsis & Nardi 2016). Um eigensprachliche Verbalisierungen beispielsweise in kontextueller Sprache von Zitaten aus vorgegebenen Aussagen zu unterscheiden, wurden wortwörtliche Phrasen aus vorgegebenen Aussagen in Anführungsstrichen gesetzt.

Fragebogen zum sozioökonomischen und familiären Hintergrund
Über einen Fragebogen wurden in fünf der sieben Kurse Informationen zum soziookonomischen und familiären Hintergrund per Selbstauskunft erfasst (zur detaillierteren Erläuterung der Variablen siehe z. B. Pöhler 2018; Wilhelm 2016): *Migrationshintergrund* wurde operationalisiert durch die Angabe, dass die Lernenden selbst oder mindestens ein Elternteil im Ausland geboren sind. Der *Sprachhintergrund* wurde über die in der Familie gesprochenen Sprachen operationalisiert (zusammenfassend berichtet als „nur Deutsch", „Deutsch und weitere Sprache/n" sowie „nur weitere Sprache/n"). Der *sozioökonomische Status* (SES)

der Lernenden wurde im Fragebogen anhand der foto-gestützten Bücherskala erfasst (Paulus 2009). Dazu schätzten die Lernenden die Bücherzahl im Haushalt mithilfe von Fotos in fünf Stufen zwischen „keine oder nur sehr wenige", „genug für ein Regalbrett", „genug, um ein Regal zu füllen", „genug, um drei Regale zu füllen" und „eine ganze Regalwand voll". Für die Auswertung wurden die Antwortoptionen zu drei Gruppen zusammengefasst: niedriger SES (Stufe 1 und 2), mittlerer SES (Stufe 3) und hoher SES (Stufe 4 und 5).

C-Test
Zur Erfassung der Sprachkompetenzen in den Kursen wurde der C-Test durchgeführt (Grotjahn et al. 2002; für detaillierte Darstellung siehe auch z. B. Pöhler 2018; Wilhelm 2016). C-Tests sind Lückentests, in denen Lernende in mehreren nacheinander folgenden Texten unvollständige Wörter ergänzen. Sie basieren auf empirischen Befunden, dass Lernende mit besserer Sprachkompetenz eine höhere Anzahl der unvollständigen Wörter richtig vervollständigen können und damit sowohl lexikalische als auch grammatische und pragmatische Sprachfähigkeiten ganzheitlich erfasst werden können (Grotjahn et al. 2002)

C-Tests sind wie folgt konstruiert (Grotjahn et al. 2002): Der C-Test besteht aus mehreren kurzen Texten (ca. 80 Wörter), die sich im Inhalt unterscheiden und im Test mit steigendem Schwierigkeitsrad angeordnet werden. In jedem Text wird beginnend mit dem zweiten Wort des zweiten Satzes die zweite Worthälfte jedes zweiten Wortes entfernt. Die Texte des Tests stimmen in der Anzahl der Wörter mit gelöschter Worthälfte überein.

Der im Rahmen dieser Arbeit eingesetzte Test bestand aus drei Texten mit jeweils 20 Lücken. Zur Auswertung wurde ein Punkt pro Lücke nach dem folgenden Verfahren vergeben (Wilhelm 2016): Zur Auswertung wurde zunächst pro Lücke mit jeweils einem Punkt gewertet, ob das erkannte Wort richtig oder falsch ist (mit korrekter Rechtschreibung und Grammatik). In einem zweiten Schritt wurde mit einem weiteren Punkt die Worterkennung (inhaltlich sinnvoll, ohne Berücksichtigung von Rechtschreib- und Grammatikfehlern) bewertet. Hierdurch konnten pro Aufgabe bei 20 Lücken jeweils 20 Punkte pro Ebene erreicht werden. Durch Bildung des Mittelwerts beider Ebenen konnten pro Text höchstens 20 Punkte und insgesamt 60 Punkte erreicht werden.

4.3   Methoden der Datenauswertung

4.3.1   Auswahl von Datenmaterial

Um die gemeinsamen Lehr-Lern-Prozesse der Klassengemeinschaft hinsichtlich der gemeinsamen Lernwege sowie der unterrichtlichen Praktiken von Lehrkräften im Detail qualitativ untersuchen zu können, wurde das Datenmaterial zur Analyse im empirischen Teil dieser Arbeit wie folgt beschränkt:

Um konzeptuelle und sprachliche Anforderungen in Kapitel 6 zu identifizieren, wurden Beiträge von Lernenden vom Beginn der Besprechungsphasen im Plenum zu Aufgaben im vorderen Bereich des Lehr-Lern-Arrangements zu Teil-Ganzes-Strukturen über die sechs Kurse hinweg analysiert. In Kapitel 6 werden Analysen aus den Kursen von Herrn Krause und Lang im Detail aus dem ersten Designexperiment-Zyklus dargestellt, der auf die Identifikation von Ressourcen, Anforderungen und Hürden abzielte (siehe Studienaufbau in Abschnitt 4.2.1). Diese werden um einzelne Analysen aus Zyklus 2 und Zyklus 4 ergänzt, um den Einblick in einen anderen Standort und eine andere Schulform sowie dortige Ressourcen und Anforderungen zu erhalten.

Für die Rekonstruktion unterrichtlicher Praktiken von Lehrkräften (Kapitel 7) sowie die Analyse des Unterstützungspotenzials des Unterrichtsmaterials (Abschnitt 8.5) wurde die Analyse über die sechs Kurse hinweg ebenfalls auf die Aufgaben im vorderen Bereich des Lehr-Lern-Arrangements zu Teil-Ganzes-Strukturen beschränkt.

Um die gemeinsamen Lehr-Lern-Prozesse hinsichtlich gemeinsamer Lernwege sowie unterrichtlicher Praktiken von Lehrkräften in Kapitel 8 zu untersuchen, wurde das Datenmaterial auf zwei Fokus-Lehrkräfte mit Fokus-Kursen (Herr Krause aus Zyklus 1 und Herr Schmidt aus Zyklus 4) und darin auf die gemeinsamen Unterrichtsphasen im Plenum zu drei Aufgaben entlang des Lehr-Lern-Arrangements beschränkt. Dies ermöglichte die empirisch begründete Analyse der unterrichtlichen Praktiken. Hierbei ist bewusst ein Kurs aus Zyklus 1 und ein Kurs aus Zyklus 4 gewählt worden, da sich damit die Analysen auf Lehrkräfte mit unterschiedlicher Berufserfahrung, auf unterschiedliche Schulformen sowie auf unterschiedliche Versionen des Unterrichtsmaterials beziehen und damit ein breiterer Einblick in gemeinsame Lernwege von Klassengemeinschaften gegeben werden soll. Ergänzend wurden Beobachtungen zu Analysen in den anderen Kursen als Überblick zusammengefasst, um einen breiteren Einblick in die unterrichtlichen Praktiken der Lehrkräfte innerhalb dieser Studie über verschiedene Schulformen und Kurse hinweg zu erhalten.

Tabelle 4.4   Hintergrunddaten der Lernenden aus fünf der sieben Mathematikkurse

| | Mathematikkurse von | | | | |
	Krause / Müller (Gym)	Lang (Gym)	Albrecht (Gym)	Becker (Gym)	Schmidt (BK)	Mayer (BK)
Anzahl Lernende	N = 23 N = 19	N = 23	N = 24	N = 21	N = 18	N = 22
Alter	-	16,14	16,1	15,26	18,06	18,14
m (SD)		(0,64)	(0,55)	(0,65)	(0,87)	(1,06)
Geschlecht	-					
weiblich / männlich		43 / 52 %	46 / 42 %	67 / 33 %	83 / 17 %	68 / 27 %
keine Angabe		4 %	13 %	0 %	0 %	5 %
Migrationshintergrund	-					
ja / nein		65 / 30 %	21 / 67 %	62 / 38 %	39 / 61 %	23 / 73 %
keine Angabe		4 %	13 %	0 %	0 %	5 %
Familiensprache(n)	-					
nur Deutsch		35 %	67 %	38 %	67 %	82 %
+ weitere Sprache/n		52 %	8 %	52 %	22 %	14 %
nur weitere Sprache/n		9 %	13 %	10 %	11 %	0 %
keine Angabe		4 %	13 %	0 %	0 %	5 %
SES (Bücherindex)	-					
niedrig		26 %	21 %	14 %	28 %	32 %
mittel		30 %	21 %	19 %	17 %	45 %
hoch		39 %	46 %	57 %	56 %	18 %
keine Angabe		4 %	13 %	10 %	0 %	5 %
Sprachkompetenz (C-Test, max. 60)	-	55,93	55,74	53,55	53,69	54,33
m (SD)		(3,08)	(3,20)	(5,24)	(5,45)	(2,74)

Die Lehrkräfte unterschieden sich in der Berufserfahrung, die Schulen im Standort und in der Schulform (Tabelle 4.2). In Tabelle 4.4 werden zudem die Hintergrunddaten der Lernenden aus fünf der sieben Mathematikkurse zusammengefasst. Im Kurs von Herrn Krause und Frau Mayer konnten keine Angaben erhoben werden.

Das Alter in den gymnasialen Kursen von Herrn Lang, Albrecht und Becker betrug durchschnittlich etwa 16 Jahre, in den Berufskolleg-Kursen von Herrn Schmidt und Mayer 18 Jahre. Eigenen Angaben zufolge hatten in den Kursen von Herrn Lang und Becker 65 bzw. 62 % der Lernenden einen Migrationshintergrund (d. h., Lernende selbst oder mindestens ein Elternteil sind nicht in Deutschland geboren), während dieser Anteil in den übrigen Kursen bei 21 bis 39 % lag. In den Kursen von Herrn Lang und Herrn Becker sprach zudem über die Hälfte der Lernenden in den Familien eine zusätzliche Sprache zu Deutsch oder eine andere Sprache als Deutsch. Dieser Anteil lag in den übrigen Kursen zwischen 14 und 33 %. Gemäß Bücherskala waren über die Kurse hinweg zwischen 14 und 32 %

der Lernenden Familien einem niedrigen, 17 bis 45 % einem mittleren und 18 bis 57 % einem hohen sozioökonomischen Status zuzuordnen. In Bezug auf die über den C-Test erhobene Sprachkompetenz lag der Mittelwert in allen Kursen in einem ähnlichen Bereich zwischen 53,55 und 55,93 Punkten von insgesamt 60 möglichen Punkten, wobei die Standardabweichung im Kurs von Herrn Becker und Schmidt mit ca. 5 Punkten etwas höher als in den anderen mit ca. 3 Punkten war.

Insgesamt wurden in den Kursen 32 Plenumsphasen zwischen 2 und 32 Minuten identifiziert, die hinsichtlich unterrichtlicher Praktiken analysiert wurden.

4.3.2 Analyseschritte und Analysekategorien

In diesem Abschnitt werden die für die qualitative Analyse des Datenmaterials erforderlichen Analyseschritte und -kategorien dargestellt (siehe hierzu auch Post & Prediger 2024b). Ziel ist hierbei, die Transparenz und Nachvollziehbarkeit des Vorgehens zu sichern (Steinke 2000).

Für die Tiefenanalyse der Lehr-Lern-Prozesse und gemeinsamen Lernwege wurden fünf Analyseschritte vollzogen (Post & Prediger 2024b), die nach kurzem Gesamtüberblick unten genauer dargestellt werden. Nach Einteilung in Sinneinheiten (Analyseschritt 1) wurden zunächst die einzelnen Turns hinsichtlich adressierter Darstellungen, Verstehenselemente sowie semiotischer und epistemischer Verknüpfungsaktivitäten kodiert (Analyseschritte 2–5) und diese im Navigationsraum verortet. Dadurch wurden Lernwege und Lehr-Lern-Prozesse als Pfade auf dem gegenstandsbezogenen Navigationsraum rekonstruiert und visualisiert (Abschnitt 2.5; Post & Prediger 2024b).

Dieses Vorgehen war die Grundlage für die Identifikation der sprachlichen und konzeptuellen Ressourcen und Anforderungen in Kapitel 6 als auch der gemeinsamen Lernwege und Praktiken in Kapitel 7 und 8, um Zusammenhänge zwischen epistemischen und semiotischen Aktivitäten zu untersuchen.

Die Rekonstruktion und Analyse der unterrichtlichen Praktiken baute auf den Analyseschritten 1–5 auf und wurde um einen Analyseschritt 6 ergänzt: Operationalisiert als Navigationspfade auf dem gegenstandsbezogenen Navigationsraum wurden durch systematisches Vergleichen der rekonstruierten Navigationspfade typische Praktiken zur Darstellungsverknüpfung identifiziert.

Das Datenmaterial wurde von der Autorin der Arbeit analysiert. Zudem wurde eine wissenschaftliche Hilfskraft in die Analyseschritte 1–5 eingearbeitet, welche den Großteil des Datenmaterials gegenkodiert hat. Im Forschungsprozess wurden zudem alle Analyseschritte punktuell (d. h. anhand einzelner Ausschnitte) mit der

Betreuerin sowie der Forschungsgruppe diskutiert und dadurch das Analyseinstrument und die Kodierungen ausgeschärft. In beiden Fällen wurden abweichende Kodierungen und Interpretationen gemeinsam geklärt, um den Kodierleitfaden auszuschärfen und Übereinstimmung in der Kodierung zu erlangen. Für die gesamte Kodierung gilt: Bei nicht eindeutiger Kodierung wurden mögliche Alternativen mitkodiert oder der Turn wurde ausgeschlossen, wenn keine Zuordnung möglich war.

Schritt 1: Sequenzierung in Sinneinheiten
Um Interaktionen zwischen Lernenden und Lehrkräften zu analysieren, schlagen Schwarz et al. (2021) nicht zu kleine (z. B. einzelne Impulse oder Turns) und nicht zu große (z. B. auf Ebene curricularer Einheiten) Analyseeinheiten vor, sondern Sinneinheiten mittlerer Größe:

> „[…] an intermediate grain size called a *sense-making moment* or a composite set of moments called an *episode* that is larger than turn-of-talk discourse moves but smaller than curricular adaptations." (S. 114 f.)

Der Anfang einer Sinneinheit wurde daher in dieser Arbeit nach ihrem Vorschlag durch Initiierung eines Problems, einer Idee oder einer Frage von Lehrkraft oder Lernenden gekennzeichnet, worauf Interaktionen zwischen Lernenden und der Lehrkraft zur Auseinandersetzung mit dieser Idee, Frage oder dem Problem folgten (Schwarz et al. 2021). Eine solche Initiierung erfolgt im Datenmaterial zum Beispiel häufig durch Präsentationen von Lösungen durch Lernende zu einer Teilaufgabe, die im Anschluss im Plenum besprochen und diskutiert wurden. Eine Sinneinheit wurde im Rahmen dieser Arbeit als beendet markiert, wenn das anfängliche Problem, die Frage oder Teilaufgabe bearbeitet bzw. besprochen wurde, als solches deklariert wurde oder wenn zur nächsten Frage, Teilaufgabe oder zum nächsten Problem übergegangen wurde. Aus der Analyse ausgeschlossen wurden Einheiten, in denen keine Auseinandersetzung mit Inhalten stattfand, wie organisatorische Punkte, Einführungen zu Aufgaben etc.

Schritte 2–5: Kodierung der semiotischen und epistemischen Aktivitäten
Für die Analyse der Prozesse bzgl. einzelner semiotischer und epistemischer Aktivitäten wurden vier Analyseschritte entwickelt (Post & Prediger 2024b): Jede Äußerung einer Sinneinheit wurde hinsichtlich adressierter Verstehenselemente (Analyseschritt 2), Darstellungen (Analyseschritt 3), semiotischer Verknüpfungsaktivitäten (Analyseschritt 4) sowie Verknüpfungs-, Verdichtungs- und Auffaltungsaktivitäten zwischen Verstehenselementen (Analyseschritt 5) analysiert. In

den meisten Fällen wurden die Äußerungen einzeln, d. h. Turn für Turn, kodiert, wobei pro Äußerung Mehrfachkodierungen in allen Kategorien zulässig waren. In folgenden Fällen wurden auch mehrere Turns als Einheit kodiert:

• Zusammenhängende Äußerungen (auch über mehrere Turns) einer Person, die beispielsweise durch andere Sprechende unterbrochen wurden, wurden zusammen kodiert.
• Fragen von Lehrkräften, die auf Übersetzen, Nennen etc. abzielten, wurden gemeinsam mit der Antwort der Lernenden kodiert. In diesen Fällen wurden gemeinsam etablierte Verknüpfungsaktivitäten, Verstehenselemente etc. erst durch Betrachtung der Frage und Antworten deutlich. Ähnliches traf zu, wenn eine Teil-Ganzes-Beziehung über mehrere Turns hinweg formuliert wurde, beispielsweise unter Anleitung der Lehrkraft. Bei offenen Impulsen der Lehrkraft ohne erkennbare Intention oder inhaltlich nicht zur Frage passenden Antworten wurden Äußerungen einzeln kodiert.

Die Analysekategorien zu Darstellungen, Verstehenselementen sowie epistemischen und semiotischen Verknüpfungsaktivitäten wurden in Anlehnung an die qualitative Inhaltsanalyse (Mayring 2015) zunächst deduktiv aus der Theorie abgeleitet. Im Rahmen des zyklischen Vorgehens in der Fachdidaktischen Entwicklungsforschung wurden diese Kategorien dann induktiv kategorienentwickelnd aus der empirischen Analyse der Daten in den Zyklen heraus erweitert, ausgeschärft und zunehmend empirisch abgesichert. Die Ergebnisse dieser Prozesse wurden bereits für die Verstehenselemente sowie epistemischen Verknüpfungsaktivitäten in Abschnitt 2.2 sowie für die Darstellungen und semiotischen Verknüpfungsaktivitäten in Abschnitt 2.3 dargestellt. Auf dieser Grundlage wurde die verschränkte Perspektive auf den Lerngegenstand und die Lernprozesse in einem gegenstandsbezogenen Navigationsraum abgeleitet (Abschnitt 2.5). Im Folgenden wird das Kodiermanual entlang der Analyseschritte präsentiert.

Schritt 2: Kodierung der Verstehenselemente
Jede Äußerung (bzw. Teile einer Äußerung oder mehrere zusammenhängende Äußerungen) der Lernenden und Lehrenden wurde hinsichtlich der adressierten Verstehenselemente kodiert. Tabelle 4.5 zeigt das zugehörige Kodiermanual. Falls ein Verstehenselement inhaltlich nicht tragfähig adressiert wurde, wurde zudem „falsch" kodiert.

Tabelle 4.5 Kodiermanual zu Verstehenselementen (Abschnitt 2.2.2)

Kodierung (mit Code)	Kriterien	Beispiel
Teil	• nur kodiert, wenn separat adressiert	• „Der Teil sind die Mädchen."
Ganzes	• nur kodiert, wenn separat adressiert • Wird Ganzes zusammen mit dem Beziehungswort adressiert (ohne TGB vollständig zu formulieren), wird *eingebettet in TGB* kodiert.	• „Das Ganze ist die blaue Fläche." • „**der** Jugendlichen" (Kodierung: Ganzes eingebettet in TGB)
Teil-Ganzes-Beziehung (TGB)	• Beziehung zwischen Teil und Ganzem wird ausgedrückt. • keine zusätzliche Kodierung von Teil und Ganzen • Abgrenzung zum Anteil häufig durch Abfolge und symbolische Darstellung • Wird Beziehung rechnerisch adressiert, wird „Kalkül" kodiert.	• „60 Mädchen von den 120 Jugendlichen." • „L: Was ist das Ganze? S: Alle. L: Und was ist der Teil davon? S: Die Mädchen." (Kodierung: TGB) • „Zähler **durch** Nenner teilen" (Kodierung: TGB Kalkül)
Teile / Ganze / Teil-Ganzes-Beziehungen vergleichen	• Teile, Ganze oder Teil-Ganzes-Beziehungen mit unterschiedlichen zugrunde liegenden Teil-Ganzes-Strukturen werden verglichen.	• „Sarah bezieht sich auf alle als Ganzes, Tom auf die Jungen." • „Das ist ein Teil vom Teil, das ein Teil vom Gesamten"
Anteil	• Anteil z. B. als Bruch oder über Vorlesen der vorgegebenen Aussage	• „1/3 der Kinder tragen eine Brille." • „L: Die Lösung? S: 25 %."
Situationstyp	• Teil-Ganzes-Struktur wird als allgemein gefasster Anteilstyp adressiert.	• „Teil-vom-Teil-Aussage" • „kombinierte Aussage"
Wahrscheinlichkeit		• „Wahrscheinlichkeit, dass jemand eine Tasche kauft"

Der Unterschied zwischen dem eher aufgefalteten Verstehenselement *Teil-Ganzes-Beziehung* und dem eher verdichteten Verstehenselement *Anteil* ergab sich häufig aus der Abfolge: Beispielsweise wechselte eine Person „ein Viertel" zu „1 von 4". Entscheidend war hierbei, ob Formulierungen der Beziehung anderweitig verbal aufgefaltet oder verdichtet wurden (z. B. Wurden stärker aufgefaltete Formulierungen verwendet, um verdichtete Formulierungen zu erläutern? Wurden stärker aufgefaltete Formulierungen durch verdichtete Ausdrücke

ersetzt?). Der Unterschied ließ sich häufig zusätzlich an der symbolischen Darstellung erkennen: Mit Brüchen und Dezimalzahlen wurden eher Anteile, mit
„von"-Ausdrücken eher Teil-Ganzes-Beziehungen adressiert. Teil und Ganzes
wurden nur kodiert, wenn diese separat adressiert wurden, d. h. beispielsweise nicht gleichzeitig zur Teil-Ganzes-Beziehung, wenn Teil und Ganzes nur
Bestandteile davon darstellten. An dem folgenden Beispiel wird die Kodierung
erläutert:

Transkript aus Zyklus 4, Hr. Mayer, A2, Sinneinheit 2 – Turn 36–44

36 Lehrer   [...] Also, von welchen ist hier die Rede als ganze **36 / 37 Ganzes**
                Gruppe? [...]
37 Lotte   Die „weiblichen Befragten".
                [...]
44 Lehrer   [...] Also genau diese Überlegung [...] Was ist die ganze **44 TGB**
                Gruppe? Was ist der Teil davon [...]

In Turn 36 adressiert der Lehrer das Ganze und fordert auf, in eine andere
Darstellung zu übersetzen. Daher werden die Turns 36 / 37 zusammen kodiert als
Turn **36/37 Ganzes**. In Turn 44 formuliert der Lehrer die Teil-Ganzes-Beziehung,
daher wird kodiert: Turn **44 TGB**. Teil und Ganzes werden hier nicht separat
kodiert.

Schritt 3: Kodierung der Darstellungen
In Schritt 2 kodierte Verstehenselemente wurden in diesem Schritt hinsichtlich
der adressierten Darstellungen untersucht. Darstellungen konnten entweder verbal und / oder eher implizit zum Beispiel über Gesten adressiert werden. In
Tabelle 4.6 wird eine Übersicht über kodierte Darstellungen gegeben.

    Bei Mischformen (z. B. häufig bei kontextueller und bedeutungsbezogener
Sprache) wurden alle enthaltenen Darstellungen kodiert. Im Transkript wurden
Darstellungen direkt mit den zugehörigen Verknüpfungsaktivitäten aus Schritt 4
notiert.

Tabelle 4.6   Kodierung der Darstellungen (Abschnitt 2.3.3)

Kodierung (mit Code)	Kriterien	Beispiel
Graphische Darstellung (GD)	Darstellungen werden durch Verbalisierung (z. B. von Flächen) oder über Gesten adressiert.	• „Die Kranken [*umkreist linkes Rechteck im Anteilsbild*]."
Symbolische Darstellung (SD)	• symbolisch-algebraische Darstellung • symbolisch-numerische Darstellung • Werden Zahlen aus vorgegebenen Aussagen adressiert, wird *(VA)* ergänzt.	• $P(T\mid K)$ • 1/3, 25 % • 20 von 50
Textliche Darstellung / Vorgegebene Aussage (VA)	• von den Lernenden gelesene und zu dekodierende Aussagen • auch einzelne der Aussage wortwörtlich entnommene Wörter / Phrasen	• „80 % aller Erkrankten erhalten einen positiven Test." • „die Erkrankten"
Kontextuelle Sprache (KS)	auf den Kontext bezogene Verbalisierung	• „alle positiv Getesteten und davon die Kranken"
Bedeutungsbezogene Sprache (BS)	bedeutungsbezogene, aber dekontextualisierte Verbalisierung	• „ein Teil von einem Teil"
Formalbezogene Sprache (FS)	auf die symbolische und formalmathematische Darstellung bezogene Verbalisierung	• „Zähler durch Nenner teilen" • „bedingte Wahrscheinlichkeit"

Schritt 4: Kodierung der semiotischen Verknüpfungsaktivitäten

Darstellungen können auf unterschiedliche Weise und mit unterschiedlichem Grad an Bewusstheit und Explizitheit miteinander verknüpft werden. In diesem Schritt wurden die adressierten Darstellungen hinsichtlich der in Abschnitt 2.3.2 hergeleiteten Verknüpfungsaktivitäten zwischen Darstellungen kodiert und im Transkript über verschiedene Linienarten notiert. Diese sind in Tabelle 4.7 an Beispielen konkretisiert.

Der Unterschied zwischen Wechsel und Übersetzen besteht darin, dass es sich beim Übersetzen um bewusste Aktivitäten handelt, in denen die Korrespondenz der Darstellungen gestisch oder verbal ausgedrückt wird. Vor allem bei unterschiedlichen Formulierungen von Aussagen zu Anteilen und Teil-Ganzes-Beziehungen ist der Übergang fließend und durch Kontrastieren unterschiedlicher Beispiele abzuleiten.

Tabelle 4.7 Übersicht über Verknüpfungsaktivitäten zwischen Darstellungen (Abschnitt 2.3.2)

Kodierung (mit Code & Linienart)	Kriterien	Beispiel
Vernetzen, d. h. Erklären der Verknüpfung (Erklären TGB) =====	• explizites Erklären der Verknüpfung zwischen Darstellungen • meist für Teil-Ganzes-Beziehung	• „Das Ganze [*umkreist gesamtes Anteilsbild*] sind hier alle. Und davon betrachtet man die Jungen als Teil [*umkreist rechtes Rechteck*].“
Übersetzen (Übersetzen) ——	• Nennung der Korrespondenz des Konzepts / des Verstehenselements • bewusste Verknüpfungen, auch durch parallele Gesten ohne explizite Verbalisierung	• „Das Ganze [*umkreist das gesamte Anteilsbild*] sind alle Jugendlichen.“ • „L: Der Anteil ist wie groß? S: 1/3.“
Wechsel (Wechsel) - - - - -	• implizites Wechseln zwischen Darstellungen ohne Bewusstsein für Wechsel • Hierzu zählt auch wortwörtliches Aufgreifen einzelner Wörter / Phrasen aus vorgegebener Aussage und Einbinden in eigene kontextuelle Verbalisierung.	• „L: Was ist der Unterschied? S: Die befragten Personen haben sich geändert.“ • „20 der 70 Mädchen tragen eine Brille“ • „Hier geht es um alle *Jugendlichen* ...“ (*Jugendlichen* wortwörtlich aus Aussage)
Keine Verknüpfung (Keine Verknüpfung)	• nebeneinander ohne Verknüpfung oder nur eine Darstellung • Hierzu zählt auch das Vorlesen der vorgegebenen Aussage.	• „Die Aussage ist 20 % der positiv Getesteten sind krank.“ • „Das Ergebnis ist 1/3.“

Das Vernetzen, d. h. Erklären, wie zwei Darstellungen hinsichtlich der Verstehenselemente zusammenhängen, hat sich in dieser Arbeit vor allem für die Teil-Ganzes-Beziehung als relevant herausgestellt. Wie im Beispiel in Tabelle 4.7 (Zeile zum Vernetzen) wurde die Beziehung von Darstellungen für die Teil-Ganzes-Beziehung häufig erklärt, indem für den Teil und das Ganze die Korrespondenz der Verstehenselemente in den Darstellungen verdeutlicht und der Zusammenhang zum Beispiel über „davon" ausgedrückt wurde. Für Teil und

Ganzes wird bereits durch Übersetzen die Korrespondenz deutlich, sodass keine weitere Klärung von Verstehenselementen erforderlich ist.
Anhand des Transkripts werden Schritt 3 und 4 exemplarisch dargestellt:

Transkript aus Zyklus 4, Hr. Mayer, A2, Sinneinheit 2 – Turn 36–44

36	Lehrer	[...] Also, von welchen ist hier die Rede als ganze Gruppe? [...]	**36 / 37 Ganzes** Übersetzen: BS – VA
37	Lotte	Die „weiblichen Befragten".	
		[...]	
44	Lehrer	[...] Also genau diese Überlegung [...] Was ist die ganze Gruppe? Was ist der Teil davon [...]	**44 TGB** Keine Verknüpfung: BS

In der Frage in Turn 36 adressiert der Lehrer zunächst nur das Ganze in bedeutungsbezogener abstrakter Sprache über „ganze Gruppe". Er drückt aber in der Frage die Aufforderung zum Übersetzen aus. Die Schülerin in Turn 37 übersetzt, indem sie die passenden Phrasen aus der vorgegebenen Aussage aufgreift. Daher handelt es sich insgesamt um ein Übersetzen zwischen bedeutungsbezogener Sprache und der vorgegebenen Aussage, notiert über die durchgängige Linie (Übersetzen: BS – VA). In Turn 44 verbalisiert der Lehrer die Teil-Ganzes-Beziehung nur in bedeutungsbezogener abstrakter Denksprache ohne weitere Verknüpfung. Daher wird „Keine Verknüpfung" kodiert (Keine Verknüpfung: BS).

Die kodierten Äußerungen der Lernenden und Lehrkräfte konnten anschließend im Navigationsraum (Abbildung 4.3) verortet werden. Äußerungen von Lehrkräften wurden blau, von Lernenden schwarz und inhaltlich fehlerhafte Äußerungen rot markiert und mit einem „(f)" vermerkt. Verknüpfungsaktivitäten zwischen Darstellungen wurden über unterschiedliche Linienarten eingetragen (Tabelle 4.7).

	Vorgegebene Aussage (VA)	Kontextuelle Sprache (KS)	Bed.-bez. Sprache (BS)	Graphische Darst. (GD)	Formalbez. Sprache (FS)	Symbolische Darst. (SD)
Anteil						
Teil-Ganzes-Beziehung			44 L			
Ganzes	36/37 L/Lot	——————	36/37 L/Lot			
Teil						

Abb. 4.3 Navigationspfad zum Transkriptbeispiel – Schritte 2–4 (Zyklus 4, Herr Mayer)

Schritt 5: Kodierung der Auffaltungs- und Verdichtungsaktivitäten zwischen Verstehenselementen und Impulse von Lehrkräften
In diesem Schritt wurden Impulse von Lehrkräften kodiert und im Transkript vermerkt. Die Impulse wurden danach kodiert, auf welche Verstehenselemente und welche semiotische Aktivität diese abzielten und wurden daher aus den semiotischen Aktivitäten (siehe Schritt 4; Abschnitt 2.3.2) abgeleitet und zunehmend induktiv ausgeschärft. Die kodierten Impulse sind in Tabelle 4.8 zusammengefasst.

Die Impulse richteten sich nach der Intention der Lehrkraft, sofern diese aus dem Impuls selbst bzw. aus der Reaktion der Lehrkraft auf die Antwort des Lernenden herausgelesen werden konnte. Dabei hat sich gezeigt, dass ein Impuls unterschiedliche Antworten initiieren kann, sodass zur Kodierung der Impuls zusammen mit der Antwort und Reaktion auf die Antwort betrachtet wurde. In Fällen, in denen die Intention nicht eindeutig rekonstruiert werden konnte, wurden entsprechende Alternativen mitkodiert. Bei den ersten vier Impulsen (Tabelle 4.8) wurden größtenteils bestimmte Verstehenselemente und semiotische Aktivitäten vorgegeben, während bei dem letzten Impuls zur Aufforderung zum Erklären diese nicht so stark vorgegeben wurden.

Tabelle 4.8 Impulse von Lehrkräften

Kodierung (mit Code)	Kriterien	Beispiel
Aufforderung zum Nennen (Auff. zum Nennen)	Nennen eines bestimmten Verstehenselements innerhalb einer bestimmten Darstellung wird eingefordert, ohne Verknüpfung von Darstellungen.	• „Was wäre das Ergebnis dann?" • „Was muss ich rechnen, um auf ¾ zu kommen?" • „Wer liest seine Aussage mal vor?"
Aufforderung zum Übersetzen (Auff. zum Übersetzen)	Verstehenselement wird vorgegeben und Übersetzen zwischen Darstellungen eingefordert.	• „Die ganze Gruppe, welche sind das? Markieren Sie im Bild." • „Hat jemand noch eine andere Formulierung, um 1/5 dazustellen?"
Aufforderung zum Vernetzen, d. h. Erklären der Verknüpfung für Teil-Ganzes-Beziehung (Auff. zum Erklären TGB)	Vernetzen der Darstellungen für die Teil-Ganzes-Beziehung wird eingefordert, häufig über mehrere Aufforderungen zum Nennen oder Übersetzen.	„L: Was ist hier das Ganze? S: Das sind alle Jugendlichen, die 120. L: Und welche davon sind der Teil? S: Die 40 Mädchen."
Aufforderung zum Verknüpfen (Auff. zum Verknüpfen)	Aufforderung, Beziehung zwischen verschiedenen Verstehenselementen teils über verschiedene Darstellungen hinweg zu schaffen	• „300, wo steht das im Bruch?" • „Woran erkennt man jetzt die ganze Gruppe in der Aussage?"
Aufforderung zum Erklären (Auff. zum Erklären)	Offener Impuls, über den Erklärung eingefordert wird: Lernende werden aufgefordert, eigene Verknüpfungen oder Erklärungen beizutragen, ohne stark anleitende Vorgaben über den Impuls.	• „Das ist bei Ihnen das Ganze. Erklären Sie mal warum." / „Wie haben Sie das Ganze erkannt?" • „3/5 der Mädchen sind sportlich… Wer kann einmal erklären, wie ich die Aussage überprüfen kann."

Anhand der chronologischen Abfolge der adressierten Verstehenselemente im Navigationsraum und Impulsen der Lehrkraft konnten in den Äußerungen Übergänge zwischen den Verstehenselementen (d. h. im Navigationsraum zwischen den Reihen) identifiziert werden. Diese Auffaltungs- und Verdichtungsbewegungen zwischen den Verstehenselementen (Abschnitt 2.2) wurden über (vertikale) Pfeile im Navigationsraum markiert. Von den Lernenden initiierte Auffaltungsbzw. Verdichtungsaktivitäten wurden schwarz, von den Lehrenden blau markiert und mit einem „L" bzw. dem jeweiligen Impuls der Lehrkraft kenntlich gemacht. Impulse der Lehrkraft wurden somit an den Pfeilen bzw. an entsprechenden Einträgen notiert. So konnte unter anderem an der Positionierung des Pfeils im Navigationsraum dargestellt werden, auf welches Verstehenselement und welche semiotische Aktivität der Impuls abzielte und inwiefern die Lernenden in der nachfolgenden Äußerung dieses Ziel erfüllten.

Anhand des Transkriptausschnitts wird dieser Schritt nochmals konkretisiert:

Transkript aus Zyklus 4, Hr. Mayer, A2, Sinneinheit 2 – Turn 36–44

36	Lehrer	[...] Also, von welchen ist hier die Rede als ganze Gruppe? [...]	Auff. zum Übersetzen **36 / 37 Ganzes** Übersetzen: BS – VA
37	Lotte	Die „weiblichen Befragten".	
		[...]	
44	Lehrer	[...] Also genau diese Überlegung [...] Was ist die ganze Gruppe? Was ist der Teil davon [...]	**44 TGB** Keine Verknüpfung: BS

In Turn 36 fordert der Lehrer mit seiner Frage das Übersetzen für das Ganze ein, daher wird der Impuls rechts notiert und im Navigationsraum vermerkt. Ausgehend von dem Ganzen und dem Teil (in Turn 39, nicht abgebildet) adressiert er in Turn 44 die Teil-Ganzes-Beziehung und verdichtet bzw. verknüpft somit die separat betrachteten Verstehenselemente Teil und Ganzes in der Teil-Ganzes-Beziehung. Dieser Übergang wird über den nach oben gerichteten Pfeil in Abbildung 4.4 markiert.

Insgesamt wurden über die Schritte 2 bis 5 Navigationspfade in der Interaktion zwischen Lehrenden und Lernenden rekonstruiert und graphisch visualisiert, welche einerseits die Steuerung der Lehrkraft und andererseits die Interaktion zwischen den Lernenden und der Lehrkraft abbilden. Über die Pfade konnte abgelesen werden, welche Darstellungen und Verstehenselemente in der Interaktion adressiert und wie diese jeweils verknüpft wurden. Anhand dieser Pfade konnten Lehr-Lern-Prozesse beschrieben, verglichen, analysiert und hinsichtlich sprachlicher und konzeptueller Anforderungen als auch des Zusammenhangs epistemischer und semiotischer Aktivitäten untersucht werden.

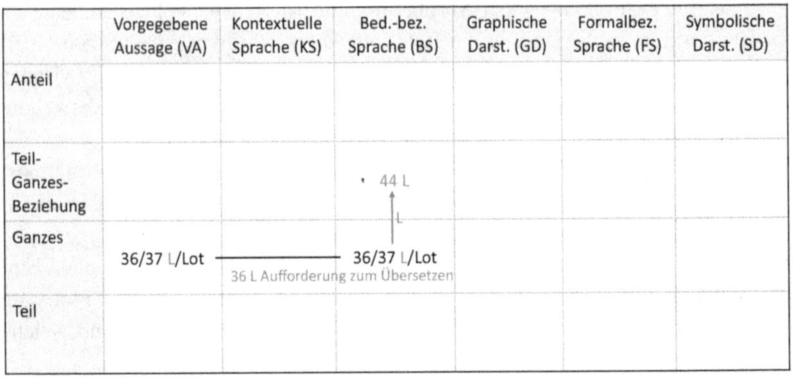

	Vorgegebene Aussage (VA)	Kontextuelle Sprache (KS)	Bed.-bez. Sprache (BS)	Graphische Darst. (GD)	Formalbez. Sprache (FS)	Symbolische Darst. (SD)
Anteil						
Teil-Ganzes-Beziehung			• 44 L ↑ L			
Ganzes	36/37 L/Lot		36/37 L/Lot 36 L Aufforderung zum Übersetzen			
Teil						

Abb. 4.4 Navigationspfad zum Transkriptbeispiel – Schritt 5 (Zyklus 4, Herr Mayer)

Schritt 6: Rekonstruktion und Analyse von typischen unterrichtlichen Praktiken
Praktiken werden in dieser und anderen Arbeiten als wiederkehrende Steuerungsmuster konzeptualisiert, wobei die Steuerungsmuster durch Navigationspfade gekennzeichnet sind (Erath 2017). Auf Grundlage der Kodierung und Rekonstruktion der Pfade mit dem Navigationsraum als Analysematrix wurde der Navigationsraum im Analyseschritt 6 auch genutzt, um typische Praktiken aus den rekonstruierten Pfaden durch Kontrastierung zu abstrahieren. Hierfür wurde das kontrastierende und typenbildende Vorgehen aus Erath (2017) und Prediger, Quabeck et al. (2022) adaptiert. Das Vorgehen bestand damit also darin, in bestimmten Eigenschaften übereinstimmende Pfade zu Gruppen zusammenzufassen.

Die Rekonstruktion der Praktiken erfolgte induktiv kategorienbildend in Anlehnung an die qualitative Inhaltsanalyse (Mayring 2015): Durch Vergleich der empirisch rekonstruierten Pfade wurden Kategorien abgeleitet, auf deren Grundlage die Pfade zu Gruppen zusammengefasst werden konnten, welche die typischen Praktiken bildeten (siehe hierzu Erath 2017). Die Pfade wurden wie folgt vergleichend zusammen betrachtet, kontrastiert und hinsichtlich gemeinsamer Eigenschaften untersucht: Zunächst wurden alle rekonstruierten Pfade zu einer Kernaufgabe aus den verschiedenen Kursen vergleichend betrachtet. Pfade mit gemeinsamen Eigenschaften wurden zu Gruppen zusammengefasst. Diese erste Sortierung nach Gruppen wurde dann systematisch durch Vergleich unter den Kernaufgaben erweitert und ausdifferenziert. Mit steigender Anzahl an Aufgaben und Kursen wurden diese Gruppen weiter ausgeschärft und bei Bedarf unterteilt oder umsortiert. Die Gruppen repräsentierten dabei jeweils eine Praktik, die sich durch bestimmte charakteristische Eigenschaften auszeichnete. Für die Analyse der gemeinsamen Eigenschaften und die Kategorienbildung wurden folgende Leitfragen bzw. Kriterien herausgearbeitet (adaptiert aus Erath 2017; in Anlehnung an Abschnitt 2.5, 3.2–3.4):

- Epistemische Perspektive: adressierte Verstehenselemente und rekonstruierte Auffaltungs- und Verdichtungspfade
- Semiotische Perspektive: adressierte Darstellungen und semiotische Verknüpfungsaktivitäten
- Navigationspfad: charakteristische Navigationsbewegungen bzgl. der Verstehenselemente und Darstellungen
- Beteiligung der Lernenden an den jeweiligen Prozessen

Die Navigationspfade einer Gruppe waren untereinander nicht vollständig identisch und unterschieden sich im Umfang und Inhalt. Sie stimmten aber in charakteristischen Eigenschaften hinsichtlich der Leitfragen überein und waren dadurch eindeutig abgrenzbar von anderen Gruppen bzw. Praktiken. Manche Navigationspfade konnten charakteristische Navigationsbewegungen mehrerer Praktiken enthalten, die Zugehörigkeit zu einer Gruppe wurde dann nach den anspruchsvolleren Verknüpfungen im Navigationsraum entschieden. Der Großteil der rekonstruierten Navigationspfade konnte in dieser Weise einer Gruppe und somit einer typischen Praktik zugeordnet werden. Trotzdem konnten einige Sinneinheiten nicht zugordnet werden. Zudem unterschieden sich die Gruppen teilweise in der Anzahl zugeordneter konkreter Navigationspfade. Mögliche Gründe hierfür könnten neben der Einzigartigkeit mancher Situationen (z. B. aufgrund bestimmter Fragen oder Beiträge) darin liegen, dass bestimmte Pfade beziehungsweise Praktiken aufgrund der begrenzten Anzahl analysierter Stunden nicht wiederholt beobachtet und rekonstruiert werden konnten (Erath 2017).

Anhand der Leitfragen bzw. der daran abgeleiteten Kategorien und der charakteristischen Eigenschaften der Praktiken konnten im Schlussteil zur Identifikation produktiver Praktiken Schlüsse gezogen werden: Hierfür wurden die charakteristischen Eigenschaften mit den Kriterien für das Schaffen produktiver Lerngelegenheiten, die aus den empirischen Befunden zu Lernprozessen und bisherigen theoretischen Ergebnissen zu produktiven Praktiken abgeleitet wurden (Abschnitt 3.2.3), abgeglichen und dahingehend analysiert.

4.4   Zusammenfassung und Überblick über Entwicklungs- und Forschungsfragen

In diesem Kapitel wurden einerseits das Forschungsformat der vorliegenden Arbeit und andererseits die Methoden der Datenerhebung und qualitativen Datenauswertung beschrieben. In diesem Abschnitt werden abschließend die in Kapitel 2 zu Lernprozessen und in Kapitel 3 zu Lehrprozessen abgeleiteten und in Kapitel 4 anhand des Forschungsformats ausgeschärften Entwicklungs- und Forschungsfragen zusammengefasst und es wird ein Ausblick über den Aufbau der nachfolgenden Kapitel gegeben. Folgende Entwicklungsfragen werden in der Arbeit bearbeitet:

(E1)   Wie kann ein *Lehr-Lern-Arrangement* zur Etablierung von Darstellungs-vernetzung gestaltet sein, um Verständnis für bedingte Wahrscheinlichkei-ten aufzubauen?

(E2)   Welche Verstehenselemente werden mit welchen Darstellungen (inklusive sprachlicher Ressourcen) von den Lernenden bei ihren ersten Darstel-lungsverknüpfungsaktivitäten adressiert? Welche Anforderungen werden deutlich?

(E3)   Über welche *Designelemente* kann das Designprinzip der Darstellungsver-netzung bei der Gestaltung eines Lehr-Lern-Arrangements zu bedingten Wahrscheinlichkeiten realisiert werden?

(E4)   Wie können Lehrkräfte durch das Unterrichtsmaterial bei Praktiken zur Darstellungsvernetzung *unterstützt* werden?

Lehr-Lern-Prozesse werden hinsichtlich dieser Forschungsfragen analysiert:

(F1)   Welche gemeinsamen *Lernwege* einer Klassengemeinschaft können durch das Lehr-Lern-Arrangement zu bedingten Wahrscheinlichkeiten angeregt werden? Welche epistemischen und semiotischen Verknüpfungsaktivitäten können angeregt werden und wie hängen diese zusammen?

(F2)   Welche typischen *unterrichtlichen Praktiken* von Lehrkräften zur Darstel-lungsverknüpfung in gemeinsamen Plenumsgesprächen zum Lerngegen-stand bedingte Wahrscheinlichkeiten können rekonstruiert werden?

Im folgenden Entwicklungsteil (Kapitel 5) wird das entwickelte Lehr-Lern-Arrangement vorgestellt (Entwicklungsfrage 1) und die Designelemente zur Darstellungsvernetzung ausdifferenziert (Entwicklungsfrage 3). In Kapitel 6 wird die Identifikation konzeptueller und sprachlicher Ressourcen und Anforderungen fokussiert (Entwicklungsfrage 2). In Kapitel 7 und 8 werden die zwei Forschungsfragen 1 und 2 zur Rekonstruktion typischer Praktiken und gemeinsamer Lernwege sowie die Entwicklungsfrage 4 zum Unterstützungspotenzial von Lehrkräften über das Material bearbeitet.

Ein Produkt der dieser Arbeit zugrunde liegenden Design-Research-Studie ist die Entwicklung eines Lehr-Lern-Arrangements zum Aufbau konzeptuellen Verständnisses für bedingte Wahrscheinlichkeiten. Das Lehr-Lern-Arrangement besteht aus einer aufeinanderfolgenden Reihe an Aufgaben (mit dem Schwerpunkt auf Darstellungsverknüpfung bzw. Darstellungsvernetzung) sowie einer Handreichung für Lehrkräfte (mit didaktischen Hinweisen und möglichen Impulsen zur Umsetzung in gemeinsamen Unterrichtsgesprächen).

In Kapitel 2 wurden theoriebasiert die Designprinzipien *Anregung von Verknüpfungsaktivitäten zwischen Verstehenselementen* sowie *Vernetzung von Darstellungen und Sprachebenen* mit ersten Ansätzen zur methodischen Umsetzung und zu Designelementen vorgestellt. Entlang der vier Designexperiment-Zyklen sind diese Designprinzipien und Designelemente weiterentwickelt worden. In diesem Kapitel wird das finale Entwicklungsprodukt nach vier Zyklen vorgestellt. Hieran wird die folgende Entwicklungsfrage bearbeitet:

(E1)   Wie kann ein *Lehr-Lern-Arrangement* zur Etablierung von Darstellungs-vernetzung gestaltet sein, um Verständnis für bedingte Wahrscheinlichkeiten aufzubauen?

An einer Kernaufgabe wird zudem die Weiterentwicklung der Designprinzipien und Designelemente zur Darstellungsvernetzung sowie darauf bezogenen Impulse in der Handreichung für Lehrkräfte über die vier Zyklen hinweg nachgezeichnet. Ziel ist hierbei, Designelemente zur Etablierung von Darstellungsvernetzung sowie den Zusammenhang zu weiteren Designprinzipien auszudifferenzieren. Folgende Entwicklungsfragen werden hierzu betrachtet:

M. Post, *Darstellungsvernetzung bei bedingten Wahrscheinlichkeiten*, Dortmunder Beiträge zur Entwicklung und Erforschung des Mathematikunterrichts 55, https://doi.org/10.1007/978-3-658-47374-7_5

(E3)   Über welche *Designelemente* (z. B. Scaffolds, Strukturierungen) kann das Designprinzip der Darstellungsvernetzung bei der Gestaltung eines Lehr-Lern-Arrangements zu bedingten Wahrscheinlichkeiten realisiert werden?

(E4)   Wie können Lehrkräfte durch das Unterrichtsmaterial bei Praktiken zur Darstellungsvernetzung *unterstützt* werden?

Zunächst wird ein Überblick über die zentralen Designprinzipien gegeben (Abschnitt 5.1). Daraufhin werden das Lehr-Lern-Arrangement (Abschnitt 5.2) sowie an einer Kernaufgabe die Entwicklung der Designprinzipien und Designelemente über mehrere Designexperiment-Zyklen hinweg (Abschnitt 5.3) dargestellt. Abschließend folgt eine Zusammenfassung der Ergebnisse in Bezug auf die formulierten Entwicklungsfragen (Abschnitt 5.4).

5.1   Überblick über Designprinzipien

Zur Gestaltung des Lehr-Lern-Arrangements zu bedingten Wahrscheinlichkeiten werden unterschiedliche Designprinzipien herangezogen, welche über Designelemente konkret umgesetzt werden (Abschnitt 4.1.2).

Im Rahmen der vorliegenden Arbeit werden zwei Designprinzipien zur inhaltlichen Strukturierung des gesamten Lehr-Lern-Arrangements einbezogen:

- Makro-Scaffolding
- Variation von Strukturen

Diese tragen vorrangig zur Beantwortung der Entwicklungsfrage 1 bei und werden in Abschnitt 5.1.1 erläutert. In Abschnitt 5.1.2 werden zwei weitere Designprinzipien dargestellt, die aus den Ansätzen zur Förderung konzeptuellen Verständnisses (Abschnitt 2.4) abgeleitet worden sind und schwerpunktmäßig bei der Gestaltung von Aufgaben fokussiert werden:

- Anregung von Verknüpfungs-, Auffaltungs- und Verdichtungsaktivitäten zwischen relevanten Verstehenselementen
- Prinzip der Darstellungs- und Sprachebenenvernetzung

In der Literatur sind bereits einige Umsetzungen, Richtlinien und damit Designelemente aus instruktionspsychologischer und mathematikdidaktischer Sicht zum Prinzip der Darstellungs- und Sprachebenenvernetzung erprobt und hergeleitet worden (Abschnitt 2.4). Das Designprinzip scheint in Zusammenhang mit weiteren Designprinzipien wie *reichhaltige Diskursanregung* und *Mikro-Scaffolding* zu stehen. Dieser Zusammenhang wird in Abschnitt 5.1.2 erläutert.

5.1.1 Designprinzipien zur inhaltlichen Strukturierung des Lehr-Lern-Arrangements

Prinzip des Makro-Scaffoldings

Gemäß sozialkonstruktivistischer lehr-lerntheoretischer Grundannahmen vom Lernen als aktiven Prozess, der im sozialen Kontext fachbezogener Interaktionen aufbauend auf bereits aufgebauten Verständnissen erfolgt (Vygotsky 1978), sind inhaltliche Strukturierungen ausgehend von den Vorerfahrungen der Lernenden zu planen, um gezielt an Vorhandenes anzuknüpfen (van den Heuvel-Panhuizen 2001). Daher bezieht sich das Designprinzip *Makro-Scaffolding* (z. B. in Erath et al. 2021; Pöhler & Prediger 2015, 2017; Prediger & Wessel 2013) in Anlehnung an Hammond und Gibbons (2005) auf die Planung und das Design von Lehr-Lern-Arrangements im Voraus, wie beispielsweise auf die Auswahl und Sequenzierung von Aufgaben. Pöhler und Prediger (2015, 2017) konkretisieren dieses Prinzip über den parallel aufgebauten fachlichen und sprachlichen Lernpfad, mit dem Ziel, konzeptuelles Verständnis und eine dafür relevante Sprache zu erlernen:

> „The dual learning trajectory for fostering low achievers' pathways to percentages intertwines a conceptual learning trajectory with a systematic lexical learning trajectory (consisting of necessary vocabulary) on six levels of increasing deepness of conceptual understanding and language use [...]." (Pöhler & Prediger 2015, S. 1719)

Der doppelte Lernpfad (Pöhler & Prediger 2015, 2017) basiert einerseits auf dem RME-Levelprinzip (van den Heuvel-Panhuizen 2001) und andererseits auf dem Prinzip des gestuften Sprachschatzes (Prediger 2017) und der gestuften Sprachhandlungen (Prediger 2024), dem die Sequenzierung entlang des Sprachkontinuums von der Alltagssprache über die Bildungssprache hin zur Fachsprache zugrunde liegt (für allgemeines Scaffolding-Prinzip zur Sequenzierung siehe Gibbons 2002). In Abbildung 5.1 ist eine verkürzte Version eines doppelten Lernpfades abgebildet, in der die Ziele der jeweiligen Stufen erläutert werden (für ausführliche Version und Konkretisierung zum Thema Prozente siehe Pöhler & Prediger 2015, 2017). Dieser fachliche Lernpfad wird wie folgt gegliedert:

„[…] von intuitiven Vorerfahrungen (Stufe 1) über den Aufbau inhaltlicher Vorstellungen (Stufe 2) hin zu Abstraktionen und Rechenverfahren (Stufe 3), bevor diese in komplexeren Kontexten angewandt werden können (Stufe 4)." (Pöhler & Prediger 2020, S. 78)

Stufe	Fachlicher Lernpfad (vom Inhalt zum Kalkül)	Sprachlicher Lernpfad	
		Sprachhandlungen	Sprachmittel
1	Aktivieren von Vorerfahrungen in mathematisch reichhaltigen Situationen	Erklären von Bedeutungen	Eigensprachliche Ressourcen
2	Erarbeiten, Sichern und Einüben von konzeptuellem Verständnis (im vertrauten Kontext)	Gemeinsames Erklären von Bedeutungen	Bedeutungsbezogener Denkwortschatz
3	Erarbeiten, Sichern und Einüben der Rechenverfahren und Abstraktionen (mehrere Kontext oder ohne Kontext)	Erläutern von Rechenwegen	Formalbezogener Wortschatz
4	Ausweiten der Anwendungen auf komplexere Kontext-Situationen	Erfassen komplexerer Texte	Erweiterter kontextbezogener Lesewortschatz

Abb. 5.1 Fachlicher und sprachlicher Lernpfad (aus Pöhler & Prediger 2020, S. 82; inhaltlich unverändert nachgebaut)

Prinzip der Variation von Strukturen

In sprachsensibilisierenden Aktivitäten kann die gezielte Variation von Aufgaben nach dem Prinzip der Formulierungsvariation dabei unterstützen, Sprachbewusstheit für unterschiedliche Formulierungen zu schaffen (Dröse & Prediger 2020). Dies lehnt sich an die chinesische Bianshi-Tradition an, in der nicht nur Formulierungen, sondern auch Aufgabenstrukturen gezielt variiert werden (Sun 2011). Zindel (2019) greift diese Ideen auf und lotet „[…] eine systematische Gegenüberstellung von Variationen […]" (S. 81) aus. Sie unterscheidet Variationen zwischen Formulierungen, Situationen und Sprachmitteln. Das Ziel dahinter ist, strukturelle Facetten eines mathematischen Konzepts zu variieren und diese dadurch bewusst in den Vordergrund zu setzen (Zindel 2019). Ähnliche Ideen spiegeln sich im Prinzip des operativen Variierens für die Darstellungsvernetzung (Duval 2006; Prediger & Wessel 2013) wieder, welches reichhaltige mathematische Gespräche und Verknüpfungen zwischen Sprachregistern fördern kann (Prediger & Wessel 2013). Dieses Prinzip beruht darauf, dass Auswirkungen von operativen Variationen auf andere Darstellungen beschrieben und begründet werden (Prediger & Wessel 2012). Grundlegend für diese Ansätze ist die Idee des Lernens durch Vergleichen oder Kontrastrieren (z. B. Alfieri et al. 2013; Sun 2011).

Typische Fehler beim Lösen von Aufgaben zu bedingten Wahrscheinlichkeiten bestehen darin, dass bedingte Wahrscheinlichkeiten mit anderen Wahrscheinlichkeiten verwechselt werden und die Lernenden sich nicht darüber bewusst sind, dass beispielsweise ähnlichen Formulierungen unterschiedliche Teil-Ganzes-Strukturen zugrunde liegen (Kapitel 2). Im Rahmen dieser Arbeit wird aufbauend auf den vorgestellten Ansätzen und Prinzipien das *Prinzip der Variation von Strukturen* aufgegriffen, indem unterschiedliche Strukturen beispielsweise in Anteilsbildern (in Rahmen der Arbeit verwendete Bezeichnung für Einheitsquadrate; Abschnitt 2.3.3) und Aussagen angeboten oder gegenübergestellt und dadurch in den Fokus gerückt werden sollen. Lernende werden aufgefordert, diese zu vergleichen und die Unterschiede zu explizieren. Das Prinzip der Variation der Strukturen soll dazu beitragen, Lernende für die Unterschiede in den Teil-Ganzes-Strukturen, welche beispielsweise ähnlichen Aussagen zugrunde liegen oder in Anteilsbildern abgebildet sind, zu sensibilisieren und diese zu explizieren.

5.1.2 Designprinzipien zur konkreten Ausgestaltung von Aufgaben

Anregung von Verknüpfungs-, Auffaltungs- und Verdichtungsaktivitäten zwischen relevanten Verstehenselementen
In Anlehnung an die Konzeptualisierung von Verständnis als gut vernetztes Wissensnetz und Begriffsaufbauprozess sind Verknüpfen, Auffalten und Verdichten elementare Aktivitäten, die unterstützt und eingefordert werden sollten (Abschnitt 2.2 und 2.4). Leitend für das Design scheint somit das Prinzip, die relevanten Verstehenselemente zu adressieren und diese Verknüpfungs-, Auffaltungs- und Verdichtungsaktivitäten anzuregen (Zindel 2019). Dies umfasst, dass die Lernenden für die relevanten Verstehenselemente sensibilisiert werden und sich zwischen den verdichteten und stärker aufgefalteten Verstehenselementen hin und her bewegen können.

Vernetzung von Darstellungen und Sprachebenen
Darstellungen können in vielfältiger Weise verknüpft werden (Abschnitt 2.3). Gerade das explizite und bewusste Vernetzen von Darstellungen und Sprachebenen scheint besonders relevant für die Entwicklung konzeptuellen Verständnisses

zu sein (z. B. Duval 2006; Uribe & Prediger 2021; Abschnitt 2.3). Das Prinzip
der Darstellungs- und Sprachebenenvernetzung hat sich dabei als hilfreich bei der
konkreten Gestaltung von Lernumgebungen gezeigt (Moschkovich 2013; Prediger & Wessel 2012). Definiert werden diese *Vernetzungen von Darstellungen* über
Erklärungen von Verknüpfungen zwischen Darstellungen als explizite und aktive
Prozesse, in denen erklärt wird, wie zwei Darstellungen zusammenhängen (Prediger 2020a; Renkl et al. 2013; Uribe & Prediger 2021). Hierzu werden die Korrespondenzen von Verstehenselementen genannt und ggf. begründet, wobei nicht
oberflächliche Merkmale, sondern die konzeptuell relevanten Verstehenselemente
und Zusammenhänge adressiert werden sollen (Abschnitt 2.3.2).

In der instruktionspsychologischen, sprachdidaktischen und mathematikdidaktischen Forschung und Entwicklung sind bereits Ansätze, Richtlinien und damit
Designelemente erprobt worden (Abschnitt 2.4), mit deren Hilfe nachfolgend
das übergeordnete Designprinzip weiter ausdifferenziert und der Zusammenhang
zu weiteren in dieser Perspektive untergeordneten Designprinzipien verdeutlicht
wird:

- Lernende müssen dabei unterstützt werden, die relevanten Verstehenselemente
und Strukturen zu fokussieren, damit keine oberflächlichen Verknüpfungen entstehen (Berthold & Renkl 2009; Rau & Matthews 2017; Renkl
et al. 2013). Demnach scheint Darstellungsvernetzung mit dem Designprinzip *Anregung von Verknüpfungs-, Auffaltungs- und Verdichtungsaktivitäten
zwischen relevanten Verstehenselementen* zusammenzuhängen. Die Funktion
dieser Designprinzipien ist, das Lehr-Lern-Arrangement in einer Weise zu
gestalten, dass dieses dazu anleitet, Darstellungen hinsichtlich der relevanten
konzeptuellen Verstehenselemente und Strukturen zu vernetzen. Über farbliche
Markierung korrespondierender Verstehenselemente hinaus sind als mögliche
Designelemente beispielsweise Selbsterklärungsprompts erprobt worden, um
Zusammenhänge über einfache Zuordnungen hinaus auf konzeptueller Ebene
zu verknüpfen (Berthold & Renkl 2009; Renkl et al. 2013). Aktivitäten zum
operativen Variieren und Formulierungsvariation können zudem dabei unterstützen, Verknüpfungen zwischen Strukturen und Darstellungen (inklusive
Sprachebenen) zu schaffen (Abschnitt 5.1.1; Duval 2006; Prediger & Wessel
2013; Zindel 2019).
- Vernetzungen zeichnen sich durch Bewusstheit und Explizitheit der Verknüpfung aus. Eine Anforderung ist daher, dass Lernende diese Verknüpfungen
aktiv herstellen und verbal erklären (Rau & Matthews 2017). Diese Anforderung an die Vernetzung von Darstellungen und Sprachebenen geht mit

einem Designprinzip zur Förderung von Sprache im Mathematikunterricht einher: *reichhaltige Diskursanregung* (Erath et al. 2021; Prediger 2020a). Das Designprinzip umfasst das Einbinden und Einfordern von reichhaltigen Diskurspraktiken wie Erklären, Begründen und Argumentieren in Material und Unterricht (Moschkovich 2015). Diese können zum Aufbau konzeptuellen Verständnisses beitragen.

• Neben der Gestaltung des Materials ist eine weitere Anforderung an eine erfolgreiche Darstellungs- und Sprachebenenvernetzung die Unterstützung durch Lehrkräfte in der Interaktion (Abschnitt 2.4). Hammond und Gibbons (2005) greifen Scaffolds in der Interaktion im Klassenzimmer zwischen Lehrkräften und Lernenden, welche nicht über die Vorausplanung des Unterrichts gefasst werden können, als *Mikro-Scaffolding* auf: „[...] the *interactional* level constitutes the 'true' level of scaffolding" (Hammond & Gibbons 2005, S. 20). Umgesetzt werden kann *Mikro-Scaffolding* beispielsweise über Impulse in der Interaktion, über welche Inhalte, Sprachmittel oder Äußerungen zusammengefasst, vernetzt oder wiederholt, Äußerungen von Lernenden hinsichtlich der Sprache überformt und angepasst sowie Äußerungen verlängert oder Lernende zur Explizierung, Erklärung oder Begründung aufgefordert werden (Hammond & Gibbons 2005; Wessel 2015). Ergebnisse mathematikdidaktischer und instruktionspsychologischer Forschung zur Darstellungsverknüpfung deuten auf Unterstützungsbedarfe sowohl bezüglich eines aktiven Etablierens von Verknüpfungen zwischen Darstellungen und deren Erklären als auch bezüglich des Erkennens der relevanten konzeptuellen Verstehenselemente (statt isolierter, oberflächlicher Merkmale) hin (Abschnitt 2.3.2 und 2.4). Damit zeigt sich der Bedarf an Impulsen, die auf konkrete Aktivitäten zum Umgang mit Darstellungen und Darstellungsvernetzung abzielen, wie sie beispielsweise Wessel (2015) und Velez et al. (2022) ausdifferenzieren. In Tabelle 5.1 werden einige dieser Impulse zusammengefasst.

Tabelle 5.1 Impulse zur Umsetzung des Designprinzips *Mikro-Scaffolding* zum Umgang mit Darstellungen (Wessel 2015, S. 329 ff.; Velez et al. 2022, S. 4362)

Impuls	Konkretisierungen
Impuls zum Auswählen und Gestalten von Darstellungen	• Aufforderungen zur Wahl einer Darstellung • Wahl angemessener Darstellung anleiten • ausdrückliche Vorschläge oder Beispiele geben
Impuls zum Nutzen von Darstellungen	• Aufforderung zur Nutzung bestimmter Darstellungen (z. B. bildliche Darstellung) • Aufforderung zur Interpretation einer Darstellung • Verwendung oder Interpretation einer Darstellung anleiten • Validierung einer von Lernenden gewählten Darstellung
Impuls zum Verknüpfen von Darstellungen	• Aufforderung, Verknüpfungen / Vernetzungen herzustellen • Anleiten, Verknüpfungen / Vernetzungen herzustellen • Aufforderung, mögliche Verknüpfungen zu identifizieren • über Verknüpfungen informieren
Impulse zum Reflektieren	• Aufforderung zur Systematisierung • Anleiten zur Systematisierung • Informieren über Systematisierung
Sprachangebote und Hinweise auf sprachliche Strukturen	• Sprachangebote machen • Hinweise auf sprachliche Strukturen im Aufgabentext (z. B. „Wo steht der Teil nochmal?")
strukturelle Unterstützungsimpulse	• z. B. in Bezug auf Tabellenstruktur der operativen Aufgabenfolge: Aufforderungen, Änderungen von unten nach oben oder Wirkungen systematischer Variation zu beschreiben

5.2 Darstellung des Designs des Lehr-Lern-Arrangements mit exemplarischen Einblicken in die initiierten Lernwege

In diesem Abschnitt wird das im Rahmen der Design-Research-Studie entwickelte Lehr-Lern-Arrangement in der überarbeiten Version nach Abschluss der Designexperiment-Zyklen vorgestellt (zur Unterrichtseinheit siehe Post & Prediger 2020b, 2020d, 2024a; verfügbar als Open Educational Resources unter sima.dzlm.de/um/9–002). Das entwickelte Lehr-Lern-Arrangement richtet sich an Lernende der Jahrgangsstufen 9–12. Für ein umfassendes Konzeptverständnis zu bedingten Wahrscheinlichkeiten müssen weitere Verstehenselemente behandelt werden (für einen Überblick siehe z. B. Büchter & Henn 2007; Eichler & Vogel 2013; Wolpers 2002). Im Rahmen des in dieser Arbeit entwickelten Lehr-Lern-Arrangements wird allerdings nur ein Teil dieses umfassenden Verständnisses aufgegriffen: Ziel ist die Vermittlung einer inhaltlichen Idee zu bedingten Wahrscheinlichkeiten über Anteile als komplexe Anteilsbeziehungen, wodurch vor allem die Unterscheidung zu anderen Wahrscheinlichkeiten wie kombinierte Wahrscheinlichkeit expliziert werden kann. Der intendierte Lernpfad (Abschnitt 5.2.1) wird so sequenziert, dass zunächst das bisherige Wissen und Vorstellungen zu Anteilen von Lernenden zu komplexen Anteilsbeziehungen wiederholt, vertieft und systematisiert werden, bevor anschließend der Übergang zu Wahrscheinlichkeiten erfolgt. Beim vorderen Teil des Lehr-Lern-Arrangements handelt es sich somit in Hinblick auf die Jahrgangsstufen 9–12 um inhaltliche Wiederholungen und Systematisierungen zu Anteilsvorstellungen.

In Abbildung 5.2 wird ein Überblick über die zentralen Aufgaben des im Rahmen dieser Arbeit entwickelten und erprobten intendierten Lernpfades gegeben. Das hier vorgestellte Lehr-Lern-Arrangement endet mit dem Übergang zu Wahrscheinlichkeiten und dem intuitiven Zugang zu Wahrscheinlichkeiten als Prognosewert (Eichler & Vogel 2013). Im Anschluss müssen für ein umfassendes Verständnis weitere Elemente des Wahrscheinlichkeitskonzepts und der bedingten Wahrscheinlichkeiten thematisiert werden, wie zum Beispiel der frequentistische Wahrscheinlichkeitsansatz, der Laplace-Wahrscheinlichkeitsansatz, Stochastische Unabhängigkeit, Satz von Bayes etc. (siehe hierzu z. B. Büchter & Henn 2007). Diese liegen jedoch außerhalb des Fokus dieser Arbeit.

In Abschnitt 5.2.1 wird ein Überblick über den intendierten Lernpfad gegeben. In den nachfolgenden Abschnitten werden entlang der Stufen des fachlichen und sprachlichen Lernpfades die zentralen Aufgaben sowie die relevanten Designelemente zur Umsetzung der unter Abschnitt 5.1 vorgestellten Designprinzipien dargestellt. Zur Illustration der Wirkungen werden zu den zentralen Aufgaben

Abb. 5.2 Überblick über Aufbau des Lehr-Lern-Arrangements

zudem empirische Einblicke in die initiierten Lernprozesse aus dem letzten Designexperiment-Zyklus gegeben.

5.2.1 Intendierter Lernpfad

Die Planung der fachlichen und sprachlichen Ziele sowie das grobe Design (etwa die Auswahl und Sequenzierung der Aufgaben des Lehr-Lern-Arrangements) sind gemäß dem Designprinzip des Makro-Scaffoldings in Anlehnung an den parallel aufgebauten fachlichen und sprachlichen Lernpfad von Pöhler und Prediger (2015, 2017) gestaltet worden. In Tabelle 5.2 ist der intendierte Lernpfad mit dem jeweiligen fachlichen und sprachlichen Lernpfad sowie zugehörigen Sprachhandlungen und Sprachmitteln für bedingte Wahrscheinlichkeiten dargestellt.

Der intendierte Lernpfad setzt bei den intuitiven Vorerfahrungen, bisherigen Vorstellungen und eigensprachlichen Ressourcen der Lernenden in Stufe 1 an. Die Lernenden der Jahrgangsstufen 9–12 verfügen bereits über Anteilsvorstellungen, welche an dieser Stelle aktiviert werden sollen. In Stufe 2 ist das zentrale fachliche Lernziel, dass die Lernenden Teil-Ganzes-Beziehungen erfassen und unterscheiden (Stufe 2 in Tabelle 5.2), um Bedeutungen zu komplexen Anteilsbeziehungen und Anteilstypen aufzubauen und zu systematisieren. Die zentrale Sprachhandlung ist hier, die Strukturen und Bedeutungen zu erklären. Im Anschluss daran sollen die Lernenden in Stufe 3 dieses Verständnis anwenden, um Strukturen in Wahrscheinlichkeitsaussagen zu identifizieren (Stufe 3 in Tabelle 5.2). In Stufe 3 erfolgt somit kein Übergang zu Rechenverfahren, sondern eine erste Formalisierung in dem Sinne, dass der Übergang zu Wahrscheinlichkeiten mit formalbezogener Wahrscheinlichkeitssprache und Rückverknüpfung zu komplexen Anteilsbeziehungen fokussiert wird. Zentral ist hierbei die Sprachhandlung, die zugrunde liegenden Strukturen in Wahrscheinlichkeitsaussagen zu erfassen und zu beschreiben. Ein anschließender Schritt in Stufe 4 wäre der Übergang zur Berechnung von Wahrscheinlichkeiten, Formeln, formalmathematischen Notationen etc. (Stufe 4 in Tabelle 5.2), der im Lehr-Lern-Arrangement initiiert, aber im Rahmen der Arbeit nicht vertieft analysiert wird.

In den nachfolgenden Abschnitten 5.2.2–5.2.5 werden die zentralen Aufgaben der jeweiligen Stufen erläutert und ein Einblick in mögliche Lernwege gegeben.

Tabelle 5.2 Intendierter Lernpfad zu bedingten Wahrscheinlichkeiten (in Anlehnung an Pöhler & Prediger 2015, 2017, 2020)

Stufe	Gestufte Lernziele im fachlichen Lernpfad	Gestufte Lernziele im sprachlichen Lernpfad	Aufgaben
1	Aktivierung individueller Ressourcen und Vorerfahrungen		
	• Aktivieren von Vorstellungen und Vorerfahrungen zu Anteilen, Anteilsbild einführen	Aktivieren der eigensprachlichen Ressourcen zu Anteilen im statistischen Kontext mit wenig expliziten Angebot an Sprachmitteln **Sprachhandlung**: Erklären von Bedeutungen	Anteile und Anteilsbilder im Kontext deuten (Baustein A, A 1, 2)
2	Aufbau inhaltlicher Vorstellungen		
	• Erfassen und Explizieren von Teil-Ganzes-Beziehungen • Unterscheiden von Teil-Ganzes-Beziehungen in Anteilstypen	Etablieren bedeutungsbezogener Sprachmittel zur Konstruktion / Systematisierung von Bedeutungen zu komplexen Anteilsbeziehungen und Anteilstypen **Sprachhandlung**: Erklären der Strukturen und Bedeutungen **Sprachmittel:** • ... ist der Teil / das Ganze, von ... sind, ein Teil vom Gesamten / Teil vom Teil • Ganzes ist das Gesamte / ein Teil • Teil hat ein / zwei Merkmale	Aussagen zu Anteilen dekodieren und formulieren (Baustein A, A 3, 4, 5), Anteile unterscheiden (Baustein A, A 6, 7), Speicherkiste

(Fortsetzung)

Tabelle 5.2 (Fortsetzung)

Stufe	Gestufte Lernziele im fachlichen Lernpfad	Gestufte Lernziele im sprachlichen Lernpfad	Aufgaben
3	Formalisierung hin zu Wahrscheinlichkeiten		
	• Identifizieren der Strukturen in Aussagen (zu Wahrscheinlichkeiten) • (Zugang zu Wahrscheinlichkeiten als Prognosewert)	Einführung formalbezogener Sprachmittel **Sprachhandlung:** Erfassen und Beschreiben der zugrunde liegenden Strukturen **Sprachmittel:** • Wahrscheinlichkeit, dass … • zwei Bedingungen sollen gelten, eine ist schon erfüllt • Teil-vom-Teil / Teil-vom-Gesamten-Struktur	W'keiten mit Anteilen verknüpfen (Baustein B, A 1)
4	Berechnung von Wahrscheinlichkeiten / Ausweiten auf komplexere Situationen		
	• Erarbeiten, Sichern und Einüben der Rechenverfahren, Formeln, mathematischen Notationen und Schreibweisen • Ausweiten auf komplexere Situationen, Darstellungen	**Sprachhandlung:** u. a. Erläutern der Rechenwege **Sprachmittel:** • einfache, kombinierte, bedingte Wahrscheinlichkeit • Zähler und Nenner einsetzen, teilen • *weiterer formalbezogener Wortschatz zu Wahrscheinlichkeiten*	

5.2.2 Stufe 1: Aktivierung individueller Ressourcen und Vorerfahrungen

Das Ziel der Aufgaben 1 und 2 (aus Baustein A des Lehr-Lern-Arrangements) ist, individuelle Vorerfahrungen und sprachliche Ressourcen zu komplexen Anteilsbeziehungen zu aktivieren (Stufe 1 in Tabelle 5.2).

Design zu Aufgabe 1 (Baustein A): Einführung in statistischen Kontext und Anteilsbilder
Das Ziel der Aufgabe 1 (Abbildung 5.3) ist die Aktivierung von Wissen zu komplexen Anteilsbeziehungen sowie das Kennenlernen der Darstellung des Anteilsbildes und dessen Aufbaus (Abschnitt 2.3.3). Der gewählte Kontext sind dabei statistische Daten, welche auf den Ergebnissen der JIM-Studie 2018 basieren (mpfs 2018). Die Daten beziehen sich auf Umfrageergebnisse unter Jugendlichen zu Interessen und Medienumgang.

Die Aufgabe arbeitet mit folgenden Darstellungen: vorgegebene Aussagen, Anteilsbild und symbolische Darstellung von Brüchen sowie anderen Anteildarstellungen wie „600 von 1200". Die Lernenden werden aufgefordert, Anteilsinformationen aus einer Umfrage im Kontext zu deuten, mit den Flächen im Anteilsbild zu verknüpfen sowie Flächen aus dem Anteilsbild im Kontext zu deuten.

1   Interessen und Medienumgang von Jugendlichen in Anteilbildern

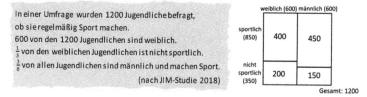

Um sich die vielen Anteile im Text klar zu machen, wurde das Anteilsbild oben gezeichnet.

a) Erklären Sie Ihrem Nachbarn/Ihrer Nachbarin in eigenen Worten:
  • Was bedeuten die Zahlen „600 von 1200", $\frac{1}{3}$ und $\frac{3}{8}$ im Text?
  • Wie kommt man vom Text aus auf die 600, 350 und 400 im Anteilsbild?
    Wo sieht man diese im Bild und welche Personen sind jeweils gemeint?

b) Erklären Sie **nur** anhand der Anteilsbilder rechts:
  • Was bedeutet die hellgraue Fläche? Was die dunkle Fläche?
  • Gibt es mehr männlich sportliche Jugendliche oder
    weiblich nicht-sportliche? Woran erkennt man das im Bild?
  • Miriam hat 2 Anteile eingezeichnet.
    Welche Anteile sind es?
    Welcher Anteil ist größer? Warum?

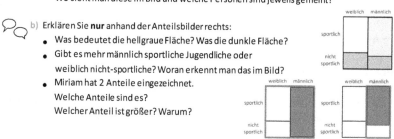

Abb. 5.3 Aufgabe 1 aus Baustein A des Lehr-Lern-Arrangements zu bedingten Wahrscheinlichkeiten (aus Post & Prediger 2020b)

Design zu Aufgabe 2 (Baustein A): Falschaussagen prüfen
Das übergeordnete Ziel der Aufgabe 2 (Abbildung 5.4) besteht darin, bisherige Vorstellungen zu Anteilen, Verstehenselemente aber auch das vorhandene Verständnis von formulierten gekapselten Anteilsaussagen zu aktivieren.

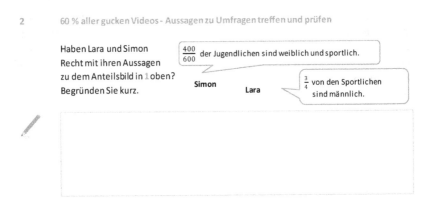

Abb. 5.4 Aufgabe 2 aus Baustein A des Lehr-Lern-Arrangements zu bedingten Wahrscheinlichkeiten (aus Post & Prediger 2020b)

Eine schriftlich formulierte Anteilsaussage und ein dazu nicht passender Bruch werden dazu in einer Aussage kombiniert. Zusätzlich wird ein Anteilsbild vorgegeben, in dem Informationen zum Kontext und den Zahlen gegeben sind. Zum Lösen der Aufgabe müssen die Lernenden eine Beziehung zwischen der Aussage, dem Bruch und dem Anteilsbild herstellen. Die Lernenden werden zur Prüfung der Passung und zum Begründen ihrer Antwort aufgefordert, wodurch das Prinzip der *reichhaltigen Diskursanregung* umgesetzt wird.

Um diese Aufgabe zu lösen, muss die richtige Teil-Ganzes-Beziehung aus der Aussage dekodiert und diese über das Anteilsbild mit dem Bruch verknüpft werden. In der Aussage zu Simon ist sprachlich eine kombinierte Aussage formuliert, während der Bruch einen bedingten Anteil ausdrückt. In der Aussage von Lara sind im Bruch und in der Aussage jeweils zwei unterschiedliche bedingte Anteile ausgedrückt.

Vorerst werden keine expliziten Sprachmittel angeboten, damit zunächst eigene sprachliche oder auch gestische Ressourcen (Pöhler & Prediger 2015) der Lernenden zu Anteilen, Teil-Ganzes-Beziehungen und zur Verknüpfung von Darstellungen aktiviert werden. Hinsichtlich der Designprinzipien *Darstellungsvernetzung* sowie *Anregung von Verknüpfungs-, Auffaltungs- und Verdichtungsaktivitäten zwischen Verstehenselementen* bedeutet dies, dass die Vernetzung der relevanten Darstellungen zwar durch die Aufgaben global angeregt wird, jedoch zunächst ohne die Unterstützung zum Verknüpfen, Auffalten, Verdichten oder Adressieren bestimmter Verstehenselemente über die Aufgabenstellung fokussiert anzuleiten. Dies wird umgesetzt über eine offen gehaltene Aktivität zum

Prüfen und Erklären der (Nicht-)Passung (Prediger & Wessel 2012) als Designelement. Es sind keine expliziten Instruktionen oder Scaffolds seitens der Lehrkraft vorgesehen (Designprinzip *Mikro-Scaffolding*).

Exemplarischer Einblick in Lernwege zu Aufgabe 2 (Baustein A)
Um die möglichen initiierten Lernwege zu der Aufgabe zu illustrieren, wird im Folgenden ein Einblick in die Besprechung der Aufgabe 2 aus Abbildung 5.4 im Plenum im Kurs von Herrn Schmidt gegeben (Transkript 5.1).

Transkript 5.1 aus Zyklus 4, Hr. Schmidt, A1b), Sinneinheit 2 – Turn 2–24

Im Transkript werden erste Lösungsansätze der Lernenden zu einer Falschaussage gesammelt.
Im Transkript behandelte Frage: Hat Simon Recht mit seiner Aussage „400/600 der Jugendlichen sind weiblich und sportlich"?

	weiblich (600)	männlich (600)
sportlich (850)	400	450
nicht sportlich (350)	200	150

Gesamt: 1200 (aus Post & Prediger 2020b)

2	Niko	Also, äh, halt, von den Mädchen sind 400 „sportlich" und das von [*Lehrer zeigt auf das obere linke Rechteck im Anteilsbild*], ähm, 600 der Mädchen [*Lehrer zeigt entlang der linken Seite des Anteilsbildes*] sind [ca. 5 Wörter unverständlich] auf 400 von 600.
3	Lehrer	Ja, okay, also der hat Recht. Okay, Tina.
4	Tina	Ich glaube, der hat nicht Recht, weil, der sagt da ja, dass da „der Jugendlichen", also meint er, dass 600 alle wären. Und da-das sind ja insgesamt 1200, deswegen stimmt das ja nicht. Es sind ja nur 400 von 1200 „weiblich und sportlich".
5–13	[...]	
14	Linda	Ähm, es ist, da muss ja gerade 600 stehen, weil man redet ja auch „weiblich" an und die Hälfte sind ja „weiblich".
15	Jonas	Ja, aber man spricht ja primär die „Jugendlichen" an.
16	Linda	Die „Jugendlichen", aber man nimmt ja die Gruppe „der Jugendlichen" #
17	Jonas	# Warte es ab.
18	Linda	Und dann nimmt man, sagt man, dass die „weiblich" „sind", das, darauf, sprich die 600 „weiblich", ist der untere Teil #
19	Jonas	# Aber „weiblich und sportlich", das sind zwei, zwei Variablen zusammen.
20–21	[...]	
22	Linda	So, 600 „der Jugendlichen sind weiblich", das ist der untere Teil von #
23	Jonas	# Nee, der interessiert ja gar nicht.
24	Linda	Dem Bruch „und sportlich" sind 400, also deswegen ist es gerade richtig.

Herr Schmidt fordert nacheinander Begründungen zur Aussage von Simon (Abbildung 5.4) ein, ohne die Antworten inhaltlich zu kommentieren. Die Beiträge geben insbesondere Einblicke in die unterschiedlichen Lernvoraussetzungen der Lernenden und deuten auf Hürden hin, ohne dass die Analysen hier bereits systematisch die Details aufbereiten. Dies erfolgt in Kapitel 6.

Niko bewertet die Aussage als richtig und rechtfertigt den Bruch anhand von Merkmalen, die er aus der Aussage herausgreift („400 ‚sportlich'", „600 der Mädchen", Turn 2), ohne die Beziehung zwischen beiden Merkmalen zu betrachten. Während Niko damit die falsche Teil-Ganzes-Beziehung aus der Aussage dekodiert, erkennt Tina den Fehler und interpretiert die Aussage richtig: Zur Erklärung in Turn 4 greift sie nicht nur einzelne Merkmale aus der Aussage heraus, sondern adressiert mit der Phrase „der Jugendlichen" vermutlich bereits implizit das Ganze zusammen mit dem Beziehungswort und korrigiert damit den Bruch.

Linda scheint die Darstellungen zumindest für Teilelemente bewusst zu verknüpfen, da sie beispielsweise in Turn 16–18 den Nenner mit einer bestimmten Phrase der Aussage verknüpft. Ähnlich zu Niko scheint sie jedoch die gegebene Teil-Ganzes-Struktur in der Aussage falsch zu dekodieren und fokussiert vermutlich eher oberflächlich die Merkmale, anstatt die Verstehenselemente und wie diese in der Struktur der Aussage verankert sind, bewusst zu adressieren. Sie adressiert dabei den Teil und das Ganze separat, nicht aber den Zusammenhang.

Die Beispiele deuten auf typische Herausforderungen hin: Anstatt die Teil-Ganzes-Struktur in der Aussage zu adressieren und die Aussage hinsichtlich dieser Struktur mit anderen Darstellungen zu vernetzen, fokussieren einige Lernende scheinbar eher oberflächliche Merkmale in der Aussage. Die Lernenden adressieren hauptsächlich die symbolische Darstellung sowie die vorgegebene Aussage und nutzen kontextuelle Sprache. Ihnen scheint zudem eine Sprache zu fehlen, um gezielt und präzise über die Strukturen und relevanten Verstehenselemente zu sprechen. Um das Ganze zu verdeutlichen, nutzen Tina und Jonas beispielsweise Satzbausteine wie „primär" (Turn 15) oder „dass 600 alle wären" (Turn 4). Insgesamt gibt der Ausschnitt einen ersten Einblick, welche Herausforderungen auftreten, wie Lernende Darstellungen verknüpfen sowie welche Verstehenselemente und Sprachmittel sie aktivieren. Dieser wird später systematisch analytisch vertieft, hilft hier jedoch bereits, die Designentscheidungen für die nächsten Lernstufen nachvollziehbar zu machen.

5.2.3   Stufe 2.1: Aufbau inhaltlicher Vorstellungen: Erfassen und Explizieren von Teil-Ganzes-Beziehungen

In der zweiten Stufe des intendierten Lernpfades geht es um den Aufbau inhaltlicher Vorstellungen (Pöhler & Prediger 2020). Das erste hier verortete fachliche Lernziel besteht darin, konzeptuelles Verständnis zu komplexen Anteilen als Teil-Ganzes-Beziehungen zu erarbeiten bzw. zu vertiefen und zu systematisieren. Diese wurden eingefügt, nachdem Auswertungen der ersten Designexperiment-Zyklen (Kapitel 6) die im obigen Beispiel angedeuteten Herausforderungen von Lernenden aufgezeigt haben, die korrekte Teil-Ganzes-Beziehungen aus formulierten gekapselten Aussagen zu Anteilen zu identifizieren und präzise Aussagen selbst zu formulieren. Ergänzt wurde zudem das sprachliche Lernziel, bedeutungsbezogene Sprachmittel explizit zu etablieren, um über diese Teil-Ganzes-Strukturen präzise sprechen und Bedeutungen erklären zu können (Tabelle 5.2).

Design zu Aufgabe 3 (Baustein A): Aussagen genauer analysieren und Teil-Ganzes-Beziehungen präzise beschreiben
Um das Dekodieren der Teil-Ganzes-Beziehungen zu unterstützen, werden verschiedene Scaffolds angeboten: schriftliche Aussagen, das Anteilsbild zur Veranschaulichung der Strukturen sowie neben kontextueller Sprache bedeutungsbezogene kontextunabhängige Denksprache, um Verstehenselemente präzise adressieren zu können, wie zum Beispiel „ganze Gruppe" oder „Teil-Ganzes-Beziehung".

Das in dieser Aufgabe zentrale Designprinzip *Vernetzung von Darstellungen und Sprachebenen* wird durch die folgende Strukturierung umgesetzt: Zentral ist die *Gliederung* in Teilaufgaben *nach den drei konzeptuell relevanten Verstehenselementen*. Dieser Drei-Schritt besteht aus den Fragen: Was ist das Ganze? Was ist der Teil? Was ist die Teil-Ganzes-Beziehung? Die Sequenzierung nach dem Drei-Schritt Ganzes – Teil – Teil-Ganzes-Beziehung wird einerseits in den nacheinander folgenden Teilaufgaben und andererseits im Schaubild aufgegriffen, in dem die relevanten Darstellungen abgebildet sind. So wird ein Scaffold als wiederkehrendes Designelement etabliert, das die Lernenden unterstützen soll, beim Verknüpfen der Darstellungen die konzeptuell relevanten Verstehenselemente und Strukturen zu adressieren und oberflächliche Verknüpfungen zu vertiefen (Berthold & Renkl 2009; Renkl et al. 2013).

Durch dieses Designelement wird zugleich das Designprinzip *Anregung von Verknüpfungs-, Auffaltungs- und Verdichtungsaktivitäten zwischen Verstehenselementen* konkretisiert, da angeleitet durch den Drei-Schritt eine gekapselte Aussage in das Ganze, den Teil und die Teil-Ganzes-Beziehung aufgefaltet werden soll. Im dritten Schritt werden Teil und Ganzes zur Teil-Ganzes-Beziehung verknüpft. Dieser Schritt soll dabei unterstützen, dass die Lernenden die Verstehenselemente nicht separat betrachten, sondern zueinander in Beziehung setzen.

Als zweites Designelement dienen explizite Arbeitsaufträge für jedes der drei Verstehenselemente, das korrespondierende Verstehenselement in jeder der Darstellungen zu identifizieren und die *Darstellungen für dieses Verstehenselement bewusst zu verknüpfen*. Damit soll die Möglichkeit gesteigert werden, dass Lernende explizit *vernetzen* (Abschnitt 2.3 und 2.4), indem sie die Korrespondenzen der einzelnen Verstehenselemente explizit nennen und dabei nicht nur isolierte Verstehenselemente, sondern im dritten Schritt die relevante Struktur adressieren.

Konkret wird dazu das dritte Designelement zum Kenntlichmachen der Korrespondenz und Verknüpfung genutzt, hier die *Farbkodierung* in Verbindung mit Aufforderungen zum *Erklären*: Wie bereits durch die farbliche Markierung der Begriffe angedeutet, sollen die entsprechende Phrase in der Aussage und die Fläche im Anteilsbild für das Ganze blau und für den Teil rot markiert werden. Zudem werden die Lernenden aufgefordert zu erklären, wie sie das Ganze bzw. den Teil in der Aussage erkennen. Alle drei Verstehenselemente sollen dann in kontextueller Sprache verschriftlicht werden, wobei die Begriffe für die jeweiligen Verstehenselemente in bedeutungsbezogener kontextunabhängiger Denksprache durchgehend in den drei Farben markiert sind. Damit nicht nur isolierte Verstehenselemente, hier Teil und Ganzes, sondern die relevante Struktur, hier Teil-Ganzes-Beziehung, adressiert wird (Renkl et al. 2013), wird eine dritte Farbe für die Teil-Ganzes-Beziehung eingebunden: Mit der grünen Farbe sollen die Wörter in der Aussage markiert werden, über welche die Beziehung zwischen dem Teil und dem Ganzen ausgedrückt wird. Zudem wird eingefordert, aufbauend auf der blauen und roten Markierung im Anteilsbild zu erklären, wie dort die Teil-Ganzes-Beziehung zu erkennen ist, nämlich über das Verhältnis der Flächen. Dieser Erklärungsprompt wird unterstützt (Berthold & Renkl 2009; Renkl et al. 2013) über die vorab markierten Flächen sowie die verbale Explikation in der Aufgabenstellung, dass der Anteil die Teil-Ganzes-Beziehung, also „was von was", beschreibt. Die unmittelbare Nähe der relevanten Darstellungen im Kasten soll das Vernetzen der Darstellungen zusätzlich unterstützen.

Die wiederholte Aufforderung zum Erklären dient gleichzeitig dem Designprinzip *reichhaltige Diskursanregung*.

3 Aussagen genauer analysieren

Simon und Lara beschreiben unterschiedliche Anteile. Doch was bedeutet das genau? Ein Anteil beschreibt immer die Beziehung von einem Teil zu einem Ganzen, daher analysieren Sie in dieser Aufgabe genauer, welche Teilgruppe von welcher ganzen Gruppe die beiden jeweils meinen.

a) Welche ganze Gruppe beschreibt Simon, welche beschreibt Lara?
- Zeichnen Sie die ganzen Gruppen in den Anteilsbildern unten farbig ein.
- Markieren und erklären Sie, wie man die ganze Gruppe in den zwei Aussagen erkennt.

b) Welche Teilgruppe beschreibt Simon, welche beschreibt Lara?
- Zeichnen Sie die Teilgruppen in den Anteilsbildern unten farbig ein.
- Markieren und erklären Sie, wie man die Teilgruppe in den zwei Aussagen erkennt.

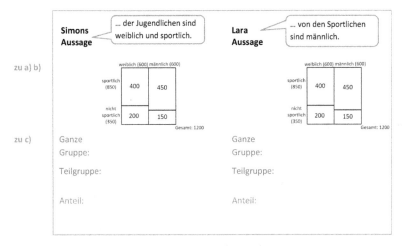

c) Der Anteil beschreibt die Teil-Ganzes-Beziehung, also *was von was* gefragt ist. Welchen Anteil, also welche Teil-Ganzes-Beziehung beschreibt Simon, welchen Lara?
- Schreiben Sie oben in die Kästen jeweils auf, *was von was* gefragt ist.
- Markieren Sie farbig in den zwei Aussagen von Simon und Lara, an welchen Wörtern Sie erkennen, welcher Anteil gemeint ist. Erklären Sie, warum Sie diese Wörter markiert haben.
- Im Anteilsbild haben Sie bereits ganze Gruppe und Teilgruppe eingezeichnet. Wie kann man den Anteil im Anteilsbild zeigen?

d) Nach diesen Analysen können Sie zusammenfassen und erklären: Was haben Lara und Simon in Aufgabe 2 genau falsch gemacht?

Abb. 5.5 Aufgabe 3 aus Baustein A des Lehr-Lern-Arrangements zu bedingten Wahrscheinlichkeiten (aus Post & Prediger 2020b)

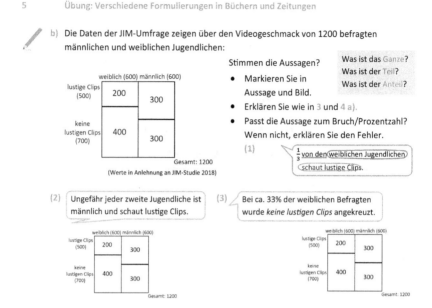

Abb. 5.6 Aufgabe 5b) aus Baustein A des Lehr-Lern-Arrangements zu bedingten Wahrscheinlichkeiten (aus Post & Prediger 2020b)

In den darauffolgenden Aufgaben zum Einüben wird der Drei-Schritt weiter als durchgehendes Scaffold in einer *reduzierten Form* eingesetzt (Abbildung 5.6 und 5.7). Dazu dienen etwa der Tipp-Kasten sowie die Aufträge, in den relevanten Darstellungen den Teil, das Ganze und die Teil-Ganzes-Beziehung zu markieren, verbunden mit expliziten Erkläraufträgen (Designprinzip *reichhaltige Diskursanregung*). Auch die Farbkodierung wird beispielsweise bei den bedeutungsbezogenen Begriffen beibehalten. Vernetzungen werden hierdurch global angeregt, jedoch nicht in der Ausführlichkeit wie in Aufgabe 3 fokussiert unterstützt. In den Übungsaufgaben wird zudem das Designprinzip *Variationen von Strukturen* relevant, indem in den Teilaufgaben die zugrunde liegenden Teil-Ganzes-Strukturen und die Formulierungen variiert werden.

Neben diesen schriftlichen Scaffolds in den Aufgabenformulierungen wird für das *Mikro-Scaffolding* in den didaktischen Kommentaren eine Sammlung an mündlichen Scaffolds zum Vernetzen von Darstellungen zusammengestellt (ähnlich wie in Tabelle 5.3), welche von der Lehrkraft adaptiv eingesetzt werden können, um die Designprinzipien auch in spontaner Interaktion weiter zu verfolgen.

Tabelle 5.3 Überblick über Scaffolds zur Darstellungsvernetzung (zusammengestellt aus Wessel 2015; Velez et al. 2022 sowie den eigenen Erprobungen)

Scaffold	Beispiel
gestische Scaffolds	• Anteilsbeziehung im Anteilsbild gestisch verdeutlichen: „Das hier ist das Ganze [*umkreist linke Hälfte*] und davon nehmen wir diesen Teil [*umkreist Fläche links oben*]" • Flächen / Satzphrasen zeigen / farbig markieren
Etablierung des Drei-Schritts / Aufforderung Verstehenselemente zu adressieren	• „Was ist das Ganze?" • „Was ist der Teil?" • „Was ist die Teil-Ganzes-Beziehung?"
Aufforderung bestimmte Darstellung zu adressieren	• „Wer kann das nochmal am Anteilsbild zeigen?" • „Lass uns die Formulierung angucken."
Aufforderungen zum Übersetzen	• „Was ist die Teilgruppe? Welche Jugendlichen sind das?" • „Wo siehst du das Ganze im Anteilsbild? Markiere." • „Hat jemand eine Formulierung, um 9/39 darzustellen?" • „Was ist also der Bruch?"
Aufforderung zum Erklären von Verknüpfungen	• „Kannst du noch einmal begründen, warum das deiner Meinung nach passt?" • „Da haben wir eine Aussage stehen. Magst du erklären, was das mit dem Anteilsbild zu tun haben könnte?" • „Wie erkennst du das Ganze in der Aussage? Erkläre."
Aufforderung Verknüpfung für Teil-Ganzes-Beziehung erklären	• „Das Ganze sind welche in dieser Aufgabe? [...] So von diesen 700 sind welche gemeint? [...]" • „Was ist das Ganze hier im Anteilsbild? [...] Und was davon muss ich jetzt als Teil markieren? [...]"

Exemplarischer Einblick in Lernwege zu Aufgabe 3 (Baustein A)

Im Transkript 5.2 (analysiert im Tagungsbeitrag Post 2024) wird an einem Beispiel gezeigt, wie die Lernenden mit der so ausgestalteten Aufgabe 3 aus Abbildung 5.5 umgehen.

Transkript 5.2 aus Zyklus 4, Hr. Schmidt, A1c), Sinneinheit 1 – Turn 14–27a

Nach Bearbeitung der Aufgabe in Kleingruppen bespricht der Kurs von Herrn Schmidt die Aussagen ausführlich. Die Szene stammt aus der darauffolgenden Sitzung, in der die Lösung zur Falschaussage von Simon wiederholt wird. Die im Transkript behandelte Aussage ist: „… der Jugendlichen sind weiblich und sportlich"

Aussage und Anteilsbild markiert im Plenum:

… der Jugendlichen sind weiblich und sportlich

	weiblich (600)	männlich (600)	Simon
sportlich (850)	400	450	
nicht sportlich (350)	200	150	
		Gesamt: 1200	

14	Anastasia	Also die Aussage sagt ja, „der Jugendlichen sind weiblich und sportlich", das heißt, die ganze Gruppe sind halt die „Jugendlichen", also #
15	Lehrer	# Nimm mal den Stift, genau.
16	Anastasia	Alle gesamten Befragten, ganzen 1200.
17	Lehrer	Das wäre die ganze Gruppe [*umrandet gesamtes Anteilsbild blau*], ne? Also#
18	Anastasia	Und die Teilgruppe wäre dann halt jeweils die Weiblichen, die „sportlich" sind, also die 400.
19	Lehrer	„Sind weiblich und sportlich", das wäre das hier, ne? Genau. Also wir haben [ca. 4 Wörter unverständlich] [*umrandet das obere linke Rechteck rot*]. Also „weiblich und sportlich" [*unterstreicht „weiblich" und „sportlich" in Aussage*], das sind hier die „Jugendlichen" [*unterstreicht „Jugendlichen" in Aussage*]. Und das Dritte hier nochmal, woran erkennt man jetzt sprachlich, dass diese Teilgruppe gemeint ist? Was sind so die sprachlichen Mittel jetzt hier? […]
20	Samira	Ja, „weiblich" [*Lehrer zeigt auf „sportlich" und „weiblich" in Simons Aussage*], also da nennt / nimmt man die 400, die Sportlichen sind auch „weiblich und sportlich" [*Lehrer zeigt im Ansatz auf das obere linke Rechteck*], #
21–23		[…]
24	Anastasia	Einmal, also die „Jugendlichen", einmal an dem „der Jugendlichen".
25	Lehrer	Ja [*unterstreicht das „der" in Simons Aussage grün*].
26	Anastasia	Und, äh, diese 400 steht ja, und, also dieses „sind" „und".
27a	Lehrer	„Und", genau, das wird irgendwie verknüpft [*unterstreicht das „und" in Simons Aussage grün*], ne? Also die beiden Merkmale, die stehen so gleichrangig, ne? Durch das „und" nebeneinander und das heißt also, dass hier [*umkreist das obere linke Rechteck*] die Gruppe, die das hat, muss beides erfüllen und bezieht sich auf die Gesamtgruppe [*umkreist das gesamte Anteilsbild*].

Die Schülerin Anastasia adressiert explizit das Ganze (Turn 14) sowie den Teil (Turn 18) und verknüpft die Darstellungen bewusst, indem sie zwischen diesen übersetzt. Herr Schmidt ergänzt, indem er die jeweilige Fläche im Anteilsbild und die jeweilige Phrase in der Aussage farbig markiert. In beiden Fällen werden über bedeutungsbezogene Wörter wie „ganze Gruppe" (Turn 14, 17) und

„Teilgruppe" (Turn 18) die jeweiligen Verstehenselemente benannt. In Turn 19 fragt Herr Schmidt nach Sprachmitteln, an denen die Teilgruppe erkannt werden könnte und zielt dabei auf die Formulierung der Beziehung innerhalb der Aussage ab. Samira fokussiert zunächst nur den Teil und beantwortet damit die Frage nicht. Anastasia nennt die Phrase „der Jugendlichen" (Turn 24). Herr Schmidt greift das Beziehungswort „der" auf, indem er dieses in der Aussage farbig markiert. Anschließend adressiert er die Teil-Ganzes-Beziehung in Turn 27a sowohl im Anteilsbild als auch sprachlich, indem er erst die Fläche zum Teil, dann zum Ganzen umkreist und gleichzeitig die Beziehung in bedeutungsbezogener Sprache verbalisiert.

In dieser Weise werden nacheinander die drei relevanten Verstehenselemente angesprochen und damit die konzeptuelle Struktur hinter der verdichteten Aussage aufgefaltet. In jedem Schritt werden jeweils die entsprechenden Darstellungen bewusst verknüpft. Zur expliziten Verknüpfung werden Farbmarkierungen genutzt sowie im dritten Schritt die Beziehung am Bild verbal erklärt, unterstützt durch Gesten. Deutlich wird in dieser Szene die Relevanz des *Mikro-Scaffoldings*: Herr Schmidt begleitet das Auffalten in die drei Schritte etwa durch das farbliche Markieren. Am Ende fordert er den dritten Schritt aktiv ein und unterstützt über Gesten das Verdeutlichen der Struktur im Anteilsbild. Insbesondere die bedeutungsbezogene kontextunabhängige Denksprache sowie die Gesten und die Markierungen im Anteilsbild tragen dazu bei, das Auffalten und das Verdeutlichen der Teil-Ganzes-Struktur zu strukturieren (ähnlich bei Pöhler & Prediger 2015).

In ähnlicher Weise fordert Herr Schmidt in der zweiten Aussage von Lara den dritten Schritt ein, nachdem Teil und Ganzes adressiert wurden (Transkript 5.3).

Transkript 5.3 aus Zyklus 4, Hr. Schmidt, A1c), Sinneinheit 2 – Turn 33b–35b

Nach Besprechung der Aussage von Simon (Transkript 5.2), wird die Aussage von Lara besprochen. Nachdem die Darstellungen für das Ganze und ein Teil verknüpft wurden (Turn 27b–33a, nicht abgebildet), fragt Herr Schmidt nach den Sprachmittel für die Teil-Ganzes-Beziehung. Die im Transkript besprochene Aussage ist: „... von den Sportlichen sind männlich."

33b	Lehrer	Woran erkennt man, was jetzt gemeint ist? .. Was sind so die sprachlichen Mittel? Tina.
34	Tina	„Von den".
35a	Lehrer	Ja, „von den" [*unterstreicht „von den" in Laras Aussage grün*], ne?
35b		Also, man, „von den" bezieht sich immer auf die Gruppe, von der man dann eine Teilgruppe wiedergibt, ja?

Nachdem die Schülerin das Beziehungswort genannt hat (Turn 34), erklärt Herr Schmidt mithilfe bedeutungsbezogener Sprache, wie anhand des Beziehungswortes die Struktur in der Aussage zu identifizieren ist (Turn 35b).

Die Transkripte 5.2 und 5.3 geben einen exemplarischen Einblick, wie stark Lehrkräfte das Vernetzen der Lernenden durch ihre Mikro-Scaffolding-Impulse unterstützen, um die relevanten sprachlichen Mittel zu explizieren.

Design zu Aufgabe 4 (Baustein A): Aussagen formulieren
Ein anderes Aufgabenformat, ebenfalls in Stufe 2.1 des Lernpfades, ist das Formulieren von Aussagen, beispielsweise passend zu einem Bruch (Abbildung 5.7). Eingefordert wird zunächst ein Übersetzen des Bruchs in eine passende Aussage sowie die entsprechende Markierung im Anteilsbild. In der darauffolgenden Teilaufgabe 4d) soll die Passung und damit Vernetzung der Darstellungen erklärt werden. Dabei werden die Scaffolds in reduzierter Form aus Aufgabe 3 (Abbildung 5.5) als durchgängige Designelemente eingesetzt.

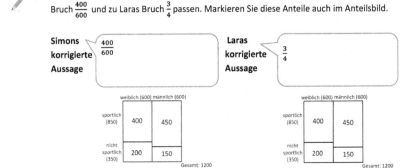

4 Teil-Ganzes-Beziehungen präzise beschreiben

c) Finden Sie statt der falschen Aussagen aus 2 nun Aussagen über Anteile, die zu Simons Bruch $\frac{400}{600}$ und zu Laras Bruch $\frac{3}{4}$ passen. Markieren Sie diese Anteile auch im Anteilsbild.

d) Erklären Sie wie Daniel in Aufgabe a), warum diese Aussagen passen: Wie beschreiben Sie die ganze Gruppe, die Teilgruppe und wie den Anteil, d.h. Teil-Ganzes-Beziehung?

Abb. 5.7 Aufgabe 4c) und d) aus Baustein A des Lehr-Lern-Arrangements zu bedingten Wahrscheinlichkeiten (aus Post & Prediger 2020b)

5.2.4 Stufe 2.2: Aufbau inhaltlicher Vorstellungen: Unterscheiden von Anteilstypen

Im zweiten Teil der Stufe 2 ist das fachliche Lernziel, unterschiedliche Teil-Ganzes-Beziehungen zu unterscheiden. Ausgehend von konkreten kontextbezogenen Aussagen sollen unterschiedliche Anteilsbeziehungen kontextunabhängig beschrieben werden, wie Teil von einem Teil, Teil mit einem Merkmal vom Gesamten und Teil mit zwei Merkmalen vom Gesamten (Aufgabe 6 in Abbildung 5.8). Diese sollen dann weiter zu abstrakten Anteilstypen verdichtet werden: kombinierte Aussage, einfache Aussage und Teil-vom-Teil-Aussage (Aufgabe 7b) in Abbildung 5.8). Damit sich die Lernenden die Bedeutung dieser Anteilstypen erarbeiten und sie verbalisieren können, werden bedeutungsbezogene kontextunabhängige Sprachmittel angeboten. Die Sprachhandlung ist dabei das Erklären der Strukturen und Bedeutungen.

Design zu Aufgabe 6 und 7b) (Baustein A)
Um die unterschiedlichen Fälle zu unterscheiden und untereinander abzugrenzen, ist das Designprinzip *Variation von Strukturen* in dieser Aufgabe zentral. Dazu werden jeweils exemplarische Beispiele für jeden Typ angeboten und diese nebeneinander abgebildet, wobei die jeweils zugrunde liegende Teil-Ganzes-Struktur variiert. Die Lernenden werden aufgefordert, den Unterschied entlang der drei Verstehenselemente Teil, Ganzes und Teil-Ganzes-Beziehung zu erklären.

Das Designprinzip *Anregung von Verknüpfungs-, Auffaltungs- und Verdichtungsaktivitäten zwischen Verstehenselementen* wird hier über die Strukturierung der Aufgabe entlang des Auffaltens in Ganzes, Teil und Teil-Ganzes-Beziehung sowie den Arbeitsauftrag, den Unterschied entlang dieser Verstehenselemente zu erklären, adressiert. Dieser Arbeitsauftrag dient zusätzlich dem Designprinzip *reichhaltige Diskursanregung*.

Einige der Designelemente zur *Darstellungs- und Sprachebenenvernetzung* aus Aufgabe 3 (Abbildung 5.5) werden hierbei aufgegriffen, wie das Abbilden relevanter Darstellungen in unmittelbarer Nähe, der Drei-Schritt und die Farbkodierung. Die Vernetzungen stehen an dieser Stelle jedoch nicht im Vordergrund. Die Aufgabe bezweckt, die bisherigen Darstellungen an die neu einzuführende kontextunabhängige Denksprache zur Beschreibung der Anteilstypen anzuknüpfen. Dazu werden die Lernenden zunächst angeleitet, die kontextuelle Beschreibung von Teil und Ganzem jeweils durch kontextunabhängige bedeutungsbezogene Sprachmittel wie „eine Teilgruppe" oder „2 Merkmale" zu ergänzen, welche teils vorgegeben werden. Anhand dieser Sprachmittel soll dann der Unterschied entlang des bekannten Drei-Schritts erklärt werden. Sprachmittel für die Teil-Ganzes-Beziehung werden hier noch nicht explizit vorgegeben.

6   Die Jungen von allen oder von den Sportlichen? – Anteile unterscheiden (I)

Lara und Simon haben die Brüche korrigiert. Ihre Freundin Viki findet eine weitere Aussage.
Die drei Beispiele stehen für drei typische Anteilsaussagen.

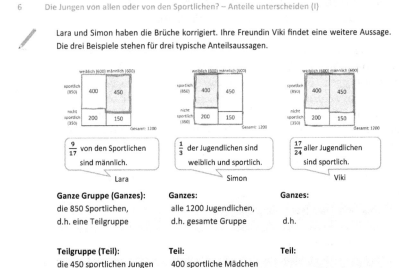

$\frac{9}{17}$ von den Sportlichen sind männlich.

Lara

$\frac{1}{3}$ der Jugendlichen sind weiblich und sportlich.

Simon

$\frac{17}{24}$ aller Jugendlichen sind sportlich.

Viki

Ganze Gruppe (Ganzes):
die 850 Sportlichen,
d.h. eine Teilgruppe

Ganzes:
alle 1200 Jugendlichen,
d.h. gesamte Gruppe

Ganzes:

d.h.

Teilgruppe (Teil):
die 450 sportlichen Jungen
d.h. 2 Merkmale

Teil:
400 sportliche Mädchen
d.h.

Teil:

d.h.

- Ergänzen Sie die Tabelle und markieren Sie Teil, Ganzes und Anteil in den Aussagen.
- Lara stellt fest: „Simons und Vikis Anteile beziehen sich auf die gesamte Gruppe als
  Ganzes, mein Anteil bezieht sich auf eine Teilgruppe als Ganzes."
  Was meint Lara damit? Wie unterscheidet sich Simons von Vikis Anteil?
  Tipp: Worin unterscheiden sich die Ganzen? Worin die Teile? Worin die Anteile?

7   Die Jungen von allen oder von den Sportlichen? – Anteile unterscheiden (II)

b) Daniel hat Namen für die drei
Anteilsaussagen gefunden:

| Kombinierte Aussage |
| Einfache Aussage |
| Teil-vom-Teil-Aussage |

Ordnen Sie Simon, Lara und
Viki zu.
Warum passen die Begriffe?
Erklären Sie den Unterschied
zwischen den 3 typischen
Anteilsaussagen allgemein.

Abb. 5.8 Aufgabe 6 und 7b) aus Baustein A des Lehr-Lern-Arrangements zu bedingten
Wahrscheinlichkeiten (aus Post & Prediger 2020b)

Ziel der darauf aufbauenden Aufgabe 7b) ist es dann, diese eigenen Erklä-rungen zu Anteilstypen zu gekapselten Konzepten zu verdichten. Zur *Anregung von Verdichtungsaktivitäten* erhalten die Lernenden drei Begriffe zur Benennung der gekapselten Anteilstypen. Diese sollen sie jeweils einer Struktur aus Auf-gabe 6 zuordnen und die Zuordnung begründen. Auch mit dieser Aufgabe soll gleichzeitig ein *reichhaltiger Diskurs* angeregt werden.

Exemplarischer Einblick in Lernwege zu Aufgabe 6 und 7b) (Baustein A)
Der folgende Einblick in die Plenumsdiskussion im Kurs von Herrn Mayer setzt ein, nachdem der Kurs bereits die Tabelle im oberen Bereich der Aufgabe 6 besprochen und 10 weitere Minuten über die Unterschiede diskutiert hat, über-wiegend konkret im Kontext, aber im Ansatz auch schon kontextunabhängig. Der Einblick zeigt, wie sie sich mithilfe des Lehrers dann Schritt für Schritt dahin nähern, die gesamte Struktur abstrakt zu beschreiben (Transkript 5.4).

Sina fasst in Turn 227 zusammen, dass es sich beim Ganzen in Laras Aussage um eine Gruppe mit einem Merkmal handelt. Lotte übersetzt dies in die kon-textuelle Sprache (Turn 229). Sascha setzt am Ganzen an und formuliert eine Teil-Ganzes-Beziehung (Turn 234). In seiner Aussage kombiniert er konkrete Merkmale und beschreibt diese bereits in einem ersten Schritt kontextunabhän-gig über „das ist das zweite Merkmal" (Turn 234). Tom geht noch weiter und verdichtet diese noch sehr breite Erklärung von Sascha in eine kontextunabhän-gige Formulierung, welche die Struktur präzise beschreibt: „Teil vom Teil" (Turn 237). Sowohl Sina als auch Sascha grenzen dabei Strukturen voneinander ab, indem beispielsweise Sascha nacheinander zwei Strukturen erklärt (Turn 234, 238–240) oder Sina verdeutlicht, dass das Ganze nicht die gesamte Gruppe sei (Turn 227, 230).

Diese Szene illustriert exemplarisch, wie ein Verdichten hin zur Beschreibung der Struktur in kontextunabhängiger Sprache erfolgen könnte. Dieses scheint schrittweise zu erfolgen: Während am Anfang Unterschiede noch stark an den Kontext gebunden erklärt werden, wird diese Sprache zunehmend mit kontext-unabhängiger Sprache verknüpft (Turn 227, 234), bis diese in einer kurzen Beschreibung der Struktur verdichtet wird (Turn 237). Die Lernenden adres-sieren hierbei nicht nur Teil und Ganzes isoliert, sondern auch die Beziehung (Turn 234, 237).

Transkript 5.4 aus Zyklus 4, Hr. Mayer, A3b), Sinneinheit 2 – Turn 227–249

Die im Transkript behandelte Aufgabe ist, den Unterschied zwischen den Anteilen zu erklären.

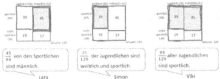

(veröffentlicht in leicht abgewandelter Form in Korntreff et al. 2023, S. 424)

227	Sina	Aber Lara hat doch dann quasi bei der gesamten Gruppe ein Merkmal, oder nicht?
228	[NN]	Ja.
229	Lotte	Ja, alle „Sportlichen".
230	Sina	Nee, weil sie nimmt ja nicht die komplette Gruppe, sondern sie nimmt ja nur die „Sportlichen".
231	Lehrer	Lara nimmt nicht die komplette Gruppe. Das ist genau das, was Sie sagen. So, und Sie haben das eingeschränkt auf ein Merkmal, die ganze Gruppe. Sie nimmt nämlich nicht die ganze Gruppe, sondern von der ganzen Gruppe nur eine Gruppe, die ein bestimmtes Merkmal hat, nämlich? ..
232	Sascha	Sportlich.
233	Lehrer	Sportlich, ganz genau.
234	Sascha	Das ist das erste Merkmal und davon sind 45 „männlich", das ist das zweite Merkmal #
235	Lehrer	# Richtig, so.
236	Sascha	Und dann ist das #
237	Tom	# Deswegen auch Teil vom Teil.
238	Sascha	Und dann ist das bei, äh, Simon zum Beispiel so, da ist ja, die nehmen alle „Jugendlichen". Das ist an sich kein Merkmal. Die zwei Merkmale bestehen darin, dass dann einmal ges-geguckt wird, wer ist „sportlich" und wer davon „weiblich". Das sind #
239	Sophie	#Ach so, danke.
240	Sascha	39 von allen Jugendlichen.
241	Lehrer	Genau, deswegen genau das, was Tom sagte. Sagen Sie es nochmal laut.
242	Tom	Ja, deswegen heißt es auch Teil vom Teil.
243–245a		[...]
245b	Lehrer	Was haben wir hier [*zeigt auf das zweite Anteilsbild*]?
246–247		[...]
248	Tom	Eben eine kombinierte, weil da, äh, weil wir zwei Merkmale haben, „weiblich und sportlich".
249	Lehrer	[...] Haben wir hier auch Teil vom Teil, oder was haben wir hier?

Herr Mayer unterstützt sie dabei mit Scaffolds, dass die Lernenden die Struktur als Ganzes adressieren, statt beispielsweise nur den Teil zu fokussieren (wie z. B. in Turn 248). Auch im weiteren Gespräch fordert Herr Mayer mehrfach das Verdichten und Erklärungen ein (Transkript 5.5).

Transkript 5.5 aus Zyklus 4, Hr. Mayer, A3b), Sinneinheit 2 – Turn 277b–290

Im Transkript wird die Diskussion im Plenum aus Transkript 5.4 zum Unterschied zwischen den drei typischen Anteilsaussagen fortgeführt.

277b	Lehrer	So, und jetzt nochmal ganz knackig. Was ist der Unterschied zwischen diesen drei Sachen? [6 Sek.] Möglichst knackig. Johann.
278	Johann	Ja beim Ersten wird schon bei der ganzen Gruppe von einer gewissen Teilgruppe ausgegangen.
279	Lehrer	Ja.
280	Johann	Und dabei gibt es nochmal zwei Merkmale. In #
281	Lehrer	# Wo dabei?
282	Johann	In der Teilgruppe davon.
...		...
286	Johann	Ja, beim Zweiten wird von der ganzen Gruppe ausgegangen. Da hat man zwei Merkmale.
287	Sophie	„Weiblich und sportlich".
288	Johann	Äh.
289	Lehrer	Noch mal genauer. Was hat zwei Merkmale?
290	Johann	Die Teilgruppe.

Dass diese Arbeit an der Sprache für verdichtete Strukturen erfolgreich sein kann, zeigt auch die Zusammenfassung des Schülers eines anderen Kurses: Im folgenden Transkript 5.6 wird im Kurs von Herrn Schmidt Aufgabe 7b) besprochen, in der das Auffalten des gekapselten Konzepts deutlich wird.

Konstantin ordnet die Begriffe konkreten Fällen zu und erklärt, indem er die Struktur in kontextunabhängiger bedeutungsbezogener Sprache beschreibt. Er adressiert nacheinander alle drei Strukturen (Turn 74).

Die Beispiele geben einen Existenzbeweis, zu welchen konzeptuellen und sprachlichen Leistungen manche Lernende durch die Aufgaben und die Impulse geführt werden können, auch wenn diese Leistungen noch nicht repräsentativ für alle Lernenden sind.

Transkript 5.6 aus Zyklus 4, Hr. Schmidt, A 3d), Sinneinheit 5– Turn 74

In der Aufgabe werden zu den drei abgebildeten Anteilsbildern die Begriffe für die gekapselten Anteilstypen (einfache Aussage, kombinierte Aussage, Teil-vom-Teil-Aussage) zugeordnet und die Zuordnung erklärt.

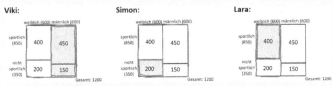

(aus Post & Prediger 2020b)

74 Konstantin   Genau, ähm, also das Erste [*meint einfache Aussage*] trifft zu Viki, weil sie von einer ganzen Gruppe eine einfache Teilgruppe genommen hat. Bei Simon ist es eine kombinierte Aussage, weil er von einer ganzen Gruppe einen Teil von der Teilgruppe genommen hat. Und bei Lara ist eine Teil-vom-Teil-Aussage, weil sie das Ganze geteilt hat und davon nochmal ein Teil genommen hat.

Speicherkiste

Die wichtigsten inhaltlichen Denkschritte und Aktivitäten aus Stufe 2 werden in einer Speicherkiste festgehalten (ausgefüllte Speicherkiste einer Lernenden in Abbildung 5.9 und 5.10). Die Speicherkiste ist strukturiert nach den drei Anteilsfällen. Für jeden Anteilsfall werden die relevanten Darstellungen untereinander aufgelistet. Die Aktivität besteht darin, entlang des Drei-Schritts zunächst innerhalb der Aussage und des Anteilsbilds zu markieren, anschließend die Verstehenselemente im Kontext zu beschreiben und schließlich die Anteilstypen kontextunabhängig zu unterscheiden. Für den letzten Schritt werden zusätzlich Sprachmittel angeboten.

In Abbildung 5.9 und 5.10 ist die ausgefüllte Speicherkiste einer Schülerin abgebildet. Die relevanten Verstehenselemente sind in der Aussage und im Anteilsbild markiert. Teil 2 zeigt präzise kontextunabhängige Erklärungen der unterschiedlichen Anteilsaussagen. Bei der konkreten Formulierung zum Anteil drückt sie noch nicht die richtige Beziehung aus, die für die Teil-vom-Teil-Aussage beispielsweise wie folgt formuliert werden könnte: Die weiblichen Videoschauerinnen von allen Jugendlichen.

Speicherkiste 1: Präzises Beschreiben und Bestimmen von Anteilen

Drei typische Fragen nach Anteilen und unterschiedlichen Ganzen

Einfache Aussage	Kombinierte Aussage	Teil-vom-Teil-Aussage
Welcher Anteil an allen Jugendlichen ist weiblich?	Wie viele von allen Jugendlichen sind männlich und schauen keine Videos?	Wie viele der Video-Schauer/innen sind weiblich?

(Werte in Anlehnung an ZUM-Studie 2018)

Teil und Ganzes im Kontext erklären und Anteil bestimmen

Einfache Aussage	Kombinierte Aussage	Teil-vom-Teil-Aussage
Ganze Gruppe (Ganzes): alle Jugendlichen	Ganzes: *alle Jugendlichen*	Ganzes: *alle Videoschauer (-innen)*
Teilgruppe (Teil): die 600 Mädchen	Teil: 400 Jungen, die keine Sport-Videos schauen	Teil: *Videoschauerinnen sind 80 weiblich Videoschauerinnen*
Anteil: *600 / 1200*	Anteil: *400 / 1200 400 männl. Jungen schauen keine*	Anteil: *80 / 280 80 von der Befragten*
50% aller befragten sind weibl.	*33,3% der Befragten sind männl. und shauen keine Videos.*	*28,5% der befragten die Sportvideos schauen sind weibl.*

Abb. 5.9 Teil 1 der ausgefüllten Speicherkiste einer Schülerin aus dem Lehr-Lern-Arrangement zu bedingten Wahrscheinlichkeiten im Zyklus 4

Es werden keine expliziten Erklärungen zur Darstellungsvernetzung eingefordert, die Verknüpfung der Darstellungen ergibt sich durch den strukturierten Aufbau sowie die Strukturierung mithilfe der Farben und des Drei-Schritts in jeder Darstellung: Während in Aufgabe 3 die Strukturierung entlang des Drei-Schritts erfolgte und dafür die jeweiligen Darstellungen verknüpft werden sollten, wird hier entlang der Darstellungen strukturiert mit der Aufforderung, in jeder Darstellung den Drei-Schritt zu vollziehen. In beiden Fällen wird über die klare Strukturierung eine Beziehung zwischen Darstellungen hergestellt.

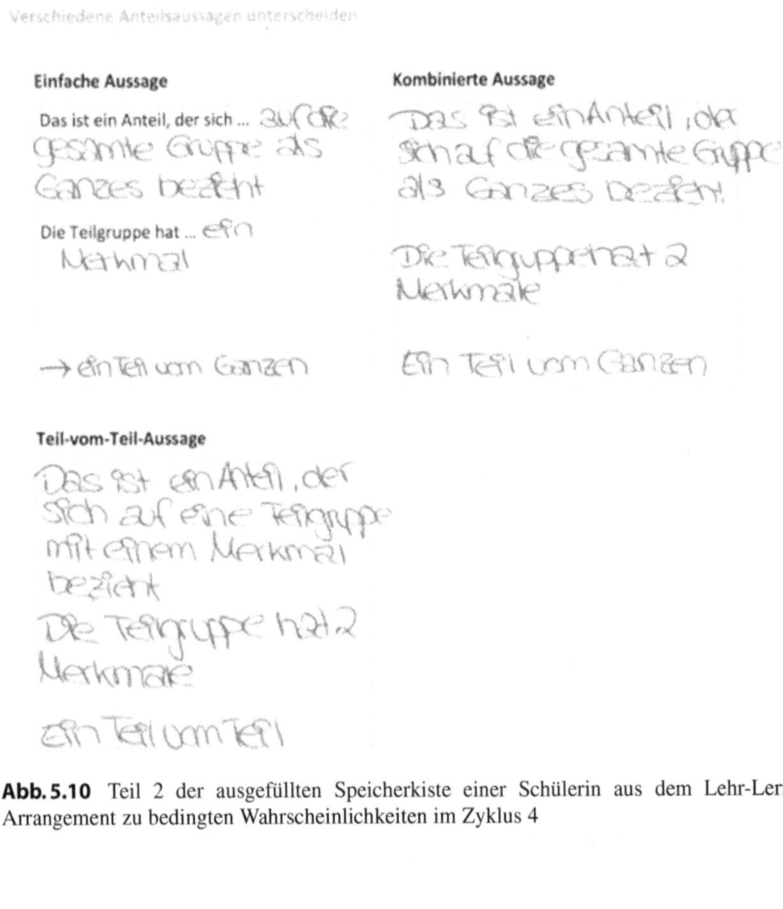

Verschiedene Anteilsaussagen unterscheiden

Einfache Aussage

Das ist ein Anteil, der sich … auf die gesamte Gruppe als Ganzes bezieht

Die Teilgruppe hat … ein Merkmal

→ ein Teil vom Ganzen

Kombinierte Aussage

Das ist ein Anteil, der sich auf die gesamte Gruppe als Ganzes bezieht.

Die Teilgruppe hat 2 Merkmale

Ein Teil vom Ganzen

Teil-vom-Teil-Aussage

Das ist ein Anteil, der sich auf eine Teilgruppe mit einem Merkmal bezieht

Die Teilgruppe hat 2 Merkmale

Ein Teil vom Teil

Abb. 5.10 Teil 2 der ausgefüllten Speicherkiste einer Schülerin aus dem Lehr-Lern-Arrangement zu bedingten Wahrscheinlichkeiten im Zyklus 4

5.2.5 Stufe 3: Formalisierung hin zu Wahrscheinlichkeiten: Identifizieren der Strukturen

Anschließend an die Auseinandersetzung mit komplexen Anteilsbeziehungen erfolgt im dritten Schritt die Formalisierung hin zu Wahrscheinlichkeiten. Hierbei geht es nicht um eine Formalisierung im Sinne eines Rechenverfahrens (Pöhler & Prediger 2015, 2017), sondern um den Übergang zum abstrakt-formalen Zielkonzept der Wahrscheinlichkeit. Fachlich besteht das Ziel im Identifizieren der Strukturen in den Aussagen zu Wahrscheinlichkeiten mithilfe der in Stufe 1 und 2 erarbeiteten Anteilstypen. Die relevante Sprachhandlung ist hier das Erfassen und Beschreiben der zugrunde liegenden Strukturen (Tabelle 5.2). Formalbezogene Sprachmittel werden an dieser Stelle ebenfalls eingeführt. Der Übergang erfolgt demnach nicht als Ablösung von vorherigen Stufen, sondern als wiederkehrende Rückbindung an inhaltliche Ideen:

„Damit letztere [formalbezogene Begriffe] mit Bedeutung gefüllt sind, sollte ihre Verknüpfung mit den bedeutungsbezogenen Begriffen explizit thematisiert werden […]." (Pöhler & Prediger 2017, S. 456)

Design zu Aufgabe 1 (Baustein B)
Lernenden fällt es schwer, Aussagen zu unterschiedlichen Wahrscheinlichkeiten untereinander zu unterscheiden (Abschnitt 2.1.2). Daher wird die *Variation von Strukturen* als Designprinzip für die inhaltliche Gestaltung gewählt, über welches die Lernenden dabei unterstützt werden sollen, für feine sprachliche Unterschiede in den Formulierungen sensibilisiert zu werden und unterschiedliche Strukturen identifizieren zu lernen (Dröse & Prediger 2020). Umgesetzt wird das Designprinzip dadurch, dass drei unterschiedliche Formulierungen vorgegeben werden, die jeweils eine andere Wahrscheinlichkeit ausdrücken (kombinierte, bedingte und einfache Wahrscheinlichkeit). Die Formulierungen sind sich aufgrund gleicher Merkmale sehr ähnlich. Die Aussagen unterscheiden sich allerdings darin, welche Teil-Ganzes-Beziehung jeweils ausgedrückt wird. Der Auftrag ist, diese der Größe nach zu ordnen und am Anteilsbild zu begründen, wodurch zusätzlich das Designprinzip *reichhaltige Diskursanregung* adressiert wird.

In der Aufgabenstellung wird bewusst vorgegeben, die Größe anhand des Anteilsbildes zu bestimmen, nicht anhand von Rechnungen. Dadurch soll der Fokus auf die Strukturen hinter den Aussagen gelenkt werden. Die Aufgabe soll die Lernenden dazu anregen, zur Lösung der Aufgabe eine Beziehung zwischen dem Anteilsbild und der jeweiligen Aussage herzustellen sowie die Strukturen statt Rechnungen zu adressieren. Weitere Scaffolds und fokussierte Unterstützungen, die eine *Vernetzung von Darstellungen und Sprachebenen* oder zur *Anregung bestimmter Verknüpfungs-, Auffaltungs- und Verdichtungsaktivitäten* anleiten, werden vorerst nicht vorgegeben, da es sich um eine offene Aufgabe zur Einführung und Erarbeitung der Strukturen handelt, in der durch das Format Vernetzungen global angeregt werden.

Dieser Aufgabe (Abbildung 5.11) folgen weitere Aufgaben zur Systematisierung und Übung, die jedoch im Rahmen der vorliegenden Arbeit nicht betrachtet werden.

---

1   Wie wahrscheinlich ist eigentlich, dass...?

c) Ein Online-Shop analysiert Daten
zum Kauf von Hemden und
Taschen von 1.000.000
Käufer/innen.

Eine zufällige neue Person bestellt im Online-Shop

Wie groß ist die Wahrscheinlichkeit,
dass eine zufällige Person ein Hemd kauft?

Hemd (400.000) kein Hemd (600.000)

| Tasche (470.000) | 320.000 | 150.000 |
| keine Tasche (530.000) | 80.000 | 450.000 |

Gesamt: 1.000.000

Wie groß ist die Wahrscheinlichkeit,
dass eine zufällige Person ein Hemd und eine Tasche kauft?

Wie groß ist die Wahrscheinlichkeit,
dass jemand, der ein Hemd kauft, auch eine Tasche kauft?

Welche der drei Wahrscheinlichkeiten ist am größten und welche ist am kleinsten?
Ordnen Sie **ohne zu rechnen** und begründen Sie am Anteilsbild.

Abb. 5.11 Aufgabe 1c) aus Baustein B des Lehr-Lern-Arrangements zu bedingten Wahrscheinlichkeiten (aus Post & Prediger 2024a)

Exemplarischer Einblick in Lernwege zu Aufgabe 1 (Baustein B)

Ein möglicher Lernweg wird am Kurs von Herrn Schmidt illustriert (Transkript 5.7). Zur Besprechung fordert er zunächst für jede Aussage einzeln die Zuordnung des richtigen Anteilstyps ein. Anschließend unterstützt er dabei, die zugrunde liegende Struktur zu erklären. Im Anschluss werden die drei Aussagen der Größe nach geordnet und diese Anordnung ebenfalls begründet.

Transkript 5.7 aus Zyklus 4, Hr. Schmidt, A 8a), Sinneinheit 3 – Turn 31b–49a

Im Transkript wird die dritte Aussage zur bedingten Wahrscheinlichkeit besprochen: „Wie groß ist die Wahrscheinlichkeit, dass jemand, der ein Hemd kauft, auch eine Tasche bestellt?"

	Hemd (400.000)	kein Hemd (600.000)
Tasche (470.000)	150.000	
	320.000	
keine Tasche (530.000)	80.000	450.000
		Gesamt: 1.000.000

31b	Lehrer	Dann die Nächste, was wäre das? Miriam.
32	Miriam	Eine Teil-vom-Teil-Aussage.
33	Lehrer	[...] Was wäre jetzt hier [*zeigt auf die dritte Aussage*], ähm, groß #
34	Miriam	# Ich wollte noch was sagen.
35	Lehrer	Ja.
36	Miriam	Ähm, weil diese größere Gruppe sozusagen, ist ja dann „Hemd kauft" #
37	Lehrer	# Ja, schön.
38	Miriam	Und dann der Teil von dem Teil ist ja dann die „Tasche".
39	Lehrer	Ja, klasse, genau. Und hier im Anteilsdiagramm, was wäre jetzt hier die Groß-gruppe von der Fläche? [4 Sek.] Pia.
40	Pia	„Jemand", „jemand".
41	Lehrer	Nee, [ca. 5 Wörter unverständlich] nicht bei den Wahrscheinlichkeiten. Jonas.
42	Jonas	„Jemand, der ein Hemd kauft".
43	Lehrer	Das wäre hier, ne? Die erste Spalte [*zeigt auf die beiden linken Rechtecke*].
44	Jonas	Genau.
45	Lehrer	Und was wäre die Teilaussage davon? Petra.
46	Petra	Ähm, „auch eine Tasche bestellt".
47	Lehrer	Ja, das #
48	Petra	# Also die [ca. 1 Wort unverständlich]
49a	Lehrer	Hier [*zeigt auf das obere linke Rechteck*], ne? Genau, richtig.

Miriam erfasst zunächst die zugrunde liegende Struktur in Turn 32, indem sie die Aussage als Teil-vom-Teil-Aussage identifiziert. Sie begründet ihre Entschei-dung, indem sie die Teil-Ganzes-Beziehung in bedeutungsbezogener Denksprache als „der Teil von dem Teil" (Turn 38) formuliert und mit Phrasen aus der Aussage verknüpft (Turn 36–38). Herr Schmidt unterstützt anschließend die Lernenden nochmals dabei, diese zugrunde liegende Teil-Ganzes-Beziehung zu erklären und hierzu die Aussage mit dem Anteilsbild und bedeutungsbezogener Denksprache zu verknüpfen (Turn 39–49a). Hierzu zeigt er erst auf das Ganze und dann den Teil im Anteilsbild und visualisiert damit die Teil-vom-Teil-Struktur, indem er parallel die Teil-Ganzes-Beziehung in bedeutungsbezogener kontextunabhängiger Denksprache verbalisiert und die Lernenden die Phrasen aus der Aussage zuordnen lässt.

Das Transkript 5.7 verdeutlicht exemplarisch, wie die Struktur, die der Wahrscheinlichkeitsaussage zugrunde liegt, erfasst und beschrieben werden kann. Dafür wird im Kurs der gekapselte Begriff Teil-vom-Teil-Aussage in die Teil-Ganzes-Beziehung aufgefaltet und es wird erklärt, wie die Darstellungen zusammenhängen. Herr Schmidt unterstützt dabei gestisch und verbal, sodass die Korrespondenz der relevanten Verstehenselemente in den Darstellungen beschrieben wird.

5.3 Entwicklung des Designprinzips der Darstellungs- und Sprachebenenvernetzung über Designexperiment-Zyklen hinweg am Beispiel von Aufgabe 3

In Abschnitt 5.2 wurde das Lehr-Lern-Arrangement als Endprodukt nach Auswertung der Designexperiment-Zyklen vorgestellt. Um zu diesem Endprodukt zu gelangen, wurde das Lehr-Lern-Arrangement über die Zyklen hinweg mehrfach verändert und weiterentwickelt. Diese iterativen Weiterentwicklungsprozesse sollen exemplarisch anhand einer Aufgabe dargestellt werden, bei der die fachdidaktische Substantiierung des allgemeinen Designprinzips *Darstellungs- und Sprachebenenvernetzung* zunehmend optimiert wurde. Ausgewählt wurde Aufgabe 3 zum Prüfen von Falschaussagen, weil sie im Kern vieles enthält, was auch in anderen Aufgaben zu optimieren war. Während in allen Aufgaben im Lernpfad Vernetzungen häufig zunächst global angeregt werden, unterstützt diese Aufgabe zudem durch fokussierte Impulse gezielt die Vernetzung einzelner Verstehenselemente beim Dekodieren von Falschaussagen.

Designexperiment-Zyklus 1: Fokus auf Teil und Ganzes
In Abbildung 5.12 ist die Aufgabenstellung abgebildet, wie sie im Kurs von Herrn Krause und Herrn Lang (strukturgleich bis auf andere Zahlenwerte im Anteilsbild und etwas andere sprachliche Formulierung) eingesetzt wurde.

Schon in dieser ersten Fassung wurden zur Bearbeitung und Besprechung der Aufgabe zwei Tipps gegeben: In der Aussage und im Anteilsbild sollen farbig der *Teil* und das *Ganze* markiert werden. Daraufhin soll der Bruch am Anteilsbild bestimmt und geprüft werden. Diese Tipps erzielten allerdings aufgrund ihrer geringen Verbindlichkeit bei vielen Lernenden nur wenig Unterstützung, bei anderen boten sie vorschnelle Abkürzungen der eigenen Denktätigkeiten.

Aufgabe 1b): Falschaussagen prüfen

Haben Simon und Anke Recht mit ihren Aussagen? Wenn nicht, erkläre ihren Fehler und korrigiere die Anteile.

Tipp:

1. Markiere zuerst in der Aussage und dann im Anteilsbild farbig, auf welche *Teilgruppe* und welche *ganze Gruppe* sich Simons und Ankes Aussagen beziehen.
2. Bestimme den Bruch am Bild und prüfe.

Abb. 5.12 Aufgabenstellung „Falschaussagen prüfen" in Zyklus 1, eingesetzt bei Herrn Krause / Herrn Lang (veröffentlicht in leicht abgewandelter Form in Post im Druck, S. 2; hier in übersetzter Version)

Designexperiment-Zyklus 2 und 3: Teil-Ganzes-Beziehung adressieren

Im Zyklus 2 (und den darauffolgenden Zyklen) wurde die Aufgabe zweigeteilt in eine zunächst offene Bearbeitung sowie eine darauffolgende Bearbeitung mit *verbindlich strukturiertem Vorgehen*. Das Vorgehen wird hierbei entlang der relevanten Darstellungen strukturiert, damit diese explizit verknüpft werden: In jeder Darstellung sollen ganz bestimmte Verstehenselemente adressiert werden (Abbildung 5.13).

Auswertungen der Daten aus Zyklus 1 zu konzeptuellen und sprachlichen Herausforderungen und Ressourcen deuteten auf die Relevanz der Beziehung zwischen dem Teil und dem Ganzen beim Auffalten von Aussagen und Verstehen der zugrunde liegenden Struktur hin. Daher wird in dem strukturierten Vorgehen der Aufgabe eingefordert, dass neben dem Teil und Ganzen auch die *Teil-Ganzes-Beziehung als Verstehenselement* in den Darstellungen adressiert wird. Hierdurch sollen die Lernenden möglichst darin unterstützt werden, die Darstellungen und darin die relevanten Verstehenselemente bewusst zu adressieren.

Aufgabe 1b) und c): Falschaussagen prüfen

b) Haben Lara und Simon Recht
mit ihren Aussagen?
Begründe.

$\frac{45}{54}$ der Jugendlichen sind weiblich und sportlich.

Simon

$\frac{60}{90}$ von den Sport-Machern sind männlich.

Lara

c) Überprüfe die Aussagen, indem du so vorgehst:

1. Was ist die *ganze Gruppe*, auf die sich die Aussage bezieht?
Was ist die *Teilgruppe*? Schreibe auf.
Was beschreibt der Bruch genau?

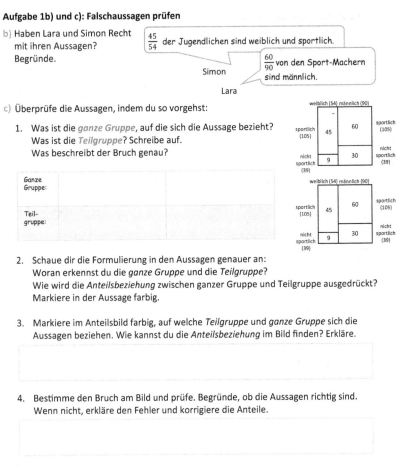

Ganze Gruppe:		
Teil-gruppe:		

2. Schaue dir die Formulierung in den Aussagen genauer an:
Woran erkennst du die *ganze Gruppe* und die *Teilgruppe*?
Wie wird die *Anteilsbeziehung* zwischen ganzer Gruppe und Teilgruppe ausgedrückt?
Markiere in der Aussage farbig.

3. Markiere im Anteilsbild farbig, auf welche *Teilgruppe* und *ganze Gruppe* sich die
Aussagen beziehen. Wie kannst du die *Anteilsbeziehung* im Bild finden? Erkläre.

4. Bestimme den Bruch am Bild und prüfe. Begründe, ob die Aussagen richtig sind.
Wenn nicht, erkläre den Fehler und korrigiere die Anteile.

Abb. 5.13 Aufgabenstellung „Falschaussagen prüfen" in Zyklus 2, Herr Albrecht (veröffentlicht in leicht abgewandelter Form in Post & Prediger 2024b, S. 108; hier in übersetzter Version)

Die Überarbeitung der Aufgabe in Zyklus 3 zielte darauf ab, das *Adressieren der Teil-Ganzes-Beziehung* sowohl bei den Lernenden als auch im Handeln der Lehrkraft stärker zu fördern und das *Herstellen von Beziehungen* zwischen den Darstellungen weiter zu unterstützen (Abbildung 5.14).

Aufgabe 1b): Falschaussagen prüfen

b) (1)   Haben Lara und Simon
Recht mit ihren Aussagen?
Begründe am Anteilsbild
und erkläre ggf. den
Fehler.

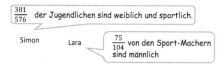

$\frac{381}{576}$ der Jugendlichen sind weiblich und sportlich.

Simon   Lara

$\frac{75}{104}$ von den Sport-Machern sind männlich

b) (2)   Überprüfe deine Antwort, indem du dir **die Aussagen** genauer anschaust:

* Was ist die *Teilgruppe*,
was ist die *ganze Gruppe*,
auf die sich die Aussage bezieht?
Schreibe auf und markiere jeweils
im Anteilsbild farbig.

Teilgruppe

Ganze
Gruppe:

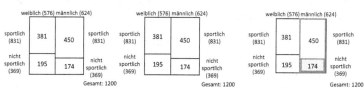

* Wie kannst du den **Anteil** im Bild finden?
Erkläre wie in der Sprechblase.

$\frac{174}{624}$ ist also der **Anteil an
der ganzen Gruppe.**

* Schaue dir die Formulierung
sprachlich genau an:
Woran erkennst du die *Teilgruppe*
und die *ganze Gruppe*?
Woran erkennst du den *Anteil der
Teilgruppe an der ganzen Gruppe*?
Markiere farbig und erkläre.

Meine Lösung:

$\frac{381}{576}$ der Jugendlichen sind weiblich und sportlich.

$\frac{75}{104}$ von den Sport-Machern sind männlich.

* Falls die Aussagen aus (1)
falsch sind: Korrigiere
a) den Bruch und
b) die Aussage passend.

Lösung im Kurs:

$\frac{381}{576}$ der Jugendlichen sind weiblich und sportlich.

$\frac{75}{104}$ von den Sport-Machern sind männlich.

Abb. 5.14   Aufgabenstellung „Falschaussagen prüfen" in Zyklus 3, Herr Becker

Hierzu dienen neben Umstrukturierungen der Aufgabe folgende Scaffolds, welche nicht nur auf Teil und Ganzes, sondern auch auf die Teil-Ganzes-Beziehung abzielen:

- *Farbkodierung* konsequenter über verschiedene Darstellungen hinaus einfordern, um Verknüpfung expliziter zu kennzeichnen, sowie Einführung grüner Farbkodierung für die Teil-Ganzes-Beziehung (z. B. zum Kennzeichnen der Beziehungswörter in Aussagen)
- konsequentes Einfordern von Erklärungen und Angebot an Formulierungshilfen unter anderem für die Teil-Ganzes-Beziehung

Zudem wurden in einem didaktischen Kommentar mögliche Impulse für die Plenumsgespräche für Lehrkräfte ergänzt.

Designexperiment-Zyklus 4: Darstellung entlang von Verstehenselementen vernetzen

Auswertungen der Daten aus Zyklus 3 zeigten, dass Lernende die Verstehenselemente in den Darstellungen entlang der Aufgabe durchaus treffsicher adressieren konnten. Entlang der Struktur der Aufgabe wurden Verstehenselemente allerdings in verschiedenen Teilschritten teils noch isoliert in bestimmten Darstellungen adressiert, ohne den Zusammenhang dieser Darstellungen für das jeweilige Verstehenselement zu fokussieren.

Um den Drei-Schritt Ganzes – Teil – Teil-Ganzes-Beziehung beim Auffalten hervorzuheben und die Vernetzung der Darstellungen für jedes der Verstehenselemente zu unterstützen, wurde die Aufgabe wie folgt verändert: Im Vergleich zu den vorherigen Zyklen 2 und 3 ist die Aufgabe konsequent entlang der Verstehenselemente strukturiert, was das Auffalten der verdichteten Aussage in Ganzes, Teil und Teil-Ganzes-Beziehung unterstützen soll (Abbildung 5.15).

In der ersten Teilaufgabe wird der Fokus auf den Teil und das Ganze gelegt mit der Aufforderung, diese im Kontext zu notieren sowie Aussage und Anteilsbild zu markieren. In der nachfolgenden Teilaufgabe soll im dritten Schritt die Anteilsbeziehung durch Markieren in der Aussage sowie Erklärung im Anteilsbild adressiert werden.

Aufgabe 1b) und c): Falschaussagen prüfen

b) Haben Lara und Simon Recht mit ihren Aussagen? Begründe kurz am Anteilsbild und erkläre ggf. den Fehler.

$\frac{400}{600}$ der Jugendlichen sind weiblich und sportlich.

Simon

Lara

$\frac{3}{4}$ von den Sportlichen sind männlich.

c) Man muss die Aussage genau untersuchen, um zu entscheiden, ob der Bruch passt.

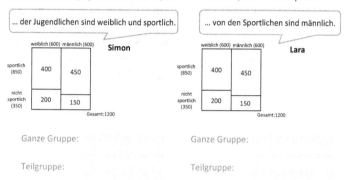

... der Jugendlichen sind weiblich und sportlich.

... von den Sportlichen sind männlich.

Ganze Gruppe:

Ganze Gruppe:

Teilgruppe:

Teilgruppe:

• Im Anteil oder Bruch wird eine *ganze Gruppe* und eine *Teilgruppe* in Beziehung gesetzt.
  o Welche *ganze Gruppe* ist jeweils gemeint?
  o Welche *Teilgruppe* ist jeweils gemeint?
  Schreibe auf und markiere farbig **im Anteilsbild und in der Aussage.**
Die Anteilsbeziehungen erklären:
• Woran erkennst du den *Anteil der Teilgruppe an der ganzen Gruppe* in den Aussagen von Simon und Lara? Markiere farbig.

• Wie kannst du den *Anteil zwischen Teilgruppe und ganzer Gruppe* im Anteilsbild gut erklären? Diskutiert die Vorschläge rechts. Findet ihr andere Formulierungen? Erklärt dann für Simon und Lara.

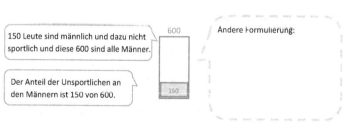

150 Leute sind männlich und dazu nicht sportlich und diese 600 sind alle Männer.

Andere Formulierung:

Der Anteil der Unsportlichen an den Männern ist 150 von 600.

Abb. 5.15 Aufgabenstellung „Falschaussagen prüfen" in Zyklus 4, eingesetzt bei Herrn Mayer und Schmidt

Zusammenfassung
Die Entwicklung der Aufgabe ging über die Zyklen hinweg mit zunehmender Strukturierung und Ausdifferenzierung der Designelemente zum Designprinzip *Darstellungs- und Sprachebenenvernetzung* einher: Während die Aufgabe in Zyklus 1 lediglich einen wenig verbindlichen Tipp zum Markieren des Teils und des Ganzen enthielt, war eine zentrale Entwicklung im Zyklus 2, dass die Teil-Ganzes-Beziehung als Verstehenselement über die Aufträge explizit adressiert werden soll. Zudem wurde die Aufgabe in eine offene Bearbeitung und eine Bearbeitung mit verbindlich strukturiertem Vorgehen entlang der relevanten Darstellungen zweigeteilt. Die Weiterentwicklung in Zyklus 3 umfasste unterschiedliche Scaffolds und die Ergänzung einer Sammlung an Impulsen im didaktischen Kommentar, um die Teil-Ganzes-Beziehung von den Lernenden und Lehrenden konsequenter zu adressieren sowie explizitere Beziehungen zwischen den Darstellungen herzustellen.

Im Übergang zu Zyklus 4 erfolgte eine inhaltliche Restrukturierung entlang des Auffaltens in Teil – Ganzes – Teil-Ganzes-Beziehung, um Lernende möglichst fokussiert zu unterstützen, korrespondierende Verstehenselemente in jeder der Darstellungen zu identifizieren und Darstellungen für diese zu vernetzen. Der zusätzliche Fokus liegt nun nicht nur auf Teil und Ganzem, sondern im dritten Schritt vor allem auf dem Vernetzen der Teil-Ganzes-Beziehung, wodurch die vorherigen Ausarbeitungen zum Teil und Ganzen verknüpft werden. In diesem Zyklus zeigte sich ein enger Zusammenhang des Designprinzips *Darstellungs- und Sprachebenenvernetzung* zum Designprinzip *Anregung von Verknüpfungs-, Auffaltungs- und Verdichtungsaktivitäten zwischen Verstehenselementen.*

Die hier vorgestellten, zunehmend ausdifferenzierten Scaffolds und Designelemente zielen einerseits auf die Förderung der Lernprozesse der Lernenden, aber gleichzeitig auf Unterstützung von Lehrkräften in der Umsetzung des Materials, d. h. im Etablieren der Darstellungsvernetzung, ab. Das tatsächliche Unterstützungspotenzial wird in Kapitel 8 untersucht.

5.4   Zusammenfassung

Neben der Entwicklung lokaler Theorien zum Lehren und Lernen sind Entwicklungsprodukte wie das Lehr-Lern-Arrangement und die Ausdifferenzierung von Designprinzipien Ziele des vorliegenden Design-Research-Projekts (Prediger et al. 2012; Kapitel 4). Hierzu sind spezifische Entwicklungsfragen abgeleitet und formuliert worden (Abschnitt 4.4), zu deren Beantwortung das vorliegende Kapitel beiträgt. Im Folgenden werden die bisherigen Antworten auf die drei Entwicklungsfragen zusammengefasst.

Die in Abschnitt 5.2 dargestellten Aufgaben sind Teil des im Rahmen des Promotionsprojekts entwickelten und erprobten Lehr-Lern-Arrangements zu bedingten Wahrscheinlichkeiten (Entwicklungsfrage 1). Bei der Entwicklung wurden bestimmte Scaffolds, inhaltliche Strukturierungen und Designelemente berücksichtigt, insbesondere mit Fokus auf das Prinzip der *Darstellungs- und Sprachebenenvernetzung*, was auf die folgenden Entwicklungsfragen abzielt:

(E3)   Über welche *Designelemente* (z. B. Scaffolds, inhaltlichen Strukturierungen) kann das Designprinzip der Darstellungsvernetzung bei der Gestaltung eines Lehr-Lern-Arrangements zu bedingten Wahrscheinlichkeiten realisiert werden?

(E4)   Wie können Lehrkräfte durch das Unterrichtsmaterial bei Praktiken zur Darstellungsvernetzung *unterstützt* werden?

In Tabelle 5.4 wird ein Überblick über Designelemente zur Realisierung des Designprinzips gegeben. Hierbei wird unterschieden, ob die Designelemente zur Darstellungs- und Sprachebenenvernetzung *global anregen* (siehe Stufe 1 Aufgabe 2 und Stufe 3 Aufgabe 1) oder die explizite Vernetzung *fokussiert unterstützen* (siehe Stufe 2 Aufgabe 3).

Das Design der Aufgaben und die Einblicke in die Lernwege (Abschnitt 5.2) sowie die Entwicklung des Designs (Abschnitt 5.3) zeigen, dass das Prinzip der *Darstellungs- und Sprachebenenvernetzung* eng verwoben mit der *Anregung von Verknüpfungs-, Auffaltungs- und Verdichtungsaktivitäten zwischen Verstehenselementen* ist, was durch den Drei-Schritt fokussiert unterstützt werden kann. Auffalten in die relevanten Verstehenselemente kann Darstellungs- und Sprachebenenvernetzung strukturieren und damit den inhaltlichen Zusammenhang der Verstehenselemente bei der Verknüpfung von Darstellungen verdeutlichen. Das Prinzip geht zudem damit einher, dass ein *reichhaltiger Diskurs* angeregt wird. Über die Gestaltung des Materials hinaus kann der Prozess durch mündliche Scaffolds der Lehrkraft unterstützt werden, die sich an den Designelementen zum Prinzip der Darstellungs- und Sprachebenenvernetzung orientieren.

Anschließend an bisherige Ansätze zur Förderung von Lernprozessen zur Vernetzung von Darstellungen stellt dieser Abschnitt der Arbeit eine Ausdifferenzierung und Konkretisierung der Strukturierungen und Designelemente zur Umsetzung des Prinzips am Beispiel des betrachteten Lerngegenstandes dar und zeigt Zusammenhänge zu anderen Designprinzipien auf.

In den nächsten Kapiteln bleibt zu untersuchen, inwiefern diese Ausdifferenzierungen des Materials über die Zyklen hinweg Lehrkräfte in der Etablierung von Darstellungsvernetzung tatsächlich unterstützen können (Entwicklungsfrage 4).

Tabelle 5.4 Überblick über Designelemente zum Prinzip der Darstellungs- und Sprachebenenvernetzung

Funktion	Designelemente

Vernetzung global anregen	• Aktivitäten, die anregen, das Anteilsbild zu nutzen und daran die Struktur zu reflektieren, anstatt zu rechnen, z. B.
	  (1) Aktivität „Passung prüfen": Schriftliche Aussage kombiniert mit unpassendem Bruch, welche zur Lösung mit dem Anteilsbild in Beziehung gesetzt werden müssen
	  (2) Aktivität „der Größe nach sortieren am Bild": Vorgabe unterschiedlicher Aussagen, die anhand des Anteilsbildes der Größe nach geordnet werden sollen
	• Aufforderung zur Erklärung

Vernetzung fokussiert unterstützen	• Vorstrukturierung der Auffaltungsaktivitäten entlang der relevanten Verstehenselemente (Teil, Ganzes, Teil-Ganzes-Beziehung) • für jedes der drei Verstehenselemente explizite Arbeitsaufträge, korrespondierende Verstehenselemente in jeder der Darstellungen zu identifizieren und Darstellungen für diese Verstehenselemente zu vernetzen • Farbkodierung, Aufforderungen zum Erklären / unterstützte Erklärungsprompts (darüber Korrespondenz aufzeigen), Abbilden relevanter Darstellungen in unmittelbarer Nähe mit sinnvoller Anordnung • Unterstützung der Lehrkraft für die Umsetzung des *Mikro-Scaffoldings*

Hierzu werden die angeregten Lernprozesse und das dafür notwendige Handeln von Lehrkräften in Kapitel 7 und 8 genauer analysiert.

Konzeptuelle und sprachliche Anforderungen bei der Darstellungsvernetzung und Ressourcen der Lernenden zu ihrer Bewältigung

Anhand der Beiträge der Lernenden meist zu Beginn der Besprechungsphasen im Plenum werden in diesem Kapitel gegenstandsbezogene konzeptuelle und sprachliche Anforderungen sowie Ressourcen der Lernenden zum Lerngegenstand bedingte Wahrscheinlichkeiten spezifiziert.

Konzeptuelle und sprachliche Ressourcen und Anforderungen der Lernenden zu identifizieren, umfasst im Rahmen dieser Arbeit sowohl die von den Lernenden adressierten Verstehenselemente und deren Verknüpfungen (*epistemische Perspektive*) als auch Darstellungen und Verknüpfungen (*semiotische Perspektive*, inklusive Sprachebenen, Sprachhandlungen und -mittel) hinsichtlich vorhandener Ressourcen und Anforderungen beim Lösen bestimmter Aufgaben zu untersuchen. Hierfür wird in diesem Kapitel die folgende Entwicklungsfrage bearbeitet:

(E2)   Welche Verstehenselemente werden mit welchen Darstellungen (inklusive sprachlicher Ressourcen) von den Lernenden bei ihren ersten Darstellungsverknüpfungsaktivitäten adressiert? Welche Anforderungen werden deutlich?

Neben der Identifikation von Ressourcen, über welche die Lernenden zu Beginn des Lehr-Lern-Arrangements verfügen, werden auch Herausforderungen und damit Anforderungen, die sich an die Lernenden bei der Darstellungsverknüpfung zur Lösung der Aufgaben stellen, untersucht. Eine Frage ist hierbei, wie Aktivitäten der Lernenden aus epistemischer und semiotischer Perspektive zusammenhängen. Hierzu werden die Beiträge von Lernenden entlang der Analyseschritte 1–5 (Abschnitt 4.3.2) analysiert und dadurch Pfade auf dem gegenstandsbezogenen Navigationsraum rekonstruiert. Die Analysen werden

M. Post, *Darstellungsvernetzung bei bedingten Wahrscheinlichkeiten*, Dortmunder Beiträge zur Entwicklung und Erforschung des Mathematikunterrichts 55, https://doi.org/10.1007/978-3-658-47374-7_6

exemplarisch anhand einer Aufgabe zu Beginn des Lehr-Lern-Arrangements zum Dekodieren von Anteilsaussagen betrachtet. Diese adressiert grundlegende Vorstellungen und grundlegendes Wissen zu komplexen Anteilsbeziehungen, worauf die Entwicklung konzeptuellen Verständnisses zu bedingten Wahrscheinlichkeiten im Rahmen der Arbeit aufbaut (Kapitel 2).

Zunächst werden Fallbeispiele aus den Kursen von Herrn Lang und Herrn Krause aus Zyklus 1 analysiert (Abschnitt 6.1–6.4; siehe zur Auswahl des Datenmaterials Abschnitt 4.3.1). Am ersten Fallbeispiel von Celina wird das Analysevorgehen ausführlich erläutert. Die Ergebnisse werden um Einblicke in die Kurse von Herrn Albrecht (Abschnitt 6.5, Zyklus 2) sowie Herrn Schmidt und Herrn Mayer (Abschnitt 6.6–6.8, Zyklus 4) erweitert. In Abschnitt 6.9 werden die Fallbeispiele im Zusammenhang betrachtet und die Ergebnisse zusammengefasst.

6.1   Fallbeispiel Celina (Transkript 6.1 aus Zyklus 1, Herr Lang)

Am Transkript 6.1 (analysiert mit kürzerer und noch vorläufiger Kodierung im Tagungsbeitrag Post & Prediger 2020a, 2020c; Turn 10fg in leicht abgewandelter Version in Post & Prediger 2020d, S. 38 f.) wird das wiederholt beobachtete Phänomen, dass Lernende kombinierte Aussagen falsch dekodieren und als Teilvom-Teil-Aussagen interpretieren, herausgearbeitet und die Hintergründe erklärt. Zur Herstellung von Transparenz über den Analyseprozess wird an diesen ersten Analysen die in Kapitel 4 vorgestellte Kodierung schrittweise durchgeführt (Abschnitt 4.3.2, Analyseschritte 1–5). In nachfolgenden Analysen wird diese zusammenfassender berichtet. Zunächst wird kurz die Aufgabenstellung erläutert.

Aufgabenstellung für Transkript 6.1 und 6.2
Im Transkript 6.1 und 6.2 wird die Aufgabe in Abbildung 6.1 zum Prüfen von Falschaussagen des Lehr-Lern-Arrangements zu bedingten Wahrscheinlichkeiten im Zyklus 1 fokussiert. Diese ist im intendierten Lernpfad der Stufe 1 zuzuordnen (Abschnitt 5.2.1). Dieser Auftrag zum Prüfen von Falschaussagen enthielt im Designexperiment-Zyklus 1 bereits Scaffolds zur Strukturierung nach Teil und Ganzem und damit bedeutungsbezogene Sprachmittel, allerdings nur im Tipp, was mit geringer Verbindlichkeit verbunden sein kann.

Aufgabe 3b): Falschaussagen prüfen

b) $\frac{630}{1050}$ der Jugendlichen treiben Sport in ihrer Freizeit und schauen Videos zum Thema Sport.

$\frac{3}{5}$ der Sport-Treiber schauen keine Sport-Videos.

Sind die beiden Aussagen richtig?
Wenn nicht, erkläre die Fehler und korrigiere die Anteile.

Tipp:
1. Markiere zuerst in der Aussage und dann im Anteilsbild farbig, auf welche *Teilgruppe* und welche *ganze Gruppe* sich die Aussagen beziehen.
2. Bestimme den Bruch am Bild und prüfe.

Abb. 6.1 Aufgabe 3b) zum Prüfen von Falschaussagen des Lehr-Lern-Arrangements zu bedingten Wahrscheinlichkeiten im Zyklus 1, Kurs Herr Lang (veröffentlicht in leicht abgewandelter Form in Post & Prediger 2020a, S. 726, 2020c, S. 106; hier in übersetzter Version)

In beiden Aussagen passen die vorgegebenen Brüche nicht zur formulierten Aussage. In der ersten Aussage (linke Sprechblase in Abbildung 6.1) bezieht sich der Term auf den Anteil aller Personen, die Sport treiben und keine Videos schauen, an allen Personen, die keine Videos schauen. In der Aussage ist hingegen eine kombinierte Aussage formuliert, nämlich alle Personen, die Sport treiben und Videos schauen, von allen. In der zweiten Aussage (rechte Sprechblase in Abbildung 6.1) drücken sowohl der Term als auch die Aussage eine Teil-vom-Teil-Aussage aus, allerdings in Bezug auf verschiedene Ganze: Im Term geht es um die Sportlichen von den Nicht-Video-Schauenden, in der Aussage allerdings um den Anteil der Nicht-Video-Schauenden an den Sportlichen.

Nach Bearbeitung in Kleingruppen werden erste Ideen zur Aufgabe von Lernenden im Plenum vorgestellt und die Lösung anschließend im Plenum weiter diskutiert. Im Folgenden wird die Lösung von Celina zur ersten Aussage vorgestellt und daran das Analysevorgehen exemplarisch verdeutlicht.

Schritt 1: Sequenzierung in Sinneinheiten
Im ersten Analyseschritt werden zunächst Sinneinheiten gebildet und im Transkript notiert (wie in Abschnitt 4.3.2 erläutert). Eine Sinneinheit beginnt mit der Initiierung einer Idee, eines Problems oder einer Frage durch die Lehrkraft oder Lernende. In diesem Fall wird der Beginn der Sinneinheit dadurch markiert, dass die Schülerin Celina nach Abschluss der Bearbeitung in Kleingruppen mit der Präsentation ihrer Lösung im Plenum beginnt (Transkript 6.1, Turn 10a). Nach

der Präsentation folgt eine Diskussion der Lösung im Plenum (ab Turn 11, nicht abgebildet). Die Sinneinheit endet, als Celinas Lösung diskutiert und die richtige Lösung erarbeitet wurde. Der Beginn der nachfolgenden Sinneinheit wird markiert durch den Übergang zur Besprechung der nächsten Falschaussage. Das folgende Transkript zeigt den Ausschnitt der Sinneinheit 1, in der Celina ihre Lösung präsentiert.

Transkript 6.1 (geglättet) aus Zyklus 1, Hr. Lang, A3b), Sinneinheit 1 – Turn 10

Nach Bearbeitung der Aufgabe 3b) (Abbildung 6.1) in Kleingruppen präsentiert Celina ihre Lösung im Plenum (Transkript ab Turn 10a). Die im Transkript behandelte Frage ist, ob die folgende Aussage richtig ist: „630/1050 der Jugendlichen treiben Sport in ihrer Freizeit und schauen Videos zum Thema Sport."

10a	Celina	Äh, also die erste Aussage war ja, dass „630/1050", äh „der Jugendlichen" „Sport in ihrer Freizeit" „treiben" und dazu auch Sport-Videos „zum Thema", „zum Thema" gucken.	**10a Anteil** Keine Verknüpfung: VA
10b		Und erstmal zum Erklären des Bruchs, also die Aussage ist falsch,	**10b Anteil** Übersetzen: FS(VA) – VA
10c		weil erstmal die 630, kann man ja hier erkennen [*zeigt auf die Zahl 630 im oberen rechten Rechteck*]. Ähm, die schauen keine Sportvideos und treiben Sport [*deutet auf die jeweilige Beschriftung am Anteilsbild*]. Und, ähm, sozusagen das passt erstmal nicht, weil sie sozusagen, weil es darum geht, ob die „Jugendlichen" „Sport"-„Videos" „schauen" [*deutet entweder auf Aussage oder auf obere Beschriftung am Anteilsbild, Geste nicht eindeutig*].	**10c Teil** Wechsel: KS - - VA Übersetzen: SD(VA) – GD – KS – KS/VA
10d		Und zum zweiten Teil des Bruchs: Das sind halt, ähm, alle Jugendlichen, die sozusagen keine Sport-Videos gucken insgesamt.	**10d Ganzes** Übersetzen: FS(VA) – KS
10e		Und der verbesserte Bruch wäre dann, ähm, 280/350, habe ich aufgeschrieben,	**10e Anteil** (falsch) Übersetzen: FS – SD
10f		weil, ähm, sozusagen man sollte sich ja diese wichtigen Sachen in der Frage markieren. Und dann habe ich mir „treiben Sport" markiert und „schauen Videos" [*zeigt auf beide Textpassagen in Aussage*]. Und es treiben 280, 280 Leute schauen Sport-Videos und treiben dazu Sport [*zeigt auf die Zahl 280 im oberen linken Rechteck, deutet dann ansatzweise auf Beschriftung hin*]	**10f Teil** Wechsel: VA - - SD/KS/GD Übersetzen: SD – KS – GD **10fg Ganzes** (falsch) Wechsel: VA - - SD/KS/GD Übersetzen: SD – KS – GD
10g		und sozusagen, ähm, diese 350 sind alle, die dann Sport-Videos gucken [*zeigt auf die beide linken Rechtecke*].	**10h Ganzes** (falsch) Übersetzen: SD – KS
10h		Das heißt 350 sind die, die Sport-Videos gucken und die 280 die, die dazu auch noch Sport treiben [*zeigt auf die Zahl 280 im oberen linken Rechteck*].	**10h Teil** Übersetzen: SD – KS – GD **10i Anteil** (falsch)
10i		Also 280/350 habe ich raus. ..	Keine Verknüpfung: SD

Schritt 2: Kodierung der Verstehenselemente
In jedem Turn werden die adressierten Verstehenselemente kodiert und im Transkript in der rechten Spalte mit der Turnnummer notiert, wobei pro Turn auch mehrere Verstehenselemente kodiert werden können. Falls ein Verstehenselement inhaltlich falsch adressiert wird, wird zudem „falsch" hinzugefügt.

Für das vorliegende Transkript wird wie folgt kodiert: In Turn 10a liest Celina die vorgegebene Aussage vor, in Turn 10b adressiert sie den Bruch und die Aussage. In beiden Fällen bezieht sie sich auf den Anteil, ohne dieses Verstehenselement in seiner Struktur weiter zu erläutern, daher wird der Anteil als Verstehenselement notiert (Kodierung: Turn **10a / 10b Anteil**). Daraufhin adressiert sie zunächst den Zähler in Turn 10c und dann den Nenner des Bruchs in Turn 10d, sodass in Turn 10c der Teil und in 10d das Ganze als Verstehenselemente kodiert werden. In Turn 10e nennt sie den aus ihrer Sicht korrigierten Bruch, der allerdings inhaltlich nicht richtig ist (Kodierung: Turn **10e Anteil** (falsch)). Anschließend bezieht sie sich in Turn 10f und g auf den Teil und das Ganze durch Aufgreifen der Phrasen aus der Aussage sowie Zähler und Nenner des korrigierten Bruchs aus Turn 10e, wobei sie das Ganze falsch bestimmt (Kodierung: Turn **10f Teil**; Turn **10fg Ganzes** (falsch)). In Turn 10h greift sie nochmals den Nenner und Zähler auf (Kodierung: Turn **10h Teil** und Turn **10h Ganzes** (falsch)) und nennt abschließend den falsch bestimmten Bruch ohne weitere Erläuterung (Kodierung: Turn **10i Anteil** (falsch)).

Schritt 3: Kodierung der Darstellungen und Schritt 4: Kodierung der semiotischen Verknüpfungsaktivitäten
In Schritt 3 werden die adressierten Darstellungen für jedes in Schritt 2 kodierte Verstehenselement kodiert, wobei Mehrfachkodierungen möglich sind. In Schritt 4 werden zudem die Verknüpfungsaktivitäten zwischen Darstellungen erfasst.

Celina greift zunächst die vorgegebene Aussage in Turn 10a auf, ohne diese weiter zu verknüpfen. Daher wird hinter dem kodierten Verstehenselement „Keine Verknüpfung" als Verknüpfungsaktivität sowie die vorgegebene Aussage („VA") als adressierte Darstellung notiert. Damit ergibt sich die folgende Kodierung: Turn **10a Anteil** Keine Verknüpfung: VA. In Turn 10b greift sie die Bezeichnung „Bruch" in formalbezogener Sprache auf, wobei sie den Bruch aus der Aussage meint. Sie bringt diesen in Zusammenhang mit der Aussage, die sie als falsch identifiziert. Dadurch drückt sie die Korrespondenz zwischen den Darstellungen für den Anteil aus, sodass „Übersetzen" als Verknüpfungsaktivität kodiert wird (Turn **10b Anteil** Übersetzen: FS(VA) – VA).

Anschließend adressiert sie den Teil: Hierfür greift sie zunächst die Zahl 630 aus dem Bruch auf (symbolische Darstellung SD), sie verortet diese im Anteilsbild sowohl verbal als auch gestisch (graphische Darstellung GD) und sie verbalisiert die Gruppe im Kontext als diejenigen, die keine Sport-Videos gucken und Sport treiben (kontextuelle Sprache KS). Sie verdeutlicht, dass dieser Teil nicht zur Aussage passt, indem sie einzelne Phrasen der Aussage wie „Jugendlichen" oder „Sport" aufgreift und in ihre eigene Verbalisierung im Kontext einbindet. Dieses Einbinden der Phrasen aus der vorgegebenen Aussage in die Verbalisierung in kontextueller Sprache wird als Wechsel kodiert (Wechsel: KS - - VA). Zwischen diesen Darstellungen verdeutlicht sie so die Korrespondenz für den Teil, d. h., sie übersetzt zwischen der symbolischen Darstellung „630", der Verortung im Anteilsbild, der Verbalisierung im Kontext sowie der Verbalisierung im Kontext mit Einbezug der Phrasen aus der vorgegebenen Aussage (Turn **10c Teil** Wechsel: KS - - VA, Übersetzen: SD(VA) – GD – KS – KS/VA).

In ähnlicher Weise adressiert Celina in Turn 10d das Ganze, indem sie diesen als „zweiten Teil des Bruchs" in formalbezogener Sprache bezeichnet, und dann in die kontextuelle Sprache übersetzt, indem sie die Gruppe als alle Jugendlichen, die keine Sport-Videos schauen, verbalisiert (Turn **10d Ganzes** Übersetzen: FS(VA) – KS). Daraufhin nennt sie den aus ihrer Sicht korrigierten Bruch, der allerdings falsch ist (Turn **10e Anteil** (falsch) Übersetzen: FS – SD).

Sie erklärt, dass sie sich hierzu die wichtigen Sachen in der Frage markiert hat und hebt die Merkmale „treiben Sport" und „schauen Videos" hervor. Davon ausgehend wechselt sie in die anderen Darstellungen für den Teil und das Ganze, indem sie zwischen der Zahl in symbolischer Darstellung, der Beschreibung im Kontext und dem Anteilsbild gestisch durch Verweisen auf die Zahl bzw. Fläche übersetzt (Turn **10f Teil** Übersetzen: SD – KS – GD, Wechsel: VA - - SD/KS/GD; Turn **10fg Ganzes** (falsch) Übersetzen: SD – KS – GD, Wechsel: VA - - SD/KS/GD). Das Ganze wird dabei falsch identifiziert. Anschließend wiederholt sie bestimmte Verknüpfungen für den Teil und das Ganze (Turn 10h) und nennt abschließend nochmals den neuen Bruch ohne weitere Verknüpfung (Turn **10i Anteil** (falsch) Keine Verknüpfung SD).

Im Anschluss werden die Äußerungen im Navigationsraum verortet, indem die Turnnummer in das jeweilige Feld eingetragen werden (Abbildung 6.2). Falsche Äußerungen werden rot markiert und mit „(f)" gekennzeichnet. Semiotische Verknüpfungsaktivitäten werden als horizontale Linien eingetragen (für Linienarten für unterschiedliche Verknüpfungsaktivitäten siehe Tabelle 4.7).

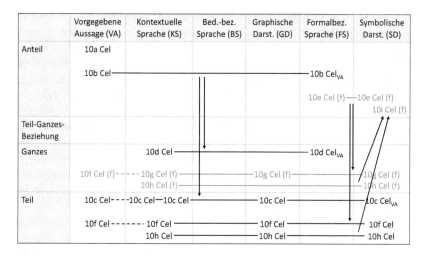

Abb. 6.2 Navigationspfad zum Fallbeispiel Celina aus Transkript 6.1

Schritt 5: Kodierung der Auffaltungs- und Verdichtungsaktivitäten zwischen Verstehenselementen

Aus der Abfolge der Turns werden Auffaltungs- und Verdichtungsaktivitäten zwischen Verstehenselementen identifiziert und diese Übergänge zwischen den Reihen über vertikale (teils auch diagonale) Pfeile eingetragen.

Im Transkript 6.1 adressiert Celina in Turn 10b den Anteil als Bruch und faltet diesen in feinere Verstehenselemente auf, indem sie den Teil und das Ganze des Bruchs in Turn 10c und d adressiert. Daher wird diese Bewegung als ein nach unten gerichteter Pfeil eingetragen. In ähnlicher Weise faltet sie in Turn 10e den aus ihrer Sicht korrigierten Bruch in den Teil und das Ganze auf (Turn 10f–h) und verdichtet diese feineren Verstehenselemente wiederum in Turn 10i zum Bruch.

Anhand dieser Schritte wird somit ein Pfad zu Celinas Erklärung im Navigationsraum rekonstruiert (Abbildung 6.2). Dieser wird im Folgenden hinsichtlich der Anforderungen und Ressourcen untersucht.

Analyse-Ergebnis: Anforderungen und Ressourcen bei Celina zu Transkript 6.1
Celinas Vorgehen zeigt einen nicht erfolgreichen Lösungsansatz, bei dem sie die vorgegebene kombinierte Aussage falsch als eine Teil-vom-Teil-Aussage interpretiert. Aus *epistemischer Perspektive* adressiert sie die Verstehenselemente Anteil, Teil und Ganzes. Ausgehend vom Bruch als Anteil faltet sie diesen auf, indem sie die feineren Verstehenselemente Teil und Ganzes adressiert und diese wiederum

zum Anteil verdichtet. Insbesondere scheint sie die Beziehung nicht zu beachten und zu reflektieren und es gelingt ihr nicht, die richtige zugrunde liegende Teil-Ganzes-Struktur in der Aussage zu erkennen.

Hinsichtlich der *semiotischen Aktivitäten* wird deutlich, dass Celina in Transkript 6.1 für den Anteil, Teil und das Ganzes zwischen bestimmten Darstellungen bewusst übersetzt, unter anderem zwischen kontextueller Sprache sowie symbolischer und graphischer Darstellung für den Teil und das Ganze. Zur vorgegebenen Aussage verknüpft sie nur implizit über Wechsel, indem sie einzelne, auf die Merkmale bezogene Wörter bzw. Phrasen aus der vorgegebenen Aussage aufgreift (z. B. Turn 10f) und in eine eigene Verbalisierung im Kontext einbaut. Sie nutzt hier allerdings keine Sprachmittel, die die Beziehung zwischen den beteiligten Größen bzw. Merkmalen ausdrücken. Auch adressiert sie diese nicht in der Aussage. Analog adressiert sie auch in den anderen Darstellungen die Teil-Ganzes-Beziehung nicht explizit und verknüpft damit für dieses Verstehenselement keine Darstellungen. Es scheint, als würde sie lediglich einzelne Wörter, die sich auf die beteiligten Merkmale beziehen, aufgreifen und auf der Grundlage einen Bruch bestimmen, ohne die Teil-Ganzes-Beziehung, wie sie in der Aussage ausgedrückt wird, zu reflektieren. Beispielsweise markiert sie in Turn 10f „schauen Videos" und erläutert anschließend in Turn 10 g die Sport-Video-Schauenden als Ganzes, allerdings übersieht sie vermutlich, dass laut Aussage die „Jugendlichen" das Ganze sind.

Sie verbalisiert somit insgesamt betrachtet den Teil, das Ganze und den Anteil über Sprachmittel aus formalbezogener und kontextueller Sprache, jedoch nicht in bedeutungsbezogener kontextunabhängiger Sprache. Sie scheint zudem nicht zu erkennen, in welcher Weise, d. h. beispielsweise über welche Sprachmittel, die Beziehung in der Aussage formuliert wird. Diese drückt sie auch in ihrer Sprachproduktion nicht aus.

Zur besseren Vergleichbarkeit der Fallbeispiele wird der rekonstruierte Navigationspfad zu Celinas Erklärung (Abbildung 6.2) abstrahiert dargestellt (Abbildung 6.3). Zusammenfassend scheint Celinas Vorgehen auszuzeichnen, dass sie Merkmale aus der vorgegebenen Aussage über implizite Verknüpfungen zu anderen Darstellungen herausgreift und daran einen Bruch bestimmt, ohne zu reflektieren, welche Teil-Ganzes-Beziehung vorliegt. Sie interpretiert die vorliegende kombinierte Aussage dabei falsch als eine Teil-vom-Teil-Aussage.

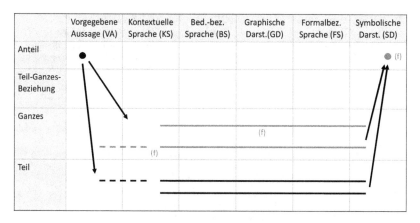

Abb. 6.3 Abstrahierter Navigationspfad zum Fallbeispiel Celina aus Transkript 6.1

6.2 Fallbeispiel Tom (Transkript 6.2 aus Zyklus 1, Herr Lang)

An dem folgenden erfolgreichen Lösungsansatz von Tom wird eine Strategie gezeigt, wie die vorliegenden Darstellungen bewusst für die Teil-Ganzes-Beziehung vernetzt werden und bedeutungsbezogene kontextuelle Denksprache zur Formulierung der Beziehung benutzt wird. Tom bearbeitet die zweite Falschaussage aus der Aufgabe 3b) (Abbildung 6.1; analysiert mit kürzerer, noch vorläufiger Kodierung im Tagungsbeitrag Post & Prediger 2020a, 2020c).

Analyse des Transkripts 6.2
Nachdem das Analysevorgehen Schritt für Schritt am vorherigen Beispiel von Celina erläutert wurde, werden die Analyseschritte 1–5 in allen folgenden Analysen jeweils in einem Schritt vorgestellt. In Abbildung 6.4 ist der zugehörige Pfad im Navigationsraum visualisiert.

Transkript 6.2 aus Zyklus 1, Hr. Lang, A3b), Sinneinheit 2 – Turn 52b–55
Nach Diskussion der Lösung von Celina zur ersten Falschaussage in Aufgabe 3b) (Abbildung 6.1)
präsentiert Tom seine Lösung im Plenum (Transkript ab Turn 52b). Ab Turn 56 folgt die Besprechung der Lösung im Plenum (nicht abgebildet). Die im Transkript behandelte Frage ist, ob die folgende Aussage richtig ist: „3/5 der Sport-Treiber schauen keine Sport-Videos."

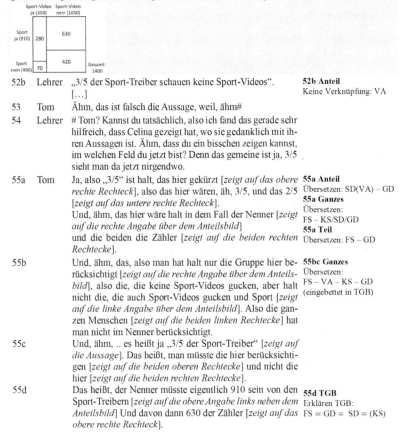

52b	Lehrer	„3/5 der Sport-Treiber schauen keine Sport-Videos".	**52b Anteil**
		[...]	Keine Verknüpfung: VA
53	Tom	Ähm, das ist falsch die Aussage, weil, ähm#	
54	Lehrer	# Tom? Kannst du tatsächlich, also ich fand das gerade sehr hilfreich, dass Celina gezeigt hat, wo sie gedanklich mit ih- ren Aussagen ist. Ähm, dass du ein bisschen zeigen kannst, in welchen Feld du jetzt bist? Denn das gemeine ist ja, 3/5 sieht man da jetzt nirgendwo.	
55a	Tom	Ja, also „3/5" ist halt, das hier gekürzt [*zeigt auf das obere rechte Rechteck*], also das hier wären, äh, 3/5, und das 2/5 [*zeigt auf das untere rechte Rechteck*]. Und, ähm, das hier wäre halt in dem Fall der Nenner [*zeigt auf die rechte Angabe über dem Anteilsbild*] und die beiden die Zähler [*zeigt auf die beiden rechten Rechtecke*].	**55a Anteil** Übersetzen: SD(VA) – GD **55a Ganzes** Übersetzen: FS – KS/SD/GD **55a Teil** Übersetzen: FS – GD
55b		Und, ähm, das, also man hat halt nur die Gruppe hier be- rücksichtigt [*zeigt auf die rechte Angabe über dem Anteils- bild*], also die, die keine Sport-Videos gucken, aber halt nicht die, die auch Sport-Videos gucken und Sport [*zeigt auf die linke Angabe über dem Anteilsbild*]. Also die gan- zen Menschen [*zeigt auf die beiden linken Rechtecke*] hat man nicht im Nenner berücksichtigt.	**55bc Ganzes** Übersetzen: FS – VA – KS – GD (eingebettet in TGB)
55c		Und, ähm, .. es heißt ja „3/5 der Sport-Treiber" [*zeigt auf die Aussage*]. Das heißt, man müsste die hier berücksichti- gen [*zeigt auf die beiden oberen Rechtecke*] und nicht die hier [*zeigt auf die beiden rechten Rechtecke*].	
55d		Das heißt, der Nenner müsste eigentlich 910 sein von den Sport-Treibern [*zeigt auf die obere Angabe links neben dem Anteilsbild*] Und davon dann 630 der Zähler [*zeigt auf das obere rechte Rechteck*].	**55d TGB** Erklären TGB: FS = GD = SD = (KS)

In Turn 52b liest Herr Lang die Aussage vor und adressiert damit den Anteil
ohne weitere Erklärung in der vorgegebenen Aussage (Turn **52b Anteil** Keine
Verknüpfung: VA). Tom greift in Turn 55a den Bruch aus der Aussage auf und
versucht diesen durch Zeigegesten im Anteilsbild zu verorten. Hierbei verbleibt
er zunächst bei dem verdichteten Anteil und erklärt die Verknüpfung nicht weiter. Damit adressiert er in Turn 55a zunächst den Anteil als Verstehenselement
und übersetzt zwischen dem Bruch aus der Aussage und dem Anteilsbild (Turn

55a Anteil Übersetzen: SD(VA) – GD). Anschließend faltet Tom den Anteil auf, indem er die feineren Verstehenselemente Teil und Ganzes adressiert: Er bezeichnet diese als „Nenner" bzw. „Zähler" in formalbezogener Sprache und ordnet die entsprechende Beschriftung (zusammengesetzt aus symbolischer Darstellung und kontextueller Sprache) bzw. die Fläche im Anteilsbild zu. Beim Ganzen ist hierbei nicht eindeutig identifizierbar, ob sich Tom im Anteilsbild auf die Fläche oder symbolische bzw. kontextuelle Darstellung in der Beschriftung bezieht, sodass Alternativen mitkodiert werden (Turn **55a Ganzes** Übersetzen: FS – KS/SD/GD; Turn **55a Teil** Übersetzen: FS – GD).

In Turn 55b und c setzt sich Tom intensiv mit dem Ganzen auseinander und arbeitet damit den Fehler heraus: Am Anteilsbild verdeutlicht er zunächst anhand der Beschriftungen und der Flächen, welche Gruppe im Nenner im vorgegebenen Bruch adressiert wurde und welche stattdessen adressiert werden sollte. Zudem greift er die Phrase „3/5 der Sport-Treiber" aus der Aussage heraus und verdeutlicht nochmals am Anteilsbild, welche Fläche dem richtigen Ganzen entspricht. Damit übersetzt Tom bewusst zwischen der formalbezogenen Sprache (Bezeichnung als „Nenner"), der entsprechenden Phrase aus der Aussage, der Beschreibung der Gruppen im Kontext anhand der Beschriftungen sowie den entsprechenden Flächen im Anteilsbild. Da Tom aus der Aussage nicht nur das Merkmal „Sport-Treiber" zum Ganzen, sondern dieses in Kombination mit dem entsprechenden Beziehungswort „der", über welches die Beziehung zwischen Teil und Ganzem ausgedrückt wird, in seiner Erklärung herausgreift und in Zusammenhang mit den anderen Darstellungen bringt, wird das Ganze *eingebettet in der Teil-Ganzes-Beziehung* adressiert. Daher ist im Navigationsraum der Turn 55bc für die vorgegebene Aussage am Übergang zur Teil-Ganzes-Beziehung notiert (Turn **55bc Ganzes** Übersetzen: FS – VA – KS – GD, eingebettet in TGB).

Im Anschluss formuliert Tom in Turn 55d die zugrunde liegende korrekte Teil-Ganzes-Beziehung und verdichtet damit die Überlegungen zum Ganzen in der Teil-Ganzes-Beziehung: Angefangen beim Ganzen übersetzt er zwischen der formalbezogenen Sprache, der symbolisch dargestellten Zahl, der Verbalisierung im Kontext und ansatzweise dem Bild über die Beschriftung. Für den Teil wird in Turn 55d zwischen der Zahl, der formalbezogenen Bezeichnung als Zähler und der Fläche im Anteilsbild übersetzt. Über „davon" verknüpft Tom beides und erklärt somit für die Teil-Ganzes-Beziehung den Zusammenhang dieser Darstellungen (Turn **55d TGB**, Erklären TGB: FS = GD = SD = (KS)). Die kontextuelle Sprache wird dabei in Klammern gesetzt, da diese Darstellung nur beim Ganzen adressiert wurde.

186   6   Konzeptuelle und sprachliche Anforderungen …

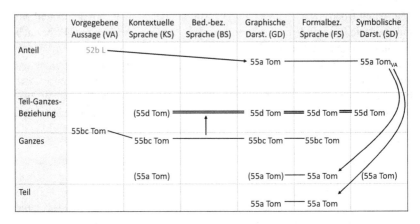

Abb. 6.4 Navigationspfad zum Fallbeispiel Tom aus Transkript 6.2

Analyse-Ergebnis: Anforderungen und Ressourcen bei Tom zu Transkript 6.2

Tom erkennt, dass sich der Bruch und die formulierte Aussage zu zwei unterschiedlichen Teil-vom-Teil-Aussagen auf verschiedene Ganze beziehen. Es gelingt ihm, durch Verknüpfung der Darstellungen aus der Aussage heraus den korrigierten Bruch und die zugrunde liegende Teil-Ganzes-Beziehung zu identifizieren.

Aus *epistemischer Perspektive* adressiert Tom im ersten Teil seiner Antwort ähnlich zu Celina den Anteil als verdichtete Größe und anschließend den Teil und das Ganze als Auffaltungsaktivität hin zu feineren Verstehenselementen. Im zweiten Teil seiner Erklärung bezieht er sich nochmals sehr ausführlich auf das Ganze, adressiert dieses aber hier bereits zum Teil in Kombination mit dem Beziehungswort „der". Diese Überlegungen verdichtet er anschließend in der Teil-Ganzes-Beziehung. Es gelingt ihm dabei, das richtige Ganze und somit scheinbar die richtige zugrunde liegende Teil-Ganzes-Struktur hinter der Aussage zu identifizieren.

Folgende *semiotische Aktivitäten* können bei Tom rekonstruiert werden: Für das Ganze übersetzt er bewusst zwischen formalbezogener und kontextueller Sprache, dem Anteilsbild und vor allem der vorgegebenen Aussage mit Einbezug des Beziehungswortes „der". Für die Teil-Ganzes-Beziehung vernetzt er Darstellungen, indem er explizit erklärt, wie die adressierten Darstellungen für den Teil und das Ganze zusammengehören und verknüpft diese über das bedeutungsbezogene Sprachmittel „davon".

Indem Tom das Ganze in Kombination mit dem Wort „der" aufgreift, fokus-
siert er damit nicht nur Merkmale in der Aussage, sondern auch, wie die
Beziehung formuliert ist. Er scheint in der Formulierung das richtige grammatische Merkmal, nämlich die Genitivkonstruktion über „der", durch die die
Beziehung in der Aussage ausgedrückt wird, zu identifizieren und zu dekodieren.
Zum Formulieren der Teil-Ganzes-Beziehung verwendet er bedeutungsbezogene
Sprachmittel wie „davon", um die Beziehung zwischen dem Teil und dem Ganzen auszudrücken. Um Referenz auf den Teil und das Ganze auszudrücken, nutzt
er meist formalbezogene Sprachmittel wie „Nenner" und „Zähler".

Charakteristische Eigenschaften seiner Erklärung sind in Abbildung 6.5 als
abstrahierter Pfad dargestellt. Zusammenfassend ist Toms Vorgehen also als
ein bewusstes Übersetzen von Darstellungen für das Ganze eingebettet in der
Teil-Ganzes-Beziehung und ein Vernetzen von Darstellungen für die Teil-Ganzes-
Beziehung charakterisierbar. Beim Dekodieren der Aussage scheint Tom die
Beziehung zu erkennen und zu erfassen, wie diese in der Aussage formuliert wird.
Zudem nutzt er kontextuelle bedeutungsbezogene Denksprache zum Formulieren
der Teil-Ganzes-Beziehung in eigenen Worten. Insgesamt gelingt es ihm so, die
korrekte Teil-Ganzes-Beziehung zu identifizieren.

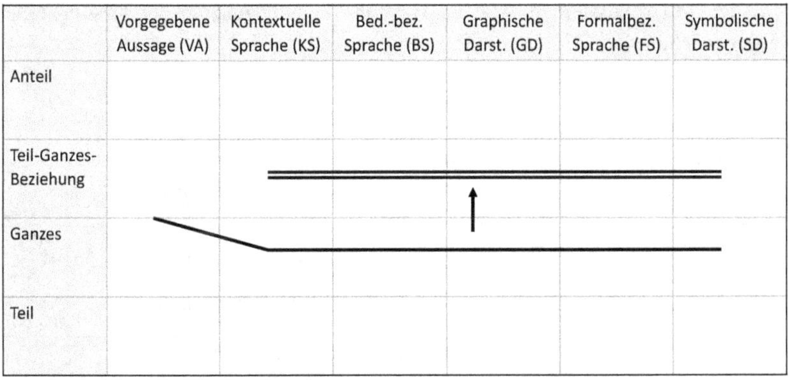

	Vorgegebene Aussage (VA)	Kontextuelle Sprache (KS)	Bed.-bez. Sprache (BS)	Graphische Darst. (GD)	Formalbez. Sprache (FS)	Symbolische Darst. (SD)
Anteil						
Teil-Ganzes-Beziehung						
Ganzes						
Teil						

Abb. 6.5 Abstrahierter Navigationspfad zum Fallbeispiel Tom aus Transkript 6.2

6.3   Fallbeispiele Hannah, Saskia und Anna (Transkript 6.3–6.5 aus Zyklus 1, Herr Krause)

In der Besprechung der kombinierten Falschaussage Simons aus Abbildung 6.6 werden zwei gegensätzliche Lösungsansätze deutlich. An denen wird die Relevanz bewusster Verknüpfung der Darstellungen für das Ganze eingebettet in der Teil-Ganzes-Beziehung zum Dekodieren der Aussage nochmals verdeutlicht.

Aufgabenstellung für Transkript 6.3, 6.4, 6.5 und 6.6
Die im Kurs bearbeitete Aufgabe im Transkript ist bis auf die Zahlenwerte und wenige sprachliche Variationen identisch zur Aufgabe aus Transkript 6.1 und 6.2 aus dem Kurs von Herrn Lang (Abbildung 6.1). Das Anteilsbild bezieht sich auf eine Gesamtgruppe von 140 statt 1400 Personen, sodass die Aufgabenversionen in den Zahlenwerten etwas voneinander abweichen, jedoch nicht in den Verhältnissen oder Falschaussagen (Abbildung 6.6).

Die Aufgabe wird zunächst in Kleingruppen bearbeitet und anschließend im Plenum besprochen. Im Plenum entwickelt sich eine längere Besprechungsphase, von denen hier drei kurze Transkriptausschnitte Auskunft über unterschiedliche Lernende geben: Im Transkript 6.3 präsentiert Hannah ihre Lösung zum Ganzen, im Transkript 6.4 folgt eine Erklärung von Saskia und Anna. Im Transkript 6.5 wird der Teil fokussiert, einmal an Hannahs Lösung und an der Lösung einer weiteren Schülerin.

Aufgabe 1b): Falschaussagen prüfen

Haben Simon und Anke Recht mit ihren Aussagen?
Wenn nicht, erkläre ihren Fehler und korrigiere die Anteile.
Tipp:
1. Markiere zuerst in der Aussage und dann im Anteilsbild farbig, auf welche *Teilgruppe* und welche *ganze Gruppe* sich Şimons und Ankes Aussagen beziehen.
2. Bestimme den Bruch am Bild und prüfe.

Abb. 6.6   Aufgabe 1b) zum Prüfen von Falschaussagen des Lehr-Lern-Arrangements zu bedingten Wahrscheinlichkeiten in Zyklus 1, Kurs Herr Krause (veröffentlicht in leicht abgewandelter Form in Post im Druck, S. 2; hier in übersetzter Version)

Analyse des Transkripts 6.3

Im ersten Transkript 6.3 präsentiert Hannah ihre Lösung zur ganzen Gruppe.

Transkript 6.3 aus Zyklus 1, Hr. Krause, A1b), Sinneinheit 1– Turn 5–8

Nach Bearbeitung der Aufgabe 1b) (Abbildung 6.6) in Kleingruppen präsentiert Hannah ihre Lösung im Plenum zum Ganzen (Turn 5–8). Herr Krause fordert zum Übersetzen für das Ganze auf und die Lösung wird diskutiert (ab Turn 9, nicht abgebildet). Die im Transkript behandelte Frage aus Aufgabe 1b) ist, ob die folgende Aussage von Simon richtig ist: „63/105 der Jugendlichen treiben Sport in ihrer Freizeit und schauen Videos zum Thema Sport."

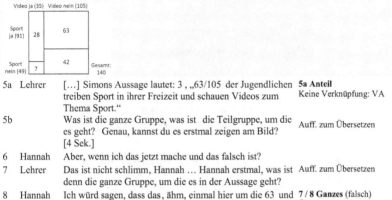

5a	Lehrer	[...] Simons Aussage lautet: 3 , „63/105 der Jugendlichen treiben Sport in ihrer Freizeit und schauen Videos zum Thema Sport."	**5a Anteil** Keine Verknüpfung: VA
5b		Was ist die ganze Gruppe, was ist die Teilgruppe, um die es geht? Genau, kannst du es erstmal zeigen am Bild? [4 Sek.]	Auff. zum Übersetzen
6	Hannah	Aber, wenn ich das jetzt mache und das falsch ist?	
7	Lehrer	Das ist nicht schlimm, Hannah ... Hannah erstmal, was ist denn die ganze Gruppe, um die es in der Aussage geht?	Auff. zum Übersetzen
8	Hannah	Ich würd sagen, dass das, ähm, einmal hier um die 63 und dann hier runter [*umkreist beide oberen Rechtecke*], sodass das die 63 und 28.	**7 / 8 Ganzes** (falsch) Übersetzen: BS – GD – SD

Herr Krause liest zu Beginn die Falschaussage von Simon vor (Turn **5a Anteil** Keine Verknüpfung: VA) und gibt den Impuls, ausgehend von der Aussage das Ganze und den Teil im Anteilsbild einzuzeichnen (Turn **5a / 7** Aufforderung zum Übersetzen). Hannah folgt dem Impuls und übersetzt für das Ganze ausgehend von der bedeutungsbezogenen Sprache im Impuls des Lehrers (Bezeichnung „ganze Gruppe") in die symbolische Darstellung sowie in das Anteilsbild, indem sie das entsprechende Rechteck gestisch und sprachlich verdeutlicht (Turn **7 / 8 Ganzes** (falsch) Übersetzen: BS – GD – SD). Hierbei bestimmt sie das Ganze als alle sportlichen Jugendlichen anstatt aller Jugendlichen falsch. In Abbildung 6.7 ist der Pfad dargestellt, indem ausgehend von der Aussage das Ganze adressiert und hierfür übersetzt wird.

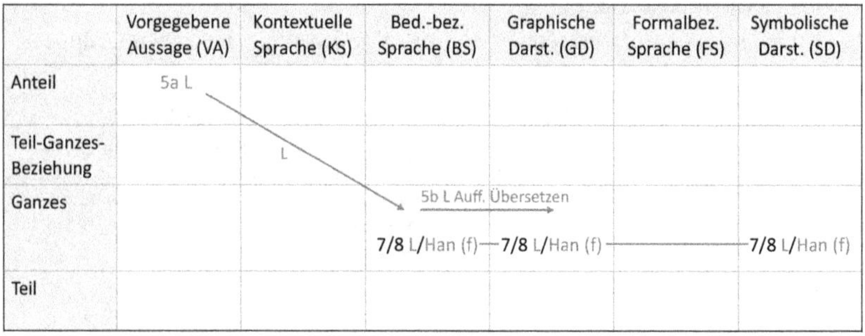

	Vorgegebene Aussage (VA)	Kontextuelle Sprache (KS)	Bed.-bez. Sprache (BS)	Graphische Darst. (GD)	Formalbez. Sprache (FS)	Symbolische Darst. (SD)
Anteil	5a L					
Teil-Ganzes-Beziehung		L				
Ganzes			5b L Auff. Übersetzen			
			7/8 L/Han (f)—7/8 L/Han (f)			7/8 L/Han (f)
Teil						

Abb. 6.7 Navigationspfad zum Fallbeispiel Hannah aus Transkript 6.3

Analyse des Transkripts 6.4

Im Fortsetzungsteil im Transkript 6.4 stellen Saskia und Anna einen zu Hannah abweichenden Ansatz vor (Ausschnitte analysiert in Post im Druck).

Transkript 6.4 aus Zyklus 1, Hr. Krause, A1b), Sinneinheit 1 – Turn 30, 45

Anschließend an Hannahs Lösung diskutiert der Kurs, was das richtige Ganze ist. Saskia und Anna identifizieren alle Jugendlichen richtig als Ganzes, was in den zwei Ausschnitten in Turn 30 und 45 deutlich wird. Die Aufgabenstellung ist analog zu Transkript 6.3 zur Aussage: „63/105 der Jugendlichen treiben Sport in ihrer Freizeit und schauen Videos zum Thema Sport."

30	Saskia	Also er sagt ja, ähm, „63/105 der Jugendlichen" [1 Wort unverständlich] meint er alle, die an der Umfrage teilgenommen haben. Würde er nur die meinen, die Sport treiben, würde er der Sport-Treiber sagen.	**30 Ganzes** Übersetzen: VA – KS (eingebettet in TGB)
31–44		*[Kurs diskutiert, ob alle Jugendlichen oder die Gruppe der Sportlichen das richtige Ganze ist. Zudem wird der Teil bestimmt. Herr Krause lässt beide Optionen für das Ganze im Anteilsbild markieren, die Sportlichen gelb, alle Jugendlichen lila]*	
45	Anna	Und zwar, wir haben ja jetzt noch Anke quasi, wo wir das ja vergleichen können und eigentlich gibt es doch gar nicht die Option, dass gelb die ganze Gruppe ist. Aus dem Grunde, wir haben ja jetzt gesagt, ähm, also Melanie, Saskia und ich und so, dass „der Jugendlichen" bedeutet ja von allen. Was ja auch logisch ist, weil sonst da stehen müsste „63/105 der" Sport-Treiber .. Dann würde es nur die Gelbe sein, so wie es bei Anke steht, weil da ist es wirklich nur die Gelbe. Deswegen gibt es auch bei Simon, gibt es doch meiner Meinung gar nicht die Option von dem, weil das sonst ist, wenn man das liest, dann ist ja „der Jugendlichen", also aller Jugendlicher und der Jugendlichen, die Sport treiben. Das ist ja deutsch einfach zu erklären, eigentlich.	**45 Ganzes** Übersetzen: GD – BS – VA – KS (eingebettet in TGB)

Saskia greift zunächst in Turn 30 die Phrase „63/105 der Jugendlichen" aus der Aussage auf und übersetzt, indem sie das Ganze im Kontext als „alle, die an der Umfrage teilgenommen haben" verbalisiert. Sie greift dann das falsch identifizierte Ganze auf und erklärt, wie die Aussage lauten müsste, wenn dies das richtige Ganze wäre. Insgesamt übersetzt sie hier zwischen der vorgegebenen Aussage und Verbalisierung der Gruppen im Kontext eingebettet in die Teil-Ganzes-Beziehung (Turn **30 Ganzes** Übersetzen: VA – KS, eingebettet in TGB).

Im weiteren Verlauf des Gesprächs erklärt Anna noch einmal (Turn 45): Auch sie übersetzt zwischen der vorgegebenen Aussage und ihrer Verbalisierung der Gruppe aller Jugendlichen im Kontext, beide Male in Kombination mit einem Beziehungswort („der"). Die alternative Formulierung der Aussage für die Sportlichen als Ganzes setzt sie in Bezug zu dem gelb markierten Rechteck im Anteilsbild und verdeutlicht, dass das Rechteck zu dem richtigen Ganzen nicht passt. Zudem nutzt sie das Sprachmittel „ganze Gruppe" im vorderen Teil der Erklärung, um Referenz auf das Verstehenselement zu nehmen und verknüpft damit die bedeutungsbezogene kontextunabhängige Denksprache bewusst mit den anderen Darstellungen (Turn **45 Ganzes** Übersetzen: GD – BS – VA – KS, eingebettet in TGB).

In Abbildung 6.8 ist der Pfad im Navigationsraum abgebildet.

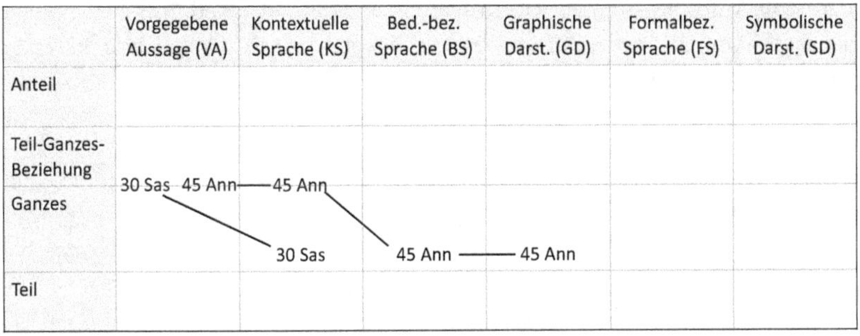

	Vorgegebene Aussage (VA)	Kontextuelle Sprache (KS)	Bed.-bez. Sprache (BS)	Graphische Darst. (GD)	Formalbez. Sprache (FS)	Symbolische Darst. (SD)
Anteil						
Teil-Ganzes-Beziehung	30 Sas 45 Ann——45 Ann					
Ganzes						
	30 Sas	45 Ann —— 45 Ann				
Teil						

Abb. 6.8 Navigationspfad zum Fallbeispiel Saskia und Anna aus Transkript 6.4

In beiden Fällen verknüpfen Saskia und Anna die Darstellungen über die semiotische Aktivität des Übersetzens für das Ganze und setzen das richtige Ganze (gesamte Gruppe der Jugendlichen) in Beziehung zu dem im Kurs zunächst falsch identifizierten Ganzen (Teilgruppe der Sportlichen). Damit scheinen sie bereits im Ansatz an konkreten Beispielen unterschiedliche Teil-Ganzes-Strukturen anhand der ganzen Gruppen zu vergleichen.

Analyse des Transkripts 6.5

Im Transkript 6.5 aus demselben Plenumsgespräch wird nun die Bestimmung des Teils fokussiert.

Transkript 6.5 aus Zyklus 1, Hr. Krause, A1b), Sinneinheit 1 – Turn 38b–43

In dem Ausschnitt aus der Besprechungsphase wird die Bestimmung des Teils fokussiert. Zunächst nennt Hannah ihre Lösung, die anschließend von Tina korrigiert wird. Die Aufgabenstellung ist analog zu den vorherigen Transkripten 6.3 und 6.4 zur Aussage: „63/105 der Jugendlichen treiben Sport in ihrer Freizeit und schauen Videos zum Thema Sport."

38b	Lehrer	[…] was hättest du als Teilgruppe jetzt markiert gehabt?	*Auff.* zum Übersetzen
39	Hannah	Also ich hätte als Teilgruppe, ähm, die 35, die, die „Videos" gucken, markiert	**38b / 39 Teil** (falsch) Wechsel: VA - - KS Übersetzen: BS – SD/GD – VA/KS
40	Lehrer	Die ganzen 35? …	
41	Tina	Ich hätte nur die 28.	**38b / 41 Teil** Übersetzen: BS – SD/GD
42	Lehrer	Weil?	*Auff.* zum Erklären
43a	Tina	Ähm, weil ja, ähm, da steht ja „63/105 der Jugendlichen treiben Sport" „und" gucken, „und schauen Videos".	**43a Anteil** Keine Verknüpfung: VA
43b		Das ist ja, also die 28 sind ja diejenigen, die „Sport" „treiben" und die „Videos" „schauen".	**43b Teil** Wechsel: VA - - KS Übersetzen: SD – VA/KS

Herr Krause fordert zunächst auf, für den Teil in das Anteilsbild zu übersetzen (Turn **38b** Aufforderung zum Übersetzen). Daran anschließend übersetzt Hannah ausgehend von der bedeutungsbezogenen Sprache in das Anteilsbild bzw. die symbolische Darstellung und verbalisiert die Gruppe im Kontext, wobei sie das Wort „Video" aus der vorgegebenen Aussage aufgreift. Hierbei wechselt sie zwischen ihrer Verbalisierung im Kontext und der vorgegebenen Aussage (Turn **38b / 39 Teil** Wechsel: VA - - KS, Übersetzen: BS – SD/GD – VA/KS). Hannah bestimmt allerdings die gesamte Gruppe der Videoschauenden falsch als Teil, was Tina in Turn 41 korrigiert (Turn **38b / 41 Teil** Übersetzen: BS – SD/GD).

Herr Krause fordert daraufhin eine Erklärung ein (Turn **42** Aufforderung zum Erklären). Hierzu liest Tina zunächst die Aussage ohne weitere Verknüpfung vor (Turn **43a Anteil** Keine Verknüpfung: VA). Daraufhin adressiert sie den Teil, in dem sie Phrasen aus der Aussage aufgreift und so für den Teil zwischen dem Kontext und der vorgegebenen Aussage wechselt und zur symbolischen Darstellung übersetzt (Turn **43b Teil** Wechsel: VA - - KS, Übersetzen: SD – VA/KS). In Abbildung 6.9 ist der Pfad im Navigationsraum abgebildet.

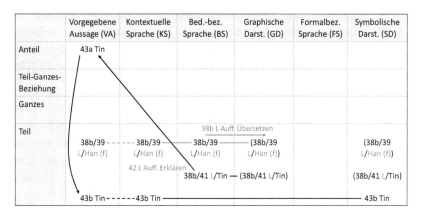

Abb. 6.9 Navigationspfad zum Fallbeispiel Hannah und Tina aus Transkript 6.5

Analyse-Ergebnis: Anforderungen und Ressourcen bei Hannah, Saskia und Anna zu Transkript 6.3, 6.4 und 6.5

Aus *epistemischer Perspektive* adressiert Hannah das Ganze separat als Verstehenselement und bestimmt dieses als alle Sportlichen statt aller Jugendlichen falsch. Damit scheint sie die kombinierte Aussage zunächst mit einer Teil-vom-Teil-Aussage zu verwechseln. Den Teil bestimmt sie ebenfalls falsch als alle Videoschauenden. Damit scheint Hannah die Teil-Ganzes-Beziehung weder zu adressieren, noch scheint sie wahrzunehmen, dass ihr separat bestimmtes Ganzes und Teil zu keiner Teil-Ganzes-Beziehung zusammengesetzt werden können. Saskia und Anna adressieren das Ganze und bestimmen dieses richtig als alle Jugendlichen, wobei sie das Ganze in Kombination mit dem Sprachmittel, über welches die Beziehung zwischen dem Teil und Ganzen ausgedrückt wird, und somit eingebettet in die Teil-Ganzes-Beziehung adressieren. Zudem grenzen sie dieses bewusst von dem falsch bestimmten Ganzen (alle Sportlichen) ab.

Ähnlich wie bei Tom (Transkript 6.2) zeichnet sich hinsichtlich der *semiotischen Aktivitäten* Saskias und Annas Vorgehen durch bewusstes Übersetzen zwischen der Aussage, dem Kontext sowie bei Anna bedeutungsbezogener kontextunabhängiger Denksprache und dem Anteilsbild aus. Insbesondere zur vorgegebenen Aussage wird auch durch die Formulierungsvariation für das falsche Ganze eine bewusste Verknüpfung hergestellt. Anna und Saskia verknüpfen somit bewusst die Darstellungen für das Ganze, aber vergleichen und verknüpfen diese Darstellungen im Ansatz auch schon für verschiedene Ganze untereinander.

Saskia und Anna scheinen damit das richtige grammatische Merkmal, die Genitivkonstruktion durch „der", richtig als dasjenige Sprachmittel zu dekodieren, über welches die Beziehung ausgedrückt wird. Dies wird darüber bestätigt, dass Saskia und Anna die Formulierung in der vorgegebenen Aussage passend zu dem falsch bestimmten Ganzen (die Sport-Treiber) variieren, um das richtige Ganze zu begründen und beide voneinander abzugrenzen. Zudem nutzen sie bedeutungsbezogene Denksprache für das Ganze (Bezeichnung „ganze Gruppe"). Der Pfad ist in Abbildung 6.10 in dem unteren Navigationsraum abgebildet.

Aus *semiotischer Perspektive* wechselt Hannah zwischen der Aussage und dem Kontext für den Teil, für das Ganze stellt sie keine Verknüpfung zur Aussage her. Für beide Verstehenselemente übersetzt sie zudem zwischen weiteren Darstellungen, jedoch werden beide Größen falsch bestimmt. Es besteht die Möglichkeit, dass Hannah das Ganze und den Teil lediglich anhand der Merkmale in der Aussage bestimmt und das erste genannte Merkmal dem Ganzen sowie das zweite genannte Merkmal dem Teil zuordnet, ohne ein Bewusstsein für die Teil-Ganzes-Beziehung zu haben. Dies zeigt sich auch dadurch, dass sie die Teil-Ganzes-Beziehung nicht adressiert oder formuliert und sie nicht wahrzunehmen scheint, dass bei einer Teilgruppe als Ganzes der Teil sich (im Gegensatz zu dem von ihr bestimmten Teil) durch zwei Merkmale auszeichnen sollte.

Tina korrigiert und bestimmt den Teil richtig. Obwohl sie auch nur implizit über Wechsel zwischen Aussage und Kontext übersetzt, nimmt sie zunächst explizit Bezug auf die Aussage, sodass hier eine etwas bewusstere Verknüpfung vorliegen könnte (Abbildung 6.9). Diese kann anhand des Transkripts nicht weiter bestimmt werden. Der abstrahierte Pfad zu Hannahs Lösung ist in Abbildung 6.10 im oberen Navigationsraum abgebildet.

Zusammenfassend zeichnet sich Hannahs nicht erfolgreiches Vorgehen durch den separaten Blick auf den Teil und das Ganze aus, ohne die Teil-Ganzes-Beziehung zu adressieren. Zur Aussage stellt sie keinen bzw. für den Teil einen impliziten Bezug her. Saskia und Anna gehen erfolgreich vor, indem sie das Ganze eingebettet in der Teil-Ganzes-Beziehung adressieren und bewusst zur Aussage übersetzen.

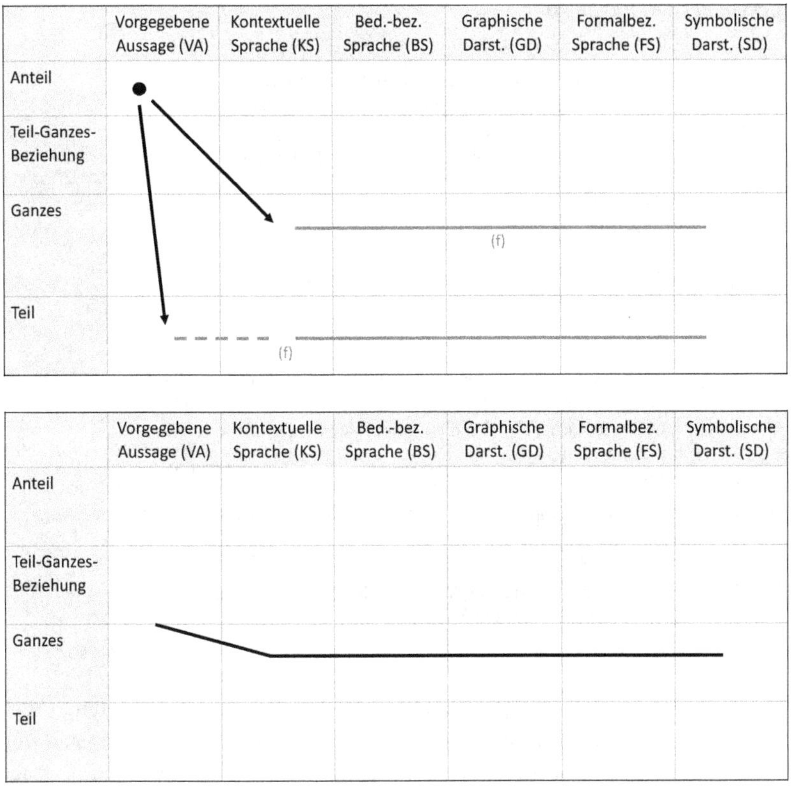

	Vorgegebene Aussage (VA)	Kontextuelle Sprache (KS)	Bed.-bez. Sprache (BS)	Graphische Darst. (GD)	Formalbez. Sprache (FS)	Symbolische Darst. (SD)
Anteil						
Teil-Ganzes-Beziehung						
Ganzes			(f)			
Teil	(f)					

	Vorgegebene Aussage (VA)	Kontextuelle Sprache (KS)	Bed.-bez. Sprache (BS)	Graphische Darst. (GD)	Formalbez. Sprache (FS)	Symbolische Darst. (SD)
Anteil						
Teil-Ganzes-Beziehung						
Ganzes						
Teil						

Abb. 6.10 Abstrahierter Navigationspfad zum Fallbeispiel Hannah (oben) aus Transkript 6.3 und 6.5 sowie Saskia und Anna (unten) aus Transkript 6.4

6.4 Fallbeispiel Saskia und Christina (Transkript 6.6 aus Zyklus 1, Herr Krause)

Anders als in den bisherigen Fallbeispielen wurde ebenfalls wiederholt beobachtet, dass erfolgreiche Lösungsansätze nicht zwangsläufig mit Vernetzen von Darstellungen einhergehen müssen: Im Transkript 6.6 adressieren die Schülerinnen den Teil und das Ganze separat und verknüpfen zur Aussage implizit über Wechsel. In diesen Fällen bedarf es anscheinend keiner weiteren Erläuterung, wenn die Aussage und vorliegende Teil-Ganzes-Beziehung verstanden sind. Die Schülerinnen stellen ihre Lösung zur Aussage von Anke in Abbildung 6.6 vor.

Analyse des Transkripts 6.6

Transkript 6.6 aus Zyklus 1, Hr. Krause, A1b), Sinneinheit 2 – Turn 55–60
Nach Bearbeitung der Aussage von Simon aus Abbildung 6.6, stellen Saskia und Christina ihre
Lösung zur Aussage von Anke vor (ab Turn 55), worauf ein Gespräch im Plenum folgt und der
Bruch in der Aussage korrigiert wird (ab Turn 61, nicht abgebildet). Die im Transkript behandelte
Frage aus Aufgabe 1b) (Abbildung 6.6) ist, ob die folgende Aussage von Anke richtig ist: „3/5 der
Sport-Treiber schauen keine Sport-Videos."

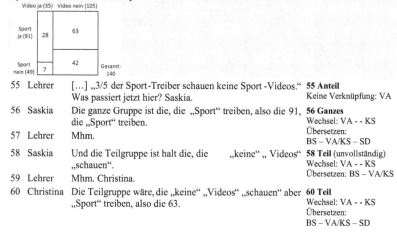

55	Lehrer	[...] „3/5 der Sport-Treiber schauen keine Sport -Videos." Was passiert jetzt hier? Saskia.	**55 Anteil** Keine Verknüpfung: VA
56	Saskia	Die ganze Gruppe ist die, die „Sport" treiben, also die 91, die „Sport" treiben.	**56 Ganzes** Wechsel: VA - - KS Übersetzen: BS – VA/KS – SD
57	Lehrer	Mhm.	
58	Saskia	Und die Teilgruppe ist halt die, die „keine" „ Videos" „schauen".	**58 Teil** (unvollständig) Wechsel: VA - - KS Übersetzen: BS – VA/KS
59	Lehrer	Mhm. Christina.	
60	Christina	Die Teilgruppe wäre, die „keine" „Videos" „schauen" aber „Sport" treiben, also die 63.	**60 Teil** Wechsel: VA - - KS Übersetzen: BS – VA/KS – SD

Herr Krause liest die Aussage vor (Turn **55 Anteil** Keine Verknüpfung: VA),
worauf Saskia erst das Ganze (Turn 56), dann den Teil (Turn 58) adressiert und
jeweils durch Aufgreifen einzelner Wörter aus der Aussage zwischen Aussage
und der Verbalisierung der Gruppe im Kontext wechselt sowie zur bedeutungsbezogenen Denksprache und für das Ganze zusätzlich zur symbolischen Darstellung
übersetzt (Turn **56 Ganzes** Wechsel: VA - - KS, Übersetzen: BS – VA/KS –
SD). Beim Teil benennt sie nur ein Merkmal. Christina korrigiert, indem sie
zur Beschreibung des Teils beide Merkmale aufgreift und zusätzlich zur symbolischen Darstellung übersetzt (Turn **60 Teil** Wechsel: VA - - KS, Übersetzen:
BS – VA/KS – SD).

*Analyse-Ergebnis: Anforderungen und Ressourcen bei Saskia und Christina zu
Transkript 6.6*
Die beiden Schülerinnen adressieren aus *epistemischer Perspektive* lediglich den
Teil und das Ganze unabhängig voneinander, ohne auf die Teil-Ganzes-Beziehung
einzugehen. Beide Verstehenselemente werden richtig bestimmt, wobei Saskia
beim Teil nur ein Merkmal explizit benennt. In der Aussage wird nicht deutlich, ob sie den Teil falsch interpretiert oder lediglich in verkürzter Variante das
ausschlaggebende zweite Merkmal benennt, ohne das andere, auch auf das Ganze

zutreffende Merkmal zu wiederholen. Christina verbalisiert den Teil im Anschluss vollständig.

Aus *semiotischer Perspektive* stellen sie zwischen der Aussage und der Verbalisierung der Gruppen im Kontext implizite Verknüpfungen über Wechsel her und übersetzen zwischen weiteren Darstellungen wie bedeutungsbezogener kontextunabhängiger Sprache und symbolischer Darstellung. Die beiden Schülerinnen nutzen bedeutungsbezogene kontextunabhängige Bezeichnungen für den Teil und das Ganze. In Abbildung 6.11 ist oben der konkrete Pfad im Navigationsraum und unten der Pfad in abstrahierter Weise abgebildet.

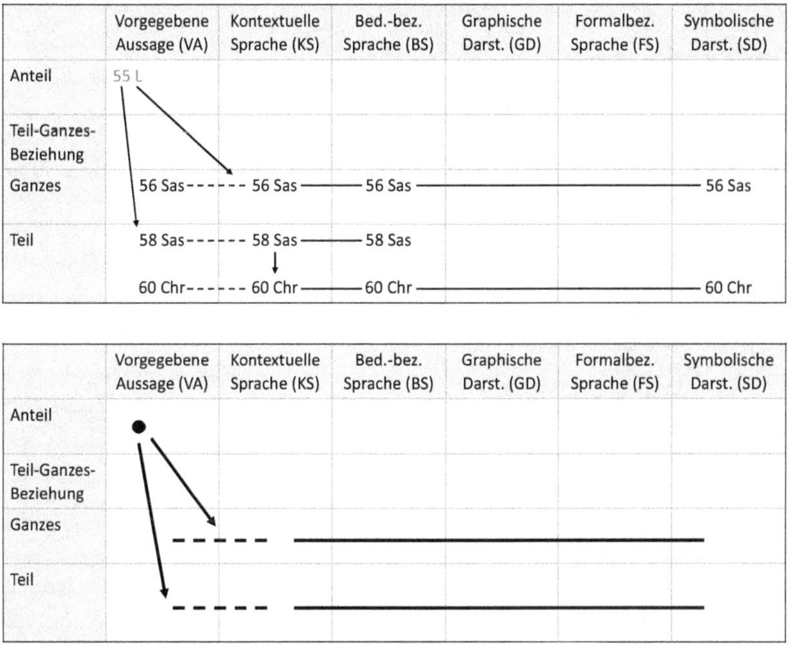

	Vorgegebene Aussage (VA)	Kontextuelle Sprache (KS)	Bed.-bez. Sprache (BS)	Graphische Darst. (GD)	Formalbez. Sprache (FS)	Symbolische Darst. (SD)
Anteil	55 L					
Teil-Ganzes-Beziehung						
Ganzes	56 Sas - - - - - -	56 Sas ————	56 Sas ———————			56 Sas
Teil	58 Sas - - - - - -	58 Sas ————	58 Sas			
	60 Chr - - - - - -	60 Chr ————	60 Chr ———————			60 Chr

	Vorgegebene Aussage (VA)	Kontextuelle Sprache (KS)	Bed.-bez. Sprache (BS)	Graphische Darst. (GD)	Formalbez. Sprache (FS)	Symbolische Darst. (SD)
Anteil	●					
Teil-Ganzes-Beziehung						
Ganzes		- - - -	———————————————			
Teil		- - - -	———————————————			

Abb. 6.11 Navigationspfad (oben) und abstrahierter Navigationspfad (unten) zum Fallbeispiel Saskia und Christina aus Transkript 6.6

Zusammenfassend werden in dem Ausschnitt das Ganze und der Teil richtig identifiziert. Zur Erklärung adressieren die Schülerinnen beide Verstehenselemente separat und verknüpfen Darstellungen über die Aktivitäten Übersetzen bzw. Wechseln (zwischen Aussage und kontextueller Sprache). Ähnlich wie im nachfolgenden Transkriptbeispiel scheint es zumindest für diese Lernenden, welche die Lösung vorstellen, keine Notwendigkeit zu geben, die Darstellungen expliziter zu verknüpfen.

6.5 Fallbeispiel Annabel (Transkript 6.7 aus Zyklus 2, Herr Albrecht)

In diesem Transkript 6.7 wird direkt eine richtige Lösung präsentiert. Wie auch in anderen Beispielen von eher mathematikstarken Lernenden beobachtet, zeichnet die Erklärung ein Übersetzen auf Ebene des verdichteten Verstehenselements Anteil (z. B. direkte Korrektur des Bruchs) aus, wobei feinere Verstehenselemente kaum adressiert werden.

Aufgabenstellung für Transkript 6.7
Die Lernenden erhalten die in Abbildung 6.12 dargestellte Aufgabe. In der Aufgabe sind im Gegensatz zu Zyklus 1 keine weiteren Hinweise oder Tipps enthalten. Auf dem Arbeitsblatt ist zudem das passende Anteilsbild abgebildet.

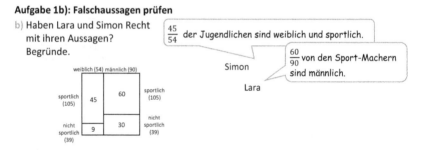

Aufgabe 1b): Falschaussagen prüfen

b) Haben Lara und Simon Recht mit ihren Aussagen? Begründe.

$\frac{45}{54}$ der Jugendlichen sind weiblich und sportlich.

$\frac{60}{90}$ von den Sport-Machern sind männlich.

Simon

Lara

weiblich (54)   männlich (90)

sportlich (105)   45   60   sportlich (105)

nicht sportlich (39)   9   30   nicht sportlich (39)

Abb. 6.12 Aufgabe 1b) zum Prüfen von Falschaussagen des Lehr-Lern-Arrangements zu bedingten Wahrscheinlichkeiten im Zyklus 2, Kurs Herr Albrecht (veröffentlicht in leicht abgewandelter Form in Post & Prediger 2024b, S. 108; hier in übersetzter Version)

Analog zur Aufgabenstellung im Zyklus 1 beschreibt der Bruch jeweils einen anderen Anteil als die Aussage (Abbildung 6.12). In Simons Aussage ist sprachlich eine kombinierte Aussage formuliert (Anteil der weiblichen Sportlichen an allen), während der Bruch den Anteil der weiblichen Sportlichen an allen weiblichen Befragten, d. h. eine Teil-vom-Teil-Aussage, beschreibt. In Laras Aussage liegt sowohl in der Aussage als auch im Bruch eine Teil-vom-Teil-Aussage vor, die sich jeweils auf verschiedene Ganze bezieht: Während der Bruch sich auf alle männlichen Sportlichen von den männlichen Befragten bezieht, ist in der Aussage der Anteil der männlichen Sportlichen an allen Sportlichen formuliert.

Nach Bearbeitung in Kleingruppen werden die intuitiven Lösungen der Lernenden zu Aufgabe 1b) kurz im Plenum besprochen. Anschließend wird eine ausführlichere Version der Aufgabe in Aufgabe 1 c) bearbeitet, in der bestimmte Verstehenselemente und Verknüpfungen zwischen Darstellungen im Material explizit eingefordert werden.

Analyse des Transkripts 6.7

Transkript 6.7 aus Zyklus 2, Hr. Albrecht, A1b), Sinneinheit 1 – Turn 1–2
Nach Bearbeitung der Aufgabe 1b) (Abbildung 6.12) in Kleingruppen stellt Annabel ihre Lösung vor (Turn 2). Anschließend folgt nach einem ergänzenden Kommentar von Herrn Albrecht die nächste Aussage. Die im Transkript behandelte Frage aus Aufgabe 1b) ist, ob die folgende Aussage von Simon richtig ist: „45/54 der Jugendlichen sind weiblich und sportlich."

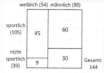

1	Lehrer	[...] Ähm, ... die Aussage von Simon?	**1 Anteil** Keine Verknüpfung: VA
2a	Annabel	Ähm, die ist falsch, weil da steht ja „der Jugendlichen sind weiblich und sportlich", also müsste man nun, ähm,	**2a Anteil** Übersetzen: VA – SD
2b		45/144, weil es geht ja nicht nur um die, ähm, Frauen oder die Mädchen, sondern auch um die Jungs.	**2b Ganzes** Keine Verknüpfung: KS

Herr Albrecht lenkt die Aufmerksamkeit in Turn 1 auf die Aussage von Simon (Turn **1 Anteil** Keine Verknüpfung: VA). Annabel antwortet, indem sie den textuellen Teil der vorgegebenen Aussage vorliest und in den richtigen Bruch übersetzt (Turn **2a Anteil** Übersetzen: VA – SD). Zur Erklärung adressiert sie das Ganze separat im Kontext ohne weitere Verknüpfung (Turn **2b Ganzes** Keine Verknüpfung: KS).

Analyse-Ergebnis: Anforderungen und Ressourcen bei Annabel zu Transkript 6.7
Aus *epistemischer Perspektive* adressiert Annabel den Anteil als verdichtetes Verstehenselement und bezieht sich in der Begründung auf das Ganze. Sie ordnet der Aussage den richtigen Bruch zu und identifiziert daher den Fehler richtig. Sie adressiert die Teil-Ganzes-Beziehung nicht.

Aus *semiotischer Perspektive* betrachtet adressiert sie den gekapselten Anteil und übersetzt direkt auf dieser gekapselten Ebene in den richtigen Bruch. Sie verknüpft zudem zur kontextuellen Darstellung und faltet damit auf, indem sie lediglich isoliert das Ganze ohne weitere Verknüpfung adressiert. Weiterer Erklärungs- und Vernetzungsbedarf scheint an dieser Stelle nicht zu existieren. Die Navigationspfade zu ihrer Lösung sind in Abbildung 6.13 abgebildet.

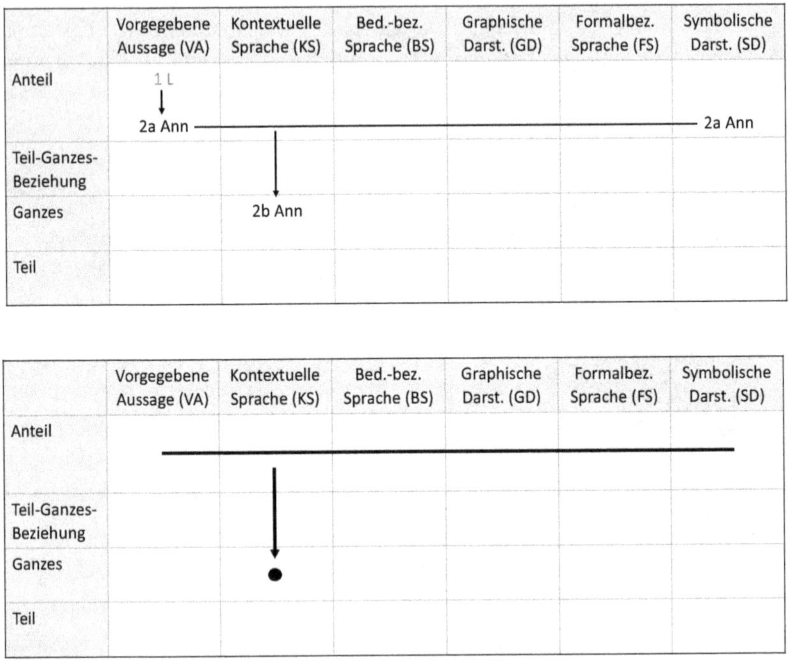

	Vorgegebene Aussage (VA)	Kontextuelle Sprache (KS)	Bed.-bez. Sprache (BS)	Graphische Darst. (GD)	Formalbez. Sprache (FS)	Symbolische Darst. (SD)
Anteil	1 L					
	2a Ann					2a Ann
Teil-Ganzes-Beziehung						
Ganzes		2b Ann				
Teil						

	Vorgegebene Aussage (VA)	Kontextuelle Sprache (KS)	Bed.-bez. Sprache (BS)	Graphische Darst. (GD)	Formalbez. Sprache (FS)	Symbolische Darst. (SD)
Anteil						
Teil-Ganzes-Beziehung						
Ganzes						
Teil						

Abb. 6.13 Navigationspfad (oben) und abstrahierter Navigationspfad (unten) zum Fallbeispiel Annabel aus Transkript 6.7

6.6 Fallbeispiel Pia (Transkript 6.8 aus Zyklus 4, Herr Schmidt)

In Abschnitt 6.6–6.8 werden bewusst weitere Transkriptbeispiele zu nicht erfolgreichen Lösungsansätzen aus dem Designexperiment-Zyklus 4 dargestellt, um einen genaueren Einblick in die konzeptuellen und sprachlichen Anforderungen beim Dekodieren von Falschaussagen zu erhalten. An variierenden Formulierungen zu Anteilen wird die zentrale Herausforderung deutlich, aus unterschiedlichen Formulierungen heraus die richtige Teil-Ganzes-Beziehung zu erkennen.

Aufgabenstellung für die Transkripte 6.8, 6.9 und 6.10

Übungs-Aufgabe 2: Falschaussagen prüfen

1200 Jugendliche wurden befragt, ob sie Online-Videos mit lustigen Clips schauen.

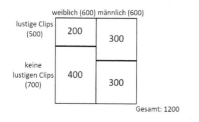

(1) Ungefähr jeder zweite Jugendliche ist männlich und schaut lustige Clips.

(4) Der Anteil der Jungen an den Jugendlichen, die keine lustigen Clips schauen, beträgt $\frac{1}{2}$.

$\frac{1}{3}$ von den weiblichen Jugendlichen schaut lustige Clips.

Was ist die ganze Gruppe? Was ist die Teilgruppe? Woran erkennst du den Anteil? Markiere in den Aussagen und im Anteilsbild.

Stimmen die Aussagen? Wenn nicht, erkläre den Fehler und korrigiere.

Abb. 6.14 Übungs-Aufgabe 2 zum Prüfen von Falschaussagen des Lehr-Lern-Arrangements im Zyklus 4, Kurs Herr Schmidt / Herr Mayer (veröffentlicht in leicht abgewandelter Form in Post & Prediger 2020b, 2024b, S. 108; hier in übersetzter Version)

In Zyklus 4 wird im Anschluss an die Aufgaben zur Erarbeitung von Falschaussagen eine vertiefende Übungsaufgabe zu Falschaussagen bearbeitet, in der unterschiedliche Formulierungen zu Anteilen fokussiert werden. Die Übungs-Aufgabe ist der Stufe 2.1 im intendierten Lernpfad zuzuordnen (Abschnitt 5.2.1).

In den Aussagen passen die Zahlenwerte jeweils nicht zu den formulierten Aussagen. Die Lernenden erhalten in der Aufgabenstellung den Tipp, das Ganze, den Teil und die Teil-Ganzes-Beziehung zu adressieren. Nach Bearbeitung in Kleingruppen werden die Aussagen direkt bzw. in der nachfolgenden Sitzung im Plenum nacheinander besprochen. In diesem Abschnitt wird der Lösungsansatz von Pia (Kurs Herr Schmidt) zur Aussage (1) in Abbildung 6.14 besprochen.

Analyse des Transkripts 6.8

Transkript 6.8 aus Zyklus 4, Hr. Schmidt, A2, Sinneinheit 1 – Turn 4
Nach Bearbeitung der Aufgabe 2 (Abbildung 6.14) in Kleingruppen stellt Pia ihre Lösung vor, die daraufhin im Plenum diskutiert wird (ab Turn 5, nicht abgebildet). Die im Transkript behandelte Frage aus Aufgabe 2 ist, ob die folgende Aussage (1) richtig ist:
„Ungefähr jeder zweite Jugendliche ist männlich und schaut lustige Clips."
Markierung von Pia (nach Besprechung im Plenum):

(1)   Ungefähr jeder zweite Jugendliche ist männlich und schaut lustige Clips.

4a	Pia	Ähm, ja also „Ungefähr jeder zweite Jugendliche ist männlich und schaut lustige Clips."
4b		Ähm, sind die zwei Jug-, ähm, weiblich, also „jeder zweite Jugendliche", ähm, und „männlich" sind blau, weil das ja, ähm, halt die Gruppe ist. Und das ist der Gesamtanteil, also, weil Jugendlichen sind halt das Komplette [*zeigt auf gesamtes Rechteck*], deswegen halt das Komplette.
4c		Und, ähm, die schau- schauen „lustige Clips", ist dann der Anteil. Ähm, der, also das Rote [*zeigt auf rot markiertes Rechteck*] ist dann halt die 300, weil das nur auf die Männlichen bezogen sind, die halt lustige Videos gucken.

4a Anteil
Keine Verknüpfung: VA

4b Ganzes (falsch)
Übersetzen: VA – BS
Übersetzen: BS – KS – GD
Keine Verknüpfung:
VA/BS   BS/KS/GD

4c Teil / Anteil (falsch)
Wechsel: VA - - KS
Übersetzen: VA/KS – BS
– GD – SD – KS

Pia liest zunächst die Aussage vor (Turn **4a Anteil** Keine Verknüpfung: VA). Anschließend adressiert sie das Ganze. Sie übersetzt zunächst zwischen der Aussage und der bedeutungsbezogenen Sprache und identifiziert die männlichen Jugendlichen als Ganzes (Turn **4b Ganzes** (falsch) Übersetzen: VA – BS). Direkt im Anschluss adressiert sie nochmals das Ganze, übersetzt zwischen bedeutungsbezogener Sprache sowie der Verbalisierung im Kontext und ordnet eine Fläche im Anteilsbild zu. Hierbei bestimmt sie alle Jugendlichen als Ganzes (Turn **4b Ganzes** Übersetzen: BS – KS – GD). Insgesamt scheint sie in der Aussage und im Anteilsbild unabhängig voneinander zwei verschiedene Ganze zu identifizieren und lässt beide ohne Verknüpfung nebeneinanderstehen (T4b).

Anschließend adressiert sie den Teil: Sie verbalisiert die Gruppe im Kontext und greift einzelne Wörter aus der Aussage heraus (Turn **4c Teil** Wechsel: VA - - KS). Dann übersetzt sie zwischen der Bezeichnung „Anteil" in bedeutungsbezogener Sprache, dem Anteilsbild, der absoluten Zahl in symbolischer Darstellung und erneuter Verbalisierung in kontextueller Sprache (Turn **4c Teil / Anteil** (falsch) Übersetzen: VA/KS – BS – GD – SD – KS). Obwohl sie in den Darstellungen den Teil adressiert, benennt sie diesen falsch als Anteil. In Abbildung 6.15 ist der Pfad im Navigationsraum abgebildet.

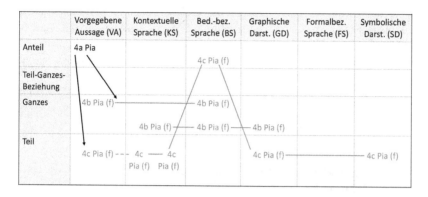

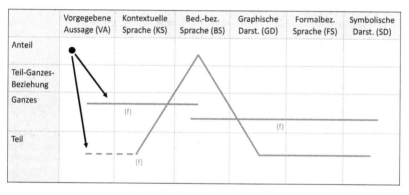

Abb. 6.15 Navigationspfad (oben) und abstrahierter Navigationspfad (unten) zum Fallbeispiel Pia aus Transkript 6.8

Analyse-Ergebnis: Anforderungen und Ressourcen bei Pia zu Transkript 6.8
Aus *epistemischer Perspektive* betrachtet adressiert Pia das Ganze und den Teil separat, die Teil-Ganzes-Beziehung adressiert sie nicht. Pia bestimmt zwei verschiedene Ganze unabhängig voneinander, nämlich die männlichen Jugendlichen und alle Jugendlichen. Den Teil bestimmt sie richtig.

Aus *semiotischer Perspektive* übersetzt Pia für das Ganze zwischen der Aussage und bedeutungsbezogener Sprache bewusst, jedoch falsch. Diese Beobachtung deutet darauf, dass sie die Gruppen eher oberflächlich anhand der Merkmale in der Aussage identifiziert und die Beziehung aus der Aussage nicht richtig dekodiert. Sie bestimmt zudem unabhängig voneinander in den unterschiedlichen Darstellungen verschiedene Ganze, sodass Pia den Zusammenhang zwischen den Darstellungen bezogen auf das Ganze nicht zu erkennen scheint. Sie bezeichnet den Teil zudem falsch als Anteil. Möglicherweise ist bei Pia die Vorstellung noch nicht gefestigt, wie die Darstellungen zum Anteil genau zusammenhängen und in welcher Relation die Verstehenselemente Teil, Ganzes, Anteil bzw. die Bezeichnungen zueinanderstehen. Im Transkript 6.8 ist nicht weiter zu erkennen, inwiefern Pias Konzept zum Anteil genügend gefestigt ist. Der abstrahierte Pfad ist in Abbildung 6.15 (unterer Navigationsraum) abgebildet.

Zusammenfassend zeigt das Fallbeispiel von Pia die wiederholt beobachtete Schwierigkeit, aus verdichteten Aussagen heraus die richtige Teil-Ganzes-Beziehung zu dekodieren.

6.7   Fallbeispiel Laura (Transkript 6.9 aus Zyklus 4, Herr Mayer)

Im Transkript 6.9 präsentiert Laura aus dem Kurs von Herrn Mayer ihre Lösung zu Aussage (1) aus der Aufgabe in Abbildung 6.14.

Analyse des Transkripts 6.9

Transkript 6.9 aus Zyklus 4, Hr. Mayer, A2, Sinneinheit 1 – Turn 1–3
Nach Bearbeitung der Aufgabe 2 (Abbildung 6.14) in Kleingruppen stellt Laura in der darauffolgenden Sitzung ihre Lösung vor, die im Anschluss im Plenum diskutiert wird (ab Turn 4, nicht abgebildet). Die im Transkript behandelte Frage aus Aufgabe 2 (Abbildung 6.14) ist, ob die folgende Aussage (1) richtig ist: „Ungefähr jeder zweite Jugendliche ist männlich und schaut lustige Clips."
Markierung von Laura (nach Besprechung im Plenum):

1a	Laura	Ja, also bei dem Ersten hat „Ungefähr jeder zweite Jugendliche männlich und schaut lustige Clips."
1b		Da sind erstmal alle „Jugendliche" inbegriffen, deswegen habe ich alles blau gemacht.
1c		Und dann ganz ja gesagt, dass halt die Männlichen halt „lustige Clips" schauen. Und deswegen habe ich dann diese 30, ähm, 30 da rot markiert, weil das sind halt die Männer, die lustige Clips schauen.
1d		Ähm, bei 2 habe ich jetzt nichts. Ähm, bei 3 #
2	Lehrer	# Ok, bleiben wir kurz bei dem Ersten. Sind alle einverstanden? [4 Sek.] Also, was, was haben wir gerade gesagt? Vielleicht, ähm, das war ein bisschen durcheinander. Da steht ja: „Ungefähr jeder zweite Jugendliche ist männlich und schaut lustige Clips". Was ist denn jetzt mit dieser Behauptung? Stimmt die oder stimmt die nicht? [7 Sek.]
3	Laura	Weiß ich nicht.

1a Anteil
Keine Verknüpfung: VA
1b Ganzes
Wechsel: VA - - KS
Übersetzen: VA/KS – GD
1c Teil
Wechsel: VA - - KS
Übersetzen:
VA/KS – SD/GD – KS

2 Anteil
Keine Verknüpfung: VA

In Turn 1a liest Laura die Aussage vor (Turn **1a Anteil** Keine Verknüpfung: VA). Sie bezieht sich daraufhin auf das Ganze, verbalisiert dieses im Kontext und greift dabei das Wort „Jugendliche" aus der Aussage auf (Wechsel zwischen Aussage und Kontext). Zudem ordnet sie die Markierung im Anteilsbild zu (Turn **1b Ganzes** Wechsel: VA - - KS, Übersetzen: VA/KS – GD). Anschließend adressiert sie den Teil, wechselt hierfür ebenfalls zwischen der Aussage und kontextueller Sprache und übersetzt zudem zum Anteilsbild bzw. symbolischer Darstellung sowie der Verbalisierung im Kontext (Turn **1c Teil** Wechsel: VA - - KS, Übersetzen: VA/KS – SD/GD – KS).

Herr Mayer lenkt die Aufmerksamkeit anschließend zur Aussage und fordert eine Einschätzung, ob die Aussage stimmt (Turn 2). Laura kann die Frage nicht beantworten (Turn 3). Ab Turn 4 folgt die weitere Besprechung im Plenum. In Abbildung 6.16 ist der Pfad im Navigationsraum abgebildet.

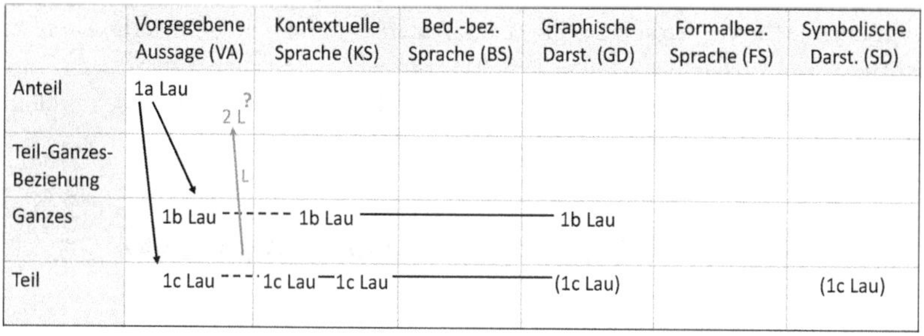

	Vorgegebene Aussage (VA)	Kontextuelle Sprache (KS)	Bed.-bez. Sprache (BS)	Graphische Darst. (GD)	Formalbez. Sprache (FS)	Symbolische Darst. (SD)
Anteil	1a Lau ⟍ 2 Lꟼ					
Teil-Ganzes-Beziehung		L				
Ganzes	1b Lau - ¦ - - - - 1b Lau ——— 1b Lau	1b Lau		1b Lau		
Teil	1c Lau - - - 1c Lau — 1c Lau ——— (1c Lau)	1c Lau		(1c Lau)		(1c Lau)

Abb. 6.16 Navigationspfad zum Fallbeispiel Laura aus Transkript 6.9

Analyse-Ergebnis: Anforderungen und Ressourcen bei Laura zu Transkript 6.9
Ähnlich wie bei Pia im Transkript 6.8 adressiert Laura aus *epistemischer Perspektive* das Ganze und den Teil separat, die Teil-Ganzes-Beziehung adressiert sie nicht. Laura bestimmt zunächst hingegen den Teil und das Ganze richtig.

Aus *semiotischer Perspektive* wechselt sie zwischen der Aussage und der kontextuellen Sprache und übersetzt in weitere Darstellungen. Im letzten Schritt im Transkript fragt Herr Mayer nach einer Einschätzung, ob die Aussage, d. h. der Bruch zur formulierten Aussage, passt. Laura kann die Frage nicht beantworten, obwohl sie den Teil und das Ganze zuvor richtig bestimmt hat. Laura gelingt somit das Auffalten in den Teil und das Ganze. Es scheint ihr jedoch schwer zu fallen, zum Anteil zu verdichten bzw. den Bruch und die formulierte Aussage in Beziehung zu setzen. Der abstrahierte Pfad ist in Abbildung 6.17 abgebildet.

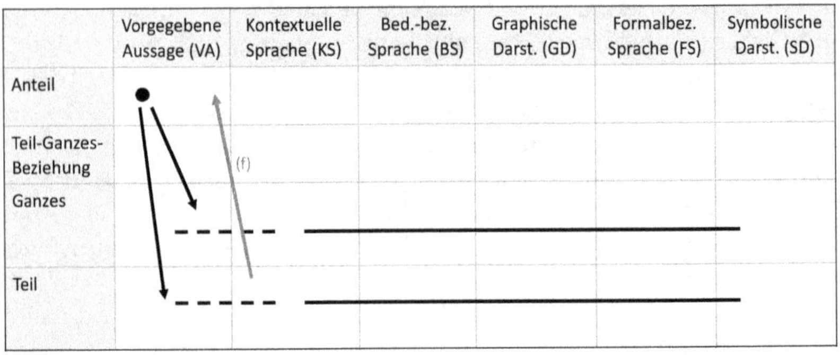

	Vorgegebene Aussage (VA)	Kontextuelle Sprache (KS)	Bed.-bez. Sprache (BS)	Graphische Darst. (GD)	Formalbez. Sprache (FS)	Symbolische Darst. (SD)
Anteil						
Teil-Ganzes-Beziehung	(f)					
Ganzes						
Teil						

Abb. 6.17 Abstrahierter Navigationspfad zum Fallbeispiel Laura aus Transkript 6.9

Insgesamt betrachtet gelingt es Laura, die Aussage in den Teil und das Ganze aufzufalten. Beim Verdichten hin zum Anteil scheint sie Schwierigkeiten zu haben. Sowohl das Beispiel von Pia (Transkript 6.8) als auch von Laura (Transkript 6.9) deuten darauf hin, dass die Vorstellungen zum Konzept des Anteils teils noch nicht vollständig gefestigt sind.

6.8   Fallbeispiel Sascha (Transkript 6.10 aus Zyklus 4, Herr Mayer)

Das hier dargestellte Beispiel erweitert die bisherigen Beobachtungen (analysiert mit vorläufiger Kodierung in Post & Prediger 2024b): An Saschas Lösungsansatz wird deutlich, dass nicht nur das *Wie* für richtiges Dekodieren entscheidend ist, also bewusstes Übersetzen und Vernetzen, sondern auch das *Was*, also welche Verstehenselemente darin fokussiert werden. So zeichnet sich sein Vorgehen durch Übersetzen zur Aussage für das Ganze und Erklärung der Teil-Ganzes-Beziehung aus. Er scheint jedoch nicht zu erkennen, wie die Beziehung in der Aussage ausgedrückt wird (d. h. beispielsweise über welche Sprachmittel), und er vernetzt die Darstellungen auch nicht dahingehend.

Analyse des Transkripts 6.10

Transkript 6.10 aus Zyklus 4, Hr. Mayer, A2, Sinneinheit 4 – Turn 89b–92

In der Besprechung der Übungs-Aufgabe 2 (Abbildung 6.14) stellen Laura und anschließend Sascha ihre Lösung zur Aussage (4) vor. Daraufhin folgt die weitere Besprechung im Plenum (ab Turn 93, nicht abgebildet). Die im Transkript behandelte Frage ist, ob die folgende Aussage richtig ist: „Der Anteil der Jungen an den Jugendlichen, die keine lustigen Clips schauen, beträgt ½."

	weiblich (600)	männlich (600)
lustige Clips (500)	200	300
keine lustigen Clips (700)	400	300

Gesamt: 1200

89b	Lehrer	Dann noch die Vier. Laura, wollen Sie vielleicht auch kurz mal erzählen, was Sie sich überlegt haben?	**89b Anteil** Keine Verknüpfung: VA
90a	Laura	Ja. Ähm, also da habe ich halt wieder alle „Jugendlichen" als ganze Gruppe genommen, also die 1200, die befragt wurden.	**90a Ganzes** (falsch) Wechsel: VA - - KS Übersetzen: BS – VA/KS – SD
90b		Und der Anteil, also nee, der Teil ist dann, ähm, wieder die, diese Hälfte, die „keine lustigen Clips schauen", sind dann halt die 300, also ich habe es falsch erklärt. Ich kann es nicht erklären.	**90b Teil / Anteil** (falsch) Übersetzen: BS – VA – SD
91	Lehrer	Alles nicht schlimm. Ähm, wollen wir uns die Formulierung vielleicht nochmal angucken? [ca. 5 Wörter unverständlich] Sascha, ja.	**91 Anteil** Keine Verknüpfung: VA
92a	Sascha	Ja also „der Anteil der Jungen an den Jugendlichen", dann sind es ja erstmal nur die 600 Jungen. Ähm, und nicht alle, weil von den Mädchen ja nichts gefragt ist.	**92a Ganzes** (falsch) Übersetzen: VA – KS – SD **92ab TGB** (falsch) Erklären TGB: (KS) = (VA) = SD
92b		Und dann von den 600 „schauen" 300 „keine lustigen Clips".	**92c Anteil** (falsch) Übersetzen: VA – SD
92c		Also stimmt die Aussage, weil es die Hälfte ist.	

Laura bestimmt das Ganze falsch. Den Teil bestimmt sie richtig, allerdings werden hier ähnlich wie in Transkript 6.8 die Konzepte Teil und Anteil vermischt adressiert. Sie bricht ihre Aussage ab.

Sascha bezieht sich zunächst auf das Ganze und übersetzt zwischen der Aussage, der Verbalisierung der Gruppe im Kontext und dem Wert 600 in symbolischer Darstellung (Turn **92a Ganzes** (falsch) Übersetzen: VA – KS – SD). Er bestimmt das Ganze jedoch falsch als die gesamte Gruppe der Jugendlichen. Direkt daran anschließend und somit aufbauend auf Turn 92a formuliert er in Turn 92b die Teil-Ganzes-Beziehung und erklärt damit insgesamt die Beziehung zwischen der symbolischen Darstellung und der Aussage. Aus der Aussage greift er dabei die aus seiner Perspektive richtigen Passagen für den Teil (in Turn 92b) und das Ganze (in Turn 92a) heraus und knüpft diese an die Werte 300 und 600. Die Beziehung formuliert er über „von" (Turn **92ab TGB** Erklären TGB: (KS) = (VA) = SD). In der Kodierung wird die Aussage in Klammern gesetzt, da er zwar bewusst Phrasen aus der Aussage für den Teil und Ganze mit den Zahlenwerten verknüpft, jedoch nicht, wie die Beziehung innerhalb der Aussage ausgedrückt wird, nämlich über die Sprachmittel „Anteil der … an …". Zuletzt bewertet er die Aussage fälschlicherweise als richtig und stellt eine Beziehung zur symbolischen Darstellung über „die Hälfte" her (Turn **92c Anteil** Übersetzen: VA – SD). In Abbildung 6.18 ist der Pfad im Navigationsraum abgebildet.

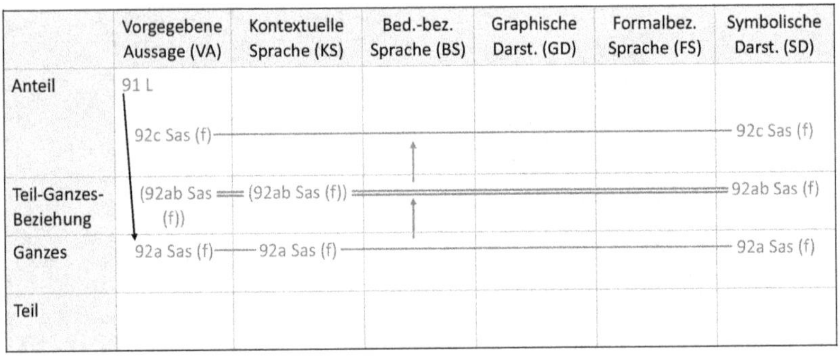

	Vorgegebene Aussage (VA)	Kontextuelle Sprache (KS)	Bed.-bez. Sprache (BS)	Graphische Darst. (GD)	Formalbez. Sprache (FS)	Symbolische Darst. (SD)
Anteil	91 L					
	92c Sas (f)					92c Sas (f)
Teil-Ganzes-Beziehung	(92ab Sas (f))	(92ab Sas (f))				92ab Sas (f)
Ganzes	92a Sas (f)	92a Sas (f)				92a Sas (f)
Teil						

Abb. 6.18 Navigationspfad zum Fallbeispiel Sascha aus Transkript 6.10

Analyse-Ergebnis: Anforderungen und Ressourcen bei Sascha zu Transkript 6.10
Während Laura lediglich den Teil und das Ganze adressiert sowie den Teil und den Anteil zu vermischen scheint, adressiert Sascha aus *epistemischer Perspektive* erst das Ganze, formuliert dann eine dazu passende Teil-Ganzes-Beziehung und verdichtet anschließend zum Anteil. Er scheint somit eine stabile Vorstellung zum Anteil zu besitzen. Das bestimmte Ganze und die bestimmte Teil-Ganzes-Beziehung passen jedoch nicht zur Aussage und sind daher inhaltlich falsch.

Aus *semiotischer Perspektive* übersetzt er dabei bewusst für das Ganze zwischen der Aussage und anderen Darstellungen und erklärt den Zusammenhang zwischen der Aussage und der symbolischen Darstellung. Dazu formuliert er die Teil-Ganzes-Beziehung über „von" bedeutungsbezogen. Im Vergleich zu Tom (Transkript 6.2) und Saskia / Anna (Transkript 6.4) fokussiert er dabei in der Aussage nur zusammenhängende Phrasen, die er dem von ihm identifizierten Teil und Ganzen bewusst und explizit zuordnet, anstatt die Struktur der gesamten Aussage und damit die Sprachmittel, über welche die Beziehung ausgedrückt wird, zu fokussieren und die Darstellungen dahingehend zu verknüpfen (Abbildung 6.19).

Neben der expliziten und bewussten Verknüpfung von Darstellungen ist somit auch wichtig, alle inhaltlich relevanten Verstehenselemente zu adressieren: In der

Aussage sind es diejenigen Sprachmittel bzw. grammatischen Strukturen, über welche die Beziehung zwischen dem Teil und Ganzen formuliert wird.

Zusammenfassend ergänzt das Fallbeispiel von Sascha die bisherigen Ergebnisse darum, dass neben der bewussten und expliziten Verknüpfung die Darstellungen hinsichtlich aller inhaltlich relevanten Verstehenselemente verknüpft werden müssen. In Saschas Fall handelt es sich hierbei um die Sprachmittel und grammatischen Strukturen in der vorgegebenen Aussage, über die die Beziehung zwischen dem Teil und Ganzen ausgedrückt wird.

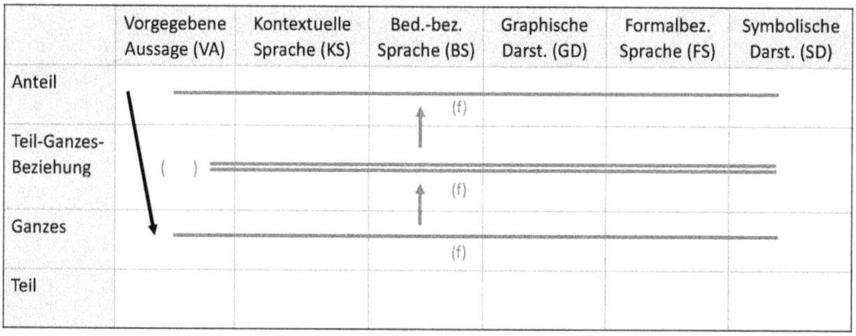

Abb. 6.19 Abstrahierter Navigationspfad zum Fallbeispiel Sascha aus Transkript 6.10

6.9   Vergleich der Fallbeispiele und Zusammenfassung

In diesem Abschnitt werden die Fallbeispiele im Zusammenhang betrachtet und zusammengefasst. In Abbildung 6.20 sind die abstrahierten Pfade dargestellt.

Vernetzen von Darstellungen für alle inhaltlich relevanten Verstehenselemente
Sowohl Celina (Transkript 6.1) als auch Hannah (Transkript 6.3 und 6.5) interpretieren die kombinierte Aussage falsch und scheinen diese mit einer Teil-vom-Teil-Aussage zu verwechseln.

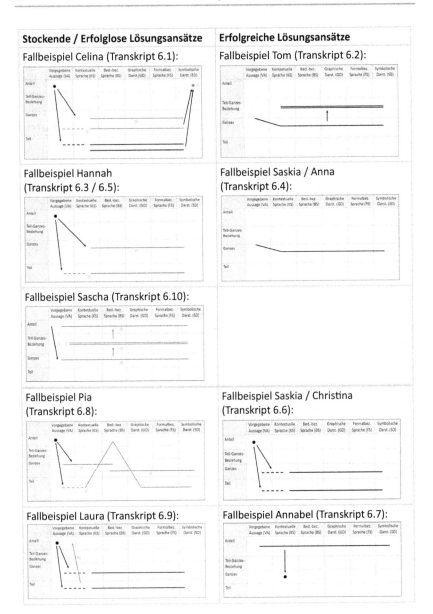

Abb. 6.20 Überblick über abstrahierte Navigationspfade der Fallbeispiele

In ihrem Vorgehen wird die konzeptuelle Herausforderung deutlich, die kombinierte Aussage von der Teil-vom-Teil-Aussage zu unterscheiden und aus der Aussage heraus die richtige Teil-Ganzes-Beziehung zu identifizieren. Tom (Transkript 6.2) sowie Saskia und Anna (Transkript 6.4) gelingt es, die richtige Teil-Ganzes-Beziehung zu identifizieren.

Das Vorgehen der Lernenden unterscheidet sich wie folgt: Celinas und Hannahs nicht erfolgreiche Lösungsansätze zeichnen sich aus *epistemischer* Perspektive dadurch aus, dass sie zum Auffalten der Aussage lediglich den Teil und das Ganze separat adressieren. Tom und Saskia sowie Anna adressieren ebenfalls das Ganze, allerdings in Kombination mit den Sprachmitteln aus der Aussage, über welche die Beziehung zwischen dem Teil und Ganzen ausgedrückt wird. Tom formuliert zudem die konkrete zugrunde liegende Teil-Ganzes-Beziehung.

Für diese Verstehenselemente verknüpfen die Lernenden Darstellungen unterschiedlich (vor allem zur vorgegebenen Aussage): Tom, Saskia und Anna übersetzen bewusst für das Ganze, indem sie die Phrase aus der Aussage zusammen mit dem Sprachmittel für die Beziehung aufgreifen und korrespondierende Elemente aus anderen Darstellungen zuordnen. Tom formuliert zudem die Teil-Ganzes-Beziehung über bedeutungsbezogene Denksprache und vernetzt Darstellungen für dieses Verstehenselement. Celina und Hannah greifen für den Teil und das Ganze die Aussage als Darstellung nicht oder nur implizit über Wechsel auf: So scheint beispielsweise Celina aus der Aussage Informationen zu den Merkmalen zusammenhangslos herauszugreifen und daran den Teil und das Ganze zu bestimmen. Sie achtet dabei nicht darauf, wie die Beziehung in der Aussage formuliert ist, noch formuliert sie die Beziehung.

Der Vergleich der Fallbeispiele deutet auf die zentrale Anforderung hin, in der Formulierung diejenigen Sprachmittel und grammatischen Strukturen zu identifizieren und zu dekodieren, über welche die Beziehung zwischen dem Teil und Ganzen ausgedrückt wird. Hierfür scheint es wichtig, dass die Darstellungen nicht nur für das Ganze, sondern für die Teil-Ganzes-Beziehung bewusst und explizit vernetzt werden. Tom, Saskia und Anna gelingt dies im Ansatz: Sie greifen aus der Aussage die Phrasen zum Ganzen in Kombination mit den Sprachmitteln für die Beziehung auf und setzen diese mit den anderen Darstellungen in Beziehung. Tom formuliert im Anschluss die Teil-Ganzes-Beziehung.

Das Beispiel von Sascha (Transkript 6.10) ergänzt diese Beobachtung: Obwohl er eine Teil-Ganzes-Beziehung formuliert und Darstellungen dafür vernetzt, unterscheidet ihn von Tom, Saskia und Anna, dass er die richtige Struktur in der Aussage nicht erkennt. Beim Vernetzen der Darstellungen für die Teil-Ganzes-Beziehung greift Sascha zusammenhängende Phrasen aus der Aussage für den Teil und das Ganze auf und übersetzt somit bewusst für den Teil und das Ganze zwischen der Aussage und weiteren Darstellungen. Die Struktur in der Aussage bzw. die Sprachmittel für die Beziehung bezieht er in die Vernetzung nicht mit ein. Tom, Saskia und Anna setzen dies zumindest im Ansatz durch Aufgreifen des Ganzen in Kombination mit den Sprachmitteln für die Beziehung um.

Zusammenfassend deuten die erfolgreichen Lösungsansätze darauf hin, zum Auffalten der komplexen Anteilsaussagen nicht nur Teil und Ganzes separat, sondern die Teil-Ganzes-Beziehung zu adressieren. Hierfür scheint es wichtig, die *Darstellungen* für die relevanten Verstehenselemente, d. h. Teil, Ganzes und Teil-Ganzes-Beziehung, explizit und bewusst zu verknüpfen. Konkretisiert für das analysierte Aufgabenformat scheint die zentrale Anforderung zu sein, die Teil-Ganzes-Beziehung in der vorgegebenen Aussage zu adressieren (d. h., die grammatische Struktur zu identifizieren) und eine bewusste und explizite Beziehung zu weiteren Darstellungen für die Teil-Ganzes-Beziehung herzustellen. Die Lernenden in den analysierten Fallbeispielen setzen dies teils im Ansatz um.

An Toms Erklärung wie auch an den Formulierungsvariationen von Saskia und Anna wird zudem deutlich, dass zum Formulieren und Erklären der Teil-Ganzes-Beziehung eine präzise bedeutungsbezogene Denksprache notwendig ist. Hier wird die Funktion von Sprache als Denkwerkzeug deutlich, insbesondere zum Formulieren mathematischer Zusammenhänge und Beziehungen, was eng an die Entwicklung konzeptuellen Verständnisses geknüpft ist.

Konzeptuelle Anforderungen zur Anteilsvorstellung
Die Fallbeispiele von Hannah, Pia und Laura zeigen weitere mögliche konzeptuelle Anforderungen auf: Pias Vorgehen (Transkript 6.8) deutet darauf hin, dass es ihr schwerfällt, unterschiedliche Darstellungen für das Ganze richtig zu verknüpfen. So identifiziert sie in verschiedenen Darstellungen unterschiedliche Ganze.

Bei den drei Schülerinnen werden zudem Herausforderungen deutlich, die auf die Anteilsvorstellungen hindeuten: In ihrer Erklärung zum Teil scheint Pia ähnlich wie Laura im Transkript 6.10 den Teil mit dem Anteil zu vermischen bzw. gleichzeitig zu adressieren. Laura (Transkript 6.9) gelingt zunächst, den richtigen Teil und das richtige Ganze zu identifizieren. Sie bricht jedoch ihre Aussage ab, als sie beide Größen verknüpfen und damit die Richtigkeit der Aussage beurteilen soll. Diese Beobachtungen geben Hinweise darauf, dass es den Lernenden möglicherweise schwerfällt, den Teil und den Anteil voneinander konzeptuell abzugrenzen bzw. den Teil und das Ganze wieder erfolgreich zum Anteil zu verdichten. Unter Umständen sind die Anteilsvorstellungen noch nicht genug gefestigt.

Ressourcen und Anforderungen der Lernenden zur Darstellungsverknüpfung
Die Analysen der ersten Fallbeispiele zeigen unterschiedliche Ressourcen und Anforderungen bei den Lernenden hinsichtlich der Darstellungsverknüpfung. Die Beispiele von Saskia und Christina (Transkript 6.6) sowie Annabel (Transkript 6.7) erweitern diesen Blick: Auch Saskia und Christina verknüpfen die Aussage mit weiteren Darstellungen für den Teil und das Ganze, indem sie für den Teil und das Ganze zwischen der Aussage und der Verbalisierung im Kontext wechseln. Annabel greift das Ganze lediglich in kontextueller Sprache auf. Obwohl diese Lernenden Darstellungen über ähnliche Aktivitäten wie Celina und Hannah verknüpfen, lösen sie die Aufgabe erfolgreich.

Für diese Lernenden scheinen diese weniger expliziten Verknüpfungen ausreichend, vermutlich weil die zugrunde liegende Struktur in den Aussagen und die Beziehungen zwischen den Darstellungen bereits verstanden sind. Dies deutet darauf hin, dass Darstellungsverknüpfung – zumindest für manche Lernende – nicht dauerhaft in der Explizitheit erfolgen muss, wenn eine gefestigte Vorstellung vom Anteil und Verständnis zum Zusammenhang der Darstellungen vorhanden sind. Bei Lernenden wie Celina, Hannah, Sascha, Laura oder Pia scheint allerdings aus unterschiedlichen Gründen der Bedarf nach expliziter Verknüpfung zu existieren, um den Zusammenhang der Darstellungen für alle relevanten Verstehenselemente zu erarbeiten und Anteilsvorstellungen zu festigen.

Zusammenfassung
Eine zentrale Aktivität zu Beginn des Lehr-Lern-Arrangements ist das Prüfen von Aussagen zu Anteilen. Auf dieser Grundlage werden im weiteren Verlauf Anteilstypen unterschieden und ein inhaltlicher Zugang zu bedingten Wahrscheinlichkeiten gegeben (Abschnitt 5.2). Zentral ist dabei, die Teil-Ganzes-Strukturen in den Aussagen zu Wahrscheinlichkeiten anhand der erarbeiteten Anteilstypen zu identifizieren. Da die späteren Prozesse auf diesen inhaltlichen Ideen aufbauen, wurden in diesem Kapitel 6 die zentralen konzeptuellen und sprachlichen Anforderungen und Ressourcen beim Dekodieren von Anteilsaussagen analysiert.

Beim Dekodieren von Aussagen zu Anteilen hat sich als zentrale konzeptuelle Anforderung herausgestellt, beim Auffalten neben dem Teil und dem Ganzen die Teil-Ganzes-Beziehung zu adressieren. Sprachliche Anforderungen sind dabei das Verbalisieren und Erklären der Teil-Ganzes-Beziehung in bedeutungsbezogener Denksprache. Als herausfordernd zeigt sich, anhand der grammatischen Strukturen der Aussagen die richtige Teil-Ganzes-Beziehung zu identifizieren.

Erfolgreiche Vorgehensweisen deuten auf die zentrale Anforderung hin, die Darstellungen nicht nur für Teil und Ganzes separat zu verknüpfen, sondern explizit auch für die Teil-Ganzes-Beziehung zu vernetzen. Im Ansatz setzen einige

Lernende in den analysierten Fallbeispielen dies bereits um, indem sie das Ganze in Kombination mit den Sprachmitteln für die Beziehung mit den anderen Darstellungen in Beziehung setzen. Die analysierten Fallbeispiele zeigen, dass Lernende unterschiedliche Ressourcen hierzu mitbringen.

Im Anschluss an diese Anforderungen und Ressourcen in den Beiträgen der *Lernenden*, werden in Kapitel 7 und 8 die unterrichtlichen Praktiken von *Lehrkräften* und *gemeinsamen Lernwege der Klassengemeinschaft* betrachtet.

Rekonstruktion typischer Unterrichtspraktiken zur Darstellungsverknüpfung

Zur Bearbeitung der Forschungsfrage 2 werden in diesem Kapitel die rekonstruierten *Praktiken von Lehrkräften zur Darstellungsverknüpfung* an prototypischen Beispielen vorgestellt und damit die Forschungsfrage bearbeitet:

(F2)   Welche typischen *unterrichtlichen Praktiken* von Lehrkräften zur Darstellungsverknüpfung in gemeinsamen Plenumsgesprächen zum Lerngegenstand bedingte Wahrscheinlichkeiten können rekonstruiert werden?

In einem aufwendigen Analysevorgehen (vgl. Abschnitt 4.3.2 im Methodenkapitel 4) wurden in insgesamt 18 Transkripten vorrangig an den Aufgabenformaten zum Prüfen von Falschaussagen und teilweise zum Formulieren von Anteilsaussagen zu Beginn des Lehr-Lern-Arrangements die Navigationspfade durch Basisanalysen in den Navigationsräumen rekonstruiert. Durch Kontrastieren und Vergleichen der entstandenen Navigationspfade wurden sieben typische Praktiken von Lehrkräften zur Darstellungsverknüpfung identifiziert, die wiederholt aufgetaucht sind. Dabei haben die Lehrkräfte jeweils unterschiedliche Praktiken realisiert.

Für jede Praktik werden zunächst an ein oder zwei Fallbeispielen typische Navigationspfade, die unter anderem unter der jeweiligen Praktik zusammengefasst wurden, analysiert und daran die Praktik beispielhaft erläutert. Im Anschluss an die Analyse der Fallbeispiele wird die jeweilige Praktik anhand der folgenden Aspekte charakterisiert und ein abstrahierter Pfad abgeleitet (Abschnitt 4.3.2):

M. Post, *Darstellungsvernetzung bei bedingten Wahrscheinlichkeiten*, Dortmunder Beiträge zur Entwicklung und Erforschung des Mathematikunterrichts 55, https://doi.org/10.1007/978-3-658-47374-7_7

- Epistemische Perspektive: adressierte Verstehenselemente und rekonstruierte Auffaltungs- und Verdichtungspfade
- Semiotische Perspektive: adressierte Darstellungen und semiotische Verknüpfungsaktivitäten
- Navigationspfad: charakteristische Navigationsbewegungen bzgl. der Verstehenselemente und Darstellungen
- Beteiligung der Lernenden an den jeweiligen Prozessen

In diesem Kapitel werden zunächst die rekonstruierten typischen Praktiken zur Darstellungsverknüpfung vorgestellt (Abschnitt 7.1–7.6). In Abschnitt 7.7 folgt eine Systematisierung der Praktiken und Zusammenfassung.

7.1   Praktik: Teil und Ganzes fokussieren

Die erste, immer wieder rekonstruierte Praktik ist dadurch charakterisiert, dass der Teil und das Ganze (oder mindestens eines dieser Verstehenselemente) adressiert werden. Darstellungen werden für den Teil und / oder das Ganze verknüpft oder zusätzliche Darstellungen über den Teil und / oder das Ganze eingebunden. Die Teil-Ganzes-Beziehung wird dagegen nicht adressiert. An zwei Fallbeispielen aus dem Kurs von Herrn Albrecht (Zyklus 2, analysiert in Post & Prediger 2024b) wird die Praktik an dem Aufgabenformat „Falschaussagen prüfen" konkretisiert, wobei im ersten Beispiel (Transkript 7.1) das Auffalten und im zweiten Beispiel (Transkript 7.2) das Verdichten fokussiert wird.

Fallbeispiel 1:   Auffalten einer Aussage in Teil und Ganzes (Transkript 7.1 aus Zyklus 2, Herr Albrecht)

Zum Auffalten der vorgegebenen Aussage werden im Kurs die feineren Verstehenselemente Ganzes und Teil adressiert und dafür Darstellungen über die semiotischen Aktivitäten Wechseln und Übersetzen verknüpft.

Transkript 7.1 aus Zyklus 2, Hr. Albrecht, A1c), Sinneinheit 1 – Turn 1–8
In der ersten Sitzung bearbeitet der Kurs die Aufgabe 1c) zum Dekodieren von Falschaussagen des Lehr-Lern-Arrangements zu bedingten Wahrscheinlichkeiten im Zyklus 2. Diese wird in Klein-gruppen bearbeitet und im Plenum besprochen. Das Transkript startet mit dem Beginn der Bespre-chung im Plenum (Turn 1). Bearbeitet wird die folgende Aussage: „45/54 der Jugendlichen sind weiblich und sportlich."
Im Plenum markiertes Anteilsbild:

1	Lehrer	[...] Wir fangen mit Simon .. Also die Aussage habt ihr dort stehen auf dem Zettel, mhmhmh „der Jugendlichen sind weiblich und sportlich" ... Wie heißt dort die ganze Gruppe, wie heißt dort die ganze Teilgruppe? Wenn ihr kurz begründet wieso, wäre das erfreulich [4 Sek.] Kim.	**1 Anteil** Keine Verknüpfung: VA Auff. zum Übersetzen Auff. zum Erklären
2a	Kim	Ähm, also die ganze Gruppe sind halt alle „Jugendlichen", weil, ähm, ja alle [ca. 1 Wort unverständlich] entspricht.	**1 / 2a Ganzes** Wechsel: VA - - KS Übersetzen: BS – VA/KS
2b		Und die Teilgruppe sind halt die, die „weiblich und sportlich" „sind".	**1 / 2b Teil** Übersetzen: BS – VA
3	Lehrer	Mhm. Magst du nach vorne kommen und blau und rot mar-kieren am Anteilsbild, um, dann kannst du nochmal kurz sa-gen, wie du da vorgegangen bist. Simon ist ja oben, genau. [22 Sek.]	Auff. zum Übersetzen
4	Kim	[*Umrandet das gesamte Anteilsbild blau*] Also das sind dann halt alle „Jugendlichen".	**3 / 4 Ganzes** Wechsel: VA - - KS Übersetzen: GD – VA/KS
5	Lehrer	Mhm. ...	
6	Kim	Und dann noch die, welche waren das nochmal? Die „weib-lich und sportlich" „sind"?	**3 / 6–8 Teil** Übersetzen: GD – VA
7	Lehrer	Genau, die „weiblich und sportlich" „sind", stand da in Aus-sage, genau. ...	
8	Kim	Das wären dann einmal die [*umrandet das obere linke Recht-eck rot*].	

In Turn 1 liest Herr Albrecht zunächst die Aussage vor und adressiert damit den Anteil in der vorgegebenen Aussage ohne weitere Verknüpfung (Turn **1 Anteil** Keine Verknüpfung: VA): Daraufhin fokussiert er das Ganze und den Teil und fordert jeweils ein, in andere Darstellungen zu übersetzen sowie zu erklä-ren (Turn **1** Aufforderung zum Übersetzen, Aufforderung zum Erklären). Kim greift die Bezeichnung als „ganze Gruppe" in bedeutungsbezogener kontextun-abhängiger Sprache auf und ordnet eine Verbalisierung der Gruppe im Kontext zu: Hierbei greift sie das Wort „Jugendlichen" aus der Aussage auf und bindet es in die Verbalisierung im Kontext ein, sodass ein Wechsel zwischen der kontex-tuellen Sprache und vorgegebenen Aussage vorliegt (Turn **2a Ganzes** Wechsel: VA - - KS). Insgesamt übersetzt sie damit zwischen der bedeutungsbezogenen kontextunabhängigen Sprache sowie der Verbalisierung in kontextueller Sprache unter Rückgriff eines Wortes aus der Aussage (Turn **1 / 2a Ganzes** Wechsel: VA - - KS, Übersetzen: BA – VA/KS). In Turn 2b übersetzt sie für den Teil zwischen der bedeutungsbezogenen kontextunabhängigen Sprache und den entsprechenden Phrasen aus der Aussage, über welche die Merkmale des Teils beschrieben werden, nämlich „die, die ‚weiblich und sportlich' ‚sind'" (Turn **1 / 2b Teil** Übersetzen: BS – VA).

Im Anschluss fordert Herr Albrecht zum Übersetzen ins Anteilsbild für den Teil und das Ganze auf (Turn **3** Aufforderung zum Übersetzen). Auch hier folgt Kim dieser Aufforderung: Gestisch umrandet sie das gesamte Anteilsbild blau und verknüpft diese Markierung mit der Verbalisierung der Gruppe im Kontext unter Rückgriff auf das Wort „Jugendlichen" aus der Aussage. Damit übersetzt sie zwischen dem Anteilsbild sowie der Verbalisierung im Kontext unter Rückgriff auf Phrasen aus der Aussage (Turn **3 / 4 Ganzes** Wechsel: VA - - KS, Übersetzen: GD – VA/KS). In Turn 6–8 markiert sie entsprechend die Teilgruppe rot und übersetzt in die vorgegebene Aussage, indem sie die Phrasen aus der Aussage zuordnet (Turn **3 / 6–8 Teil** Übersetzen: GD – VA).

In Abbildung 7.1 ist der Navigationspfad abgebildet. Zusammenfassend wird zum Auffalten der Aussage der Teil und das Ganze adressiert und für diese Verstehenselemente wird zwischen Darstellungen gewechselt bzw. übersetzt.

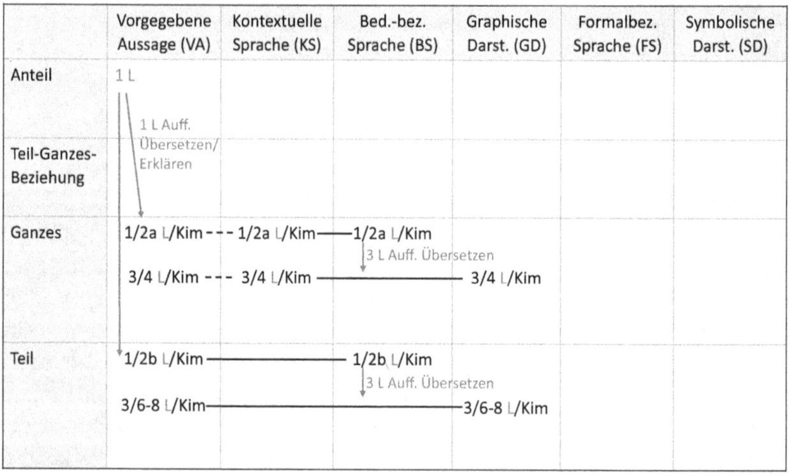

	Vorgegebene Aussage (VA)	Kontextuelle Sprache (KS)	Bed.-bez. Sprache (BS)	Graphische Darst. (GD)	Formalbez. Sprache (FS)	Symbolische Darst. (SD)
Anteil	1 L					
Teil-Ganzes-Beziehung	1 L Auff. Übersetzen/ Erklären					
Ganzes	1/2a L/Kim - - - 1/2a L/Kim		1/2a L/Kim 3 L Auff. Übersetzen			
	3/4 L/Kim - - - 3/4 L/Kim		3/4 L/Kim			
Teil	1/2b L/Kim		1/2b L/Kim 3 L Auff. Übersetzen			
	3/6-8 L/Kim		3/6-8 L/Kim			

Abb. 7.1 Navigationspfad zum Fallbeispiel 1 aus Transkript 7.1 (Zyklus 2, Herr Albrecht) (übersetzt und adaptiert aus Post & Prediger 2024b, S. 110)

Fallbeispiel 2:   *Verdichten zum Bruch ohne Übergang (Transkript 7.2 aus*
Zyklus 2, Herr Albrecht)

In diesem Transkript 7.2 werden Teil und Ganzes direkt zum Anteil verdichtet,
ohne die Teil-Ganzes-Beziehung im Übergang zu explizieren.

Transkript 7.2 aus Zyklus 2, Hr. Albrecht, A1c), Sinneinheit 1 – Turn 9–11
Dieses Transkript ist die Fortführung des Transkripts 7.1. Nach dem Auffalten der Aussage in den
Teil und das Ganze soll der korrigierte Bruch bestimmt werden. Bearbeitet wird die folgende Aus-
sage: „45/54 der Jugendlichen sind weiblich und sportlich."
Im Plenum markiertes Anteilsbild:

9a	Lehrer	Okay. Und, ähm, wir hatten den Bruch eben noch gar nicht korrigiert, aber … also der erste Schritt ist die ganze Gruppe, die zweite Schritt ist .. die Teilgruppe finden und der dritte Schritt ist dann die Lösung präsentie-	**9a Ganzes / Teil** Keine Verknüpfung: BS
9b		ren. Wie wäre die Lösung dann?	Auff. zum Nennen
10	Annabel	45/144?	**9b / 10 Anteil**
11a	Lehrer	Genau. Und wir möchten diesen dritten Schritt dann An- teil nennen, damit wir wissen, es ist ein Anteil und An- teile sind immer Bruchzahlen irgendwie. Okay?	Keine Verknüpfung: SD **11a Anteil** Übersetzen: SD – BS – FS

Herr Albrecht expliziert zunächst die Lösungsstrategie in Turn 9a, indem er
drei Schritte zur Lösung der Aufgabe vorstellt: Zunächst wird das Ganze, dann
der Teil und anschließend die Lösung adressiert. Daraufhin fordert Herr Albrecht
auf, die Lösung zu nennen (Turn **9b** Aufforderung zum Nennen). Entsprechend
nennt Annabel in Turn 10 den Bruch ohne weitere Verknüpfung (Turn **9b / 10
Anteil** Keine Verknüpfung: SD). Herr Albrecht schließt daran an und benennt
den Bruch als Anteil und Bruchzahl, sodass er zwischen der symbolischen Darstellung, bedeutungsbezogener kontextunabhängiger Sprache und anschließend
formalbezogener Sprache übersetzt (Turn **11a Anteil** Übersetzen: SD – BS – FS).

In Abbildung 7.2 ist der entsprechende Navigationspfad abgebildet. Ausgehend von dem Teil und Ganzen (Transkript 7.1) erfolgt ein Sprung zum Anteil
als verdichtetes Verstehenselement im Bruch, allerdings ohne im Übergang die
Teil-Ganzes-Beziehung als Zwischenschritt zu adressieren.

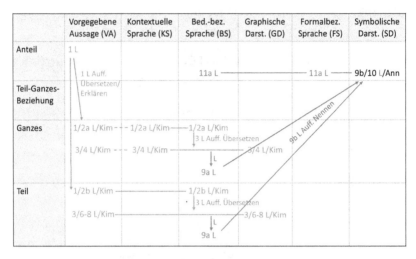

	Vorgegebene Aussage (VA)	Kontextuelle Sprache (KS)	Bed.-bez. Sprache (BS)	Graphische Darst. (GD)	Formalbez. Sprache (FS)	Symbolische Darst. (SD)
Anteil	1 L					
Teil-Ganzes-Beziehung	1 L Auff. Übersetzen/ Erklären		11a L ———		11a L ———	9b/10 L/Ann
Ganzes	1/2a L/Kim - - - 1/2a L/Kim ——— 1/2a L/Kim 3/4 L/Kim - - - 3/4 L/Kim ———		3 L Auff. Übersetzen ↓ L 9a L	3/4 L/Kim		9b L Auff. Nennen
Teil	1/2b L/Kim ——— 1/2b L/Kim 3/6-8 L/Kim———		3 L Auff. Übersetzen ↓ L 9a L	3/6-8 L/Kim		

Abb. 7.2 Navigationspfad zum Fallbeispiel 2 aus Transkript 7.2 (Zyklus 2, Herr Albrecht) (übersetzt und adaptiert aus Post & Prediger 2024b, S. 113)

Abstraktion des Navigationspfades und Charakterisierung der Praktik

In den beiden dargestellten Fallbeispielen sowie weiteren Navigationspfaden, die unter der Praktik *Teil und Ganzes fokussieren* zusammengefasst wurden, werden *epistemisch* die Verstehenselemente Teil und Ganzes oder mindestens eines der Verstehenselemente adressiert. Die Teil-Ganzes-Beziehung wird hingegen nicht adressiert. Die Fallbeispiele 1 und 2 zeigen typische Beispiele zum Aufgabenformat „Falschaussagen prüfen": Beim Auffalten in Fallbeispiel 1 (Transkript 7.1) wird ausgehend von der Anteilsaussage als verdichtetes Verstehenselement der Teil und das Ganze adressiert. Beim Verdichten (Transkript 7.2) wird ausgehend vom Teil und Ganzen der Bruch bestimmt, ohne im Zwischenschritt die Teil-Ganzes-Beziehung im Übergang zu erklären. Andere Navigationspfade dieser Gruppe müssen nicht zwingend den Phasen des Auffaltens und Verdichtens zugeordnet werden. Auch wird zum Teil nur eines der Verstehenselemente Teil und Ganzes adressiert oder es folgen weitere Erläuterungen, wie beispielsweise auf Ebene des Anteils als verdichtetes Verstehenselement (Transkript 7.2).

In vielen Navigationspfaden dieser Praktik werden für den Teil und das Ganze Darstellungen häufig über die *semiotischen* Verknüpfungsaktivitäten Übersetzen oder Wechseln verknüpft. So wird in Fallbeispiel 1 (Transkript 7.1) zwischen Darstellungen für den Teil und das Ganze übersetzt bzw. gewechselt. Ähnliche

Navigationspfade dieser Praktik zum Auffalten von Anteilsaussagen unterscheiden sich beispielsweise darin, ob zur Aussage übersetzt oder eher unbewusst zwischen der kontextuellen Sprache und der vorgegebenen Aussage gewechselt wird. Teil und / oder Ganzes können aber auch nur in einer Darstellung ohne weitere Verknüpfung adressiert werden. Semiotische Aktivitäten wie Erklärungen (vor allem in Bezug auf die Teil-Ganzes-Beziehung) sind in dieser Praktik nicht enthalten. Weitere Verknüpfungen für den Anteil sind möglich, wie in Fallbeispiel 2 (Transkript 7.2) beispielhaft verdeutlicht wird: Beim Verdichten wird zunächst das Nennen des Anteils eingefordert, worauf für dieses verdichtete Verstehenselement zwischen Darstellungen übersetzt wird.

Charakteristische Navigationsbewegungen über die verschiedenen Navigationspfade dieser Praktik hinweg sind, dass verdichtete Verstehenselemente in den oberen Zeilen des Navigationsraumes (z. B. der Anteil) sowie die feineren Verstehenselemente Teil und / oder Ganzes adressiert werden (abstrahierter Navigationspfad in Abbildung 7.3; siehe hierzu Post & Prediger 2024b).

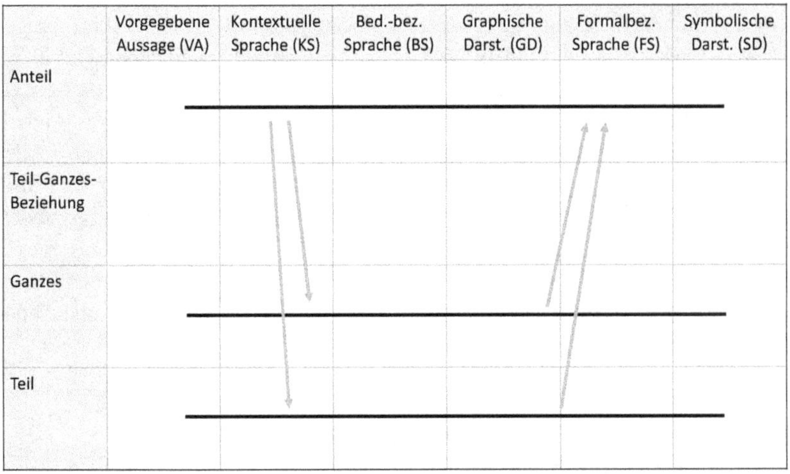

Abb. 7.3 Abstrahierter Navigationspfad zur Praktik *Teil und Ganzes fokussieren* (graue Pfeile, Linien etc. stellen mögliche Bewegungen dar; übersetzt und adaptiert aus Post & Prediger 2024b, S. 119)

Für diese Verstehenselemente werden Darstellungen über die semiotischen Aktivitäten Übersetzen oder Wechseln verknüpft, oder in lediglich einer Darstellung ohne weitere Verknüpfung aufgegriffen. Insbesondere wird die Teil-Ganzes-Beziehung nicht adressiert. Typische Beispiele stellen die Pfade zu Transkript 7.1 und 7.2 dar: Im Transkript 7.1 werden beginnend in der oberen Zeile beim verdichteten Verstehenselement des Anteils die unteren Zeilen, d. h. die Verstehenselemente Teil und Ganzes, angesteuert (Abbildung 7.1). Damit wird die Aussage in die feineren Verstehenselemente Teil und Ganzes aufgefaltet. Davon ausgehend erfolgt in Transkript 7.2 ein Übergang zum gekapselten Konzept (hier Bruch) in der oberen Zeile (Abbildung 7.2) beim Verdichten. Die Teil-Ganzes-Beziehung wird „übersprungen".

Während die epistemische Charakterisierung der Praktik *Teil und Ganzes fokussieren* hinsichtlich der adressierten und implizit bleibenden Verstehenselemente sowie die semiotische Charakterisierung hinsichtlich der genutzten Verknüpfungsaktivitäten auch für alle weiteren Navigationspfade zutreffen, die unter dieser Praktik zusammengefasst wurden, sind diese bzgl. der *Beteiligung der Lernenden* durchaus facettenreicher: So wie in den Fallbeispielen (Transkript 7.1 und 7.2) lassen sich Interaktionen in vielen der Navigationspfade durch eine Frage-Antwort-Interaktion beschreiben, in der die Lehrkraft die Lernenden einbindet, indem die Lernenden auf stark anleitende Impulse zum Übersetzen oder Nennen von Darstellungen separat für das Ganze, den Teil oder Anteil antworten. Andere Navigationspfade zeigen eher Interaktionen mit geteilter Verantwortung, in der auch die Lernenden eigenständige Gedanken beitragen, ohne lediglich kurz und direkt auf stark anleitende Impulse zu antworten. In weiteren Navigationspfaden der Praktik *Teil und Ganzes fokussieren* gibt die Lehrkraft eine Art Metastrategie vor, welche von den Lernenden eigenständig umgesetzt wird, oder die Lehrkraft setzt die Praktik hauptsächlich selbst um und bindet die Lernenden nicht oder nur wenig ein.

7.2   Praktik: Erklären der Verknüpfung für Teil-Ganzes-Beziehung

Die zweite rekonstruierte Praktik ist dadurch charakterisiert, dass die Teil-Ganzes-Beziehung adressiert und Darstellungen für dieses Verstehenselement vernetzt werden, d. h., es wird explizit, wie die Darstellungen hinsichtlich der Teil-Ganzes-Beziehung zusammenhängen. An zwei Fallbeispielen aus dem Kurs von Herrn Schmidt und Herrn Mayer (Zyklus 4) wird die Praktik an dem Aufgabenformat „Falschaussagen prüfen" beim Auffalten einer Aussage und Verdichten zum korrigierten Bruch beispielhaft beschrieben.

Fallbeispiel 3:   *Auffalten einer Aussage in die Teil-Ganzes-Beziehung (Transkript 7.3 aus Zyklus 4, Herr Schmidt)*

Im Kurs wird zum Auffalten einer Teil-vom-Teil-Aussage neben dem Teil und dem Ganzen die Teil-Ganzes-Beziehung adressiert und Darstellungen werden vernetzt.

Transkript 7.3 aus Zyklus 4, Hr. Schmidt, A1c) Sinneinheit 2 – Turn 27b–35b

In der ersten Sitzung bearbeitet der Kurs die Aufgabe 1c) zum Dekodieren von Falschaussagen des Lehr-Lern-Arrangements zu bedingten Wahrscheinlichkeiten im Zyklus 4 in Kleingruppen und bespricht diese im Plenum. In der nachfolgenden Sitzung wird die Besprechung der Falschaussagen wiederholt. Das Transkript beginnt mit der Wiederholung zur Falschaussage von Lara: „… von den Sportlichen sind männlich."

Aussage und Anteilsbild markiert im Plenum:

... von den Sportlichen sind männlich.

	weiblich (600)	männlich (600)	Lara
sportlich (830)	400	450	
nicht sportlich (350)	200	150	Gesamt: 1200

27b	Lehrer	Wie ist das bei dem Nächsten, das ist auch , ähm, ja, „von den Sportlichen sind männlich."	**27b Anteil** Keine Verknüpfung: VA
27c		Was wäre der erste Schritt, die ganze Gruppe? [6 Sek.] Katja.	Auff. zum Übersetzen
28	Katja	Ja die „Sportlichen".	**27c / 28 Ganzes** Übersetzen: BS – VA
29a	Lehrer	Ja, die „Sportlichen", also muss ich, jetzt muss ich die sportlich einkreisen, ein bisschen aufpassen, genau, das wäre das [*umrandet die beiden oberen Rechtecke blau*]. .. So, ganze Gruppe wären die „Sportlichen" [*unterstreicht „Sportlichen" in Laras Aussage blau*]. …	**29a Ganzes** Übersetzen: [BS – VA] – GD
29b		Ja und was wird jetzt gefragt? Miriam.	
30	Miriam	Teilgruppe sind dann die Männlichen, die 450.	**30 Teil** Übersetzen: BS – KS – SD
31a	Lehrer	Ja, klasse [*unterstreicht „männlich" in Laras Aussage rot*], genau.	**31a Teil** Übersetzen:
31b		Das wären jetzt hier, welche von den beiden [*zeigt auf die oberen beiden Rechtecke*] muss ich jetzt schraffieren?	[BS – KS – SD] – VA Auff. zum Übersetzen
32	Miriam	450.	
33a	Lehrer	Ja, genau, gut, ne? Das ist eigentlich schon [*umrandet das obere rechte Rechteck rot*]. ..	**31b–33a Teil** Übersetzen:
33b		Woran erkennt man es, was jetzt gemeint ist? .. Was sind so die sprachlichen Mittel? Tina.	[BS – KS – SD – VA] – GD Auff. zum Verknüpfen / Nennen
34	Tina	„Von den."	**34 TGB** Keine Verknüpfung: VA
35a	Lehrer	Ja, „von den" [*unterstreicht „von den" in Laras Aussage grün*], ne? Also, man, „von den" bezieht sich immer auf die Gruppe, von der man dann eine Teilgruppe wiedergibt, ja?	**35b TGB** Erklären TGB: VA = BS
35b			

Herr Schmidt liest zunächst die Aussage ohne weitere Verknüpfung vor (Turn **27b Anteil** Keine Verknüpfung: VA) und fordert dann zum Übersetzen für das Ganze auf (Turn **27c** Aufforderung zum Übersetzen). Katja übersetzt in die vorgegebene Aussage, indem sie das entsprechende Wort „Sportlichen" nennt (Turn **27c / 28 Ganzes** Übersetzen: BS – VA). Herr Schmidt übersetzt anschließend ins Anteilsbild, indem er die entsprechende Fläche zum Merkmal „sportlich" blau umrandet (Turn **29a Ganzes** Übersetzen: [BS – VA] – GD). Mit der offen gestellten Frage „Ja und was wird jetzt gefragt?" (Turn 29b) bezieht er sich auf den zweiten Schritt, den Teil, wie vorher an der Tafel notiert und besprochen wurde. Miriam greift das Sprachmittel „Teilgruppe" auf, verbalisiert diese im Kontext als „Männlichen" und ordnet die Zahl 450 richtig zu. Sie übersetzt damit zwischen bedeutungsbezogener Sprache, kontextueller Sprache und symbolischer Darstellung (Turn **30 Teil** Übersetzen: BS – KS – SD). Herr Schmidt ergänzt, indem er das Sprachmittel „männlich" in der Aussage rot unterstreicht (Turn **31a Teil** Übersetzen: [BS – KS – SD] – VA) und gemeinsam mit der Schülerin Miriam ins Anteilsbild übersetzt (Turn **31b–33a Teil** Übersetzen: [BS – KS – SD – VA] – GD). Herr Schmidt fragt anschließend in Turn 33b: „Woran erkennt man es, was jetzt gemeint ist?" Wie an der Antwort der Schülerin deutlich wird, fragt er damit nach den Sprachmitteln, an denen die Größen und deren Beziehung in der Aussage erkannt werden können (Turn **33b** Aufforderung zum Verknüpfen / Nennen). Tina nennt das Sprachmittel „von den" und adressiert damit die Sprachmittel aus der Aussage, mit denen die Teil-Ganzes-Beziehung ausgedrückt wird (Turn **34 TGB** Keine Verknüpfung: VA). Herr Schmidt greift diese Sprachmittel auf und erklärt in bedeutungsbezogener kontextunabhängiger Denksprache, wie über diese Sprachmittel die Teil-Ganzes-Beziehung ausgedrückt wird. Damit vernetzt er die vorgegebene Aussage mit der bedeutungsbezogenen kontextunabhängigen Sprachebene (Turn **35b TGB** Erklären TGB: VA = BS).

Zum Auffalten der Aussage zeichnet sich der Navigationspfad dadurch aus, dass neben dem Teil und dem Ganzen die Teil-Ganzes-Beziehung adressiert und dafür Darstellungen vernetzt werden. Im Navigationsraum wird dies über die doppelte Linie in der Reihe zur Teil-Ganzes-Beziehung deutlich (Abbildung 7.4).

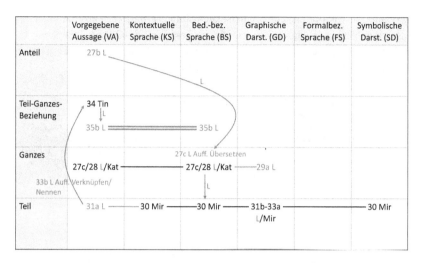

Abb. 7.4 Navigationspfad zum Fallbeispiel 3 aus Transkript 7.3 (Zyklus 4, Herr Schmidt)

Fallbeispiel 4:   *Verdichten über Erklären der Teil-Ganzes-Beziehung (Transkript 7.4 aus Zyklus 4, Herr Mayer)*

Beim Bestimmen des korrigierten Bruchs zur Aussage wird in diesem Beispiel die Teil-Ganzes-Beziehung adressiert. Dafür werden Darstellungen unter anderem mit der symbolischen Darstellung vernetzt. Der gesuchte Anteil wird dadurch zunächst bedeutungsbezogen als Teil-Ganzes-Beziehung erklärt, bevor dieser im Bruch verdichtet wird.

In Turn 44b fokussiert Herr Mayer den Anteil (Turn **44b / 46 Anteil** Keine Verknüpfung: BS) und fordert zum Übersetzen auf (Turn **44b / 46 / 48** Aufforderung zum Übersetzen und Erklären). Tarik kann die Frage nicht beantworten, woraufhin Jasmin die richtige Prozentangabe nennt und damit zwischen der Bezeichnung „Anteil" in bedeutungsbezogener Denksprache in der Aussage von Herrn Mayer und der symbolischen Darstellung übersetzt (Turn **44b / 49a Anteil** Übersetzen: BS – SD). Zur Erklärung formuliert sie die Rechnung in symbolischer Darstellung ohne weitere Verknüpfung. Hierbei adressiert sie die Teil-Ganzes-Beziehung rechnerisch über Sprachmittel wie „die 400 durch die 600 und das dann nochmal mal 100" (Turn **49b TGB Kalkül** Keine Verknüpfung: SD). Anschließend steuert Herr Mayer orchestriert eine bedeutungsbezogene Erklärung der Teil-Ganzes-Beziehung in den Turns 50b–56 an. Dazu setzt er zunächst einen Impuls zum Übersetzen in Turn 50b für das Ganze, dem Hanna folgt. Anschließend fordert der Lehrer in Turn 54 zum Übersetzen für den Teil auf und drückt gleichzeitig über

„davon" aus, wie die einzelnen Übersetzungsimpulse für das Ganze und den Teil zusammenhängen. Dadurch werden für die gesamte Teil-Ganzes-Beziehung die bedeutungsbezogene Denksprache, die symbolische Darstellung und die Aussage vernetzt (Turn **50b–56 TGB** Erklären TGB: BS = SD = (VA)).

Transkript 7.4 aus Zyklus 4, Hr. Mayer, A2, Sinneinheit 2 – Turn 44b–70
Der Kurs bearbeitet die Übungs-Aufgabe 2 zum Dekodieren unterschiedlicher Falschaussagen des Lehr-Lern-Arrangements zu bedingten Wahrscheinlichkeiten im Zyklus 4. Nach Bearbeitung in Kleingruppen werden die Aussagen im Plenum besprochen. Die im Transkript besprochene Aussage ist: „Bei ca. 33 % der weiblichen Befragten wurde keine lustigen Clips angekreuzt." Im Plenum wurde die Aussage bereits aufgefaltet und Teil, Ganzes sowie Teil-Ganzes-Beziehung adressiert (Transkript 7.5). Ab Turn 44b fokussiert Herr Mayer die Korrektur der Prozentangabe.
Im Plenum markiertes Anteilsbild:

44b	Lehrer	[…] Was ist der Anteil? Wie komm ich denn auf den? [15 Sek.] Tarik hat gerade aufgezeigt?	**44b / 46 Anteil** Keine Verknüpfung: BS
45	Tarik	Nee, ich [ca. 3 Wörter unverständlich] Stift.	Auff. zum Übersetzen
46	Lehrer	[…] Tarik. Was, was vermuten Sie? Was ist der Anteil?	
47	Tarik	Der Anteil.	**47 Anteil** Keine Verknüpfung: BS
48	Lehrer	Ja, bei dieser Formulierung jetzt, bei der Aufgabe 2? .. Wie kommt man drauf? [9 Sek.] Nee? Jasmin.	Auff. zum Erklären
49a	Jasmin	Ja das sind 66 Prozent.	**44b / 49a Anteil** Übersetzen: BS – SD
49b		Man muss doch einfach nur die 400 durch die 600 und das dann nochmal mal 100?	**49b TGB Kalkül** Keine Verknüpfung: SD
50a	Lehrer	Das wären Prozent. Ganz genau.	Auff. zum Erklären TGB
50b		Also das Ganze sind welche? Wie viele oder sag ich mal wie viele? Tarik, wissen Sie es bei dieser Aufgabe? [6 Sek.] Nee, nicht klar? Okay. Wie viele sind denn hier jetzt als Ganzes gemeint? Hanna.	**50b–56 TGB** Erklären TGB: BS = SD = (VA)
51	Hanna	Die 600 „weiblichen", die, das ist ja die ganze Gruppe.	
52	Lehrer	Ja. Also das Ganze. Vielleicht schreiben wir das einmal daneben. Ganze 600. Ja, vielleicht einmal hinschreiben?	
53	Laura	Wo soll ich das hinschreiben?	
54	Lehrer	Daneben, neben diesem, ähm, neben diesem Anteilsdiagramm. Das ist ja noch ein bisschen Platz. Also das Ganze sind die 600. Was ist der Teil davon? Oder wie viele sind das, die in dem Teil davon stecken? … Erik?	
55	Erik	400.	
56a	Lehrer	400. Also Teil 400.	Auff. zum Übersetzen
56b		Was ist jetzt der Anteil? … [ca. 2 Wörter unverständlich]	
57	Sophie	Ich?	
58	Lehrer	Wissen Sie es?	
59	Sophie	Nee.	

60	Lehrer	Nee? Wer weiß es vielleicht? Sina.	
61	Sina	Ich hätte jetzt gesagt quasi 1,5 also# ..	**56b / 61 Anteil** (falsch)
62	Lehrer	Was muss ich mit den beiden Zahlen machen, um den Anteil zu haben? [ca. 1–2 Wörter unverständlich] klar. Johann.	Übersetzen: BS – SD Auff. zum Nennen
63	Johann	Teilen?	**63 TGB Kalkül**
64	Lehrer	Bitte?	Keine Verknüpfung: FS
65	Johann	Teilen?	
66	Lehrer	Und zwar wie?	
67	Johann	Ähm, … ja also, 6# [6 Sek.]	**69 TGB Kalkül**
68	Lehrer	Nicht klar, ne? Sabrina.	Keine Verknüpfung: SD
69	Sabrina	400 durch die 600?	**70a TGB** Keine Verknüpfung: SD
70a	Lehrer	Ja, 400 von den 600,	**70b Anteil**
70b		400/600. Das ist der Anteil.	Übersetzen: BS – SD

Weiter fordert Herr Mayer erneut ein, den Anteil in die symbolische Darstellung zu übersetzen (Turn **56b** Aufforderung zum Übersetzen). Da die Lernenden diesen nicht nennen können, fragt er nach der Rechnung (Turn **62** Aufforderung zum Nennen). Johann nennt hierzu „Teilen" als Rechenoperation (Turn **63 TGB Kalkül** Keine Verknüpfung: FS) und Sabrina die konkrete Rechnung (Turn **69 TGB Kalkül** Keine Verknüpfung SD). Herr Mayer übersetzt diese bedeutungsbezogen in die Teil-Ganzes-Beziehung „400 von den 600" (Turn **70a TGB** Keine Verknüpfung: SD) und nennt den Anteil in verdichteter Weise als Zahl „400/600". Er übersetzt damit zwischen der bedeutungsbezogenen Bezeichnung „Anteil" und dem konkreten Bruch in symbolischer Darstellung (Turn **70b Anteil** Übersetzen: BS – SD).

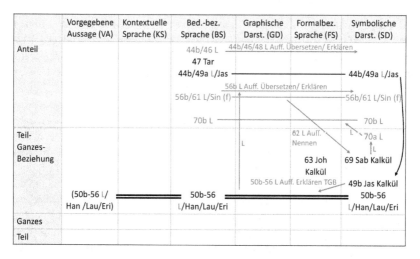

Abb. 7.5 Navigationspfad zum Fallbeispiel 4 aus Transkript 7.4 (Zyklus 4, Herr Mayer)

In Abbildung 7.5 ist der konkrete Navigationspfad zum Transkript 7.4 abgebildet. Anschließend an die in den Teil, das Ganze und die Teil-Ganzes-Beziehung aufgefaltete Aussage (nicht abgebildet), steuert Herr Mayer den Anteil in symbolischer Darstellung an. Zur Erläuterung wird die Teil-Ganzes-Beziehung und der Zusammenhang der Darstellungen gemeinsam erklärt. Zusätzlich wird die Teil-Ganzes-Beziehung sowohl bedeutungsbezogen als auch rechnerisch formuliert. Das Verdichten hin zum Anteil als Bruch erfolgt somit über das Erklären des Zusammenhangs der Darstellungen für die Teil-Ganzes-Beziehung und Verbalisieren dieser.

Abstraktion des Navigationspfades und Charakterisierung der Praktik

Charakteristisch ist für alle Navigationspfade, die unter der Praktik *Erklären der Verknüpfung für Teil-Ganzes-Beziehung* gefasst wurden, dass aus *epistemischer Perspektive* die Teil-Ganzes-Beziehung und damit die zugrunde liegende Teil-Ganzes-Struktur adressiert wird. Die Navigationspfade aus Fallbeispiel 3 (Transkript 7.3) und 4 (Transkript 7.4) stellen zwei mögliche Beispiele für diese Praktik zum Aufgabenformat „Falschaussagen prüfen" dar: Beim Auffalten der Anteilsaussage wird im Fallbeispiel 3 (Transkript 7.3) ausgehend von der Anteilsaussage nicht nur der Teil und das Ganze, sondern insbesondere die Teil-Ganzes-Beziehung adressiert. Im Fallbeispiel 4 (Transkript 7.4) wird der gesuchte Anteil bedeutungsbezogen als Teil-Ganzes-Beziehung verbalisiert, bevor dieser im Bruch verdichtet wird. In den verschiedenen Navigationspfaden werden über die Teil-Ganzes-Beziehung hinaus weitere Verstehenselemente adressiert.

Aus *semiotischer Perspektive* ist eine zentrale gemeinsame Eigenschaft der Navigationspfade dieser Praktik, dass Darstellungen für die Teil-Ganzes-Beziehung vernetzt, d. h. Zusammenhänge zwischen den Darstellungen expliziert werden. In Fallbeispiel 4 (Transkript 7.4) wird dies beispielsweise dadurch umgesetzt, dass für den Teil und das Ganze Korrespondenzen zwischen Darstellungen genannt werden. Über Sprachmittel wie „davon" wird ausgedrückt, wie der Teil und das Ganze zusammenhängen. Damit wird der Zusammenhang der Darstellungen für die Teil-Ganzes-Beziehung erklärt. In Fallbeispiel 3 (Transkript 7.3) wird ein expliziter Zusammenhang zwischen den Sprachmitteln aus der Aussage und der bedeutungsbezogenen Denksprache hergestellt, indem in bedeutungsbezogener kontextunabhängiger Denksprache erklärt wird, wie über diese Sprachmittel die Teil-Ganzes-Beziehung ausgedrückt wird. In anderen Navigationspfaden zeigen sich weitere Möglichkeiten, Zusammenhänge zwischen Darstellungen zur Teil-Ganzes-Beziehung zu explizieren, beispielsweise bereits durch sehr transparentes Übersetzen mit Betonung der relevanten Strukturen beim Vorlesen einer Aussage (z. B. im Ansatz in Post & Prediger 2024b). Beim Auffalten von Aussagen ist ein relevanter Unterschied zwischen den Navigationspfaden dieser Praktik, inwiefern die Aussage und die Explikation, wie in dieser Aussage die Teil-Ganzes-Beziehung ausgedrückt wird, in das Vernetzen der Darstellungen miteinbezogen wird.

Über die verschiedenen, in dieser Praktik zusammengefassten Navigations-pfade hinweg sind *charakteristische Navigationsbewegungen*, dass die Teil-Ganzes-Beziehung adressiert und Darstellungen für dieses Verstehenselement vernetzt werden (doppelte Linie in der Reihe zur Teil-Ganzes-Beziehung in Abbildung 7.6 oben; siehe hierzu Post & Prediger 2024b). Ein typisches Bei-spiel beim Auffalten einer Anteilsaussage ist der Pfad in Abbildung 7.4 zu Transkript 7.3, bei dem beginnend beim Anteil als verdichtetes Verstehensele-ment die Teil-Ganzes-Beziehung über die semiotische Aktivität des Vernetzens von Darstellungen angesteuert wird. Ein weiteres Beispiel stellt das Verdichten hin zum Bruch dar, was über das Erklären des Zusammenhangs der Darstel-lungen für die Teil-Ganzes-Beziehung erfolgt (Abbildung 7.5 zu Transkript 7.4; zum Teil auch als eine Art Zwischenschritt ausgehend vom Teil und Ganzen hin zum Anteil). Darüber hinaus können in den unterschiedlichen Navigationspfaden ergänzend weitere Verstehenselemente adressiert werden. In einigen Navigati-onspfaden wird die Zeile der Teil-Ganzes-Beziehung nicht bedeutungsbezogen (z. B. über „von"), sondern rechnerisch (z. B. über „geteilt durch", „dividie-ren") adressiert. Diese Fälle werden von der bedeutungsbezogenen Verbalisierung der Beziehung abgegrenzt und über eine gestrichelte doppelte Linie markiert (Abbildung 7.6 unten).

Ähnlich wie in der ersten rekonstruierten Praktik (Abschnitt 7.1) unterschei-den sich die Navigationspfade, die unter der Praktik *Erklären der Verknüpfung für Teil-Ganzes-Beziehung* zusammengefasst wurden, untereinander hinsichtlich der *Beteiligung der Lernenden*. In vielen Navigationspfaden zeichnet sich die Inter-aktion beim Vernetzen der Darstellungen für die Teil-Ganzes-Beziehung durch eine Frage-Antwort-Interaktion aus, wie in Fallbeispiel 4 (Transkript 7.4): Bei-spielsweise bindet die Lehrkraft die Lernenden über stark anleitende Impulse zum Übersetzen von Darstellungen für den Teil und das Ganze ein und ver-balisiert hierbei den Zusammenhang zwischen dem Teil und Ganzen. In dieser Weise werden die Lernenden in die Schritte eingebunden, der Zusammenhang der Darstellungen wird dadurch trotz starker Anleitung gemeinsam erklärt. In anderen Navigationspfaden übernimmt die Lehrkraft das Vernetzen vollständig oder sie bindet die Lernenden beispielsweise über das Nennen von Sprachmitteln aus der Aussage ein, erklärt jedoch den Zusammenhang zu anderen Darstellun-gen weitestgehend allein (z. B. wie in Fallbeispiel 3 in Transkript 7.3). Andere Navigationspfade zeigen auch hier Interaktionen mit geteilter Verantwortung, in denen Lernenden Teile oder die gesamte Erklärung beitragen.

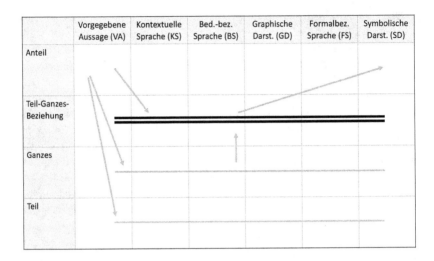

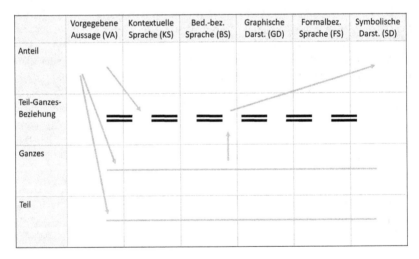

Abb. 7.6 Abstrahierter Navigationspfad zur Praktik *Erklären der Verknüpfung für Teil-Ganzes-Beziehung* (oben bedeutungsbezogen, unten rechnerisch; graue Pfeile, Linien etc. stellen mögliche Bewegungen dar; obere Abbildung übersetzt und adaptiert aus Post & Prediger 2024b, S. 119)

7.3 Praktik: Teil-Ganzes-Beziehung ohne Vernetzung adressieren

Die dritte, wiederholt identifizierte Praktik zeichnet sich dadurch aus, dass die Teil-Ganzes-Beziehung in einer oder mehreren Darstellungen adressiert wird, allerdings ohne die Darstellungen explizit zu vernetzen. Die Praktik wird am folgenden Beispiel aus dem Kurs von Herrn Mayer (Zyklus 4) zum Aufgabenformat „Falschaussagen prüfen" erläutert.

Fallbeispiel 5:   *Beziehung zwischen Teil und Ganzen formulieren (Transkript 7.5 aus Zyklus 4, Herr Mayer)*

Nach Erläuterung des Teils und des Ganzen formuliert Herr Mayer die Beziehung in bedeutungsbezogener Denksprache und drückt damit aus, in welchem Zusammenhang die zuvor adressierten Verstehenselemente stehen.

Lotte bezieht sich zunächst auf die Aussage und verdeutlicht, dass diese nicht zur Prozentangabe passt. Damit übersetzt sie zwischen der Aussage und der darin enthaltenen Prozentangabe in symbolischer Darstellung (Turn **31 Anteil** Übersetzen: VA – SD$_{VA}$). Sie faltet anschließend auf, indem sie das Ganze und den Teil adressiert und jeweils zwischen der Aussage, Verbalisierung im Kontext und dem Anteilsbild eine implizite Verknüpfung herstellt (Turn **32bc Ganzes / Teil** Wechsel: VA - - KS - - GD) sowie zwischen der Bezeichnung als ganze Gruppe bzw. Teilgruppe und der Verbalisierung in kontextueller Sprache unter Rückgriff auf Phrasen aus der Aussage übersetzt (Turn **34ab Ganzes / Teil** Wechsel: VA - - KS, Übersetzen: BS – VA/KS). Herr Mayer spitzt den Beitrag zu, indem er in Turn 36 zum erneuten Übersetzen für das Ganze auffordert. Für das Ganze werden in den Turns 36–38 und für den Teil in den Turns 39–43 Darstellungen über die semiotische Aktivität Übersetzen verknüpft und dabei mitunter bewusst zum Anteilsbild übersetzt (Turn **36–38 Ganzes** Übersetzen: BS – VA – GD; Turn **39–43 Teil** Übersetzen: BS – KS/VA – SD – GD).

Transkript 7.5 aus Zyklus 4, Hr. Mayer, A2, Sinneinheit 2 – Turn 31–44a
Der Kurs bearbeitet die Übungs-Aufgabe 2 zum Dekodieren unterschiedlicher Falschaussagen des
Lehr-Lern-Arrangements zu bedingten Wahrscheinlichkeiten im Zyklus 4. Nach Bearbeitung in
Kleingruppen werden die Aussagen im Plenum besprochen. Das Transkript beginnt mit der Bespre-
chung der zweiten Aussage: „Bei ca. 33 % der weiblichen Befragten wurde keine lustigen Clips
angekreuzt."
Im Plenum markiertes Anteilsbild:

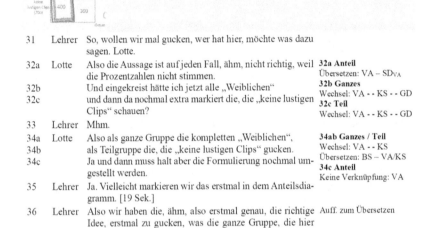

31	Lehrer	So, wollen wir mal gucken, wer hat hier, möchte was dazu sagen. Lotte.	
32a	Lotte	Also die Aussage ist auf jeden Fall, ähm, nicht richtig, weil die Prozentzahlen nicht stimmen.	**32a Anteil** Übersetzen: VA – SD$_{VA}$
32b		Und eingekreist hätte ich jetzt alle „Weiblichen"	**32b Ganzes** Wechsel: VA - - KS - - GD
32c		und dann da nochmal extra markiert die, die „keine lustigen Clips" schauen?	**32c Teil** Wechsel: VA - - KS - - GD
33	Lehrer	Mhm.	
34a	Lotte	Also als ganze Gruppe die kompletten „Weiblichen",	**34ab Ganzes / Teil** Wechsel: VA - - KS
34b		als Teilgruppe die, die „keine lustigen Clips" gucken.	Übersetzen: BS – VA/KS
34c		Ja und dann muss halt aber die Formulierung nochmal um- gestellt werden.	**34c Anteil** Keine Verknüpfung: VA
35	Lehrer	Ja. Vielleicht markieren wir das erstmal in dem Anteilsdia- gramm. [19 Sek.]	
36	Lehrer	Also wir haben die, ähm, also erstmal genau, die richtige Idee, erstmal zu gucken, was die ganze Gruppe, die hier gemeint ist. Also, von welchen ist hier die Rede als ganze Gruppe? Hast du schon gesagt, sag es nochmal laut?	Auff. zum Übersetzen **36 / 37 Ganzes** Übersetzen: BS – VA
37	Lotte	Die „weiblichen Befragten".	
38	Lehrer	Richtig. Also da machen wir erstmal den, das große Vier- eck drum. [*Laura markiert Fläche blau*]	**38 Ganzes** Übersetzen: [BS – VA] – GD
39	Lotte	Die Teilgruppe sind die, die „keine lustigen Clips" schauen.	**39–43 Teil** Wechsel: KS - - VA
40	Lehrer	Richtig.	Übersetzen: BS – KS/VA – SD – GD
41	Laura	Also, ähm, diese 40.	
42	Lotte	400 ja.	
43	Laura	Ähm, mein ich doch. [*Laura markiert Fläche rot*] [7 Sek.]	
44a	Lehrer	Ja, so ist richtig, ne? Also genau diese Überlegung immer. Was sind also alle, die jetzt hier gemeint sind? Was ist die ganze Gruppe? Was ist der Teil davon, wie er dort aufge- führt ist in der Formulierung?	**44a TGB** Keine Verknüpfung: BS

Anschließend formuliert Herr Mayer die Teil-Ganzes-Beziehung in bedeutungsbezogener Sprache (Turn **44a TGB** Keine Verknüpfung: BS). Er verknüpft
damit die separaten Erläuterungen zum Teil und Ganzen in der Teil-Ganzes-
Beziehung (vertikale(r) Pfeil(e) in Abbildung 7.7 vom Teil / Ganzen hin zur
Teil-Ganzes-Beziehung). Der Navigationspfad ist in Abbildung 7.7 abgebildet.

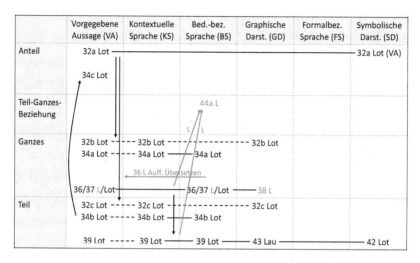

	Vorgegebene Aussage (VA)	Kontextuelle Sprache (KS)	Bed.-bez. Sprache (BS)	Graphische Darst. (GD)	Formalbez. Sprache (FS)	Symbolische Darst. (SD)
Anteil	32a Lot					32a Lot (VA)
	34c Lot					
Teil-Ganzes-Beziehung			44a L			
			L / L			
Ganzes	32b Lot	32b Lot	32b Lot			
	34a Lot	34a Lot	34a Lot			
		36 L Auff. Übersetzen				
	36/37 L/Lot		36/37 L/Lot	38 L		
Teil	32c Lot	32c Lot	32c Lot			
	34b Lot	34b Lot	34b Lot			
	39 Lot	39 Lot	39 Lot	43 Lau		42 Lot

Abb. 7.7 Navigationspfad zum Fallbeispiel 5 aus Transkript 7.5 (Zyklus 4, Herr Mayer)

Abstraktion des Navigationspfades und Charakterisierung der Praktik

Alle unter der Praktik *Teil-Ganzes-Beziehung ohne Vernetzung adressieren* gefassten Navigationspfade zeichnet *epistemisch* betrachtet aus, dass die Teil-Ganzes-Beziehung als Verstehenselement adressiert und dadurch eine Beziehung zwischen einem Teil und einem Ganzen verbalisiert wird. Fallbeispiel 5 (Transkript 7.5) zum Auffalten einer Anteilsaussage stellt ein Beispiel für die Praktik dar: Beim Auffalten wird zunächst das Ganze und der Teil adressiert und anschließend die Teil-Ganzes-Beziehung formuliert, wodurch die Beziehung zwischen den zuvor separat adressierten Verstehenselemente ausgedrückt wird und diese dadurch verknüpft werden. In weiteren Navigationspfaden zum Verdichten wird die Teil-Ganzes-Beziehung im Übergang zum verdichteten Anteil oder zur Erläuterung des verdichteten Verstehenselements formuliert. Navigationspfade (vor allem zur Phase des Verdichtens hin zum Bruch) unterscheiden sich zudem darin, ob die Teil-Ganzes-Beziehung bedeutungsbezogen oder rechnerisch formuliert wird (siehe hierzu Unterschied in Abschnitt 7.2). Weitere Verstehenselemente wie der Teil oder das Ganze (wie in Fallbeispiel 5) können adressiert werden, sie sind jedoch nicht zwingender Bestandteil der Praktik.

Aus *semiotischer Perspektive* ist eine charakteristische Eigenschaft dieser Navigationspfade, dass die Teil-Ganzes-Beziehung in einer oder auch mehreren (z. B. implizit über Wechseln verknüpften) Darstellungen adressiert wird, diese Darstellungen jedoch nicht explizit vernetzt werden. In Fallbeispiel 5 (Transkript 7.5) wird die Beziehung in bedeutungsbezogener Denksprache ohne weitere Verknüpfung formuliert. Diese wird in weiteren Navigationspfaden beispielsweise in kontextueller Sprache verbalisiert oder es wird die Beziehung zwischen dem Teil und Ganzen, welche in symbolischer Darstellung gegeben sind, formuliert (z. B. 300 von den 400). Navigationspfade, in denen lediglich Sprachmittel aus der Aussage genannt werden, zählen nicht zu dieser Gruppe, da dadurch die Beziehung nicht verbalisiert wird.

Charakteristische Navigationsbewegungen aller Pfade zu der Praktik *Teil-Ganzes-Beziehung ohne Vernetzung adressieren* sind, dass die Teil-Ganzes-Beziehung in einer Darstellung oder in mehreren adressiert wird. Die Darstellungen werden jedoch nicht explizit vernetzt (Abbildung 7.8 oben). Im Pfad zu Transkript 7.5 wird anknüpfend an das zuvor adressierte Ganze und den Teil die Teil-Ganzes-Beziehung formuliert (Abbildung 7.7). In weiteren Navigationspfaden wird die Teil-Ganzes-Beziehung auch direkt ausgehend vom verdichteten Verstehenselement oder im Übergang zu einem stärker verdichteten Verstehenselement adressiert (Abbildung 7.8 beispielhafte graue Navigationsbewegungen). Ergänzend können weitere Verstehenselemente miteinbezogen werden. Zu unterscheiden ist, ob die Teil-Ganzes-Beziehung bedeutungsbezogen (z. B. über „von", Abbildung 7.8 oben) oder rechnerisch (z. B. über „geteilt durch", Abbildung 7.8 unten) adressiert wird.

Hinsichtlich der *Beteiligung der Lernenden* variieren die Navigationspfade dieser Praktik wie folgt: Die Interaktion zeichnet sich in vielen Navigationspfaden wie in Transkript 7.5 dadurch aus, dass die Lehrkraft das eigentliche Formulieren der Teil-Ganzes-Beziehung übernimmt und Lernende höchstens in Erläuterungen zu weiteren Verstehenselementen wie Teil und Ganzes einbindet. Interaktionen in weiteren Navigationspfaden lassen sich durch eine Frage-Antwort-Interaktion oder eine geteilte Verantwortung beschreiben, in denen Lernende die Beziehung eigenständig oder auf einen Impuls der Lehrkraft hin formulieren.

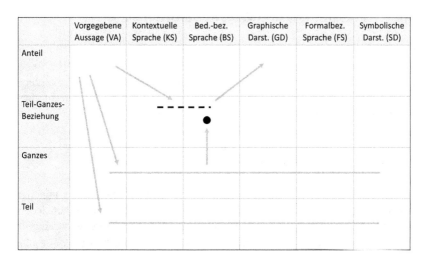

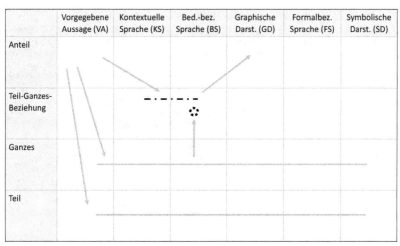

Abb. 7.8 Abstrahlerter Navigationspfad zur Praktik *Teil-Ganzes-Beziehung ohne Vernetzung adressieren* (oben bedeutungsbezogen, unten rechnerisch; graue Pfeile, Linien etc. stellen mögliche Bewegungen dar)

7.4   Praktik: Teil und Ganzes verorten

Charakteristisch für die vierte rekonstruierte Praktik *Teil und Ganzes verorten* ist, dass ein stärker verdichtetes Verstehenselement wie der Anteil mit den feineren Verstehenselementen Teil und Ganzes in Beziehung gesetzt wird, allerdings ohne die Teil-Ganzes-Beziehung zu adressieren. Die Praktik wird anhand eines Beispiels aus dem Kurs von Herrn Albrecht (Zyklus 2) erläutert.

Fallbeispiel 6:   Teil und Ganzes in der Aussage verorten (Transkript 7.6 aus Zyklus 2, Herr Albrecht)

In diesem Fallbeispiel wird der Zusammenhang zwischen der formulierten Anteilsaussage sowie dem Teil und Ganzen aus dem Anteilsbild erklärt, indem der Teil und das Ganze innerhalb der Struktur der Aussage verortet werden. In Abbildung 7.9 ist der Navigationspfad zu Transkript 7.6 abgebildet.

Transkript 7.6 aus Zyklus 2, Hr. Albrecht, A2a), Sinneinheit 1 – Turn 1b–4
In Aufgabe 2 des Lehr-Lern-Arrangements zu bedingten Wahrscheinlichkeiten im Zyklus 2 formulieren die Lernenden Aussagen zu vorgegebenen markierten Anteilsbildern. Nach Bearbeitung der Aufgabe in Kleingruppen werden die Aussagen im Plenum besprochen. Das Transkript beginnt mit der Besprechung der formulierten Aussagen zum ersten Anteilsbild. Ab Turn 5 werden alternative Formulierungen diskutiert (nicht abgebildet).
Vorgegebenes markiertes Anteilsbild mit Aussagen der Lernenden:

1b	Lehrer	[…] So, ähm, ich fang mit dem ersten Anteilsbild mal an. Da haben wir eine Aussage stehen. [4 Sek.]	**1b Anteil** Übersetzen: GD – KS
1c		Lukas magst du erklären wieso, warum, was da sein könnte und was das mit dem Bild zu tun haben könnte?	Auff. zum Erklären
2	Lukas	Also es sind halt, 9 sind halt rot markiert, deswegen das schon mal die Teilgruppen, und das mit 9 von 39, die [ca. 1 Wort unverständlich] markiert sind und die sind nicht sportlich und weiblich.	**2 Teil** Übersetzen: SD – GD – BS – KS **TGB** Keine Verknüpfung: SD
3	Lehrer	Mhm. Woran erkennen wir jetzt an deiner Aussage, was dort die ganze Gruppe ist und was die Teilgruppe ist? Du hast ja geschrieben, 9/39 der Nicht-Sportlichen sind weiblich. [5 Sek.]	Auff. zum Verknüpfen **3 Anteil** Wechsel: SD - - KS
4	Lukas	Ähm, halt, dass nach „der" kommt immer die Gesamtgruppe und dann bei, nach „sind" kommt dann eine Teilgruppe.	**4 Anteil** Keine Verknüpfung: KS **Ganzes / Teil** Keine Verknüpfung: BS

Herr Albrecht fokussiert das erst Anteilsbild sowie die dazu formulierte Aussage der Lernenden (Turn **1b Anteil** Übersetzen: GD – KS) und fordert eine Erklärung ein, wie beides zusammenhängt (Turn **1c** Aufforderung zum Erklären). Lukas adressiert den Teil und die Teil-Ganzes-Beziehung ausgehend vom Anteilsbild (Turn 2). Anschließend fragt Herr Albrecht, wie das Ganze und der Teil an der Aussage erkannt werden können (Turn **3** Aufforderung zum Verknüpfen).

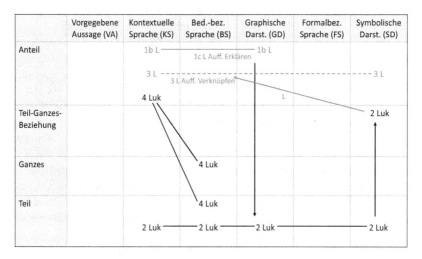

Abb. 7.9 Navigationspfad zum Fallbeispiel 6 aus Transkript 7.6 (Zyklus 2, Herr Albrecht)

Lukas antwortet, indem er den Teil und das Ganze in der verdichteten Aussage verortet: Hierzu erklärt er, dass nach dem „der" das Ganze und nach dem „sind" der Teil zu finden ist (Turn **4 Anteil** Keine Verknüpfung: KS; **Teil / Ganzes** Keine Verknüpfung: BS). Damit verdeutlicht Lukas den Zusammenhang zwischen der Aussage als verdichtetes Verstehenselement und den feineren Verstehenselementen Teil und Ganzes, indem er erläutert, wo der Teil und das Ganze entlang der Formulierung der Aussage zu finden sind. Die Teil-Ganzes-Beziehung bzw. die Sprachmittel, über welche die Beziehung ausgedrückt wird, werden nicht als solche bewusst reflektiert.

Abstraktion des Navigationspfades und Charakterisierung der Praktik
In allen Navigationspfaden dieser Praktik werden aus *epistemischer Perspektive* die Verstehenselemente Teil und Ganzes sowie ein verdichtetes Verstehenselement wie der Anteil adressiert. Die Teil-Ganzes-Beziehung wird nicht aufgegriffen. Zwischen den feineren Verstehenselementen Teil und Ganzes sowie dem

verdichteten Verstehenselement wird eine Beziehung hergestellt, indem die Positionierung innerhalb des verdichteten Verstehenselements erklärt wird. Hierdurch werden die Verstehenselemente epistemisch betrachtet verknüpft. Transkript 7.6 ist ein typisches Beispiel für diese Praktik: Der Teil und das Ganze werden innerhalb der Formulierung der Aussage zum Anteil verortet, indem erläutert wird, an welcher Stelle das Ganze und der Teil stehen. In weiteren Navigationspfaden werden andere Darstellungen ins Verhältnis gesetzt: Beispielsweise wird beim Verdichten zum Bruch erläutert, wo im Bruch der Teil und das Ganze stehen. Damit wird der Bruch als gekapselte Größe mit den feineren Verstehenselementen Teil und Ganzes in Beziehung gesetzt, ohne die Teil-Ganzes-Beziehung zu erklären.

Während die epistemische Charakterisierung für die Praktik recht eindeutig zu beschreiben ist, ergibt sich aus *semiotischer Perspektive* eine gewisse Breite an Möglichkeiten: Die Verstehenselemente können einzeln betrachtet jeweils in nur einer oder in mehreren Darstellungen adressiert werden. Diese Darstellungen können für die einzelnen Verstehenselemente über semiotische Aktivitäten wie Übersetzen oder Wechseln verknüpft werden, wie im Transkript 7.6 für den Teil und das Ganze. In einigen Navigationspfaden werden die Verstehenselemente in jeweils unterschiedlichen Darstellungen aufgegriffen (Transkript 7.6): Der Anteil wird hier als Aussage in kontextueller Sprache und das Ganze in bedeutungsbezogener Sprache adressiert. Durch das Verorten können in diesen Fällen auch die unterschiedlichen Darstellungen implizit verknüpft werden, wobei über die Darstellungen jeweils unterschiedliche nicht korrespondierende Verstehenselemente aufgegriffen und damit keine semiotischen Aktivitäten wie Vernetzen oder Übersetzen umgesetzt werden.

Alle Navigationspfade dieser Praktik zeichnen somit *Navigationsbewegungen* aus, über welche die Beziehung zwischen den stärker verdichteten und feineren Verstehenselementen hergestellt wird, d. h., durch die die oberen Reihen des Navigationsraumes mit den beiden untersten zum Teil und Ganzen verknüpft werden (vertikale Pfeile in Abbildung 7.10).

Die Teil-Ganzes-Beziehung wird nicht adressiert. Diese Navigationsbewegungen entsprechen epistemisch betrachtet Verknüpfungsaktivitäten zwischen den verdichteten und feineren Verstehenselementen. Diese können in denselben oder unterschiedlichen Darstellungen adressiert werden. Weitere semiotische Aktivitäten für die einzelnen Verstehenselemente sind möglich. Diese Navigationsbewegungen zeichnen auch den Navigationspfad zu Transkript 7.6 (Abbildung 7.9) aus. Hier werden Teil, Ganzes und Anteil in einem Turn gleichzeitig adressiert und verknüpft. In weiteren Navigationspfaden kann die Verknüpfung der Verstehenselemente auch sequenziell erfolgen. Beispielsweise wird erst der Teil im Bruch verortet, anschließend das Ganze.

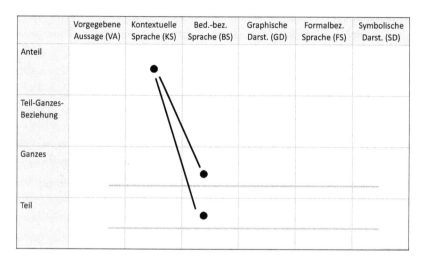

	Vorgegebene Aussage (VA)	Kontextuelle Sprache (KS)	Bed.-bez. Sprache (BS)	Graphische Darst. (GD)	Formalbez. Sprache (FS)	Symbolische Darst. (SD)
Anteil						
Teil-Ganzes-Beziehung						
Ganzes						
Teil						

Abb. 7.10 Abstrahierter Navigationspfad zur Praktik *Teil und Ganzes verorten*

Hinsichtlich der *Beteiligung der Lernenden* lassen sich einige Navigations-pfade, die unter der Praktik *Teil und Ganzes verorten* zusammengefasst wurden, durch Interaktionen mit geteilter Verantwortung beschreiben (z. B. Transkript 7.6): Initiiert durch den Impuls beschreibt ein Schüler den Zusammenhang zwi-schen den Verstehenselementen. Andere Navigationspfade zeichnen sich durch Frage-Antwort-Interaktionen aus, in denen die Lernenden auf stark anleitende Fragen der Lehrkraft antworten und dadurch eingebunden werden.

7.5   Praktik: Verstehenselemente nacheinander separat adressieren

Die Praktik *Verstehenselemente separat adressieren* ist die fünfte wiederholt rekonstruierte Praktik, in der ggf. neben dem Teil und Ganzen die Teil-Ganzes-Beziehung bzw. der Anteil als separate Verstehenselemente adressiert werden. Zu den Praktiken in Abschnitt 7.2 und 7.3 grenzt sich diese Praktik darüber ab, dass über die Teil-Ganzes-Beziehung bzw. den Anteil keine Beziehung aus-gedrückt wird und dadurch aus epistemischer Perspektive betrachtet vorherige Verstehenselemente nicht verknüpft, aufgefaltet oder verdichtet werden, sondern diese eher als separate Information aufgegriffen werden. Die Praktik wird an Fall-beispiel 7 (Transkript 7.7) aus dem Kurs von Herrn Schmidt zum Auffalten von Aussagen erläutert.

Fallbeispiel 7:   *Sprachmittel nennen ohne Beziehung zu formulieren (Transkript*
7.7 aus Zyklus 4, Herr Schmidt)

In diesem typischen Beispiel wird zum Auffalten einer Aussage neben dem Ganzen und Teil die Teil-Ganzes-Beziehung bzw. der Anteil über Nennung der Phrasen aus der Aussage adressiert, ohne dadurch eine Beziehung zu verbalisieren oder die Verstehenselemente Teil und Ganzes zu verknüpfen oder zu verdichten.

Transkript 7.7 aus Zyklus 4, Hr. Schmidt, A1c), Sinneinheit 3 – Turn 35c–f
In der zweiten Sitzung wiederholt der Kurs die Ergebnisse aus der vorherigen Sitzung zum Deko-
dieren von Falschaussagen zu Aufgabe 1c). In Anschluss an Fallbeispiel 3 verdeutlicht Herr
Schmidt an einer weiteren Aussage den Drei-Schritt zum Auffalten der Aussagen. Im Transkript
wird die folgende Aussage bearbeitet: „Von den 600 Jungen sind 150 nicht sportlich."
Aussage markiert im Plenum:

35c	Lehrer	[...] „Von den 600 Jungen sind 150 nicht sportlich",	**35c Anteil / TGB**
35d		also, das wäre hier die [*zeigt auf das untere Rechteck des*	Keine Verknüpfung: VA
		halben Anteilsbildes], das wäre die gesuchte Größe, ne?	**35de Teil**
		Also das wäre hier „nicht sportlich",	Übersetzen: GD – VA
35e		das wären die, die „Jungen" [*unterstreicht „nicht sport-*	**35e Ganzes**
		lich" und „Jungen" in der Aussage] .. ne?	Keine Verknüpfung: VA
35f		Sprachliches Mittel wäre hier „von den" [*unterstreicht*	**35f TGB**
		„von den" in der Aussage grün].	Keine Verknüpfung: VA

Herr Schmidt wiederholt den im Kurs etablierten Drei-Schritt an einer weiteren Aussage, die in der vorherigen Stunde von den Lernenden zu einem
markierten Anteilsbild formuliert wurde. Der Drei-Schritt wird zu Beginn der
Stunde an der Tafel mit folgenden Fragen festgehalten: Was ist die ganze Gruppe?
Was ist die Teilgruppe? Woran erkennst du den Anteil? Zunächst liest Herr
Schmidt die Aussage vor und bezieht sich auf den Teil. Er übersetzt zwischen
der Fläche im Anteilsbild und der Aussage, indem er die Phrase „nicht sportlich"
unterstreicht (Turn **35de Teil** Übersetzen: GD – VA). Anschließend adressiert er
das Ganze, indem er die Phrase „Jungen" aus der Aussage ohne weitere Verknüpfung nennt und unterstreicht (Turn **35e Ganzes** Keine Verknüpfung: VA).
Im dritten Schritt greift er die Phrasen „von den" aus der Aussage auf und
unterstreicht diese grün, ebenfalls ohne weitere Verknüpfung zu anderen Darstellungen (Turn **35f TGB** Keine Verknüpfung: VA). In Abbildung 7.11 ist der
Navigationspfad abgebildet.

In dem Beispiel wird somit der Anteil bzw. die Teil-Ganzes-Beziehung beim Auffalten der Aussage über die Nennung der Sprachmittel, über welche die Beziehung in der Aussage ausgedrückt wird, adressiert. Hierdurch wird jedoch weder die Teil-Ganzes-Beziehung formuliert, noch werden hierdurch die zuvor adressierten Verstehenselemente Teil und Ganzes verknüpft oder im Anteil verdichtet. Der Anteil (bzw. die Teil-Ganzes-Beziehung) wird somit als weiteres separates Verstehenselement analog zum Teil und Ganzen aufgegriffen.

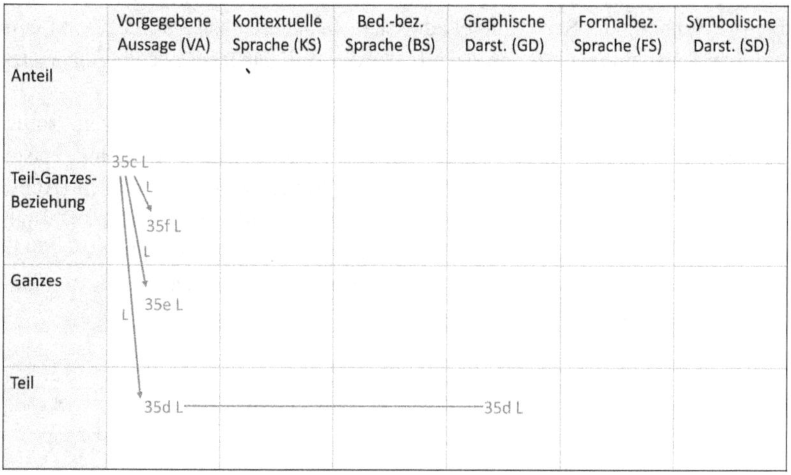

	Vorgegebene Aussage (VA)	Kontextuelle Sprache (KS)	Bed.-bez. Sprache (BS)	Graphische Darst. (GD)	Formalbez. Sprache (FS)	Symbolische Darst. (SD)
Anteil		`				
Teil-Ganzes-Beziehung	35c L / L / 35f L / L					
Ganzes	L 35e L					
Teil	35d L		35d L			

Abb. 7.11 Navigationspfad zum Fallbeispiel 7 aus Transkript 7.7 (Zyklus 4, Herr Schmidt)

Abstraktion des Navigationspfades und Charakterisierung der Praktik

Aus *epistemischer Perspektive* ist charakteristisch für die Navigationspfade, die unter der Praktik *Verstehenselemente nacheinander separat adressieren* zusammengefasst werden, dass die Teil-Ganzes-Beziehung bzw. der Anteil sowie die feineren Verstehenselemente Teil und / oder Ganze unabhängig voneinander adressiert werden, beispielsweise nacheinander. Die Funktion des adressierten Verstehenselements Teil-Ganzes-Beziehung bzw. Anteil ist demnach nicht, die Beziehung auszudrücken oder feinere Verstehenselemente zu verknüpfen bzw. zu verdichten. Dieses wird vielmehr als separate Information aufgegriffen. Das Transkript 7.7 zeigt einen möglichen Navigationspfad zu dieser Praktik: Beim Auffalten einer Anteilsaussage wird nacheinander das Ganze, der Teil und die

Teil-Ganzes-Beziehung adressiert. Die Teil-Ganzes-Beziehung wird somit als weiteres separates Verstehenselement analog zum Teil und Ganzen aufgegriffen.

Aus *semiotischer Perspektive* werden Darstellungen für die in der Praktik adressierte Teil-Ganzes-Beziehung nicht vernetzt. So wie im Fallbeispiel 7 (Transkript 7.7) können aber die Verstehenselemente Teil, Ganzes und Anteil / Teil-Ganzes-Beziehung jeweils in einer oder mehreren Darstellungen adressiert und diese Darstellungen für das jeweilige Verstehenselement über beispielsweise die Aktivität des Übersetzens verknüpft werden. Im Fallbeispiel 7 (Transkript 7.7) wird die Teil-Ganzes-Beziehung beispielsweise nur in der vorgegebenen Aussage über die Nennung der Sprachmittel adressiert. In anderen Navigationspfaden wird zwischen Darstellungen für den Anteil oder die Teil-Ganzes-Beziehung übersetzt, zum Beispiel „Den Anteil erkenne ich an ‚von den‘".

Charakteristische Navigationsbewegungen im Navigationsraum sind somit, dass die Verstehenselemente in einer oder mehreren Darstellungen ohne epistemische Verknüpfungsaktivitäten zwischen den Reihen adressiert werden (Abbildung 7.12 verdeutlicht über drei alleinstehende Linien). Ein typisches Beispiel hierfür wird im Navigationspfad zu Fallbeispiel 7 (Transkript 7.7, Abbildung 7.11) deutlich: Zum Auffalten der Aussage werden nacheinander, unabhängig voneinander die drei Verstehenselemente angesteuert.

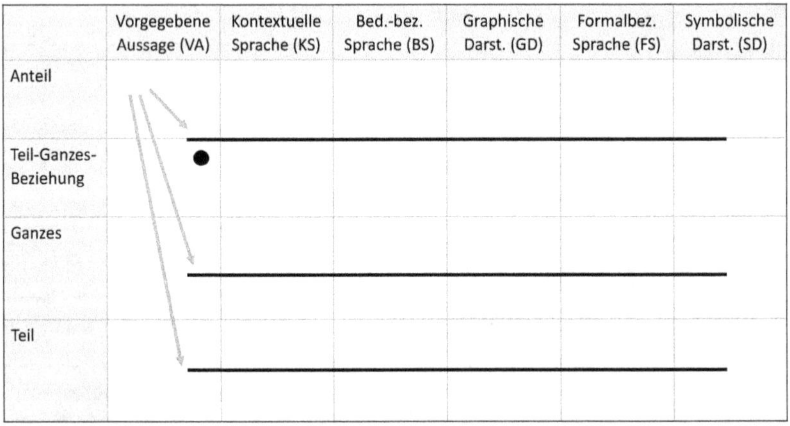

	Vorgegebene Aussage (VA)	Kontextuelle Sprache (KS)	Bed.-bez. Sprache (BS)	Graphische Darst. (GD)	Formalbez. Sprache (FS)	Symbolische Darst. (SD)
Anteil						
Teil-Ganzes-Beziehung	●					
Ganzes						
Teil						

Abb. 7.12 Abstrahierter Navigationspfad zur Praktik *Verstehenselemente nacheinander separat adressieren* (graue Pfeile, Linien etc. stellen mögliche Bewegungen dar; adaptiert aus Post 2024, S. 213)

Hinsichtlich der *Beteiligung der Lernenden* lassen sich einige Navigationspfade durch eine Frage-Antwort-Interaktion beschreiben, in denen die Lernenden über stark anleitende Impulse der Lehrkraft beispielsweise zum Übersetzen oder Nennen der Verstehenselemente in bestimmten Darstellungen beitragen. In anderen Navigationspfaden setzt die Lehrkraft die Praktik um (z. B. Transkript 7.7) oder die Lernenden tragen Gedanken oder Beiträge bei, entweder eigenverantwortlich oder initiiert durch einen Impuls der Lehrkraft bzw. eine vorher besprochene Lösungsstrategie.

7.6 Praktiken: Einfordern ohne inhaltliche Steuerung und Ankerpunkte setzen

Die bisherigen rekonstruierten Praktiken werden vorrangig über charakteristische Navigationsbewegungen, die mit bestimmten epistemischen und semiotischen Aktivitäten einhergehen, beschrieben. Hinsichtlich der Beteiligung der Lernenden und Rolle der Lehrkraft zeigen die unterschiedlichen Navigationspfade der einzelnen Praktiken facettenreiche Interaktionen mit unterschiedlicher Verteilung der Verantwortung zwischen der Lehrkraft und den Lernenden.

Die in diesem Abschnitt betrachteten Fallbeispiele können anhand der charakteristischen Navigationsbewegungen in den gemeinsamen Navigationspfaden der Kurse ebenfalls einer der Praktiken zugeordnet werden. Das Handeln von Lehrkräften unterscheidet sich jedoch in diesen Navigationspfaden grundlegend von den bisherigen, sodass diese zu einer separaten Gruppe zusammengefasst werden.

Praktik: *Einfordern ohne inhaltliche Steuerung – Fallbeispiel 8 (Transkript 7.8 aus Zyklus 3, Herr Becker)*

Diese wiederholt rekonstruierte Praktik zeichnet sich durch geringe bis keine inhaltliche Steuerung der Lehrkraft aus. Die Impulse der Lehrkraft erfüllen eher die Funktion, das Gespräch und die Beiträge ohne inhaltliche Steuerung zu organisieren / strukturieren. Wie im beispielhaften Navigationspfad zu Transkript 7.8 gibt die Lehrkraft den Impuls, die Lösung zu präsentieren und im Verlauf am Anteilsbild genauer zu erklären. Die inhaltliche Steuerung des Beitrags liegt jedoch vollständig in der Verantwortung der Lernenden.

Transkript 7.8 aus Zyklus 3, Hr. Becker, A1b) (1), Sinneinheit 2 – Turn 1c–6
Der Kurs bearbeitet in Kleingruppen die Aufgabe 1b) (1) zum Dekodieren von Falschaussagen des Lehr-Lern-Arrangements zu bedingten Wahrscheinlichkeiten im Zyklus 3. Im Transkript wird die Falschaussage von Lara im Plenum besprochen (ab Turn 1c). Die bearbeitete Falschaussage lautet: „75/104 von den Sport-Machern sind männlich."

weiblich (576) männlich (624)

	weiblich	männlich	
sportlich (831)	381	450	
nicht sportlich (369)	195	174	Gesamt: 1200

1c	Luana	Und Lara liegt auch falsch, weil, also 500, ähm, wart, 75/104, also ist halt der gekürzte Bruch von 450/624 und dann sagt sie halt, dass, ähm, „von den Sport-Machern", die „sind männlich".	**1c Anteil** Keine Verknüpfung: VA, SD$_{VA}$
1d		Aber was sie da beschrieben hat, das sind halt nur die Männlichen, deswegen müsste sie, ähm, dann von den Ganzen, die Sport machen,	**1d Ganzes** Wechsel: SD - - KS
1e		das heißt, da müsste dann, ähm, 450/831 da stehen…	**1e Anteil** Keine Verknüpfung: SD
2	Lehrer	Ich fand das Letzte, was du gesagt hast, erstmal gut, aber ich konnte nicht so ganz folgen. Kannst du das nochmal einmal an dem Bild einmal zeigen, welchen Anteil du meinst?	
3	Luana	Ähm, also bei Lara?	
4	Lehrer	Ähm, ne bei, ähm, ja doch bei Lara, entschuldige.	
5a	Luana	Also sie hat halt nur diesen Teil [*zeigt auf das obere rechte Rechteck*]	**5a Teil** Übersetzen: BS – GD
5b		und den, die Männlichen [*zeigt auf die rechte Angabe über dem Anteilsbild*] äh, genommen,	**5b Ganzes** Keine Verknüpfung: KS
5c		weil also das ist der gekürzte Bruch davon.	**5c Anteil** Keine Verknüpfung: SD$_{VA}$
5d		Und sie will ja dann das „von den" ganzen „Sport-Machern", also die 831 [*zeigt auf die obere Angabe links neben dem Anteilsbild*] … und deswegen muss sie dann statt, ähm, 624 [*deutet in Richtung der rechten Seite des Anteilsbildes*] 831 [*deutet in Richtung der oberen Angabe links neben Anteilsbild*] nehmen…	**5d Ganzes** Wechsel: KS - - VA Übersetzen: VA/KS – SD (eingebettet in TGB)
6	Lehrer	War das für alle verständlich, oder gibt es Nachfragen? … Ich glaube mit Luana habt ihr gerade eine Expertin vorne stehen, also könnt ihr gut fragen.	

Zur Erklärung ihrer Lösung beginnt Luana beim Anteil und adressiert das Ganze (Turn **1d Ganzes** Wechsel: SD - - KS). Anschließend verdichtet sie zum korrigierten Bruch (Turn **1e Anteil** Keine Verknüpfung: SD). Daran anschließend fordert Herr Becker eine erneute Erklärung am Anteilsbild ein (Turn 2). Luana erklärt daraufhin erneut und adressiert hauptsächlich den Teil und das Ganze eingebettet in der Teil-Ganzes-Beziehung (Turn 5). Herr Becker erkundigt sich im Kurs nach weiteren Fragen und beendet damit die Sinneinheit. Der Navigationspfad ist abgebildet in Abbildung 7.13.

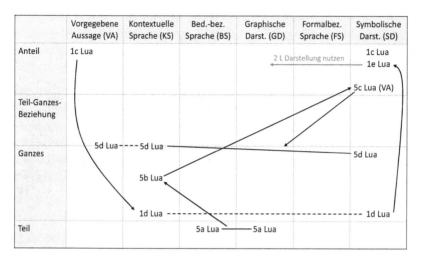

Abb. 7.13 Navigationspfad zum Fallbeispiel 8 aus Transkript 7.8 (Zyklus 3, Herr Becker)

Abstraktion des Navigationspfades und Charakterisierung der Praktik
In den Navigationspfaden, die unter der Praktik *Einfordern ohne inhaltliche Steuerung* zusammengefasst wurden, liegt die inhaltliche Navigation aus *epistemischer und semiotischer Perspektive* größtenteils in der Verantwortung der Lernenden. Alle Navigationspfade zeichnet somit eine hohe *Beteiligung der Lernenden* durch eigenverantwortliche Beiträge aus. Die Navigationspraktiken können *charakteristische Navigationsbewegungen* unterschiedlicher Praktiken enthalten (Abschnitt 7.1–7.5). Charakteristisch für diese Gruppe von Navigationspfaden ist, dass die Lehrkraft die Beiträge nicht bzw. nur sehr gering inhaltlich steuert. Die Impulse der Lehrkraft zielen eher auf das Strukturieren des Gesprächs ab. Ein typisches Beispiel hierfür ist der Navigationspfad zu Transkript 7.8: Der Lehrer gibt den Impuls, die Lösung vorzustellen oder an bestimmten Hilfsmitteln genauer zu erklären (wie in Turn 2). Über die Impulse werden jedoch keine genauen epistemischen oder semiotischen Verknüpfungsaktivitäten angeleitet. Auch gibt er am Ende kein inhaltliches Feedback zu den Beiträgen der Schülerin.

Praktik: *Ankerpunkte setzen – Fallbeispiel 9 (Transkript 7.9 aus Zyklus 1, Herr Lang)*

Die Navigationspfade, die unter dieser letzten Praktik zusammengefasst wurden, zeichnet eine hohe eigenverantwortliche Beteiligung der Lernenden aus. Charakteristisch für das Handeln der Lehrkraft ist, dass viele Beiträge ohne inhaltliche Steuerung eingefordert werden. An bestimmten Stellen in der Diskussion setzt die Lehrkraft allerdings einzelne, meist umfangreichere Impulse (z. B. Auslösung kognitiven Konflikts, Zuspitzung des Problems etc.), welche die nachfolgende Diskussion bzw. Beiträge der Lernenden inhaltlich zum Herausarbeiten des Diskussionspunktes hinleiten, ohne dass die nachfolgenden Beiträge der Lernenden von der Lehrkraft durch viele stark anleitende Impulse gesteuert werden. Die Praktik wird an einem Fallbeispiel aus dem Kurs von Herrn Lang (Zyklus 1) dargestellt.

In Anschluss an die Kommentare und alternativen Lösungen der Lernenden im Kurs expliziert Herr Lang auf der Metaebene die besondere Herausforderung der Aufgabe. In Turn 26–31 bittet Herr Lang Celina um eine erneute Erläuterung und Begründung ihrer Lösung (Turn 28). Celina erklärt ihre fehlerhafte Lösung (Turn 29). Anschließend wiederholt Herr Lang in Turn 32 Celinas Lösung und spitzt diese zu. Hierbei greift er Celinas vorherige Lösung auf (Transkript 6.1 in Abschnitt 6.1), indem er die von Celina aus der Aussage entnommenen Phrasen benennt und diese mit dem Anteilsbild in Beziehung setzt, ohne genaue Zuordnung zu den Verstehenselementen Teil und Ganzes. Um eine weitere Diskussion des Beitrags anzusteuern und die Lernenden zum Klären des Fehlers von Celina anzuregen, fragt er: „Was hat Celina übersehen, als sie sich diese beiden Teile im Grunde getrennt rausgegriffen hat?" (Turn 32). Es folgen weitere Beiträge von den Lernenden des Kurses.

Mit dem Impuls in Turn 32 fordert Herr Lang nicht explizit, dass die Lernenden eine bestimmte Darstellung oder ein bestimmtes Verstehenselement adressieren. Gleichzeitig verdeutlicht er allerdings, dass Celinas Lösung fehlerhaft ist und an dieser Stelle korrigiert bzw. diskutiert werden soll. Die relevanten Elemente von Celinas Beitrag greift er hierzu im Impuls auf. In Abbildung 7.14 ist der Navigationspfad für die Turns 28–32 abgebildet.

Transkript 7.9 aus Zyklus 1, Hr. Lang, A3b), Sinneinheit 1 – Turn 26–36

Im Kurs von Herrn Lang wird Aufgabe 3b) zum Dekodieren von Falschaussagen des Lehr-Lern-Arrangements zu bedingten Wahrscheinlichkeiten im Zyklus 1 besprochen. Nachdem Celina ihre Lösung zu einer Falschaussage vorgestellt hat (Transkript 6.1 in Abschnitt 6.1), wird diese sowie weitere Lösungen im Plenum diskutiert (ab Turn 11, teilweise abgebildet). Die bearbeitete Aussage lautet: „630/1050 der Jugendlichen treiben Sport in ihrer Freizeit und schauen Videos zum Thema Sport."

	Sport-Video ja (350)	Sport-Video nein (1050)	
Sport ja (910)	280	630	
Sport nein (490)	70	420	Gesamt: 1400

26	Lehrer	Sortieren wir nochmal eben, ja?	
27	Celina	Mhm. [4 Sek.] Ich setz mich wieder hin, richtig?	
28	Lehrer	Mhm. Celina, kann-kannst du nochmal eben sagen, bevor du jetzt verschwindest, warum passte die 630 nicht und warum wolltest du dann 350 nach unten nehmen? Was hast du als richtige Teile der Aussage gewertet?	Auff. zum Erklären / Übersetzen
29a	Celina	Also, dass darum geht, ähm, wie viele „der Jugendlichen" „Sport" „treiben" und, äh, wie viele sozusagen auch „Videos zum Thema", ähm, „Sport" gucken.	**29a Anteil** Wechsel: VA - - KS
29b		Und, äh, 630 passt nicht, weil sie keine Sport-Videos gucken und in der Aussage steht, ob sie Sport-,„Videos" gucken. Deswegen muss man 280 nehmen, weil, äh, die Sport-,„Videos" gucken und „Sport" „treiben".	**29b Teil** Wechsel: VA - - KS Übersetzen: SD – KS – KS/VA
29c		Und, äh, die 350 jetzt glaube ich die im Nenner.	**29c Ganzes** (falsch) Übersetzen: SD – FS
30	Lehrer	Mhm. Was hast du also als richtige Information sozusagen in der Aussage dafür gewertet?	Auff. zum Übersetzen
31	Celina	Ach so ja ich glaube, die 350 kommt, äh, von allen, die Spotvideos gucken.	**30 / 31 Ganzes** (falsch) Übersetzen: SD – KS
32	Lehrer	Ja, das hast du gerade total, ganz klar formuliert, ne? Ich weiß nicht, ob ihr es so präsent habt. Celina hat nämlich gesagt, ich habe mir im Grunde die wichtigen Informationen angeguckt, die wichtigen Aussagen. Und das war einmal „treiben Sport" in, „treiben Sport" [*zeigt auf Aussage*], das heißt sozusagen hier so der obere Bereich [*zeigt auf die beiden oberen Rechtecke*], „schauen Videos" [*zeigt auf Aussage*]. [4 Sek.] Dann ist man hier [*zeigt auf die beiden linken Rechtecke*]. Was hat Celina dabei übersehen, als sie sich diese beiden Teile im Grunde getrennt rausgegriffen hat? [9 Sek.] Merve und Damian.	**32 Teil / Ganzes (?)** Übersetzen: VA – GD

33	Merve	Äh, dass sich die Auss, dass sich diese Aussage auf die ganzen Menschen bezieht, die Sport-Videos gucken. Und die also, sie hat nicht den ganzen Anteil dieser Menschen berücksichtigt?	
34	Lehrer	Mhm. Damian, wie hättest du es formuliert?	
35a	Damian	Ähm, also die hat nicht, äh, in der Aussage steht ja „der Jugendlichen". Das sind ja alle und das wären halt 1400.	**35a Ganzes** Übersetzen: VA – KS – SD (eingebettet in TGB)
35b		Also müssen das 280/1400 sein,	**35b Anteil** Keine Verknüpfung: SD
35c		weil ich ja, äh, weil alle Jugendlichen [ca. 2 Wörter unverständlich].	**35c Ganzes** Keine Verknüpfung: KS
36	Lehrer	Mhm. Luan und Igor noch.	
[…]		[*Es folgen weitere Beiträge von Lernenden. Ab Turn 35b wird der Teil und das Ganze im korrigierten Bruch betrachtet*]	

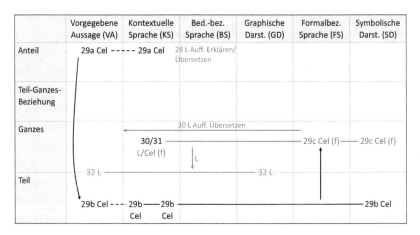

Abb. 7.14 Navigationspfad zum Fallbeispiel 9 aus Transkript 7.9 (Zyklus 1, Herr Lang)

Abstraktion des Navigationspfades und Charakterisierung der Praktik
Ähnlich zur Praktik *Einfordern ohne inhaltliche Steuerung* zeichnen sich die Navigationspfade dieser Praktik durch eine hohe *Beteiligung der Lernenden* durch eigenverantwortliche Beiträge aus. Die Verantwortung für die inhaltliche Navigation aus *epistemischer und semiotischer Perspektive* liegt sowohl bei den Lernenden als auch der Lehrkraft. Das Handeln der Lehrkraft zeichnet sich durch Folgendes aus: Einerseits werden viele Beiträge der Lernenden ohne inhaltliche Steuerung eingefordert. Andererseits steuert die Lehrkraft die Prozesse auch

inhaltlich über Impulse, wobei es sich bei den Impulsen weniger um viele stark anleitende Fragen, sondern eher um umfangreichere Impulse handelt, welche die Fragestellung für die nachfolgende Diskussion bzw. Beiträge der Lernenden zuspitzen. Transkript 7.9 gibt einen Einblick in einen möglichen Navigationspfad dieser Praktik: Nach der Präsentation der Lösung von Celina wird diese erstmal im Plenum vorrangig durch Kommentare und Beiträge von den Lernenden diskutiert. Der Lehrer fordert hier Beiträge ein, ohne inhaltlich zu steuern. An einem bestimmten Punkt setzt Herr Lang einen Impuls, um die Diskussion und das Weiterdenken voranzubringen, bzw. in dem Fall die vorherigen Gedanken zu sortieren und die richtige Lösung zuzuspitzen. Hierzu wiederholt er die Antwort der Schülerin und schlägt diese zur erneuten Diskussion vor. Daraufhin folgen wiederum Beiträge von den Lernenden. Durch den Impuls regt die Lehrkraft somit zur Diskussion, Systematisierung oder Reflexion an, ohne die Gespräche über kleine Impulse stark anzuleiten.

7.7 Zusammenfassung und Systematisierung der Praktiken

Aus den rekonstruierten Navigationspfaden konnten durch Kontrastierung typische Praktiken abstrahiert werden (Abschnitt 4.3.2). Die Navigationspfade, die unter einer Praktik zusammengefasst werden, stimmen hierbei in bestimmten Eigenschaften überein. In diesem Abschnitt werden die abstrahierten Praktiken zusammenfassend dargestellt und systematisiert. In Abbildung 7.15 wird ein Überblick über die identifizierten Praktiken gegeben.

Die Praktiken aus Abschnitt 7.1–7.5 (*Teil und Ganzes fokussieren; Erklären der Verknüpfung für Teil-Ganzes-Beziehung; Teil-Ganzes-Beziehung ohne Vernetzung adressieren; Teil und Ganzes verorten; Verstehenselemente nacheinander separat adressieren*) unterscheiden sich in semiotischen und epistemischen Verknüpfungsaktivitäten und den damit zusammenhängenden charakteristischen Navigationsbewegungen im Navigationsraum. Hinsichtlich der Beteiligung der Lernenden und der damit verbundenen Rolle der Lehrkraft sind die Navigationspfade facettenreicher, die unter der jeweiligen Praktik zusammengefasst wurden.

Die Praktiken in Abschnitt 7.6 (*Einfordern ohne inhaltliche Steuerung* und *Ankerpunkte setzen*) zeichnen sich weniger durch charakteristische Navigationsbewegungen, als durch die hohe Beteiligung der Lernenden an den Prozessen und der damit verbundenen Art und Weise aus, wie und über welche Impulse Lehrkräfte die Prozesse steuern. Lehrkräfte setzen eher weniger stark anleitende Fragen ein, welche bestimmte Verstehenselemente, Darstellungen oder

Verknüpfungsaktivitäten vorgeben. Die Impulse der Lehrkraft erfüllen vielmehr die Funktion, das Gespräch und die Beiträge ohne inhaltliche Steuerung zu strukturieren (Praktik *Einfordern ohne inhaltliche Steuerung*). Alternativ handelt es sich um umfangreichere Impulse, welche die Fragestellung für die nachfolgende Diskussion bzw. Beiträge der Lernenden zuspitzen und die zur Diskussion, Systematisierung oder Reflexion anregen, ohne über kleine Impulse die Gespräche stark anzuleiten (Praktik *Ankerpunkte setzen*).

Abb. 7.15 Überblick über rekonstruierte Praktiken mit abstrahierten Navigationspfaden

Die fünf Praktiken (Abschnitt 7.1–7.5) unterscheiden sich einerseits in den adressierten Verstehenselementen und deren Verknüpfungen sowie in den semiotischen Aktivitäten, wie in Abbildung 7.16 zusammenfassend dargestellt ist.

Die *Praktik Teil und Ganzes fokussieren* (Abschnitt 7.1) zeichnet aus, dass verdichtete Verstehenselemente in den oberen Zeilen des Navigationsraumes (z. B. Anteil) sowie die feineren Verstehenselemente Teil und / oder Ganzes beispielsweise beim Auffalten oder Verdichten zur Erklärung separat adressiert werden. Für diese Verstehenselemente erfolgen semiotische Aktivitäten wie Übersetzen, Wechseln oder keine Verknüpfung. Diese Verstehenselemente werden auch in den Navigationspfaden zur Praktik *Teil und Ganzes verorten* adressiert (Abschnitt 7.4). Allerdings werden sie hier zusätzlich epistemisch verknüpft, ebenfalls ohne die Teil-Ganzes-Beziehung explizit zu adressieren. Über die semiotischen Aktivitäten Übersetzen bzw. Wechseln für Teil, Ganzes und Anteil können Teil, Ganzes und Anteil in verschiedenen Darstellungen adressiert und diese verschiedenen Darstellungen über die Verortung implizit verknüpft werden. Beide Praktiken werden daher in Abbildung 7.16 tendenziell links unten eingeordnet.

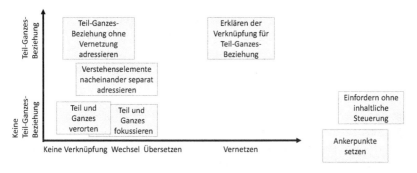

Abb. 7.16 Einordnung der Praktiken entlang semiotischer Verknüpfungsaktivitäten sowie Adressierung der Teil-Ganzes-Beziehung

Charakteristisch für die Praktiken *Erklären der Verknüpfung für Teil-Ganzes-Beziehung* (Abschnitt 7.2) sowie *Teil-Ganzes-Beziehung ohne Vernetzung adressieren* (Abschnitt 7.3) ist, dass die Teil-Ganzes-Beziehung als Verstehenselement adressiert und darüber die zugrunde liegende Beziehung ausgedrückt wird. Daher werden diese Praktiken im oberen Bereich in Abbildung 7.16 verortet.

Die beiden Praktiken unterscheiden sich im Explikations- und Bewusstheits-grad, wie Darstellungen für die Teil-Ganzes-Beziehung verknüpft werden: In der Praktik *Teil-Ganzes-Beziehung ohne Vernetzung adressieren* wird die Teil-Ganzes-Beziehung in einer oder auch mehreren Darstellungen adressiert. Diese Darstellungen werden jedoch nicht explizit vernetzt. In der Praktik *Erklären der Verknüpfung für Teil-Ganzes-Beziehung* werden die Darstellungen für die Teil-Ganzes-Beziehung vernetzt, d. h., es wird explizit erklärt, wie die Darstellungen zusammenhängen. Daher wird die erste Praktik links und die zweite rechts im oberen Bereich in Abbildung 7.16 eingeordnet. In beiden Fällen konnten Navigationspfade rekonstruiert werden, in denen die Teil-Ganzes-Beziehung rechnerisch, d. h. bezogen auf das Kalkül, adressiert wird (nicht abgebildet in Abbildung 7.16).

In der Praktik *Verstehenselemente nacheinander separat adressieren* (Abschnitt 7.5) werden die Verstehenselemente Teil-Ganzes-Beziehung bzw. Anteil sowie Teil und / oder Ganzes unabhängig voneinander, d. h. separat adressiert und damit aus epistemischer Perspektive nicht untereinander verknüpft. Für die Verstehenselemente können jeweils semiotische Aktivitäten wie keine Verknüpfung, Wechseln oder Übersetzen realisiert werden. Die Praktik wird daher in Abbildung 7.16 mittig im linken Bereich eingeordnet.

Die Praktiken *Einfordern ohne inhaltliche Steuerung* und *Ankerpunkte Setzen* (Abschnitt 7.6) zeichnen sich durch wenig inhaltliche Steuerung aus und können daher in Abbildung 7.16 nicht eindeutig eingeordnet werden.

Insgesamt deuten die Pfade der rekonstruierten Praktiken auf Folgendes hin: Um Verknüpfungen zwischen Darstellungen über die Ebene der verdichteten Konzepte hinaus zu erläutern, zeigen die rekonstruierten Praktiken als Gemeinsamkeit auf, dass weitere feinere Verstehenselemente adressiert und dafür Darstellungen in unterschiedlicher Weise adressiert und verknüpft werden. Die Praktiken unterscheiden sich dabei in den adressierten Verstehenselementen sowie in den epistemischen und semiotischen Verknüpfungsaktivitäten.

Im Anschluss an die hier vorgestellten Praktiken werden in Kapitel 8 gemeinsame Lernwege der Klassengemeinschaft und Praktiken zweier Kurse rekonstruiert und ein Überblick über Praktiken in weiteren Kursen gegeben.

Longitudinale Rekonstruktion von Praktiken und gemeinsamer Lernwege über mehrere Aufgaben hinweg

8

In diesem Kapitel werden folgende Forschungs- und Entwicklungsfragen bearbeitet:

(F1) Welche gemeinsamen *Lernwege* einer Klassengemeinschaft können durch das Lehr-Lern-Arrangement zu bedingten Wahrscheinlichkeiten angeregt werden? Welche epistemischen und semiotischen Verknüpfungsaktivitäten können angeregt werden und wie hängen diese zusammen?

(F2) Welche typischen *unterrichtlichen Praktiken* von Lehrkräften zur Darstellungsverknüpfung in gemeinsamen Plenumsgesprächen zum Lerngegenstand bedingte Wahrscheinlichkeiten können rekonstruiert werden?

(E4) Wie können Lehrkräfte durch das Unterrichtsmaterial bei Praktiken zur Darstellungsvernetzung *unterstützt* werden?

Dazu werden in diesem Kapitel gemeinsame Lernwege der Klassengemeinschaften und Praktiken zur Bearbeitung von Forschungsfrage 1 untersucht. Während in Designexperimenten mit nur zwei Lernenden auch individuelle Verstehensprozesse und Denkwege rekonstruiert werden können, geben Plenumsgespräche über die Denkwege einzelner Lernwege meist zu wenig Aufschluss für die Rekonstruktion individueller Verstehensprozesse. Daher werden „gemeinsame Lernwege" hier als sukzessive angebotene Verstehensgelegenheiten auf der ko-konstruktiv etablierten Angebotsseite konzeptualisiert, nicht als individuelle Nutzung oder Wirkung. Sie werden mithilfe der Navigationsbewegungen im Navigationsraum operationalisiert, und zwar longitudinal über mehrere Aufgaben hinweg, was Kapitel 6 und 7 bislang nicht fokussierte.

An zwei Kursen aus Zyklus 1 und 4 werden Navigationspfade anhand dieser Kernaufgaben rekonstruiert: Falschaussagen prüfen (Abschnitt 8.1), Anteilstypen unterscheiden (Abschnitt 8.2), Wahrscheinlichkeiten bestimmen (Abschnitt 8.3). Darauf aufbauend werden gemeinsame Lernwege im Verlauf der Kernaufgaben longitudinal betrachtet und durch Kontrastierung die Erfordernisse der Darstellungsvernetzung herausgearbeitet (Abschnitt 8.4). Zudem werden hier die Praktiken der restlichen Kurse im Überblick dargestellt und damit Forschungsfrage 2 ergänzend bearbeitet. Anhand der ersten Kernaufgabe zum Prüfen von Falschaussagen wird in Abschnitt 8.5 das Unterstützungspotenzial des Materials im Verlauf der Designexperiment-Zyklen untersucht (Entwicklungsfrage 4). In Abschnitt 8.6 werden die zentralen Ergebnisse zusammengefasst.

8.1   Stufe 1 / 2.1 – Aufbau inhaltlicher Vorstellungen: Erfassen und Explizieren von Teil-Ganzes-Beziehungen

Gemäß dem angelegten Lernpfad zielen die Aufgaben der ersten Stufe sowie Teil 1 der zweiten Stufe des Lehr-Lern-Arrangements darauf ab, bisherige Vorerfahrungen, Wissen und Vorstellungen zu komplexen Anteilsbeziehungen zu aktivieren (Stufe 1) sowie konzeptuelles Verständnis zu komplexen Anteilsbeziehungen zu vertiefen und zu systematisieren (Stufe 2.1). Die Analyse der Navigationspfade in zwei Kursen (Abschnitt 8.1.1 und 8.1.2) und ihr Vergleich (Abschnitt 8.1.3) zeigen, dass die interaktionale Umsetzung sehr unterschiedlich verlaufen kann.

8.1.1   Navigationspfad im Kurs von Herrn Krause (Zyklus 1)

Aufgabenstellung für Transkript 8.1, 8.2 und 8.3
Zum Dekodieren von Falschaussagen wird die Aufgabe in Abbildung 8.1 im Kurs bearbeitet. Diese beinhaltet im Zyklus 1 bereits den Tipp, das Ganze und den Teil zu markieren. Nach Bearbeitung in Kleingruppen wird die Aufgabe im Plenum in einer längeren Besprechungsphase diskutiert. In diesem Abschnitt werden zwei Ausschnitte dieses Gesprächs in Transkript 8.1 und 8.2 beschrieben.

Aufgabe 1b): Falschaussagen prüfen

Haben Simon und Anke Recht mit ihren Aussagen?
Wenn nicht, erkläre ihren Fehler und korrigiere die Anteile.
Tipp:
1. Markiere zuerst in der Aussage und dann im Anteilsbild farbig, auf welche *Teilgruppe* und welche *ganze Gruppe* sich Simons und Ankes Aussagen beziehen.
2. Bestimme den Bruch am Bild und prüfe.

Abb. 8.1 Aufgabe 1b) zum Prüfen von Falschaussagen des Lehr-Lern-Arrangements zu bedingten Wahrscheinlichkeiten im Zyklus 1 zu Transkript 8.1, 8.2 und 8.3 (veröffentlicht in leicht abgewandelter Form in Post im Druck, S. 2; hier in übersetzter Version)

Analyse zu Transkript 8.1 und 8.2 – Falschaussage von Simon
Die Schülerin Hannah präsentiert ihre Lösung zur Falschaussage von Simon (Transkript 6.3 in Abschnitt 6.3). Sie löst die Aussage falsch und bestimmt alle Sportlichen als Ganzes anstatt der gesamten Gruppe der Jugendlichen. Dabei betrachtet sie das Ganze separat und übersetzt zwischen Darstellungen für dieses, jedoch ohne eine Verknüpfung zur Aussage von Simon und ohne die Teil-Ganzes-Beziehung zu adressieren. Das folgende Transkript 8.1 schließt hieran direkt an.

Im Anschluss an Hannahs falsch identifiziertes Ganzes (Turn 8) fordert Herr Krause, das Ganze in symbolischer Darstellung zu nennen und in den Kontext bzw. zur Aussage zu übersetzen (Turn 9, 11, 13). Hannah nennt die Zahl (Turn **9 / 10 Ganzes** (falsch) Keine Verknüpfung: SD) und Anna übersetzt, in dem sie das falsche Ganze im Kontext verbalisiert und dabei Phrasen aus der Aussage aufgreift (Turn **11–14 Ganzes** (falsch) Wechsel: VA - - KS, Übersetzen: BS – SD – VA/KS).

Transkript 8.1 aus Zyklus 1, Hr. Krause, A1b), Sinneinheit 1 – Turn 8–21

Die im Transkript behandelte Frage aus Aufgabe 1b) ist, ob die Aussage von Simon richtig ist: „63/105 der Jugendlichen treiben Sport in ihrer Freizeit und schauen Videos zum Thema Sport."

8	Hannah	Ich würd sagen, dass das, ähm, einmal hier um die 63 und dann hier runter [*umkreist beide oberen Rechtecke*], sodass das die 63 und 28.	**7 / 8 Ganzes** (falsch) Übersetzen: BS – GD – SD
9	Lehrer	Mhm. Und das sind insgesamt? …	Auff. zum Nennen
10	Hannah	91.	**9 / 10 Ganzes** (falsch) Keine Verknüpfung: SD
11	Lehrer	Und das sind in unserem Fallbeispiel die 91, Anna sind die?	Auff. zum Übersetzen
12	Anna	Ich wollte eigentlich sagen, dass ich das nicht so denke.	
13	Lehrer	Erstmal klären, Leute, was ist die ganze Gruppe, um die es hier geht?	**11–14 Ganzes** (falsch) Wechsel: VA - - KS Übersetzen: BS – SD – VA/KS
14	Anna	Ja 91 sind alle die, die „Sport" „treiben".	
15	Lehrer	Genau. Markiere es mal.	Auff. zum Übersetzen
16	Anna	Aber hier stand ja „der Jugendlichen". Also ich dachte, von allen Jugendlichen. Wissen Sie, wie ich es meine?	**16 Ganzes** Übersetzen: VA – KS (eingebettet in TGB)
17a	Lehrer	Treiben Sport, „63/105 der Jugendlichen treiben Sport in ihrer Freizeit und schauen Videos zum Thema Sport."	**17a Anteil** Keine Verknüpfung: VA
17b		Das heißt, wir beschäftigen uns erstmal mit allen, die, die „Sport" „treiben". Also gehen alle 91 einmal in eine Markierung#	**17b Ganzes** (falsch) Wechsel: VA - - KS Übersetzen: VA/KS – SD/GD
18	Anna	#Nein, allen „Jugendlichen".	**18 Ganzes** Wechsel: VA - - KS
19	[NN]	Allen „Jugendlichen".	
20	Anna	Bla bla „der Jugendlichen" und dann kommt erst „treiben Sport". ..	
21	Lehrer	Das heißt, das Ganze müsste nach eurer Meinung markiert werden. Dann markierst du einmal in Gelb, markiere einmal in Gelb die 91. Und dann haben wir noch eine dritte Farbe? Darf ich mir den Roten einmal ausleihen? [*Hannah markiert beide obere Rechtecke im Bild gelb*]	**18 / 21 Ganzes** Übersetzen: VA/KS – GD

Anna verweist gleichzeitig darauf, dass „alle Jugendlichen" das richtige Ganze darstellen. Hierzu greift sie die Phrase „der Jugendlichen" aus der Aussage auf und verbalisiert das richtige Ganze als „von allen Jugendlichen", jeweils in Kombination mit Sprachmitteln für die Beziehung (Turn **16 Ganzes** Übersetzen: VA – KS, eingebettet in TGB). In Turn 17–20 widerspricht Herr Krause, indem er sich auf das falsche Ganze bezieht (Turn 17b) und zwischen dem Kontext und der Aussage wechselt und ins Anteilsbild (bzw. die symbolische Darstellung) übersetzt (Turn **17b Ganzes** (falsch) Wechsel: VA - - KS, Übersetzen: VA/KS – SD/GD). Daraufhin benennt Anna nochmals das richtige Ganze (Turn 18). In Turn 21 fordert Herr Krause die Schülerin Hannah auf, beide Möglichkeiten im Anteilsbild zu markieren (Turn **18 / 21 Ganzes** Übersetzen VA/KS – GD).

Wie im Navigationspfad (Abbildung 8.2) abgebildet, zeichnet die Steuerung des Lehrers in diesem Transkript 8.1 aus, dass er zum Auffalten der Aussage das Ganze als separates Verstehenselement mit impliziten Verknüpfungen zur Aussage und zum Übersetzen ansteuert. Die Schülerin Anna bezieht sich im Gegensatz dazu auf das Ganze eingebettet in der Teil-Ganzes-Beziehung.

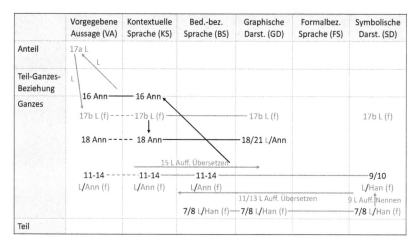

Abb. 8.2 Navigationspfad zum Transkript 8.1 (Zyklus 1, Herr Krause)

In den nachfolgenden Turns diskutiert der Kurs, ob alle Jugendlichen oder die Sportlichen das richtige Ganze darstellen (Ausschnitt in Transkript 6.4 in Abschnitt 6.3; Ausschnitte analysiert in Post im Druck). Zudem fragt Herr Krause nach dem Teil (Transkript 6.5 in Abschnitt 6.3). Das folgende Transkript schließt an das Transkript 6.5 an. Herr Krause lässt den von Hannah und Tina bestimmten Teil im Anteilsbild markieren:

Transkript 8.2 aus Zyklus 1, Hr. Krause, A1b), Sinneinheit 1 – Turn 44–50

Die im Transkript behandelte Frage aus Aufgabe 1b) ist, ob die Aussage von Simon richtig ist: „63/105 der Jugendlichen treiben Sport in ihrer Freizeit und schauen Videos zum Thema Sport."

	Video ja (35)	Video nein (105)
Sport ja (91)	28	63
Sport nein (49)	7	42

Gesamt: 140

44a	Lehrer	Gut, dann markieren wir die 28 einmal in Grün. [*Hannah markiert Rechteck links oben grün*]	**44a Teil** Übersetzen: SD – GD
44b		Das heißt, wir merken an dieser Aussage, es gibt auf jeden Fall schon mal die Fragestellung, was wir als ganze Gruppe hier verstehen.	**44b Ganzes:** Keine Verknüpfung: BS
44c		Wir können einmal sagen, wir könnten einmal sagen, so wie es hier formuliert ist, wir haben einmal die, die „Sport treiben" und von denen schauen wir uns diejenigen an, die auch noch „Videos" gucken.	**44c TGB** (falsch) Wechsel: VA - - KS
44d		Dann wäre unsere ganze Gruppe gelb und unsere Teilgruppe grün.	**44d Teil / Ganzes** (falsch) Übersetzen: BS – GD
44e		Oder aber wir sagen, er spricht hier von allen „Jugendlichen". „63/105 der Jugendlichen treiben Sport" und „schauen Videos zum Thema".	**44e Ganzes** Wechsel: VA - - KS (eingebettet in TGB) **Anteil** Keine Verknüpfung: VA
44f		Das heißt, hier haben wir auch die Option dann zu sagen, okay, wenn wir das so verstehen, wäre lila die ganze Teilgruppe, äh, die ganze Gruppe. Entschuldigung, und 28 die Teilgruppe, um die es geht. Anna.	**44f Ganzes** Übersetzen: GD – BS **44f Teil** Übersetzen: SD/GD – BS
45	Anna	Und zwar, wir haben ja jetzt noch Anke quasi, wo wir das ja vergleichen können und eigentlich gibt es doch gar nicht die Option, dass gelb die ganze Gruppe ist. Aus dem Grunde, wir haben ja jetzt gesagt, ähm, also Melanie, Saskia und ich und so, dass „der Jugendlichen" bedeutet ja von allen. Was ja auch logisch ist, weil sonst da stehen müsste „63/105 der" Sport-Treiber .. Dann würde es nur die Gelbe sein, so wie es bei Anke steht, weil da ist es wirklich nur die Gelbe. Deswegen gibt es auch bei Simon, gibt es doch meiner Meinung nach gar nicht die Option von dem, weil das sonst ist, wenn man das liest, dann ist ja „der Jugendlichen", also aller Jugendlicher und der Jugendlichen, die Sport treiben. Das ist ja deutsch einfach zu erklären, eigentlich. [5 Sek.]	**45 Ganzes** Übersetzen: GD – BS – VA – KS (eingebettet in TGB)
46–49		[*Weiterer Schüler erklärt die richtige Teil-Ganzes-Beziehung*]	
50a	Lehrer	Das heißt, also, lasst uns mal festhalten. Wir haben hier den größten Teil, wir verstehen die Aussage so: Es geht um die Teilgruppe, die „Videos" „schauen" und „Sport" „treiben". Das sind die 28 Mann, die wir haben, von allen „Jugendlichen", weil da steht Jugendliche.	**50a TGB** Wechsel: VA - - KS Erklären TGB: (BS) = VA/KS = (SD) = (VA)
50b		Das heißt, es geht um 28 von 140.	**50b TGB** Keine Verknüpfung: SD
50c		Das heißt, was müsste man an Simons Aussage korrigieren? […]	Auff. zum Nennen / Übersetzen

In Turn 44 fasst Herr Krause die bisherigen Überlegungen zusammen. Er adressiert den identifizierten Teil und greift für das Ganze die beiden diskutierten Gruppen als mögliche Lösungen auf. Für das falsche Ganze formuliert er die Teil-Ganzes-Beziehung in kontextueller Sprache mit Rückgriff auf Phrasen aus der Aussage (Turn **44c TGB** (falsch) Wechsel: VA - - KS) und er übersetzt für das Ganze zwischen der bedeutungsbezogenen Bezeichnung „Ganze Gruppe" und der markierten Fläche im Anteilsbild (Turn **44d Ganzes** (falsch) Übersetzen: BS – GD). Für das richtige Ganze liest er die Aussage vor, wechselt für das Ganze zwischen der Verbalisierung im Kontext und der Aussage eingebettet in der Teil-Ganzes-Beziehung (Turn **44e Ganzes** Wechsel: VA - - KS, eingebettet in TGB) und übersetzt zwischen bedeutungsbezogener Sprache und dem Anteilsbild (Turn **44f Ganzes** Übersetzen: GD – BS).

Als Reaktion darauf argumentiert Anna in Turn 45, dass alle Jugendlichen das richtige Ganze sind und übersetzt zwischen den Darstellungen für das Ganze in Kombination mit dem Sprachmittel für die Beziehung aus der Aussage. In Turn 50 bündelt Herr Krause das bisherige Plenumsgespräch, indem er die richtige Teil-Ganzes-Beziehung formuliert und den Zusammenhang zwischen den Darstellungen nicht nur einzeln für den Teil und das Ganze, sondern ausgedrückt über „von" (Turn 50a) für die gesamte Teil-Ganzes-Beziehung erklärt (Turn **50a TGB** Wechsel: VA - - KS, Erklären: (BS) = VA/KS = (SD) = (VA)). Einige dieser Darstellungen greift er dabei nur für den Teil innerhalb der Formulierung zur Teil-Ganzes-Beziehung auf. Zur Aussage stellt er darin eine implizite Verknüpfung her, indem er einzelne Phrasen aus der Aussage in der Verbalisierung im Kontext aufgreift, die Sprachmittel für die Beziehung (Genitivkonstruktion „der") jedoch nicht explizit adressiert. Er formuliert danach die passende Teil-Ganzes-Beziehung in symbolischer Darstellung (Turn **50b TGB** Keine Verknüpfung: SD). Im Anschluss wird der Bruch korrigiert und die Lernenden werden aufgefordert, das Ganze, den Teil und den Anteil zu notieren. Die drei Verstehenselemente adressiert Herr Krause in bedeutungsbezogener Sprache (Turn 54a, nicht abgebildet).

Insgesamt entspricht der Navigationspfad über die gesamte Sinneinheit 1, in der die erste Falschaussage von Simon besprochen wird, der Praktik *Erklären der Verknüpfung für Teil-Ganzes-Beziehung* (Abschnitt 7.2): Zu Beginn fokussieren sowohl die Schülerin Hannah als auch Herr Krause vorrangig das Ganze und den Teil (Transkript 8.1). Beim Systematisieren der Gedanken wird die Teil-Ganzes-Beziehung adressiert, dafür werden Darstellungen vernetzt und im Anschluss wird der Anteil bestimmt (Transkript 8.2; Abbildung 8.3). In der Erklärung zur Teil-Ganzes-Beziehung (Turn 50a in Transkript 8.2) von Herrn Krause scheinen

Darstellungen aber nur teilweise für beide Verstehenselemente adressiert zu werden. Auch bezieht er das Beziehungswort aus der Aussage (und damit die Struktur der Aussage) nicht explizit in die Vernetzung mit ein, sondern eher Phrasen zum Teil und Ganzen.

Einige Lernende hingegen scheinen das Beziehungswort bewusst wahrzunehmen und zu adressieren. Beispielsweise beziehen sich Saskia und Anna auf das Ganze in Kombination mit Sprachmitteln für die Beziehung aus der Aussage und übersetzen bewusst hierfür. Das Anteilsbild wird in der gesamten Sinneinheit lediglich für den Teil und das Ganze adressiert.

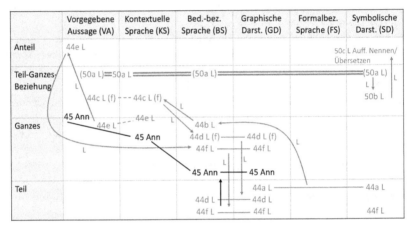

Abb. 8.3 Navigationspfad zum Transkript 8.2 (Zyklus 1, Herr Krause)

Analyse zu Transkript 8.3 – Falschaussage von Anke
Im Anschluss bespricht der Kurs die zweite Aussage von Anke (Abbildung 8.1). Wie in Transkript 6.6 (Abschnitt 6.4) abgebildet, bestimmen Saskia und Christina den Teil und das Ganze richtig. Hierbei stellen sie eine implizite Verknüpfung zwischen der Aussage und der Verbalisierung im Kontext her und übersetzen zur bedeutungsbezogenen Sprache und symbolisch dargestellten Zahl. Nach der Aussage eines weiteren Schülers fasst Herr Krause in Turn 63b–d zusammen.

Transkript 8.3 aus Zyklus 1, Hr. Krause, A1b), Sinneinheit 2 – Turn 63b–d
Die im Transkript behandelte Frage aus Aufgabe 1b) (Abbildung 8.1) ist, ob die folgende Aussage von Anke richtig ist: „3/5 der Sport-Treiber schauen keine Sport-Videos.“

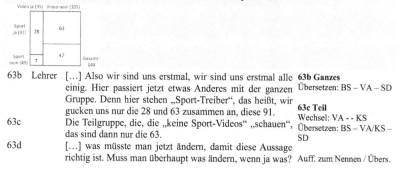

63b	Lehrer	[...] Also wir sind uns erstmal, wir sind uns erstmal alle einig. Hier passiert jetzt etwas Anderes mit der ganzen Gruppe. Denn hier stehen „Sport-Treiber", das heißt, wir gucken uns nur die 28 und 63 zusammen an, diese 91.	**63b Ganzes** Übersetzen: BS – VA – SD
63c		Die Teilgruppe, die, die „keine Sport-Videos" „schauen", das sind dann nur die 63.	**63c Teil** Wechsel: VA - - KS Übersetzen: BS – VA/KS – SD
63d		[...] was müsste man jetzt ändern, damit diese Aussage richtig ist. Muss man überhaupt was ändern, wenn ja was?	Auff. zum Nennen / Übers.

Herr Krause adressiert zunächst das Ganze, dann den Teil und übersetzt jeweils zwischen der bedeutungsbezogenen Bezeichnung „ganze Gruppe", der symbolischen Darstellung und der Phrase aus der Aussage bzw. der Verbalisierung im Kontext mit Rückgriff auf Phrasen aus der Aussage (Turn **63b Ganzes** Übersetzen: BS – VA – SD; Turn **63c Teil** Wechsel: VA - - KS, Übersetzen: BS – VA/KS – SD). Anschließend fordert er zur Korrektur der Aussage auf. Im Anschluss wird der korrigierte Bruch genannt sowie Verknüpfungen für den Teil und das Ganze wiederholt. In Abbildung 8.4 ist der Navigationspfad zum Transkript 8.3 abgebildet.

	Vorgegebene Aussage (VA)	Kontextuelle Sprache (KS)	Bed.-bez. Sprache (BS)	Graphische Darst. (GD)	Formalbez. Sprache (FS)	Symbolische Darst. (SD)
Anteil						
Teil-Ganzes-Beziehung	L					63d L Auff. Nennen/ Übersetzen
Ganzes	L 63b L		63b L			63b l
Teil	63c L	63c L	63c L			63c L

Abb. 8.4 Navigationspfad zum Transkript 8.3 (Zyklus 1, Herr Krause)

Der Lehrer faltet die Aussage auf, indem er den Teil und das Ganze adressiert. Anschließend wird der Anteil bestimmt. Der Navigationspfad entspricht der Praktik *Teil und Ganzes fokussieren* sowohl beim Auffalten in Teil und Ganzes, als auch beim Verdichten ausgehend von dem Teil und Ganzen hin zum Anteil, ohne die Teil-Ganzes-Beziehung zu adressieren. Zur vorgegebenen Aussage wird für den Teil und das Ganze separat entweder bewusst übersetzt oder implizit gewechselt, die Sprachmittel für die Beziehung werden hingegen nicht adressiert.

Insgesamt können bei der Besprechung die Praktiken *Erklären der Verknüpfung für Teil-Ganzes-Beziehung* und *Teil und Ganzes fokussieren* rekonstruiert werden. Die Interaktion zeichnet sich eher durch geteilte Verantwortung aus.

8.1.2 Navigationspfad im Kurs von Herrn Schmidt (Zyklus 4)

Aufgabenstellung für Transkript 8.4, 8.5 und 8.6
Die Aufgabe zum Dekodieren von Falschaussagen ist zweigeteilt: In einer ersten Teilaufgabe beurteilen die Lernenden, ob zwei Aussagen von Simon und Lara richtig sind (Aufgabe 1b), nicht abgebildet). Dabei handelt es sich um die Aussagen: „400/600 der Jugendlichen sind weiblich und sportlich" sowie „¾ von den Sportlichen sind männlich". In beiden Fällen passt der Bruch nicht zur Aussage.

In der zweiten ausführlichen Teilaufgabe 1c) werden die Lernenden angeleitet, die Aussage genauer zu untersuchen, indem für beide Aussagen die Darstellungen für die relevanten Verstehenselemente vernetzt werden sollen (Abbildung 8.5). Der Kurs bearbeitet die Aufgaben zunächst in Kleingruppen, woraufhin diese im Plenum besprochen werden.

In der Besprechung der Teilaufgabe 1b) sammeln und diskutieren die Lernenden erste intuitive Ideen, ob die Aussagen stimmen. Herr Schmidt gibt hierbei keine inhaltlichen Impulse oder Rückmeldungen. Nach Bearbeitung von Teilaufgabe 1c) (Abbildung 8.5) in Kleingruppen folgt eine längere Besprechungsphase. In diesem Abschnitt werden einige Ausschnitte dieser Phase vorgestellt.

Analyse zu Transkript 8.4, 8.5 und 8.6
Zu Beginn der Besprechung der Teilaufgabe 1c) (Abbildung 8.5) stellt Jonas seine Lösung zu den beiden Falschaussagen vor, die im Anschluss diskutiert werden. Transkript 8.4 zeigt seine Lösung zur Aussage von Lara.

Aufgabe 1c): Falschaussagen prüfen

c) Man muss die Aussage genau untersuchen, um zu entscheiden, ob der Bruch passt.

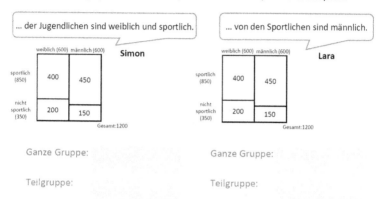

- Im Anteil oder Bruch wird eine *ganze Gruppe* und eine *Teilgruppe* in Beziehung gesetzt.
  - Welche *ganze Gruppe* ist jeweils gemeint?
  - Welche *Teilgruppe* ist jeweils gemeint?
  Schreibe auf und markiere farbig **im Anteilsbild und in der Aussage.**

Die Anteilsbeziehungen erklären:
- Woran erkennst du den *Anteil der Teilgruppe an der ganzen Gruppe* in den Aussagen von Simon und Lara? Markiere farbig.

- Wie kannst du den *Anteil zwischen Teilgruppe und ganzer Gruppe* im Anteilsbild gut erklären?
  Diskutiert die Vorschläge rechts.
  Findet ihr andere Formulierungen?
  Erklärt dann für Simon und Lara.

	weiblich (600)	männlich (600)	
sportlich (850)	400	450	Ganze Gruppe: alle 600 Männer
nicht sportlich (350)	200	150	Teilgruppe: 150 unsportliche Männer

Gesamt:1200

150 Leute sind männlich und dazu nicht sportlich und diese 600 sind alle Männer.

Der Anteil der Unsportlichen an den Männern ist 150 von 600.

600

150

Andere Formulierung:

Abb. 8.5 Aufgabe 1c) zum Dekodieren von Falschaussagen des Lehr-Lern-Arrangements zu bedingten Wahrscheinlichkeiten im Zyklus 4

Transkript 8.4 aus Zyklus 4, Hr. Schmidt, A1c), Sinneinheit 1 – Turn 4g–5

Die im Transkript behandelte Frage aus Aufgabe 1c) (Abbildung 8.5) ist, die folgende Aussage von Lara genauer zu untersuchen: „... von den Sportlichen sind männlich."

4g	Jonas	Bei Teilstück b haben wir dann, äh, so und so sind von den, äh, so und so „von den Sportlichen sind männlich" [*zeigt auf Laras Aussage*].	**4g Anteil** Keine Verknüpfung: VA
4h		Da haben wir dann, ähm, die „Sportlichen", äh, die Männlichen als große Gruppe [*deutet auf die Angabe der ganzen Gruppe unter dem Anteilsbild*], weil das ist ja eine, äh, eine von den beiden Unterteilungen [*zeigt entlang der senkrechten Linie im Anteilsbild*], also weiblich und männlich gibt es ja.	**4h Ganzes** (falsch) Übersetzen: KS – BS – GD
4i		Und von den Männlichen [*zeigt auf die rechte Angabe über dem Anteilsbild*] sind sportlich [*zeigt auf die Angabe der Teilgruppe unter dem Anteilsbild*].	**4i TGB** (falsch) Keine Verknüpfung: KS
4j		Das heißt, sportlich ist dann die Teilgruppe [*zeigt auf die Angabe der Teilgruppe unter dem Anteilsbild*]. Da haben wir dann hier [*zeigt auf das untere rechte Rechteck*] die, äh, die Nicht-Sportlichen [*zeigt auf die untere Angabe links vom Anteilsbild*], äh, die Sportlichen [*zeigt auf die obere Angabe links vom Anteilsbild*], so, die 450 [*zeigt auf das obere rechte Rechteck*] und dann passt das. Bitte.	**4j Teil** (unvollständig) Übersetzen: KS – BS – GD – SD
5	Linda	Ich glaube, da hast du was falsch verstanden, weil, ähm, es geht ja erstmal darum, dass die „Sportlichen" sind ja die Obergruppe. Und dann die, „von den Sportlichen sind" welche „männlich" und das ist dann die Untergruppe. So hatte ich das zumindest verstanden.	**5 TGB** Erklären TGB: VA = BS

Zum Auffalten der Aussage von Lara adressiert Jonas das Ganze und übersetzt zwischen Darstellungen (Turn 4h). Dann formuliert er eine falsch identifizierte Teil-Ganzes-Beziehung in kontextueller Sprache (Turn 4i) und adressiert anschließend den Teil (Turn 4j). Auch für den Teil übersetzt er zwischen Darstellungen. Sowohl das Ganze als auch die Teil-Ganzes-Beziehung sind inhaltlich falsch und beschreiben die inverse bedingte Wahrscheinlichkeit. Möglicherweise geht er hier vom Bruch ¾ (Teilaufgabe 1b)) anstatt der Aussage aus.

Linda erkennt die richtige Teil-Ganzes-Beziehung und formuliert diese in Turn 5, indem sie Bezeichnungen in bedeutungsbezogener Sprache („Obergruppe", „Untergruppe") und Phrasen aus der Aussage vernetzt. In ihrer Erklärung greift sie auch das Sprachmittel „von" aus der Aussage auf.

Im weiteren Verlauf des Gesprächs formuliert Jonas eine Rückfrage zur Falschaussage, woraufhin Herr Schmidt die Struktur der Falschaussage fokussiert.

Transkript 8.5 aus Zyklus 4, Hr. Schmidt, A1c), Sinneinheit 3 – Turn 42–59a

Die im Transkript behandelte Frage aus Aufgabe 1c) (Abbildung 8.5) ist, die folgende Aussage von Lara genauer zu untersuchen: „... von den Sportlichen sind männlich."

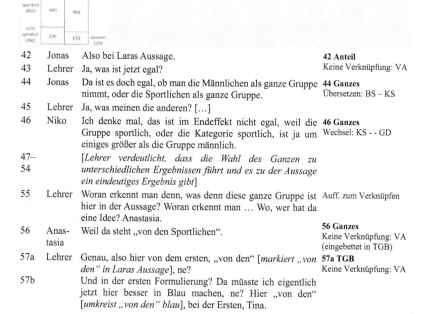

42	Jonas	Also bei Laras Aussage.	**42 Anteil** Keine Verknüpfung: VA
43	Lehrer	Ja, was ist jetzt egal?	
44	Jonas	Da ist es doch egal, ob man die Männlichen als ganze Gruppe nimmt, oder die Sportlichen als ganze Gruppe.	**44 Ganzes** Übersetzen: BS – KS
45	Lehrer	Ja, was meinen die anderen? [...]	
46	Niko	Ich denke mal, das ist im Endeffekt nicht egal, weil die Gruppe sportlich, oder die Kategorie sportlich, ist ja um einiges größer als die Gruppe männlich.	**46 Ganzes** Wechsel: KS - - GD
47– 54		*[Lehrer verdeutlicht, dass die Wahl des Ganzen zu unterschiedlichen Ergebnissen führt und es zu der Aussage ein eindeutiges Ergebnis gibt]*	
55	Lehrer	Woran erkennt man denn, was denn diese ganze Gruppe ist hier in der Aussage? Woran erkennt man ... Wo, wer hat da eine Idee? Anastasia.	Auff. zum Verknüpfen
56	Anas- tasia	Weil da steht „von den Sportlichen".	**56 Ganzes** Keine Verknüpfung: VA (eingebettet in TGB)
57a	Lehrer	Genau, also hier von dem ersten, „von den" *[markiert „von den" in Laras Aussage]*?	**57a TGB** Keine Verknüpfung: VA
57b		Und in der ersten Formulierung? Da müsste ich eigentlich jetzt hier besser in Blau machen, ne? Hier „von den" *[umkreist „von den" blau]*, bei der Ersten, Tina.	
58	Tina	„Der Jugendlichen".	**58 Ganzes** Keine Verknüpfung: VA (eingebettet in TGB)
59a	Lehrer	„Der Jugendlichen", genau *[umkreist „der" in Simons Aussage]*. Das ist im Grunde immer Bezug auf die ganze Gruppe und dann kommt da hinter das, ähm, was die Teilgruppe ist, ne? Okay.	**59a Anteil / TGB** Keine Verknüpfung: VA **Ganzes / Teil** Keine Verknüpfung: BS

Jonas stellt die Rückfrage, ob es egal ist, welche Gruppe als Ganzes gewählt wird (Turn 42, 44). Darauf antwortet Niko mit der unterschiedlichen Größe der Gruppen (Turn 46). Beide Schüler scheinen nicht wahrzunehmen, dass durch die Formulierung die Gruppe eindeutig vorgegeben ist.

Im Anschluss an einige Beiträge fragt Herr Schmidt in Turn 55, woran man das Ganze in der Aussage erkennt und er fordert damit zur Verknüpfung mit der Aussage auf. Zunächst für die Falschaussage von Lara, dann für die von Simon, nennen die beiden Schülerinnen Anastasia und Tina die Phrase zum Ganzen in Kombination mit dem Sprachmittel für die Beziehung (Turn **56/58 Ganzes** Keine

Verknüpfung: VA, eingebettet in TGB). Herr Schmidt greift die Beiträge auf und markiert die Sprachmittel für die Beziehung in den Aussagen (Turn 57a, 59a). In Turn 59a erklärt Herr Schmidt zudem für die Falschaussage von Simon, dass das Ganze an der Phrase „der Jugendlichen" erkannt wird und die Teilgruppe dahintersteht. Damit verortet er innerhalb der Aussage, wo darin das Ganze und der Teil zu finden sind. So adressiert er den Anteil bzw. die Teil-Ganzes-Beziehung über die Phrase aus der Aussage und verknüpft diese durch Verorten mit dem Teil und Ganzen in bedeutungsbezogener Denksprache (Turn **59a Anteil / TGB** Keine Verknüpfung: VA, **Ganzes / Teil** Keine Verknüpfung: BS). Damit fokussiert Herr Schmidt bewusst die Struktur der Aussage. Der Navigationspfad in Abbildung 8.6 entspricht hier der Praktik *Teil und Ganzes verorten.*

Im weiteren Verlauf des Gesprächs leitet Herr Schmidt den Kurs nochmals zur Begründung an, inwiefern die Aussagen in Kombination mit den Brüchen aus Teilaufgabe 1b) stimmen. Zur Falschaussage von Lara können zwei Lernende keine Antwort geben, eine weitere Schülerin argumentiert richtig, indem sie die Größe der Anteile ausgehend von der Aussage und dem Bruch am Anteilsbild vergleicht. Herr Schmidt expliziert die Zusammenhänge nochmals, indem er den Kurs anleitet, den Teil, das Ganze und die Teil-Ganzes-Beziehung zu adressieren und Darstellungen zu vernetzen (Praktik *Erklären der Verknüpfung für Teil-Ganzes-Beziehung*).

In ähnlicher Weise werden die Aussagen zu Beginn der darauffolgenden Sitzung wiederholt (Transkript 8.6; Ausschnitte analysiert in Post 2024). Hierzu notiert Herr Schmidt den Drei-Schritt an der Tafel.

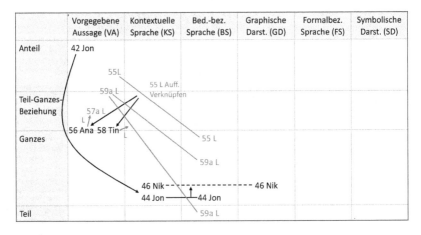

Abb. 8.6 Navigationspfad zum Transkript 8.5 (Zyklus 4, Herr Schmidt)

Transkript 8.6 aus Zyklus 4, Hr. Schmidt, A1c), Sinneinheit 1 – Turn 14–27a

Die im Transkript behandelte Frage aus Aufgabe 1c) (Abbildung 8.5) ist, die folgende Aussage von Simon genauer zu untersuchen: „... der Jugendlichen sind weiblich und sportlich"

Aussage und Anteilsbild markiert im Plenum:

14a	Anastasia	Also die Aussage sagt ja, „der Jugendlichen sind weiblich	**14a Anteil**
14b		und sportlich", das heißt, die ganze Gruppe sind halt die	Keine Verknüpfung: VA
		„Jugendlichen", also #	**14b / 16 Ganzes**
15	Lehrer	# Nimm mal den Stift, genau.	Übersetzen:
16	Anastasia	Alle gesamten Befragten, ganzen 1200.	BS – VA – KS – SD
17	Lehrer	Das wäre die ganze Gruppe [*umrandet gesamtes Anteilsbild blau*], ne? Also#	**17 Ganzes** Übersetzen: [BS – VA – KS – SD] – GD
18	Anastasia	Und die Teilgruppe wäre dann halt jeweils die Weiblichen, die „sportlich" sind, also die 400.	**18 Teil** Wechsel: VA - - KS
19a	Lehrer	„Sind weiblich und sportlich", das wäre das hier, ne? Genau. Also wir haben [ca. 4 Wörter unverständlich] [*umrandet das obere linke Rechteck rot*]. Also „weiblich	Übersetzen: BS – VA/KS – SD **19a Teil**
19b		und sportlich" [*unterstreicht „weiblich" und „sportlich" in Aussage*], das sind hier die „Jugendlichen" [*unterstreicht „Jugendlichen" in Aussage*].	Übersetzen: [BS – VA/KS – SD] – VA – GD **19b Ganzes**
19c		Und das Dritte hier nochmal, woran erkennt man jetzt sprachlich, dass diese Teilgruppe gemeint ist? Was sind so die sprachlichen Mittel jetzt hier? […]	Keine Verknüpfung: VA Auff. zum Verknüpfen
20	Samira	Ja, „weiblich" [*Lehrer zeigt auf „sportlich" und „weiblich" in Simons Aussage*], also da nennt / nimmt man die 400, die Sportlichen sind auch „weiblich und sportlich" [*Lehrer zeigt im Ansatz auf das obere linke Rechteck*], #	**20 / 22 Teil** Wechsel: VA - - KS Übersetzen: SD – VA – GD – VA/KS
21– 23		[…]	
24	Anastasia	Einmal, also die „Jugendlichen", einmal an dem „der Jugendlichen."	**24–26 TGB / Anteil** Keine Verknüpfung: VA
25	Lehrer	Ja [*unterstreicht das „der" in Simons Aussage grün*].	
26	Anastasia	Und, äh, diese 400 steht ja, und, also dieses „sind" „und".	
27a	Lehrer	„Und", genau, das wird irgendwie verknüpft [*unterstreicht das „und" in Simons Aussage grün*], ne? Also die beiden Merkmale, die stehen so gleichrangig, ne? Durch das „und" nebeneinander und das heißt also, dass hier [*umkreist das obere linke Rechteck*] die Gruppe, die das hat, muss beides erfüllen und bezieht sich auf die Gesamtgruppe [*umkreist das gesamte Anteilsbild*].	**27a TGB** Erklären: BS = GD = (VA)

Anastasia liest zunächst die Aussage vor und adressiert dann das Ganze, für welches Anastasia und Herr Schmidt in Turn 14b–17 zwischen unterschiedlichen Darstellungen übersetzen. Analog wird der Teil adressiert (Turn 18–19a).

In Turn 19c fragt Herr Schmidt, woran man den Teil in der Aussage erkennt und fordert damit zur Verknüpfung auf. Samira antwortet, indem sie den Teil adressiert (Turn 20). Herr Schmidt wiederholt die Frage, worauf Anastasia die Phrasen „der Jugendlichen", „sind" sowie „und" aus der Aussage nennt (Turn **24–26 TGB / Anteil** Keine Verknüpfung: VA). Herr Schmidt greift die Phrasen auf und unterstreicht diese. Daran anschließend erklärt er den Zusammenhang für die Teil-Ganzes-Beziehung zwischen den Flächen im Anteilsbild und bedeutungsbezogenen Benennungen für den Teil und das Ganze (Turn **27a TGB** Erklären TGB: BS = GD = (VA)).

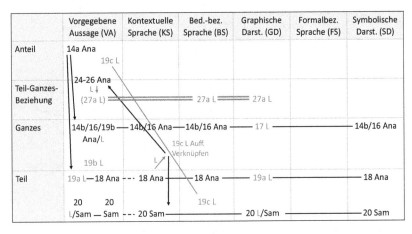

Abb. 8.7 Navigationspfad zum Transkript 8.6 (Zyklus 4, Herr Schmidt)

Damit wird die Aussage entlang des Drei-Schritts Ganzes – Teil – Teil-Ganzes-Beziehung aufgefaltet. Für die Teil-Ganzes-Beziehungen werden zudem Darstellungen vernetzt. Im Transkript werden sowohl die Sprachmittel für die Beziehung aus der Aussage aufgegriffen als auch das Anteilsbild zur Verdeutlichung der Teil-Ganzes-Beziehung hinzugezogen. Der Navigationspfad in Abbildung 8.7 entspricht der in Abschnitt 7.2 rekonstruierten Praktik *Erklären der Verknüpfung für Teil-Ganzes-Beziehung.*

Im weiteren Verlauf wird in ähnlicher Weise für die zweite Falschaussage die Teil-Ganzes-Struktur entlang dieser Praktik expliziert (Transkript 7.3 in Abschnitt 7.2). Für eine weitere Aussage wiederholt Herr Schmidt den Drei-Schritt in reduzierter Form entlang der Praktik *Verstehenselemente nacheinander separat adressieren* (Transkript 7.7 in Abschnitt 7.5).

Zusammenfassend werden in Teilaufgabe1b) lediglich Ideen der Lernenden gesammelt und es wird daher keine Praktik rekonstruiert. In Teilaufgabe 1c) (Abbildung 8.5) steuert Herr Schmidt zunächst wenig (Praktik *Einfordern ohne inhaltliche Steuerung*). Dann expliziert er die Struktur der Aussage in unterschiedlicher Tiefe anhand der Praktiken *Teil und Ganzes verorten*, *Erklären der Verknüpfung für Teil-Ganzes-Beziehung* und *Verstehenselemente nacheinander separat adressieren*. Die Lernenden werden bei den charakteristischen Verknüpfungen der Praktiken zur Teil-Ganzes-Beziehung bzw. Anteil nur wenig, meist über Aufforderungen zum Nennen eingebunden. Die Praktik *Verstehenselemente nacheinander separat adressieren* setzt Herr Schmidt selbst um.

8.1.3 Vergleich der Navigationspfade

In beiden Kursen wurde die Praktik *Erklären der Verknüpfung für Teil-Ganzes-Beziehung* (Abschnitt 7.2) rekonstruiert. Herr Krause fokussiert zu Beginn der Besprechung vorrangig das Ganze, den Teil und die Verknüpfung der Darstellungen dafür (Transkript 8.1). Er adressiert die Teil-Ganzes-Beziehung und erklärt den Zusammenhang der Darstellungen zum Ende der Besprechung (Transkript 8.2; Abbildung 8.8).

In dieser Erklärung werden Darstellungen teils aber nur für den Teil oder das Ganze aufgegriffen. Die Aussage wird mit Fokus auf die Merkmale für den Teil und das Ganze miteinbezogen. Weder das Anteilsbild noch die Sprachmittel für die Beziehung werden adressiert. Lediglich die Lernenden adressieren das Sprachmittel für die Beziehung, indem sie in ihren Erklärungen das Ganze eingebettet in die Teil-Ganzes-Beziehung benennen.

Herr Schmidt hingegen versucht über verschiedene Praktiken die Sprachmittel für die Beziehung aus der Aussage zu explizieren (Abbildung 8.9). Zunächst lässt er die Lernenden ihre Lösung präsentieren und untereinander ausdiskutieren (Praktik *Einfordern ohne inhaltliche Steuerung*; Transkript 8.4). In den darauffolgenden Praktiken fordert er die Lernenden wiederholt zum Nennen auf, woran sie das Ganze bzw. den Teil erkannt haben. Die Lernenden antworten häufig mit dem Ganzen in Kombination mit den Sprachmitteln für die Beziehung. Daraufhin verortet Herr Schmidt den Teil und das Ganze in der Struktur der Aussage

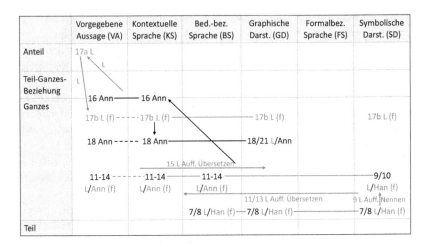

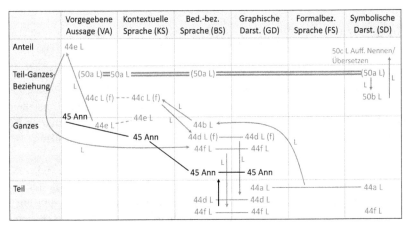

Abb. 8.8 Navigationspfade zu Transkript 8.1 und 8.2 (Zyklus 1, Herr Krause)

(Praktik *Teil und Ganzes verorten*; Transkript 8.5) oder er erklärt den Zusammenhang bestimmter Darstellungen für die Teil-Ganzes-Beziehung (Praktik *Erklären der Verknüpfung für Teil-Ganzes-Beziehung*; Transkript 8.6). Herr Schmidt scheint hierdurch die Sprachmittel für die Beziehung aus der Aussage wiederholt bewusst aufzugreifen und den Zusammenhang zwischen der Aussage und den separaten Verstehenselementen Teil und Ganzes zu verdeutlichen.

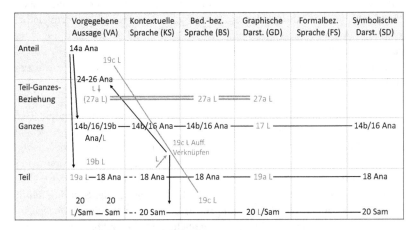

Abb. 8.9 Navigationspfade zu Transkript 8.5 und 8.6 (Zyklus 4, Herr Schmidt)

In den drei Fällen, die als *Erklären der Verknüpfung für Teil-Ganzes-Beziehung* identifiziert wurden, gliedert Herr Schmidt das Auffalten der Aussage entlang des Drei-Schritts Ganzes – Teil – Teil-Ganzes-Beziehung. Auch bei Herrn Krause werden die Verstehenselemente über die längere Besprechungsphase hinweg adressiert. Herr Schmidt scheint diese jedoch expliziter beispielsweise durch Anschrieb der Schritte an der Tafel zu etablieren und wiederholt einzufordern.

Im Vergleich zu Herrn Krause greift Herr Schmidt auf weitere Scaffolds zurück: Wiederholt markiert bzw. verweist er gestisch auf den Teil und das Ganze in der Aussage und im Anteilsbild. Zudem markiert er die Sprachmittel für die Beziehung in der Aussage (z. B. in Transkript 7.3, 7.7 und 8.6). Im Vergleich der beiden Transkripte 8.2 und 8.6 bezieht Herr Schmidt das Anteilsbild beim Erklären der Teil-Ganzes-Beziehung ein: Im Transkript 8.6 formuliert er die Beziehung in bedeutungsbezogener Sprache und verdeutlicht parallel gestisch die Flächen am Anteilsbild. Hier scheint das Anteilsbild als grafisches Scaffold zu dienen, um ergänzend zur Sprache die Teil-Ganzes-Beziehung zu veranschaulichen.

Obwohl in beiden Kursen die Teil-Ganzes-Beziehung adressiert wird, unterscheiden sich die Lehrkräfte insgesamt darin, welche Darstellungen diese vernetzen und wie explizit die Teil-Ganzes-Beziehung in den unterschiedlichen Darstellungen (v. a. in der Aussage und im Anteilsbild) adressiert wird. Herr Schmidt scheint dabei einen besonderen Schwerpunkt auf das Dekodieren der (grammatischen) Struktur zu legen und die Teil-Ganzes-Struktur in unterschiedlichen Darstellungen zu explizieren. Das Vorgehen von Hannah im Vergleich zu Saskia und Anna (Transkript 6.3 und 6.4 in Abschnitt 6.3) im Kurs von Herrn Krause scheint den Bedarf zu bestätigen, die Struktur und Sprachmittel zu explizieren und damit Verknüpfungen zur Aussage über den Fokus auf Merkmale zum Teil und Ganzen hinaus zu setzen.

Die Analyse der Praktiken im weiteren Verlauf deutet darauf hin, dass beide Lehrkräfte auf Praktiken mit geringerem Explikationsgrad zurückgreifen: Herr Krause adressiert bei der zweiten Falschaussage den Teil und das Ganze separat (Transkript 8.3; Abbildung 8.10 oben). Herr Schmidt faltet eine weitere Aussage entlang der Praktik *Verstehenselemente nacheinander separat adressieren* (Transkript 7.7 in Abschnitt 7.5; Abbildung 8.10 unten) auf, wobei er auch hier entlang des Drei-Schritts strukturiert und im dritten Schritt Bezug auf das Sprachmittel für die Beziehung nimmt. In einer nachfolgenden Übung zum Prüfen von Falschaussagen können bei Herrn Schmidt unterschiedliche Praktiken rekonstruiert werden, teils auch nur mit Auffalten in den Teil und das Ganze oder Übergang zum Anteil über eine Rechnung statt Explikation der Beziehung.

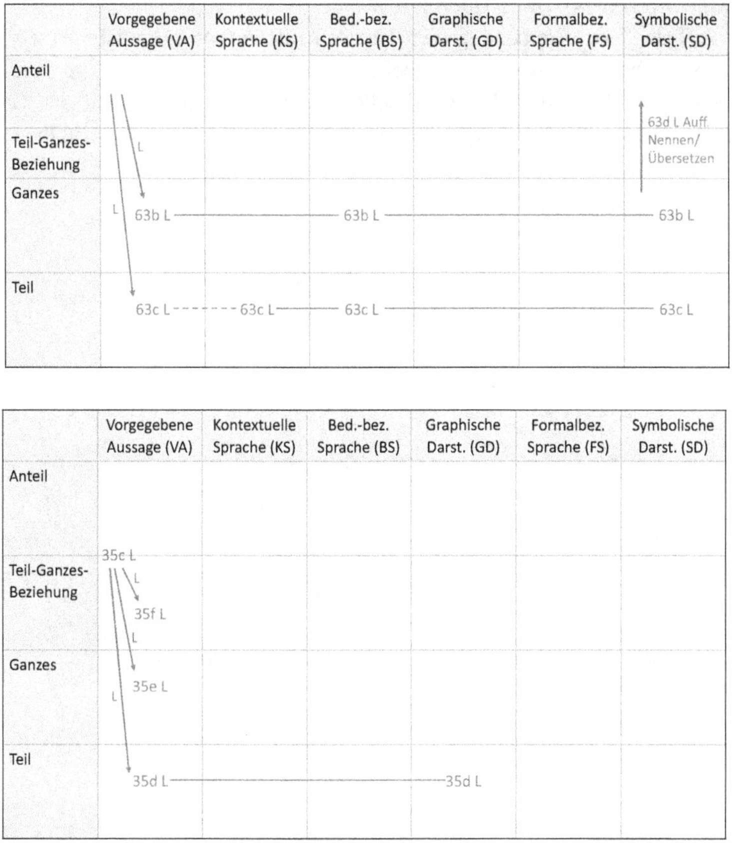

	Vorgegebene Aussage (VA)	Kontextuelle Sprache (KS)	Bed.-bez. Sprache (BS)	Graphische Darst. (GD)	Formalbez. Sprache (FS)	Symbolische Darst. (SD)
Anteil						
Teil-Ganzes-Beziehung		L				63d L Auff. Nennen/ Übersetzen
Ganzes	L 63b L		63b L			63b L
Teil	63c L	63c L	63c L			63c L

	Vorgegebene Aussage (VA)	Kontextuelle Sprache (KS)	Bed.-bez. Sprache (BS)	Graphische Darst. (GD)	Formalbez. Sprache (FS)	Symbolische Darst. (SD)
Anteil						
Teil-Ganzes-Beziehung	35c L \ L 35f L L					
Ganzes	L 35e L					
Teil	35d L			35d L		

Abb. 8.10 Navigationspfade zu Transkript 8.3 (oben, Zyklus 1, Herr Krause) und Transkript 7.7 (unten, Zyklus 4, Herr Schmidt)

8.2   Stufe 2.2 – Aufbau inhaltlicher Vorstellungen: Unterscheiden von Anteilstypen

Die Aufgaben der zweiten Stufe zielen auf das Vertiefen und Systematisieren des konzeptuellen Verständnisses zu komplexen Anteilsbeziehungen sowie darüber hinaus auf das Unterscheiden verschiedener Anteilstypen ab. Im Kurs von Herrn Krause (Zyklus 1) wurde die Aufgabe nicht bearbeitet. In diesem Abschnitt wird ein Einblick in die Besprechungsphase im Kurs von Herrn Schmidt (Zyklus 4) gegeben.

Aufgabenstellung für Transkript 8.7 und 8.8

Die Aufgabe zur Erarbeitung der Unterscheidung von Anteilstypen (Abbildung 8.11) besteht darin, eine Tabelle mit konkreten Beispielen zu den drei Anteilstypen auszufüllen. In der Tabelle werden für den Teil und das Ganze kontextunabhängige bedeutungsbezogene Sprachmittel zum Beschreiben der Anteilstypen eingeführt.

Aufgabe 3a): Anteile unterscheiden

a) Lara und Simon haben die Brüche korrigiert. Ihre Freundin Viki findet eine weitere Aussage. Die drei Beispiele stehen für drei typische Anteilsaussagen.

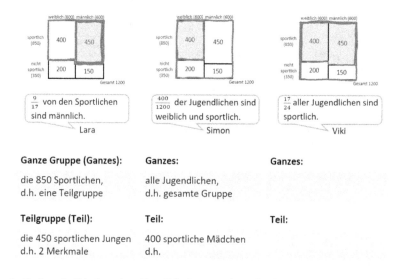

- Ergänze die Tabelle und markiere Teil, Ganzes und Anteil in den Aussagen.
- Lara stellt fest: *„Simons und Vikis Anteile beziehen sich auf die gesamte Gruppe als Ganzes, mein Anteil bezieht sich auf eine Teilgruppe als Ganzes."*

  Was meint Lara damit? Wie unterscheidet sich Simons von Vikis Anteil?

  Erkläre allgemein den Unterschied zwischen diesen 3 typischen Anteilsaussagen.

  Tipp: Worin unterscheiden sich die ganzen Gruppen? Worin die Teilgruppen?

Abb. 8.11   Aufgabe 3a) zum Unterscheiden von Anteilstypen des Lehr-Lern-Arrangements zu bedingten Wahrscheinlichkeiten im Zyklus 4 zu Transkript 8.7 und 8.8 (veröffentlicht in leicht abgewandelter Form in Post & Prediger 2020b)

Aufgabe 3c) und d): Anteile unterscheiden

c) Lara, Simon und Viki haben jeweils ein weiteres Anteilsbild zu ihrem Fall markiert.
   Formuliere eine passende Aussage. Wie verändert sich die Formulierung?

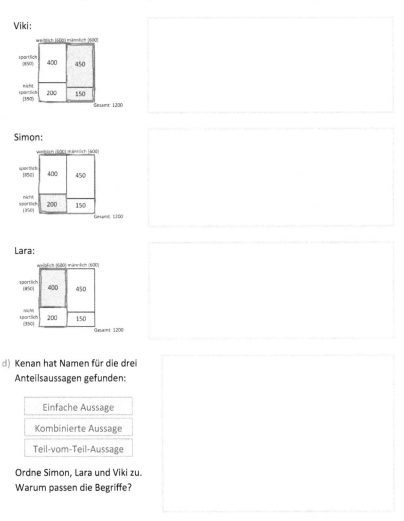

Viki:

Simon:

Lara:

d) Kenan hat Namen für die drei
   Anteilsaussagen gefunden:

   Einfache Aussage

   Kombinierte Aussage

   Teil-vom-Teil-Aussage

   Ordne Simon, Lara und Viki zu.
   Warum passen die Begriffe?

Abb. 8.12 Aufgabe 3c) und 3d) zum Unterscheiden von Anteilstypen des Lehr-Lern-Arrangements zu bedingten Wahrscheinlichkeiten im Zyklus 4 zu Transkript 8.9 (veröffentlicht in leicht abgewandelter Form in Post & Prediger 2020b)

Im zweiten Teil der Aufgabe werden die Lernenden aufgefordert, die drei Anteilsaussagen zu unterscheiden. In einer darauffolgenden Aufgabe werden die Lernenden aufgefordert, zu drei weiteren Anteilsbildern (zu jeweils einem Anteilstyp) eine passende Aussage zu formulieren, die Veränderung der Formulierung zu beschreiben sowie Begriffe zu Anteilstypen der passenden Aussage zuzuordnen und die Zuordnung zu begründen (Abbildung 8.12).

Nach Bearbeitung der Aufgaben in Kleingruppen werden diese im Plenum besprochen. In diesem Abschnitt wird ein Einblick in die drei Transkripte 8.7, 8.8 und 8.9 dieser Besprechungsphase gegeben: Nach Besprechung der Tabelle präsentieren Pia und Samira ihre Unterscheidung der Anteilstypen zu Aufgabe 3a) in Abbildung 8.11 (Transkript 8.7 und 8.8). In Transkript 8.9 wird ein Einblick in die Lösung von Mia zu Aufgabe 3c) und 3d) (Abbildung 8.12) gegeben, die den Unterschied allgemeiner formuliert.

Analyse zu Transkript 8.7 und 8.8
Im Transkript 8.7 und 8.8 stellen Pia und Samira ihre Ideen zur Unterscheidung der drei Anteilstypen vor.

Transkript 8.7 aus Zyklus 4, Hr. Schmidt, A3a), Sinneinheit 1 – Turn 5–13
Die im Transkript behandelte Frage aus Aufgabe 3a) (Abbildung 8.11) ist, den Unterschied zwischen den drei typischen Anteilsaussagen zu beschreiben.

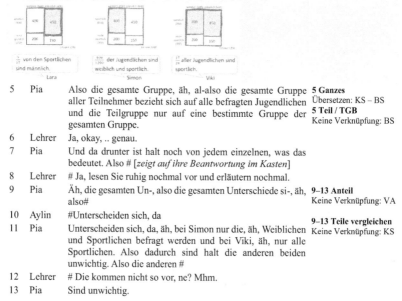

5	Pia	Also die gesamte Gruppe, äh, al-also die gesamte Gruppe aller Teilnehmer bezieht sich auf alle befragten Jugendlichen und die Teilgruppe nur auf eine bestimmte Gruppe der gesamten Gruppe.	**5 Ganzes** Übersetzen: KS – BS **5 Teil / TGB** Keine Verknüpfung: BS
6	Lehrer	Ja, okay, .. genau.	
7	Pia	Und da drunter ist halt noch von jedem einzelnen, was das bedeutet. Also # [*zeigt auf ihre Beantwortung im Kasten*]	
8	Lehrer	# Ja, lesen Sie ruhig nochmal vor und erläutern nochmal.	
9	Pia	Äh, die gesamten Un-, also die gesamten Unterschiede si-, äh, also#	**9–13 Anteil** Keine Verknüpfung: VA
10	Aylin	#Unterscheiden sich, da	**9–13 Teile vergleichen**
11	Pia	Unterscheiden sich, da, äh, bei Simon nur die, äh, Weiblichen und Sportlichen befragt werden und bei Viki, äh, nur alle Sportlichen. Also dadurch sind halt die anderen beiden unwichtig. Also die anderen #	Keine Verknüpfung: KS
12	Lehrer	# Die kommen nicht so vor, ne? Mhm.	
13	Pia	Sind unwichtig.	

Pia beschreibt zunächst den Anteil bei Viki, indem sie für das Ganze zwischen der bedeutungsbezogenen kontextunabhängigen Bezeichnung „gesamte Gruppe" und der Verbalisierung im Kontext als „alle befragten Jugendlichen" übersetzt (Turn **5 Ganzes** Übersetzen: BS – KS). Anschließend adressiert sie den Teil und konkretisiert diesen als „bestimmte Gruppe der gesamten Gruppe" in bedeutungsbezogener kontextunabhängiger Sprache ohne Verknüpfung zu weiteren Darstellungen (Turn **5 Teil / TGB** Keine Verknüpfung: BS). In Turn 9 versucht sie, die Unterschiede zwischen Viki und Simon weiter zu erläutern und erklärt den Unterschied, indem sie die Teilgruppen in kontextueller Sprache ohne weitere Verknüpfung vergleicht (Turn **9–13 Teile vergleichen** Keine Verknüpfung: KS). Der Navigationspfad ist in Abbildung 8.13 (oben) abgebildet.

Insgesamt schafft Pia es, den Anteil von Viki bedeutungsbezogen zu beschreiben. Die weiteren Unterschiede erklärt sie nur anhand des Teils ohne Einbezug des dritten Falls und ohne Verknüpfung von Darstellungen. Ihr gelingt es nicht, alle drei zugrunde liegenden Strukturen zu erklären.

Ohne die Lösung weiter zu diskutieren, fordert Herr Schmidt im Anschluss Samira dazu auf, ihre Lösung vorzustellen.

Transkript 8.8 aus Zyklus 4, Hr. Schmidt, A3a), Sinneinheit 1 – Turn 17–25a
Die im Transkript behandelte Frage aus Aufgabe 3a) (Abbildung 8.11) ist, den Unterschied zwischen den 3 typischen Anteilsaussagen zu beschreiben (siehe Aufgabenstellung in Transkript 8.7).

17	Samira	[...] Lara, bezieht sich auf die, äh, Gesamtgruppe der „Sportlichen", also haben [*zeigt auf erstes Anteilsbild*] #	**17 Anteil** Keine Verknüpfung: VA
18	Lehrer	# Ah ja.	**17–19 TGB** Wechsel: VA - - KS
19	Samira	Wir der „Sportlichen". Und von den gesamte „sportlichen" Gruppe sind Teil davon, ähm, Männer. [*zeigt auf rotes Feld im ersten Anteilsbild*]	Erklären TGB: (VA/KS) = (KS) = BS = GD
20	Lehrer	Ja.	
21	Samira	Und dann, äh, Simons Aussage bezieht sich auf die gesamte Gruppe, [*umkreist zweites Anteilsbild*] #	**21 Anteil** Keine Verknüpfung: VA
22	Lehrer	# Mhm.	**21–23 TGB** Erklären TGB: BS = GD
23	Samira	Also auf diese 1200, gesamte Gruppe, also die Sportlichen und die Nicht-Sportlichen und Teil davon sind „weiblich und sportlich" [*zeigt auf rotes Feld im zweiten Anteilsbild*].	= (SD) = (KS) = (VA)

Samira adressiert nacheinander die drei Aussagen und erklärt jeweils die Verknüpfung von Darstellungen für die Teil-Ganzes-Beziehung. Zum Beispiel adressiert sie in Turn 17 die Aussage von Lara. Für das Ganze verknüpft sie beispielsweise die bedeutungsbezogenen Bezeichnungen mit dem Anteilsbild sowie einer Verbalisierung im Kontext, teils mit Rückgriff auf Phrasen der Aussage (Turn **17–19 TGB** Wechsel: VA - - KS, Erklären TGB: (VA/KS) = (KS) = BS = GD). Ähnliche Verknüpfungen stellt sie für die kombinierte Aussage (Turn 21–23) und die einfache Aussage (Turn 24–25a, nicht abgebildet) her.

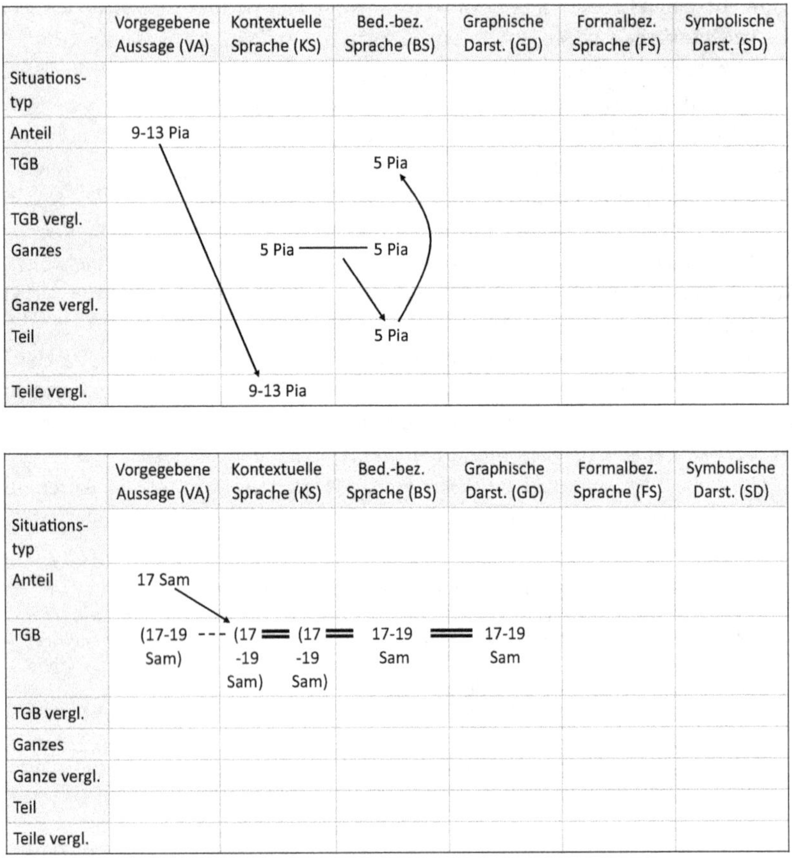

	Vorgegebene Aussage (VA)	Kontextuelle Sprache (KS)	Bed.-bez. Sprache (BS)	Graphische Darst. (GD)	Formalbez. Sprache (FS)	Symbolische Darst. (SD)
Situations-typ						
Anteil	9-13 Pia					
TGB			5 Pia			
TGB vergl.						
Ganzes		5 Pia	5 Pia			
Ganze vergl.						
Teil			5 Pia			
Teile vergl.		9-13 Pia				

	Vorgegebene Aussage (VA)	Kontextuelle Sprache (KS)	Bed.-bez. Sprache (BS)	Graphische Darst. (GD)	Formalbez. Sprache (FS)	Symbolische Darst. (SD)
Situations-typ						
Anteil	17 Sam					
TGB	(17-19 Sam)	(17-19 Sam)	(17-19 Sam)	17-19 Sam	17-19 Sam	
TGB vergl.						
Ganzes						
Ganze vergl.						
Teil						
Teile vergl.						

Abb. 8.13 Navigationspfade zum Transkript 8.7 (oben) und 8.8 (unten) (Zyklus 4, Herr Schmidt)

Im Vergleich zu Pia erklärt Samira die Unterschiede, in dem sie nacheinander die zugrunde liegenden Strukturen verdeutlicht. Sie schafft es aber noch nicht, diese allgemein als Teil-Ganzes-Strukturen zu beschreiben, sondern verbleibt nah bei den konkreten Anteilsaussagen. In Abbildung 8.13 (unten) ist der Navigationspfad zu Transkript 8.8 für Turn 17–19 abgebildet.

Im Anschluss fragt Herr Schmidt nach einem allgemeinen Begriff zu den Eigenschaften, nämlich Merkmal und Merkmalsausprägung. Anschließend geht Herr Schmidt zur Besprechung von Teilaufgabe 3c) und 3d) über. Schülerin Mia nennt zuerst ihre formulierten Aussagen zu den drei vorgegebenen Anteilsbildern

in Aufgabe 3c) (Abbildung 8.12). In Transkript 8.9 ist ihre Lösung zu Aufgabe
3d) abgebildet, die sie im Anschluss vorstellt.

Transkript 8.9 aus Zyklus 4, Hr. Schmidt, A3d), Sinneinheit 3 – Turn 50–54
Die im Transkript behandelte Frage aus Aufgabe 3d) (Abbildung 8.12) ist, den Anteilsbildern und
Aussagen den passenden Anteilstyp zuzuordnen und die Zuordnung zu begründen.

50a	Mia	Ähm, bei Viki ist die einfache Aussage,	**50a / c Anteil**
50b		da sie von der gesamten Gruppe eine einfache Teilgruppe genommen hat.	Keine Verknüpfung: VA **Situationstyp:**
50c		Ähm, bei Simon ist das die kombinierte Aussage,	Keine Verknüpfung: BS **50b / d TGB**
50d		da er von der gesamten Gruppe eine Teilgruppe der Teilgruppe genommen hat.	Keine Verknüpfung: BS
51	Lehrer	Ja, okay, Teilgruppe der Teilgruppe, ja.	**51 TGB** Keine Verknüpfung: BS
52	Mia	Und, äh, bei Lara ist es die Teil-vom-Teil-Aussage.	**52 Anteil** Keine Verknüpfung: VA **Situationstyp:** Keine Verknüpfung: BS
53	Lehrer	Ah ja, gut, schön, mhm. Da haben Sie doch ganz schön geschrieben.	
54	Mia	Da sie das Ganze get-, hä, sie hat das Ganze geteilt und davon ein Teil genommen.	**54 TGB** Keine Verknüpfung: BS

Mia adressiert auch hier nacheinander alle drei Anteilsaussagen. Beispielsweise bezieht sie sich in Turn 50a auf Viki und die Aussage (Turn **50a
Anteil** Keine Verknüpfung: VA) und ordnet den Anteilstyp zu (Turn **50a Situationstyp** Keine Verknüpfung: BS). Anschließend erklärt sie die Struktur in
bedeutungsbezogener kontextunabhängiger Sprache (Turn **50b TGB** Keine Verknüpfung: BS). Nach gleichem Muster erklärt sie die Strukturen der anderen
Anteilstypen und unterscheidet damit in bedeutungsbezogener Denksprache die
Teil-Ganzes-Strukturen. In Abbildung 8.14 ist der Navigationspfad für Turn 50ab
abgebildet.

Die Transkriptausschnitte zeigen nicht die Erarbeitungsprozesse der jeweiligen Lernenden, sondern nur die Präsentationen ihrer Lösungen, somit sind die
rekonstruierten Navigationspfade vorrangig der Praktik *Einfordern ohne inhaltliche Steuerung* zuzuordnen. Der Zusammenschnitt ist jedoch aus longitudinaler
Perspektive bemerkenswert: Über die Beiträge hinweg sieht man eine sukzessive
Entwicklung in den Erklärungen der Schülerinnen. Pia und Samira verbleiben
sehr nah an den konkreten Anteilsaussagen und erklären die Teil-Ganzes-
Strukturen nicht allgemein. Während Pia (Transkript 8.7) die Fälle hauptsächlich
im Hinblick auf den Teil unterscheidet, erklärt Samira den Zusammenhang der
Darstellungen für die Teil-Ganzes-Beziehung (Transkript 8.8). Mia kann die Teil-
Ganzes-Strukturen bereits kontextunabhängig in bedeutungsbezogener Sprache
erklären (Transkript 8.9).

	Vorgegebene Aussage (VA)	Kontextuelle Sprache (KS)	Bed.-bez. Sprache (BS)	Graphische Darst. (GD)	Formalbez. Sprache (FS)	Symbolische Darst. (SD)
Situations-typ			50a Mia			
Anteil	50a Mia					
TGB			50b Mia			
TGB vergl.						
Ganzes						
Ganze vergl.						
Teil						
Teile vergl.						

Abb. 8.14 Navigationspfad zum Transkript 8.9 (Zyklus 4, Herr Schmidt)

8.3 Stufe 3 – Formalisierung hin zu Wahrscheinlichkeiten: Identifizieren von Strukturen in Wahrscheinlichkeitsaussagen

Zum Dekodieren von Wahrscheinlichkeitsaussagen ist das Ziel der Aufgaben auf Stufe 3, die Strukturen in den Aussagen mithilfe der in den vorherigen Stufen erarbeiteten Anteilstypen zu identifizieren. In diesem Abschnitt wird ein Einblick in die Kurse von Herrn Krause (Abschnitt 8.3.1) und Herrn Schmidt (Abschnitt 8.3.2) gegeben. Im Anschluss werden die rekonstruierten Navigationspfade verglichen (Abschnitt 8.3.3).

8.3.1 Navigationspfade im Kurs von Herrn Krause (Zyklus 1)

Aufgabenstellung für Transkript 8.10 und 8.11
In der Aufgabe werden die Lernenden aufgefordert, die drei vorgegebenen Wahrscheinlichkeiten der Größe nach zu ordnen, ohne zu rechnen (Abbildung 8.15).

Bei Aussage (1) handelt es sich um eine einfache Wahrscheinlichkeit, bei Aussage (2) um eine kombinierte und bei Aussage (3) um eine bedingte Wahrscheinlichkeit. Nach Bearbeitung in Kleingruppen wird die Aufgabe im Plenum besprochen (Transkript 8.10 und 8.11; analysiert in Ausschnitten im Tagungsbeitrag Post im Druck).

Aufgabe 4a): Wahrscheinlichkeiten bestimmen

Eine Umfrage unter 1000 Jugendlichen zur Frage, ob regelmäßig selbst Musik gemacht wird in der Freizeit, hat ergeben:

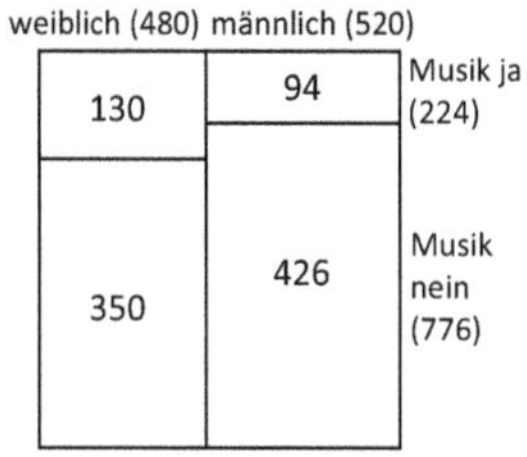

weiblich (480) männlich (520)

130	94	Musik ja (224)
350	426	Musik nein (776)

Lisa überlegt:

Wie groß ist die Wahrscheinlichkeit,

(1) ... dass eine Person, die ich zufällig anspreche, weiblich ist?

(2) ... dass eine Person weiblich ist und regelmäßig selbst Musik macht?

(3) ...dass eine männliche Person, die ich anspreche, keine Musik regelmäßig macht?

a) Welche Wahrscheinlichkeit ist größer und welche ist kleiner? Begründet zuerst ohne zu rechnen.

Abb. 8.15 Aufgabe 4a) zu Wahrscheinlichkeitsaussagen des Lehr-Lern-Arrangements zu bedingten Wahrscheinlichkeiten im Zyklus 1 zu Transkript 8.10 und 8.11 (veröffentlicht in leicht abgewandelter Form in Post im Druck, S. 2; hier in übersetzter Version)

Analyse zu Transkript 8.10 und 8.11

Zu Beginn der Besprechung bestimmt der Kurs die erste Aussage (einfache Wahrscheinlichkeit) falsch als größte Wahrscheinlichkeit. Das Transkript beginnt mit der Reaktion von Herrn Krause, der die Zuordnung bestätigt und die mathematische Notation zuordnet (Transkript 8.10 ab Turn 3).

In Turn 3 leitet Herr Krause dazu an, die zweitgrößte Wahrscheinlichkeit zu nennen. Manuel adressiert in Turn 4 die dritte Aussage und ordnet die mathematische Notation, die Herr Krause als $p(männlich \& keineMusik)$ festhält, sowie den Bruch zu (Turn **4 Wkeit** (falsch) Übersetzen: VA – SD – SD). In ähnlicher Weise übersetzt Christina gemeinsam mit Herrn Krause auch in Turn 6 zwischen der Wahrscheinlichkeit und Notation in symbolischer Schreibweise (Turn **6 Wkeit** Übersetzen: VA – SD). Damit wird jeweils zwischen der Wahrscheinlichkeitsaussage, der symbolischen Notation sowie teilweise dem symbolisch dargestellten Bruch auf Ebene des gekapselten Konzepts übersetzt.

Die bedingte und einfache Wahrscheinlichkeit wird hierbei hinsichtlich der Größe falsch eingeschätzt. Zudem wird anhand der formalmathematischen Notation und dem zugeordneten Bruch deutlich, dass die bedingte Wahrscheinlichkeit falsch als eine kombinierte Wahrscheinlichkeit interpretiert wird.

Transkript 8.10 aus Zyklus 1, Hr. Krause, A4a), Sinneinheit 1 – Turn 3–6

Die im Transkript behandelte Frage aus Aufgabe 4a) ist, die folgenden drei Wahrscheinlichkeitsaussagen der Größe nach zu ordnen und die Zuordnung am Anteilsbild zu begründen:

„Wie groß ist die Wahrscheinlichkeit,

(1) … dass eine Person, die ich zufällig anspreche, weiblich ist?

(2) … dass eine Person weiblich ist und regelmäßig selbst Musik macht?

(3) … dass eine männliche Person, die ich anspreche, keine Musik regelmäßig macht?"

	weiblich (480)	männlich (520)
Musik ja (224)	130	94
Musik nein (776)	350	426
		Gesamt: 1000

3	Lehrer	Die Schreibweise kennt ihr. Wahrscheinlichkeiten geben wir in der Mathematik immer mit einem kleinen p an. [6 Sek.] Also p von befragte Person ist weiblich, p von in Anführungszeichen weiblich ist am größten, okay? … Was kommt danach? .. Manuel.	**3 Wkeit** (falsch) Übersetzen: [VA – SD] – SD
4	Manuel	Ähm, danach habe ich wieder so überlegt, ähm, dann haben wir die Dritte mit p von männlich, die keine Musik machen mit 426/1000. *[Lehrer notiert p(männlich & keine Musik)]* [21 Sek.]	**4 Wkeit** (falsch) Übersetzen: VA – SD – SD
5	Lehrer	Das heißt ganz unten landet was? .. Christina?	
6	Christina	Ähm, „dass eine Person weiblich ist und regelmäßig selbst Musik macht". *[Lehrer notiert p(weiblich & Musik)]* [20 Sek.]	**6 Wkeit** Übersetzen: VA – SD

Im Anschluss fordert Herr Krause eine Erklärung für die Zuordnung ein (Transkript 8.11, ab Turn 7).

In Turn 7 fordert Herr Krause eine Erklärung für die Zuordnung ein und verweist hierbei auf das Anteilsbild (Turn **7 Aufforderung zum Erklären**). Sina fokussiert zur Erklärung die Teilgruppen der drei Aussagen. Teils wechselt und teils übersetzt Sina zwischen der Verbalisierung der Gruppen im Kontext und dem Anteilsbild und vergleicht die Größe der Teilgruppen anhand der Felder im Anteilsbild (Turn **10 Teile vergleichen** Wechsel / Übersetzen: GD - - KS). In Turn 11 fordert Herr Krause auf, ihre Erklärung mit den bedeutungsbezogenen Bezeichnungen „Teilgruppe" und „ganze Gruppe" zu verknüpfen, woraufhin Sina versucht, Teil-Ganzes-Beziehungen auszudrücken (Turn **12 TGB** Wechsel: BS - - KS).

Herr Krause unterbricht, indem er in Turn 15 den Fokus erneut auf die Teilgruppen lenkt und zum Vergleichen auffordert (Turn 15, 17b). In Turn 17a übersetzt er bewusst für die Teilgruppe jeder Aussage nacheinander zwischen der Verbalisierung im Kontext bzw. den Merkmalen, der Fläche im Anteilsbild und der bedeutungsbezogenen Bezeichnung „Teilgruppen" (Turn **17a Teil** Übersetzen: KS – BS – GD). Sina und Manuel vergleichen die Größen der Teilgruppen, indem sie jeweils die Verbalisierung im Kontext bzw. die Merkmale der jeweiligen Fläche und zum Teil den Wert zuordnen und daran die Größe vergleichen (Turn **17b–24 Teile vergleichen** Übersetzen: KS – GD – SD).

Transkript 8.11 aus Zyklus 1, Hr. Krause, A4a), Sinneinheit 1 – Turn 7–31
Aufgabenstellung wie in Transkript 8.10

7	Lehrer	Nochmal die Erklärung dafür […]. Ihr habt euch alle dafür entschieden? .. Woran am Anteilsbild habt ihr das jetzt ausgemacht? […]	Auff. zum Erklären
8–9		[…]	
10	Sina	Weil zum Beispiel, die, also der Kasten, wo weibliche Musik-Macher drin sind, der ist ja ziemlich klein. Und wenn man jetzt zum Beispiel die beiden weiblichen Kästen zusammentut, sind die ja größer als der nur mit Männlichen, die keine Musik machen.	**10 Teile vergleichen** Wechsel / Übersetzen: GD - - KS
11	Lehrer	Mhm .. Wenn du es noch mal mit den Begriffen, die wir jetzt vorhin schon besprochen hatten, mit Teilgruppe, ganze Gruppe hier zuordnen würdest? [4 Sek.]	Auff. zum Übersetzen
12	Sina	Also dann wei-, die weibliche Teilgruppe #	
13	Lehrer	# Mhm.	**12 TGB** Wechsel: BS - - KS
14	Sina	Von der ganzen Gruppe, also von allen ganzen, nee.[12 Sek.]	
15	Lehrer	Also die weibliche Teilgruppe, .. was ist mit dem Kasten der weiblichen Teilgruppe?	Auff. zum Vergleichen
16	Sina	Der ist von den drei Wahrscheinlichkeiten am kleinsten .. also#	
17a	Lehrer	#Sch, Leute .. hör mal, wir haben drei Kästen hier jetzt ausgemacht, drei Teilgruppen. Wir hatten einmal .. die beiden Rechteckkästen ganz links, das sind alle Weiblichen. Dann haben wir weiblich und regelmäßig Musik, das ist nur der Kasten links oben, das Rechteck links oben. Und dann haben wir männlich und keine Musik, das ist .. das Rechteck rechts unten. [4 Sek.] Also, die weibliche Teilgruppe ist davon also was für ein Rechteck?	**17a Teil** Übersetzen: KS – BS – GD
17b			Auff. zum Vergleichen
18	Sina	Das kleinste, oder wie, w, was meinen Sie jetzt?	**17b–24 Teile vergleichen** Übersetzen: KS – GD – SD
19	Lehrer	Leonie.	
20	Leonie	Links das Rechteck?	
21	Lehrer	Genau links und damit, nachdem wie ihr es hier begründet habt, der größte Kasten.	
22	Sina	Achso, ja.	
23	Lehrer	Manuel, machst du den Rest noch zu Ende?	
24	Manuel	Also begründen warum das so ist? Ja bei männlich und keine Musik ist das halt danach der zweitgrößte Kasten, der Kasten rechts unten vier, 426 und das Dritte ist der kleinste Kasten mit 130 minus oben. [14 Sek., Lehrer notiert an Tafel]	
25–28		[…]	
29	Lehrer	Das heißt, woran haben wir uns jetzt hier orientiert? Ganz allgemein gesagt? [9 Sek.] Manuel.	**29–31 Teile vergleichen** Keine Verknüpfung: BS
30	Manuel	An den Teilgruppen?	
31	Lehrer	Genau, und vor allen Dingen an den Größen der Teilgruppen. Was ist die größte, die zweitgrößte, die kleinste.	

Herr Krause expliziert in Turn 29–31 das Vorgehen, dass die Wahrscheinlichkeiten anhand der Größen der Teilgruppen geordnet wurden.

Im Kurs werden alle Wahrscheinlichkeiten auf die gesamte Gruppe der
Jugendlichen als Ganzes bezogen und damit die bedingte Wahrscheinlichkeit
(Aussage 3) falsch als kombinierte Wahrscheinlichkeit interpretiert. Wie an den
adressierten Verstehenselementen und semiotischen Aktivitäten deutlich wird,
übersetzt der Kurs zwischen Darstellungen auf Ebene des gekapselten Konzepts der Wahrscheinlichkeit. Zur Erklärung wird der Teil als Verstehenselement
adressiert (Abbildung 8.16). Hierfür werden Verbalisierungen im Kontext bzw.
Merkmale mit den Flächen im Anteilsbild und symbolisch dargestellten Werten
über die Aktivitäten Wechsel und Übersetzen verknüpft und daran die Größen
der Teilgruppen verglichen sowie auf die Wahrscheinlichkeiten übertragen.

Die Analyse deutet darauf hin, dass im Kurs ein einseitiger Fokus auf den
Teil bzw. das Vergleichen der Teile als Verstehenselemente und damit auf die
Merkmale in den Aussagen gelegt wird, an denen die Aussagen verglichen wer-
den. Es wird nicht reflektiert, wie die Beziehung zwischen den Merkmalen
in der Formulierung ausgedrückt wird und welche Teil-Ganzes-Strukturen den
Wahrscheinlichkeitsaussagen zugrunde liegen. Der rekonstruierte Navigationspfad
(Abbildung 8.16) entspricht der Praktik *Teil und Ganzes fokussieren*, wobei Herr
Krause das Gespräch mit stark anleitenden Impulsen im großen Umfang steuert.

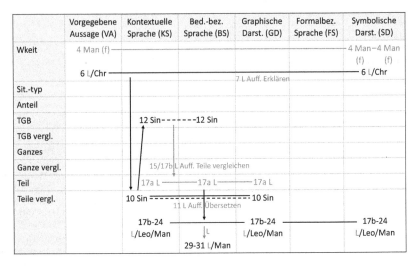

Abb. 8.16 Navigationspfad zu Transkript 8.10 und 8.11 (Zyklus 1, Herr Krause)

8.3.2　Navigationspfad im Kurs von Herrn Schmidt (Zyklus 4)

Aufgabenstellung für Transkript 8.12

Die im Kurs von Herrn Schmidt erprobte Aufgabe ist strukturgleich zur Aufgabenversion im Zyklus 1. Die Lernenden erhalten drei verschiedene Wahrscheinlichkeitsaussagen (einfache, kombinierte und bedingte Wahrscheinlichkeit), die ohne zu rechnen am Anteilsbild der Größe nach geordnet werden sollen. Die Aufgabe unterscheidet sich zu Zyklus 1 im gewählten Kontext und den Werten: Das Anteilsbild stellt Kundendaten eines Onlineshops zum Kauf von Hemden und Taschen dar (Abbildung 8.17).

Aufgabe 8a): Wahrscheinlichkeiten bestimmen

Ein Onlineshop analysiert Daten zum Kauf von Hemden und Taschen von 1.000.000 Käufer/innen.

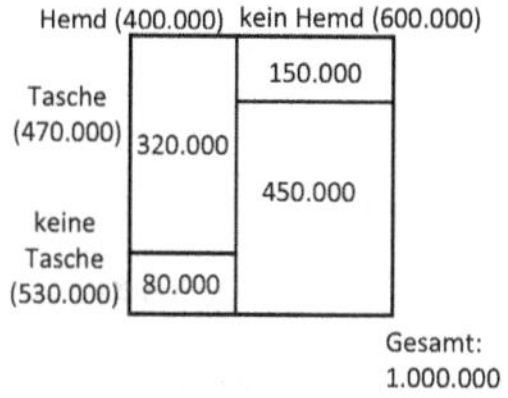

Hemd (400.000)　kein Hemd (600.000)

Tasche (470.000)	320.000	150.000
keine Tasche (530.000)	80.000	450.000

Gesamt: 1.000.000

Eine zufällige neue Person bestellt im Online-Shop

Wie groß ist die Wahrscheinlichkeit, dass eine zufällige Person ein Hemd kauft?

Wie groß ist die Wahrscheinlichkeit, dass eine zufällige Person ein Hemd und eine Tasche kauft?

Wie groß ist die Wahrscheinlichkeit, dass jemand, der ein Hemd kauft, auch eine Tasche bestellt?

a)　Welche der drei Wahrscheinlichkeiten ist am größten und welche ist am kleinsten? Ordne **ohne zu rechnen** und begründe am Anteilsbild.

Abb. 8.17　Aufgabe 8a) zu Wahrscheinlichkeitsaussagen des Lehr-Lern-Arrangements zu bedingten Wahrscheinlichkeiten im Zyklus 4 zu Transkript 8.12 (veröffentlicht in leicht abgewandelter Form in Post 2023, S. 1106)

Analyse zu Transkript 8.12

Nach Bearbeitung in Kleingruppen wird im Kurs zunächst die einfache Wahrscheinlichkeit und die kombinierte Wahrscheinlichkeit besprochen. Im Anschluss wird die bedingte Wahrscheinlichkeit adressiert (Transkript 8.12).

Zur bedingten Aussage fordert Herr Schmidt wiederum erst die Zuordnung des Situationstyps ein (Turn 31b). Miriam nennt den passenden Situationstyp (Turn 32) und erklärt anschließend eigenständig den Zusammenhang zwischen der Struktur in bedeutungsbezogener Denksprache („Teil von dem Teil") und Phrasen aus der Aussage bzw. Kombinationen zwischen Aussage und kontextueller Sprache für die Teil-Ganzes-Beziehung (Turn **36–38 TGB** Wechsel: VA - - KS, Erklären TGB: BS = (VA) = (VA/KS). Über die bedeutungsbezogene Sprache beschreibt sie bereits die zugrunde liegende Teil-Ganzes-Struktur in kontextunabhängiger Weise.

Transkript 8.12 aus Zyklus 4, Hr. Schmidt, A8a), Sinneinheit 3 – Turn 31b–49a
Die im Transkript behandelte Aussage aus Aufgabe 8a) (Abbildung 8.17) ist die bedingte Wahrscheinlichkeit: „Wie groß ist die Wahrscheinlichkeit, dass jemand, der ein Hemd kauft, auch eine Tasche bestellt?"

Hemd (400.000) kein Hemd (600.000)

| Tasche (470.000) | 320.000 | 150.000 |
| keine Tasche (530.000) | 80.000 | 450.000 |

Gesamt: 1.000.000

Turn	Sprecher	Äußerung	Annotation
31b	Lehrer	Dann die Nächste, was wäre das? Miriam.	**31b Wahrscheinlichkeit** Keine Verknüpfung: VA Auff. zum Nennen
32	Miriam	Eine Teil-vom-Teil-Aussage.	**32 Situationstyp**
33	Lehrer	Ja. [6 Sek.] Aussage, ne? Oder Wahrscheinlichkeit erstmal, die lasse ich nochmal weg. Was wäre jetzt hier [*zeigt auf die dritte Aussage*], ähm, groß #	Keine Verknüpfung: BS
34	Miriam	# Ich wollte noch was sagen.	
35	Lehrer	Ja.	
36	Miriam	Ähm, weil diese größere Gruppe sozusagen, ist ja dann „Hemd kauft" #	**36–38 TGB** Wechsel: VA - - KS Erklären TGB: BS = (VA) = (VA/KS)
37	Lehrer	# Ja, schön.	
38	Miriam	Und dann der Teil von dem Teil ist ja dann die „Tasche".	
39	Lehrer	Ja, klasse, genau. Und hier im Anteilsdiagramm, was wäre jetzt hier die Großgruppe von der Fläche? [4 Sek.] Pia.	Auff. TGB Erklären
40	Pia	„Jemand", „jemand".	**39–49a TGB** Erklären TGB:
41	Lehrer	Nee, [ca. 5 Wörter unverständlich] nicht bei den Wahrscheinlichkeiten. Jonas.	BS = VA = GD
42	Jonas	„Jemand, der ein Hemd kauft".	
43	Lehrer	Das wäre hier, ne? Die erste Spalte [*zeigt auf die beiden linken Rechtecke*].	
44	Jonas	Genau.	
45	Lehrer	Und was wäre die Teilaussage davon? Petra.	
46	Petra	Ähm, „auch eine Tasche bestellt".	
47	Lehrer	Ja, das #	
48	Petra	# Also die [ca. 1 Wort unverständlich].	
49a	Lehrer	Hier [*zeigt auf das obere linke Rechteck*], ne? Genau, richtig.	

Anschließend fordert der Lehrer nochmals die Erklärung für die Teil-Ganzes-Beziehung ein. Gemeinsam wird der Zusammenhang zwischen bedeutungsbezogener Denksprache, den Flächen im Anteilsbild und zugeordneten Phrasen aus der Aussage für die Teil-Ganzes-Beziehung erklärt (Turn **39–49a TGB** Erklären TGB: BS = VA = GD). Hierbei verdeutlicht Herr Schmidt die Teil-Ganzes-Struktur gestisch im Anteilsbild. In Abbildung 8.18 ist der Navigationspfad abgebildet. Im Anschluss fordert Herr Schmidt die Lernenden auf, die drei erarbeiteten Aussagen der Größe nach zu ordnen (nicht analysiert).

Der Navigationspfad zu Transkript 8.12 entspricht der Praktik *Erklären der Verknüpfung für Teil-Ganzes-Beziehung*. Herr Schmidt bindet die Lernenden über kurze Impulse in das gemeinsame Erklären ein, sodass die Interaktion durch eine Frage-Antwort-Interaktion beschrieben werden kann. Schülerin Miriam trägt auch eine eigene Erklärung bei.

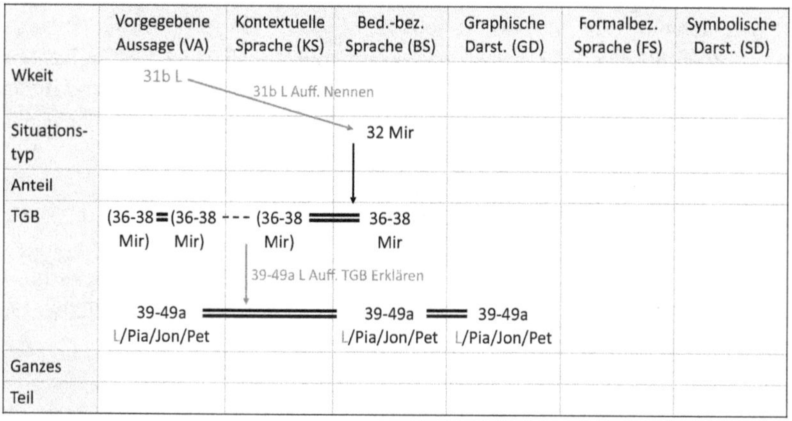

	Vorgegebene Aussage (VA)	Kontextuelle Sprache (KS)	Bed.-bez. Sprache (BS)	Graphische Darst. (GD)	Formalbez. Sprache (FS)	Symbolische Darst. (SD)
Wkeit	31b L	31b L Auff. Nennen				
Situations-typ			32 Mir			
Anteil						
TGB	(36-38 Mir)	(36-38 Mir)	(36-38 Mir) 36-38 Mir			
		39-49a L Auff. TGB Erklären				
	39-49a L/Pia/Jon/Pet		39-49a L/Pia/Jon/Pet	39-49a L/Pia/Jon/Pet		
Ganzes						
Teil						

Abb. 8.18 Navigationspfad zu Transkript 8.12 (Zyklus 4, Herr Schmidt)

In beiden Fällen wird zum Auffalten der Aussage die Teil-Ganzes-Beziehung adressiert. Beim Erklären verdeutlicht Herr Schmidt verbal und gestisch die Struktur auch im Anteilsbild. Zur bedingten Aussage wird über die Beiträge der Lernenden eine klare Verknüpfung zur Aussage hergestellt. In dieser Weise wird die der Aussage zugrunde liegende Struktur expliziert.

8.3.3   Vergleich der Navigationspfade

Die rekonstruierten Praktiken in den analysierten Ausschnitten zeigen, dass sich das Handeln von Herrn Krause (Zyklus 1) und Herrn Schmidt (Zyklus 4) stark unterscheidet. So entsprechen die Navigationspfade im Kurs von Herrn Krause der Praktik *Teil und Ganzes fokussieren* (Abschnitt 7.1), die im Kurs von Herrn Schmidt *Erklären der Verknüpfung für Teil-Ganzes-Beziehung* (Abschnitt 7.2).

Im Kurs von Herrn Krause (Transkript 8.10) wird die bedingte Wahrscheinlichkeit fälschlicherweise als kombinierte Wahrscheinlichkeit interpretiert. Auf Ebene des gekapselten Wahrscheinlichkeitskonzepts wird übersetzt und zum Auffalten der Teil adressiert (Transkript 8.11). Die unterschiedlichen Teilgruppen der Aussagen werden verglichen, Darstellungen für diese verknüpft und daran die Wahrscheinlichkeiten der Größe nach geordnet. Mit diesem Vorgehen schafft es der Kurs nicht, die Wahrscheinlichkeiten richtig zu interpretieren und zu unterscheiden. Insbesondere wird nicht reflektiert, welche Beziehung zwischen den fokussierten Merkmalen in der Aussage formuliert ist.

Herr Schmidt (Transkript 8.12) setzt den Fokus beim Auffalten der Aussage darauf, zunächst den Situationstyp zuzuordnen und anschließend die Teil-Ganzes-Beziehung zu adressieren und dafür Darstellungen zu vernetzen. Anhand dieses Vorgehens werden im Kurs die den Wahrscheinlichkeitsaussagen zugrunde liegenden Teil-Ganzes-Strukturen expliziert. Unter anderem verdeutlicht Herr Schmidt diese verbal und gestisch am Anteilsbild. Hierbei wird die Funktion als grafisches Scaffold zum Visualisieren von Strukturen deutlich.

Auch die Aussage wird beim Vernetzen der Darstellungen miteinbezogen, allerdings mit primärem Fokus auf die zum Teil und Ganzen zugehörigen Phrasen. Unter Umständen könnte es den Lernenden hier noch schwerfallen, zu erkennen, wie die Beziehung formuliert ist.

8.4 Vergleich der gemeinsamen Lernwege über die Aufgaben hinweg zur Rekonstruktion von Erfordernissen der Darstellungsvernetzung

8.4.1 Rekonstruktion gemeinsamer Lernwege und Praktiken im Verlauf der Kernaufgaben

In Abbildung 8.19 sind die rekonstruierten Navigationspfade für die im Rahmen dieser Arbeit analysierten Kernaufgaben dargestellt. Sie ermöglichen nun eine interessante longitudinale Betrachtung der gemeinsamen Lernwege über die Kernaufgaben hinweg.

Aufgabe: Falschaussagen		Praktiken
Krause		• Erklären der Verknüpfung für Teil-Ganzes-Beziehung • Teil und Ganzes fokussieren
Schmidt		• Einfordern ohne inhaltliche Steuerung • Teil und Ganzes verorten • Erklären der Verknüpfung für Teil-Ganzes-Beziehung
Aufgabe: Anteilstypen unterscheiden		
Krause	-	-
Schmidt		• Einfordern ohne inhaltliche Steuerung
Aufgabe: Wahrscheinlichkeiten bestimmen		
Krause		• Teil und Ganzes fokussieren
Schmidt		• Erklären der Verknüpfung für Teil-Ganzes-Beziehung

Abb. 8.19 Vergleich der rekonstruierten Navigationspfade im Kurs von Herrn Krause (Zyklus 1) und Herrn Schmidt (Zyklus 4) im Verlauf der Kernaufgaben

Im Kurs von Herrn Krause können bei der Besprechung der Falschaussagen (Kernaufgabe 1) die Praktiken *Erklären der Verknüpfung für Teil-Ganzes-Beziehung* und *Teil und Ganzes fokussieren* rekonstruiert werden (Transkript 8.1, 8.2 und 8.3). Die Interaktion zeichnet sich eher durch geteilte Verantwortung aus. Beim *Erklären der Verknüpfung für Teil-Ganzes-Beziehung* (Transkript 8.2) werden Darstellungen nur teilweise für den Teil und das Ganze adressiert. Die Struktur der Aussage und Sprachmittel für die Beziehung werden nicht adressiert.

Im Kurs von Herrn Krause wird die Aufgabe zum Systematisieren der konkreten Anteilsbeziehungen hin zu Anteilstypen übersprungen. Das macht sich in der dritten Kernaufgabe bemerkbar, in der Anteilstypen zu wenig fokussiert werden: Beim Interpretieren der Wahrscheinlichkeitsaussagen in der dritten

Kernaufgabe (Transkript 8.10 und 8.11) entspricht der Navigationspfad der Praktik *Teil und Ganzes fokussieren*. Fokussiert wird beim Auffalten der Aussagen einseitig das Vergleichen der Teile als Verstehenselemente und damit die in den Aussagen enthaltenen Merkmale. Nicht reflektiert wird, wie die Beziehung zwischen den Merkmalen formuliert ist und welche Teil-Ganzes-Struktur den Wahrscheinlichkeitsaussagen zugrunde liegt. Unter anderem wird die bedingte Wahrscheinlichkeit als eine kombinierte Wahrscheinlichkeit falsch interpretiert. Dem Kurs gelingt es nicht, die zugrunde liegenden Teil-Ganzes-Strukturen richtig zu erfassen.

Im Kurs von Herrn Schmidt umfasst der Navigationspfad zur ersten Kernaufgabe unterschiedliche Praktiken, wie *Einfordern ohne inhaltliche Steuerung* (Transkript 8.4), *Teil und Ganzes verorten* (Transkript 8.5) sowie *Erklären der Verknüpfung für Teil-Ganzes-Beziehung* (Transkript 8.6). Er fokussiert wiederholt den Zusammenhang zwischen der Aussage und den separaten Verstehenselementen Teil und Ganzes sowie die Sprachmittel, über welche die Beziehung in der Aussage ausgedrückt wird. Beim Erklären der Verknüpfung für die Teil-Ganzes-Beziehung nutzt er den Drei-Schritt sowie weitere Scaffolds (wie konsequentes Markieren und Verdeutlichen der Struktur im Anteilsbild). In der nachfolgenden Übung zum Prüfen von Falschaussagen zeigt sich eine größere Breite an Praktiken, bei denen die Beziehung nicht mehr immer explizit adressiert wird.

In der zweiten Kernaufgabe arbeitet der Kurs auf typische Anteilstypen hin (Transkript 8.7–8.9). Die analysierten Beiträge der Lernenden zeigen unterschiedliche Zwischenstände vom Unterscheiden anhand separater Verstehenselemente, hin zum Unterscheiden auf konkreter Merkmalsebene und Greifen der Anteilstypen in kontextunabhängiger bedeutungsbezogener Denksprache. Das Handeln des Lehrers zeichnet hier die Praktik *Einfordern ohne inhaltliche Steuerung* aus.

In der dritten Kernaufgabe etablieren die Lernenden maßgeblich die Praktik *Erklären der Verknüpfung für Teil-Ganzes-Beziehung* mit (Transkript 8.12). Sie greifen auf die erarbeiteten und systematisierten Vorstellungen zurück, um relevante Strukturen in Wahrscheinlichkeitsaussagen zu identifizieren: Herr Schmidt setzt den Fokus beim Auffalten der Aussage darauf, zunächst den Situationstyp zuzuordnen und anschließend die Teil-Ganzes-Beziehung zu adressieren und dafür Darstellungen zu vernetzen. Anhand dieses Vorgehens werden die den Wahrscheinlichkeitsaussagen zugrunde liegenden Teil-Ganzes-Strukturen expliziert.

Insgesamt deutet der Vergleich der beiden rekonstruierten Lernwege der Klassengemeinschaften über mehrere Aufgaben hinweg auf Folgendes hin: Der erfolgreiche Lernweg scheint sich dadurch auszuzeichnen, dass die relevanten Darstellungen für die Teil-Ganzes-Beziehung vernetzt werden. Damit lassen sich

Darstellungsvernetzungen als die erfolgreiche Darstellungsverknüpfung dadurch charakterisieren, dass sie erklären, wie die Darstellungen gerade bzgl. der Teil-Ganzes-Beziehung zusammenhängen.

Der vorrangige Fokus auf den Teil im Kurs von Herrn Krause scheint trotz bewusster Verknüpfungen nicht ausreichend, um die Strukturen richtig zu identifizieren. Obwohl beide Lehrkräfte zu Beginn die Teil-Ganzes-Beziehung adressieren, bringen sie dabei verschiedene Darstellungen in Zusammenhang. Die Verläufe geben auch Hinweise darauf, dass das Abstrahieren der Anteilstypen das Identifizieren der Strukturen in Wahrscheinlichkeitsaussagen unterstützen kann. So formuliert die Schülerin Miriam eigenständig die Struktur als Teil von einem Teil in bedeutungsbezogener kontextunabhängiger Sprache.

8.4.2 Rekonstruktion der Erfordernisse der Darstellungsvernetzung

Der direkte Vergleich zwischen den Kursen zur ersten Kernaufgabe zeigt, dass es nicht nur darauf ankommt, dass überhaupt Darstellungen verknüpft werden, sondern auch welche Darstellungen vernetzt werden und worauf genau sich diese Vernetzungen beziehen. Am Vergleich der Lernwege kann das Vernetzen für das Dekodieren von Anteilsaussagen konkretisiert werden:

Der erfolgreiche Lernweg im Kurs von Herrn Schmidt deutet auf die Relevanz hin, explizit zu erklären, wie die Darstellungen hinsichtlich der Teil-Ganzes-Beziehung zusammenhängen. Herr Schmidt setzt dies um, indem er beim Prüfen von Falschaussagen ganz explizit die Struktur in der Aussage über Markierungen für die Verstehenselemente Teil, Ganzes sowie Teil-Ganzes-Beziehung adressiert (Transkript 8.6). Er setzt diese in Zusammenhang mit korrespondierenden Teil-Ganzes-Strukturen in den anderen Darstellungen (hier: Verbalisieren dieser Struktur in bedeutungsbezogener kontextunabhängiger Sprache und parallele Gesten im Anteilsbild). Damit verknüpft er die Darstellungen nicht für einzelne Verstehenselemente, sondern auf einer strukturellen Ebene (siehe hierzu z. B. Renkl et al. 2013).

Der empirische Einblick in den longitudinalen Lernweg des Kurses deutet darauf hin, dass diese Explikationen den Lernenden später helfen können, auch komplexere Wahrscheinlichkeitsaussagen erfolgreich zu dekodieren. Hierbei scheint auch das Verbalisieren der Teil-Ganzes-Strukturen in bedeutungsbezogener kontextunabhängiger Sprache (Stufe 2.2) die Lernenden beim Strukturieren der Teil-Ganzes-Strukturen zu unterstützen. So ist Miriam in der dritten Kernaufgabe (Transkript 8.12) fähig, diese komplexe Beziehung selbst auszudrücken und die entsprechenden Darstellungen für die Teil-Ganzes-Beziehung zu vernetzen.

Herr Krause hingegen formuliert zwar auch zu Beginn des Lernwegs die Beziehung und vernetzt die Darstellungen (Transkript 8.2). Er expliziert jedoch nicht derart deutlich wie Herr Schmidt, wie die korrespondierenden Strukturen zusammenhängen. Dem Kurs gelingt es nicht, die Aussagen zu dekodieren oder die Strukturen präzise zu beschreiben (Transkript 8.10 und 8.11).

Diese Beobachtungen passen zu den präskriptiven Ergebnissen anderer Studien: Qualitative Lernprozessstudien zu anderen Lerngegenständen deuten darauf hin, dass gerade das Vernetzen und das bewusste In-Beziehung-Setzen von Darstellungen hinsichtlich der wichtigen Strukturen die Entwicklung konzeptuellen Verständnisses unterstützen können (Ademmer & Prediger eingereicht; Duval 2006; Uribe & Prediger 2021; Abschnitt 2.3). Auch Studien zu bedingten Wahrscheinlichkeiten verweisen auf die Förderlichkeit des Herstellens expliziter Zusammenhänge zwischen Darstellungen sowie Informationsformaten (Abschnitt 2.1.3; Bruckmaier et al. 2019; Budgett & Pfannkuch 2019), auf das Verbalisieren von Zusammenhängen (Abschnitt 2.1; Pfannkuch & Budgett 2017) und darauf, Lernende für die sprachlichen Unterschiede in den Aussagen zu sensibilisieren (Abschnitt 2.1.3; Kapadia 2013; Watson & Moritz 2002), wenn auch bislang wenig mit Fokus auf das Lehrkräftehandeln.

Der im Rahmen der Arbeit entwickelte Lernpfad und die Darstellungsvernetzung mit einem besonderen Fokus auf die Struktur in der Aussage sowie den Einbezug bedeutungsbezogener Denksprache zum Verbalisieren der Strukturen scheinen einen vielversprechenden Ansatz darzustellen, um vielfach identifizierten Hürden beim Verständnis bedingter Wahrscheinlichkeiten zu begegnen, wie zum Beispiel das Dekodieren von Aussagen oder die Verwechslung von Wahrscheinlichkeiten (Abschnitt 2.1.2; Pollatsek et al. 1987; Shaughnessy 1992; Watson & Moritz 2002).

Sowohl dieses Ergebnis als auch die spezifizierten Anforderungen (Kapitel 6) und rekonstruierten Praktiken (Kapitel 7) zeigen zudem an unterschiedlichen Stellen, dass semiotische Aktivitäten eng mit epistemischen Verknüpfungen zusammenzuhängen scheinen. Wird die Verknüpfung über die Zuordnung auf gekapselter Ebene hinaus vertieft, werden unterschiedliche feinere Verstehenselemente adressiert und dafür Darstellungen verknüpft. Diese Bewegungen zeigen sich in den meisten Praktiken, welche in Kapitel 7 identifiziert worden sind. Je nach Praktik werden hierfür unterschiedliche Verstehenselemente adressiert und Darstellungen für diese anhand unterschiedlicher semiotischer Aktivitäten und mit unterschiedlichem Explikationsgrad verknüpft.

Die semiotische Aktivität des Vernetzens zeichnet sich dadurch aus, dass die Teil-Ganzes-Beziehung adressiert und dafür der Zusammenhang der Darstellungen erklärt wird. Der Vergleich der gemeinsamen Lernwege in diesem Abschnitt deutet gerade auf die Relevanz dieser semiotischen Aktivität und somit der Praktik *Erklären der Verknüpfung für Teil-Ganzes-Beziehung* zur Entwicklung konzeptuellen Verständnisses hin. Erfordernisse an die Darstellungsvernetzung sind demnach, zum Dekodieren der Aussagen die relevanten Verstehenselemente, hier die Teil-Ganzes-Beziehung, in den Darstellungen zu adressieren und zu erklären, wie diese korrespondierenden Teil-Ganzes-Beziehungen zusammenhängen.

8.4.3 Einbettung der Analyseergebnisse in die Praktiken in weiteren Kursen

Die an der exemplarischen Kontrastierung zweier Kurse dargestellten Einsichten zu den Praktiken, Lernwegen und Erfordernissen der Darstellungsvernetzung wurden in breiteren Analysen weiterer Transkripte gewonnen, die hier im Detail nicht dargestellt werden können. Zur Einbettung der Analyseergebnisse in das breite Datenkorpus wird in diesem Abschnitt ein kurzer Überblick über die Praktiken der weiteren Kurse gegeben.

Bei Herrn Lang zeichnen sich Plenumsphasen zur Besprechung der Falschaussagen und Unterscheidung der Anteile durch hohe Beteiligung der Lernenden mit eigenverantwortlichen Beiträgen aus (Praktiken *Ankerpunkte setzen* und *Einfordern ohne inhaltliche Steuerung*). Die inhaltliche Steuerung liegt hier bei den Lernenden (z. B. Celina in Abschnitt 6.1, Tom in Abschnitt 6.2). Zum Ende der Besprechungsphasen leitet Herr Lang wiederholt an, den Teil und das Ganze zu adressieren, um die Ergebnisse zu systematisieren (Praktik *Teil und Ganzes fokussieren*). Zwar steuert Herr Lang das Explizieren der Struktur in der Aussage oder das Erklären der Verknüpfung für die Teil-Ganzes-Beziehungen nicht explizit, er regt jedoch zur Auseinandersetzung mit kniffligen Stellen implizit über Impulse zum Weiterdenken, Diskutieren oder kritischen Reflektieren an. Die Aufgabe zum Übergang zu Wahrscheinlichkeiten wird nicht bearbeitet.

Bei Herrn Albrecht können die rekonstruierten Navigationspfade hauptsächlich den Praktiken *Teil und Ganzes fokussieren* (Transkript 7.1 in Abschnitt 7.1), *Einfordern ohne inhaltliche Steuerung* und *Teil-Ganzes-Beziehung ohne Verknüpfung adressieren* zugeordnet werden. Beim Prüfen von Falschaussagen und Bestimmen der Wahrscheinlichkeiten expliziert Herr Albrecht den folgenden Drei-Schritt: Teil, Ganzes, Anteil. Der dritte Schritt wird dabei nicht als Teil-Ganzes-Beziehung, sondern beispielsweise als Bruch aufgefasst. Die zugehörige Praktik wird entweder über Impulse angeleitet oder die Lernenden setzen den Drei-Schritt selbstständig um. Möglicherweise sieht Herr Albrecht in den meisten Fällen keine Notwendigkeit für weitere Explikationen, da die Lernenden meist direkt inhaltlich korrekte Antworten präsentieren. Ein Einblick in eine Übung zum Formulieren von Aussagen scheint dies zu bestätigen, in der zur Klärung einer unklaren Aussage eines Schülers oder auf Nachfrage der Autorin der Arbeit das Handeln von Herrn Albrecht vereinzelt den Praktiken *Teil und Ganzes verorten* (Transkript 7.6 in Abschnitt 7.4) sowie *Erklären der Verknüpfung für Teil-Ganzes-Beziehung* zuzuordnen ist.

Im Kurs von Herrn Becker wird die Aufgabe zum Prüfen von Falschaussagen von den Lernenden Schritt für Schritt entlang des in der Aufgabe vorgegebenen Vorgehens mit wenig inhaltlicher Steuerung des Lehrers präsentiert (Praktik *Einfordern ohne inhaltliche Steuerung*). In Übungsaufgabe 2 soll eine vorgegebene Aussage entlang der Fragen nach dem Teil, dem Ganzen und der Teil-Ganzes-Beziehung aufgefaltet werden. Die rekonstruierte Praktik entspricht hier *Erklären der Verknüpfung für Teil-Ganzes-Beziehung*, in der Herr Becker das Auffalten der Aussage entlang der drei Fragen über Impulse anleitet und darin die Sprachmittel für die Beziehung in der Aussage explizit adressiert. In den vorderen Aufgaben zeichnet die Interaktion eine insgesamt hohe eigenständige Beteiligung der Lernenden aus, allerdings stark entlang und gesteuert durch die Aufgabenstellung. Im weiteren Verlauf nimmt die Anzahl der Praktiken mit inhaltlicher Steuerung deutlich zu. Vor allem beim Erarbeiten der Anteilstypen und Wahrscheinlichkeiten steuert Herr Becker schwerpunktmäßig entlang der Praktik *Teil und Ganzes fokussieren*. Sowohl die Unterscheidung der Anteilstypen als auch die der Wahrscheinlichkeiten gelingt in diesem Kurs, indem systematisch die Teile und Ganze adressiert werden.

Im Kurs von Herrn Mayer präsentieren die Lernenden beim Besprechen der ersten Aufgaben zum Prüfen und Formulieren von Aussagen ihre Lösungen mit wenig inhaltlicher Steuerung des Lehrers. Dagegen zeichnet sich seine Plenumsphase zu Übungsaufgabe 2 durch aktivere Steuerung aus (Praktiken *Erklären der Verknüpfung für Teil-Ganzes-Beziehung* in Transkript 7.4 in Abschnitt 7.2 sowie *Teil-Ganzes-Beziehung ohne Vernetzung adressieren* in Transkript 7.5 in Abschnitt 7.3). Herr Mayer fokussiert allerdings insgesamt weniger die Sprachmittel für Beziehungen in der Aussage, sondern setzt wiederholt den Schwerpunkt auf das gemeinsame Vernetzen der Darstellungen für die Teil-Ganzes-Beziehung beispielsweise als Übergang zum korrigierten Anteil. In der Unterscheidung der Anteile wird ebenfalls bis auf wenige Ausnahmen der Fokus darauf deutlich, die Unterscheidung der zugrunde liegenden Teil-Ganzes-Strukturen nicht nur über Teil und Ganzes allein, sondern über die Teil-Ganzes-Beziehung zu erklären. Beim Übergang zu Wahrscheinlichkeiten fokussiert Herr Mayer in der Praktik lediglich das Ganze. In der Sinneinheit zur Praktik *Einfordern ohne inhaltliche Steuerung* erklärt aber der Schüler unter anderem zur bedingten Wahrscheinlichkeit die Verknüpfung der Darstellungen für die Teil-Ganzes-Beziehung.

Zusammenfassend deutet der kurze Überblick über die Praktiken weiterer Kurse darauf hin, dass die Lehrkräfte Praktiken mit Einbezug der Teil-Ganzes-Beziehung in unterschiedlichem Umfang adressieren. In den Kursen von Herrn Krause, Lang, Albrecht und Becker können diese in den Kernaufgaben nicht oder verhältnismäßig selten in Phasen mit aktiver Steuerung durch die Lehrkraft rekonstruiert werden, während Herr Schmidt und Herr Mayer die Gespräche häufig entlang von Praktiken mit Einbezug der Teil-Ganzes-Beziehung aktiv strukturieren. Unterschiedlich ist auch, wie Lernende in einzelnen Phasen in die Interaktion eingebunden werden und welche Phasen besonders stark angeleitet werden.

Die Betrachtung der Praktiken entlang der Kernaufgaben deutet zudem darauf hin, dass Lehrkräfte das Handeln im Laufe der Aufgaben verändern bzw. unterschiedliche Schwerpunkte setzen: Herr Krause, Becker, Schmidt und Mayer setzen beim Prüfen der Falschaussagen eher auf Praktiken mit Einbezug der Teil-Ganzes-Beziehung. Während beim Erarbeiten der Anteilstypen und Wahrscheinlichkeiten das Handeln von Herrn Becker und Krause schwerpunktmäßig eher der Praktik *Teil und Ganzes fokussieren* zuzuordnen ist, entspricht das Handeln von Herrn Mayer und Herrn Schmidt tendenziell weiterhin eher der Praktik *Erklären der Verknüpfung für Teil-Ganzes-Beziehung* oder anderen Praktiken mit Einbezug der Teil-Ganzes-Beziehung.

Der Überblick zeigt, dass diese Praktik in den Kursen nicht nur in der Summe, sondern auch entlang der Lernpfade unterschiedlich häufig identifiziert werden konnte. Am rekonstruierten Lernweg im Kurs von Herrn Schmidt wird deutlich, dass die Navigationspfade von Herrn Schmidt zwar nicht durchgehend, aber zumindest an der konzeptuell relevanten Stelle im Übergang zum Dekodieren von Wahrscheinlichkeitsaussagen der als produktiv herausgearbeiteten Praktik *Erklären der Verknüpfung für Teil-Ganzes-Beziehung* entsprechen. Der Vergleich zum nicht erfolgreichen Weg bei Herrn Krause deutet darauf hin, dass ein weiteres Erfordernis an die Darstellungsvernetzung ist, diese langfristig zu etablieren und bei Bedarf auf das Vernetzen von Darstellungen zurückzugreifen, um beispielsweise neue konzeptuelle Ideen an die inhaltlichen Ideen anzuknüpfen. So scheint es Herrn Schmidt zu gelingen, dass die Lernenden zum Dekodieren von Wahrscheinlichkeitsaussagen auf die Explikation der Teil-Ganzes-Beziehung zwischen den unterschiedlichen Darstellungen und der neuen Darstellung (Wahrscheinlichkeitssprache) erfolgreich zurückgreifen. Der Überblick zeigt deutliche Unterschiede zwischen den Kursen, inwiefern Lehrkräfte über die Aufgaben hinweg zum Vernetzen von Darstellungen für die Teil-Ganzes-Beziehung anleiten.

Inwiefern dieser Explikationsbedarf notwendig ist, hängt möglicherweise auch vom Lernstand und von den Bedürfnissen der Lerngruppe ab. In diesem Überblick kann zudem kein detaillierter Einblick in die Lernstände und -wege der einzelnen

Kurse gegeben werden. Die Breite an unterschiedlichen Praktiken im Kurs von Herrn Schmidt gibt zudem Hinweise darauf, dass Prozesse nicht immer in diesem Explikationsgrad erfolgen müssen. Forschungsergebnisse deuten jedoch auf die Relevanz der Fokussierung auf inhaltliches Denken und die wiederholte Anknüpfung neuer Konzepte an diese Ideen für langfristige Lernerfolge hin (Hiebert & Carpenter 1992).

8.5 Analyse des Unterstützungspotenzials der Scaffolds zur expliziten Darstellungsvernetzung aus dem Unterrichtsmaterial für die realisierten Praktiken

Die bisherigen Analysen von Praktiken und Lernwegen haben aufgezeigt, wie unterschiedlich explizit Lehrkräfte die Darstellungsverknüpfungsaktivitäten und insbesondere die essentiellen Darstellungsvernetzungen angeleitet haben. Durch die Rekonstruktion von Erfordernissen der Darstellungsvernetzung wurde auch deutlich, dass es sinnvoll sein könnte, die Explikation der Darstellungsvernetzung in Bezug auf den Drei-Schritt nicht nur durch spontanes Lehrkräftehandeln, sondern auch bereits im Unterrichtsmaterial gezielter zu unterstützen.

Wie in Abschnitt 5.3 dargestellt, wurde daher die Aufgabe zum Dekodieren von Aussagen über die Designexperiment-Zyklen hinweg immer stärker vorstrukturiert, um Lehrkräften und Lernenden entsprechende Scaffolds anzubieten.

In diesem Abschnitt wird untersucht, inwiefern Lehrkräfte die in der Aufgabenstellung explizit eingeforderten Artikulationen der Verstehenselemente sowie Darstellungen und Verknüpfungen tatsächlich in der Interaktion adressieren. Einbezogen werden die Praktiken zu allen Aufgaben des Aufgabenformats „Falschaussagen prüfen", d. h. die in Abschnitt 5.3 dargestellten Aufgaben sowie eventuelle Übungsaufgaben zu diesem Aufgabenformat.

8.5.1 Analyse des Unterstützungspotenzials bei Herrn Krause und Herr Lang (Zyklus 1)

Im Zyklus 1 enthält die Aufgabe zum Prüfen von Falschaussagen (Abbildung 5.12) den Tipp, den Teil und das Ganze im Anteilsbild und in der Aussage zu markieren sowie den Bruch am Anteilsbild zu bestimmen und zu prüfen. Im Kurs von Herrn Krause entsprechen die rekonstruierten Navigationspfade der Praktik *Erklären der Verknüpfung für Teil-Ganzes-Beziehung* sowie *Teil und Ganzes fokussieren* in geteilter Verantwortung (Transkript 8.1, 8.2, 8.3).

Die im Tipp enthaltenen Scaffolds setzt Herr Krause in der Interaktion folgendermaßen um: Über die Anforderung der Aufgabe hinaus werden Darstellungen zumindest in der ersten Aussage nicht nur für den Teil und das Ganze, sondern auch für die Teil-Ganzes-Beziehung vernetzt (jedoch ohne Explikation der Teil-Ganzes-Struktur im Anteilsbild oder in der Aussage über Bezug auf Sprachmittel für die Beziehung). Teils werden im Plenum Teil und Ganzes im Anteilsbild markiert. Markierungen in der Aussage werden nicht umgesetzt, es erfolgt allerdings eine Verknüpfung zur Aussage mit Fokus auf Merkmale der Teilgrößen. Die Lernenden hingegen adressieren das Ganze eigenständig in Kombination mit den Sprachmitteln für die Beziehung aus der Aussage und verknüpfen diese bewusst mit anderen Darstellungen.

Die Aufgabenstellung bei Herrn Lang ist bis auf die Zahlenwerte und sprachliche Formulierungen inhaltlich identisch. In der Besprechung der zwei Falschaussagen wurden die Praktiken *Ankerpunkte setzen* (Transkript 7.9 in Abschnitt 7.6) und *Einfordern ohne inhaltliche Steuerung* mit hohem Anteil eigenverantwortlicher Beiträge der Lernenden identifiziert. In diesen Praktiken liegt die inhaltliche Steuerung größtenteils bei den Lernenden, die jeweils unterschiedliche Verstehenselemente, Darstellungen und Verknüpfungen mit unterschiedlichem Explikationsgrad adressieren (siehe Beiträge von Tom und Celina in Abschnitt 6.1 und 6.2). Herr Lang scheint wenig inhaltlich zu steuern, sondern organisiert das Gespräch über Impulse, wie beispielsweise im folgenden Transkript 8.13.

Transkript 8.13 aus Zyklus 1, Hr. Lang, A3b), Sinneinheit 1 – Turn 32

32   Lehrer   Ja, das hast du gerade total, ganz klar formuliert, ne? Ich weiß nicht, ob ihr es so präsent habt. Celina hat nämlich gesagt, ich habe mir im Grunde die wichtigen Informationen angeguckt, die wichtigen Aussagen. Und das war einmal „treiben Sport" in, „treiben Sport" [*zeigt auf Aussage*], das heißt sozusagen hier so der obere Bereich [*zeigt auf die beiden oberen Rechtecke*], „schauen Videos" [*zeigt auf Aussage*]. [4 Sek.] Dann ist man hier [*zeigt auf die beiden linken Rechtecke*]. Was hat Celina dabei übersehen, als sie sich diese beiden Teile im Grunde getrennt rausgegriffen hat? [9 Sek.] Merve und Damian.

Jeweils im Anschluss steuert Herr Lang zur Systematisierung das Gespräch entlang der Praktik *Teil und Ganzes fokussieren* anhand anleitender Impulse. Er fordert insgesamt in der Besprechung der Falschaussagen jedoch weder explizite Markierungen ein, noch adressiert er die Teil-Ganzes-Struktur im Anteilsbild oder Aussage aktiv. Diese werden allerdings zum Teil von den Lernenden adressiert.

Zusammenfassend zeigen die Analyse der Praktiken, dass sich die Lehrkräfte trotz gleicher Aufgabe in der Ausgestaltung der konkreten Lerngelegenheiten sowohl in den adressierten Verstehenselementen und semiotischen Aktivitäten als auch in der Einbindung der Lernenden unterscheiden. Vorrangig werden, wie in der Aufgabe vorgeschlagen, in den aktiven Impulsen der Teil und das Ganze adressiert. Herr Krause fokussiert darüber hinaus die Teil-Ganzes-Beziehung. Diese und ähnliche Beobachtungen führten dazu, die Adressierung der Teil-Ganzes-Beziehung auch im Unterrichtsmaterial selbst expliziter anzuregen.

8.5.2 Analyse des Unterstützungspotenzials bei Herrn Albrecht (Zyklus 2)

Die im Zyklus 2 erprobte Aufgabe zeichnen folgende Weiterentwicklungen aus: Die Aufgabe ist unterteilt in eine offene Bearbeitung und eine Teilaufgabe mit strukturiertem Vorgehen (Abbildung 5.13 in Abschnitt 5.3). Im strukturierten Vorgehen wird gegliedert entlang der Darstellungen eingefordert, neben Teil und Ganzem die Anteilsbeziehung in den Darstellungen zu adressieren.

Herr Albrecht steuert in seinem Kurs die Besprechung der Teilaufgabe A1c) zum strukturierten Vorgehen entlang der Praktik *Teil und Ganzes fokussieren* (Transkript 7.1 und 7.2 in Abschnitt 7.1) an. Er etabliert hierbei im Kurs explizit den folgenden in der Aufgabe angelegten Drei-Schritt: Ganzes – Teil – Anteil. Den dritten Schritt interpretiert er dabei allerdings als Darstellung der Lösung im Bruch statt als Adressieren der Teil-Ganzes-Beziehung, wie im Transkript 8.14 deutlich wird (analysiert in Post & Prediger 2024b):

Transkript 8.14 aus Zyklus 2, Hr. Albrecht, A1c), Sinneinheit 1 – Turn 9–11a

9	Lehrer	[...] Also der erste Schritt ist die ganze Gruppe, die zweite Schritt ist .. die Teilgruppe finden und der dritte Schritt ist dann die Lösung präsentieren. Wie wäre die Lösung dann?
10	Annabel	45/144?
11a	Lehrer	Genau. Und wir möchten diesen dritten Schritt dann Anteil nennen, damit wir wissen, es ist ein Anteil und Anteile sind immer Bruchzahlen irgendwie. Okay?

Der Navigationspfad zur zweiten Aussage entspricht der Praktik *Teil-Ganzes-Beziehung ohne Vernetzung adressieren*, in der die Schülerin den vorgegebenen Drei-Schritt umsetzt und Herr Albrecht im Abschluss die Beziehung zwischen den symbolisch dargestellten Teil und Ganzen formuliert. Für beide

Falschaussagen werden für den Teil und das Ganze die entsprechenden Flächen im Anteilsbild markiert sowie zur Aussage teils Verknüpfungen über die semiotischen Aktivitäten Wechsel bzw. Übersetzen ohne Markierung hergestellt.

Während Herr Albrecht bestimmte Impulse aus dem Unterrichtsmaterial und Sprachmittel im Kurs zum Teil und Ganzen umzusetzen scheint, greift er die im Unterrichtsmaterial explizit in unterschiedlichen Darstellungen eingeforderte Teil-Ganzes-Beziehung nicht auf, sondern steuert zum Bruch als verdichtetes Symbol hin. Hierfür etabliert er den Drei-Schritt im Kurs. Möglicherweise sieht Herr Albrecht keinen weiteren Explikationsbedarf für die Teil-Ganzes-Beziehung, da die an der Besprechung aktiv beteiligten Lernenden die Aufgaben auf Anhieb richtig lösen.

8.5.3 Analyse des Unterstützungspotenzials bei Herrn Becker (Zyklus 3)

Für den Zyklus 3 wurden in Aufgabe A1b) (Abbildung 5.14 in Abschnitt 5.3) mehrere Scaffolds integriert, die darauf abzielen, sowohl das Adressieren der Teil-Ganzes-Beziehung als auch Vernetzen der Darstellungen zu unterstützen (z. B. Farbmarkierungen, Formulierungshilfen sowie eine Sammlung an Impulsen für die Lehrkraft im didaktischen Kommentar).

Im Kurs von Herrn Becker präsentieren zwei Schülerinnen ihre Lösung. Angeleitet durch die Scaffolds des Materials vernetzen sie Darstellungen auch für die Teil-Ganzes-Beziehung mit Explikation der Teil-Ganzes-Struktur im Anteilsbild und entsprechender Sprachmittel in der Aussage. Herr Becker steuert diese Phase nur in geringem Umfang (Praktik *Einfordern ohne inhaltliche Steuerung*).

In der Übungsaufgabe 2 ist ein Teilauftrag, vorgegebene Aussagen entlang des Drei-Schritts aufzufalten. Hierbei wird in der Aufgabenstellung Rückbezug auf das strukturierte Vorgehen aus Aufgabe 1b)(2) genommen. Wie in der Aufgabe vorgeschlagen, fokussiert Herr Becker die drei Schritte als Vorgehen zum Auffalten der Aussage und setzt diese mithilfe der vorgeschlagenen Impulse um (Praktik *Erklären der Verknüpfung für Teil-Ganzes-Beziehung*). Für die Verstehenselemente wird unter anderem die Aussage mit bedeutungsbezogener Denksprache auch für die Teil-Ganzes-Beziehung vernetzt und darin werden insbesondere die Sprachmittel für die Beziehung aus der Aussage adressiert. Dies verdeutlicht das folgende Transkript 8.15.

Transkript 8.15 aus Zyklus 3, Hr. Becker, A2, Sinneinheit 2 – Turn 6–9

6   Falko   Ähm, also die Teilgruppe sind jetzt, denke ich, die „Nicht"- Sportlichen und die ganze Gruppe halt, wie schon gesagt, die „weiblichen Befragten". Und ich weiß jetzt nicht, soll man die 33,9 Prozent, oder die circa 33,9 Prozent auch als Teilgruppe anstreichen, oder# ...

7   Lehrer   Also das ist, ich würde es persönlich auch mit als Teilgruppe anstreichen, aber der Fokus liegt nach wie vor darauf, woran erkennt man das im Text, woran erkennt man das in der Sprache ... Und, äh, wie sieht es aus? Wie wird der Anteil ausgedrückt? Also wie wird eine Beziehung zwischen Anteil, äh, zwischen Teilgruppe und Ganzem hergestellt?

8   Milan   Luana

9   Luana   Also, es ist ja „dreißiger, 33 Pro- Komma 9 Prozent der weiblichen", also „der weiblichen", also das „der". Daran erkennt man halt, äh, was genau der Anteil ist, also wie der ausgedrückt ist. [4 Sek.]

Obwohl diese Plenumsphasen nur begrenzten Einblick in das Handeln von Herrn Becker bieten, deutet die rekonstruierte Praktik in der Übungsaufgabe darauf hin, dass Herr Becker das Gespräch im Plenum entlang des in der Aufgabe vorgeschlagenen Drei-Schritts steuert und die Struktur der Aussage expliziert. Ausgelassen wird dabei das Markieren und Explizieren der Struktur im Anteilsbild.

8.5.4   Analyse des Unterstützungspotenzials bei Herrn Schmidt und Mayer (Zyklus 4)

Für den Zyklus 4 wurde die Aufgabe nochmals überarbeitet, sodass sie nun das Vorgehen zum Auffalten der Aussage entlang der Verstehenselemente Ganzes, Teil und Teil-Ganzes-Beziehung strukturiert (Abbildung 5.15 in Abschnitt 5.3).

Wie in Abschnitt 8.1.2 im Detail untersucht, zeichnen das Handeln von Herrn Schmidt Praktiken aus, in denen mit wenig inhaltlicher Steuerung Beiträge der Lernenden eingefordert werden (Transkript 8.4). Wiederholt leitet Herr Schmidt dann in Aufgabe 1c) die Explikation der Struktur der Aussage in unterschiedlicher Tiefe über die Praktiken *Teil und Ganzes verorten* (Transkript 8.5), *Erklären der Verknüpfung für Teil-Ganzes-Beziehung* (Transkript 8.6) und *Verstehenselemente nacheinander separat adressieren* an. Diese Praktiken sind eher von starker Steuerung geprägt. Vor allem bei den charakteristischen Navigationsbewegungen der jeweiligen Praktik wie Vernetzen werden Lernende nur wenig eingebunden, beispielsweise über das Nennen der Sprachmittel für die Beziehung.

In jeder dieser Praktiken wird das Sprachmittel für die Teil-Ganzes-Beziehung aus der Aussage bewusst aufgegriffen und jeweils der Zusammenhang zu Teil und

Ganzem oder auch zwischen weiteren Darstellungen verdeutlicht. Insbesondere in den letzten beiden Praktiken etabliert er den Drei-Schritt Ganzes – Teil – Teil-Ganzes-Beziehung, in dem er die Gespräche wiederholt danach strukturiert und das Vorgehen auch zum Beispiel durch einen Tafelanschrieb expliziert. Unterschiedliche Scaffolds werden umgesetzt: Wiederholt markiert bzw. verweist er gestisch auf den Teil und das Ganze in der Aussage und im Anteilsbild, zudem markiert er die Sprachmittel für die Beziehung in der Aussage. Im Transkript 8.6 bezieht er das Anteilsbild mit in die Vernetzung der Darstellungen für die Teil-Ganzes-Beziehung ein und nutzt dieses als grafisches Scaffold zur Verdeutlichung der Teil-Ganzes-Struktur.

Insgesamt scheint Herr Schmidt in Aufgabe 1c) das vorgegebene strukturierte Vorgehen und insbesondere wiederholt viele der Scaffolds (Drei-Schritt, Fokus auf Sprachmittel für die Beziehung, Farbkodierung) zu übernehmen. Einblicke in die Übungsaufgabe 2 deuten darauf hin, dass er den Umfang dieser Explikation, insbesondere das Vernetzen von Darstellungen für die Teil-Ganzes-Beziehung, reduziert, teils mit separatem Blick auf den Teil und das Ganze oder durch Formulieren der Teil-Ganzes-Beziehung ohne Vernetzung, auch über eine Rechnung.

Die im Kurs von Herrn Mayer erprobte Aufgabenstellung für die Falschaussage von Lara ist bis auf andere numerische Werte gleich zum Kurs von Herrn Schmidt. Die Falschaussage von Simon wird anschließend mit reduzierter Aufgabenstellung bearbeitet. Zudem erhalten die Lernenden ein Erklärvideo nach Bearbeitung der Aufgabe zur Aussage von Lara zum Abgleich der Lösungen.

Die Besprechung der Aufgabe 1b), c) und e) wird zum großen Teil von Beiträgen der Lernenden geleitet. Daher lassen sich aufgrund wenig inhaltlicher Steuerung von Herrn Mayer anhand dieser Aufgabe kaum Zusammenhänge des Handelns zur Aufgabe untersuchen.

Die Plenumsphasen zu Übungsaufgabe 2 zeichnen sich durch aktivere Steuerung von Herrn Mayer entlang der Praktiken *Erklären der Verknüpfung für Teil-Ganzes-Beziehung* (Transkript 7.4 in Abschnitt 7.2) sowie *Teil-Ganzes-Beziehung ohne Vernetzung adressieren* (Transkript 7.5 in Abschnitt 7.3) aus. In drei der vier Aussagen leitet Herr Mayer an, die Teil-Ganzes-Beziehung bedeutungsbezogen zu adressieren und damit die Teil-Ganzes-Beziehung zu formulieren.

Das Handeln von Herrn Schmidt und Herrn Mayer unterscheidet sich jedoch unter anderem darin, für welche Darstellungen die Teil-Ganzes-Beziehung adressiert wird. Zu einer Aussage leitet Herr Mayer an, das identifizierte Ganze zu begründen. Hierbei wird bewusst zwischen der Aussage und der Verbalisierung im Kontext übersetzt und durch Betonen der Struktur der Aussage die

Struktur expliziert. In der Besprechung der restlichen Aussagen wird die Teil-Ganzes-Beziehung in der Aussage und im Anteilsbild nicht adressiert. Diese wird eher adressiert und der Zusammenhang zwischen Darstellungen erklärt, um die zugrunde liegende Teil-Ganzes-Beziehung zu formulieren und einen bedeutungsbezogenen Übergang zum korrigierten Anteil zu schaffen. Das wird an dem folgenden Transkript 8.16 verdeutlicht (analysiert in Post & Prediger 2024b).

Transkript 8.16 aus Zyklus 4, Hr. Mayer, A2, Sinneinheit 4 – Turn 109–116

109	Lehrer	So, das heißt, das Ganze sind wie viele in dieser Aufgabe? Tarik jetzt haben Sie aufgezeigt, ich habe es genau gesehen.
110	Tarik	300? 700.
111	Lehrer	Ja richtig, ne? So von diesen 700 sind welche gemeint? … Jetzt aber. Johann
112	Johann	Die 300 Männlichen, „die keine lustigen Clips schauen".
113	Lehrer	Ja, also ist der Anteil? …
114	Johann	Dr- … ja jetzt teile ich ja wieder 300 durch 700. #
115	Lehrer	# Richtig, ja. Das wären gekürzt wie viele?
116	Johann	3/7?

In der Übung fokussiert Herr Mayer auch das Erklären des Zusammenhangs für die rechnerische Beziehung und expliziert, wie Rechnung und Beziehung zusammenhängen. Insgesamt zeichnet die Interaktion eine hohe Beteiligung der Lernenden aus. Interaktionen in stärker gesteuerten Gesprächen zeichnet wiederholt aus, dass Lernende durch viele kleine Impulse in die Erklärung eingebunden werden und damit die Beziehung gemeinsam erklärt wird (Transkript 8.16).

8.5.5   Zusammenfassung zu sukzessive besser eingelösten Unterstützungspotenzialen

Über die Designexperiment-Zyklen hinweg können Unterschiede und tendenzielle Entwicklungen im Handeln der Lehrkräfte und den rekonstruierten Praktiken beobachtet werden. Insgesamt deuten die Ergebnisse darauf hin, dass die Lehrkräfte mit der iterativen Entwicklung des Unterrichtsmaterials in den gemeinsamen Lehr-Lern-Prozessen immer häufiger zum Adressieren der Teil-Ganzes-Beziehung anleiten, sich die Unterstützungspotenziale also immer besser einlösen.

Analysen der Praktiken entlang der Zyklen zeigen auch, dass ab Zyklus 2 die Lehrkräfte den Drei-Schritt immer treffsicherer einbinden und zum großen

Teil als systematisches Vorgehen beim Prüfen von Aussagen etablieren (wobei Herr Albrecht den dritten Schritt als Anteil auffasst). Herr Becker (Zyklus 3) und Herr Schmidt (Zyklus 4) binden explizit die Reflexion der Struktur der Aussage mit ein und vernetzen diesbezüglich Darstellungen für die Teil-Ganzes-Beziehung. Insbesondere setzt Herr Schmidt durch die Aufgabe vorgegebene Markierungen konsequent um und nutzt in einem Navigationspfad das Anteils-bild als grafisches Scaffold, um die Teil-Ganzes-Struktur zu explizieren. Im Kurs von Herrn Becker vernetzen die Lernenden bereits eigenständig, angeleitet durch die Aufgabe, Darstellungen für die Teil-Ganzes-Beziehung mit Explikation der Teil-Ganzes-Struktur im Anteilsbild und entsprechender Sprachmittel in der Aussage.

Diese Beobachtungen bestätigen, dass zumindest in den späteren Designexperiment-Zyklen 3 und 4 das Unterrichtsmaterial in Verbindung mit Impulsen und Vorgesprächen mit der Autorin der Arbeit die Lehr-Lern-Prozesse unterstützen kann. Die Ergebnisse deuten aber auch auf eine Breite im Umgang mit dem Unterrichtsmaterial hin: In den jeweiligen Zyklen können rekonstruierte Navigationspfade unterschiedlichen Praktiken zugeordnet werden. So erklärt Herr Krause in Zyklus 1 über den Teil und das Ganze hinaus bereits die Teil-Ganzes-Beziehung und die Lernenden scheinen bereits bewusst die grammatische Struktur in den Aussagen zu reflektieren, ohne dass dies Teil der Aufgabenstellung ist. Auch im Zyklus 4 lassen sich unterschiedliche Praktiken ohne Einbindung der Teil-Ganzes-Beziehung rekonstruieren.

Die rekonstruierten Praktiken im Kurs von Herrn Albrecht zeigen zudem, dass Herr Albrecht trotz Explikation über das strukturierte Vorgehen die im Unterrichtsmaterial angebotenen Scaffolds nicht wie intendiert umsetzt. Beispiels-weise wird hier der Drei-Schritt als Adressieren des Teils, Ganzen und des Anteils als gekapselter Bruch interpretiert und im Kurs etabliert. Zur Aussage und zum Anteilsbild werden der Teil und das Ganze verknüpft, jedoch nicht die Teil-Ganzes-Beziehung. Möglicherweise sieht der Lehrer hier keinen Bedarf an weiterer Explikation aufgrund der korrekten Lösungen der Lernenden.

Dies deutet aber auch darauf hin, dass Ausgestaltungen der Lehr-Lern-Prozesse nur bedingt durch das Unterrichtsmaterial gesteuert werden können. Diese Beobachtung scheint durch den Vergleich der Praktiken in den Kur-sen innerhalb eines Zyklus bestätigt zu werden: Herr Krause und Herr Lang unterscheiden sich trotz gleichen Materials darin, welche Verstehenselemente adressiert werden und wie Lernende in die Prozesse eingebunden werden. Herr Schmidt und Herr Mayer leiten beide wiederholt das Adressieren der Teil-Ganzes-Beziehung an, vernetzen dafür aber unterschiedliche Darstellungen und setzen diese teils mit unterschiedlicher Funktion ein.

Insgesamt deuten die Ergebnisse darauf hin, dass Lehr-Lern-Prozesse durch das (über die Designexperiment-Zyklen hinweg) zunehmend elaborierte Unterrichtsmaterial, die Impulse sowie Vorgespräche in der Unterrichtsvorbereitung durchaus unterstützt werden können. Die Ergebnisse zeigen allerdings auch eine gewisse Variabilität in der Umsetzung und verdeutlichen damit, dass die Prozesse durch das Unterrichtsmaterial nicht vollständig steuerbar sind. So wird in der Umsetzung einerseits Spielraum darin deutlich, wie bestimmte Scaffolds verstanden werden, und andererseits darin, welche im Material oder durch begleitende Gespräche intendierten Scaffolds auch tatsächlich von den Lehrkräften umgesetzt werden. Das bezieht sich sowohl auf das Adressieren der Verstehenselemente als auch darauf, welche Darstellungen dafür verknüpft werden. Diese Entscheidungen hängen vermutlich auch von der konkreten Lerngruppe ab.

8.6   Zusammenfassung

Im ersten Teil des Kapitels sind gemeinsame Lernwege und Praktiken zum Handeln der Lehrkräfte in zwei Kursen untersucht worden (Forschungsfrage 1). Der Vergleich der Lernwege über mehrere Aufgaben hinweg deutet auf Folgendes hin: Der erfolgreiche Lernweg scheint sich dadurch auszuzeichnen, dass die relevanten Darstellungen nicht nur für Teil und Ganzes oder gekapselte Verstehenselemente separat, sondern explizit auch für die Teil-Ganzes-Beziehung konsequent vernetzt werden. Hierbei scheint wichtig, dass sowohl die relevanten Verstehenselemente als auch Darstellungen entlang der Kernaufgaben nicht dauerhaft, aber an konzeptuell relevanten Stellen bewusst in Beziehung gesetzt werden.

Der Überblick über weitere Kurse deutet darauf hin, dass Lehrkräfte die Teil-Ganzes-Beziehung in einem sehr unterschiedlichen Umfang adressieren. Ein weiterer Unterschied ist, ob diese nur zur Wiederholung oder auch in späteren Phasen in der Erarbeitung von Anteilstypen und Wahrscheinlichkeiten fokussiert wird.

Zur Bearbeitung der Entwicklungsfrage 4 ist das Unterstützungspotenzial der Scaffolds im Unterrichtsmaterial über die Designexperiment-Zyklen hinweg betrachtet worden. Das Material (im Zusammenhang mit Impulsen und Vorgesprächen) scheint in den späteren Zyklen dabei zu unterstützen, die Teil-Ganzes-Beziehung in Darstellungen zu explizieren und Darstellungen zu vernetzen. Die Ergebnisse deuten jedoch auch darauf hin, dass die Unterrichtsprozesse über das Material nur eingeschränkt steuerbar sind und sich eine gewisse Breite in der Interpretation und Umsetzung des Materials zeigt.

9.1 Zusammenfassung und Diskussion zentraler Ergebnisse

In diesem Abschnitt werden die Ergebnisse der Arbeit zusammengefasst und theoretisch eingeordnet. Hierzu werden zunächst in Abschnitt 9.1.1 die Entwicklungsprodukte und im Anschluss die Forschungsprodukte in Abschnitt 9.1.2 fokussiert.

9.1.1 Entwicklungsprodukte der Arbeit

Im Rahmen dieser Entwicklungsforschungsstudie wurden folgende ausdifferenzierte Entwicklungsfragen bearbeitet:

(E1)   Wie kann ein *Lehr-Lern-Arrangement* zur Etablierung von Darstellungsvernetzung gestaltet sein, um Verständnis für bedingte Wahrscheinlichkeiten aufzubauen?

(E2)   Welche Verstehenselemente werden mit welchen Darstellungen (inklusive sprachlicher Ressourcen) von den Lernenden bei ihren ersten Darstellungsverknüpfungsaktivitäten adressiert? Welche Anforderungen werden deutlich?

(E3)   Über welche *Designelemente* kann das Designprinzip der Darstellungsvernetzung bei der Gestaltung eines Lehr-Lern-Arrangements zu bedingten Wahrscheinlichkeiten realisiert werden?

M. Post, *Darstellungsvernetzung bei bedingten Wahrscheinlichkeiten*, Dortmunder Beiträge zur Entwicklung und Erforschung des Mathematikunterrichts 55, https://doi.org/10.1007/978-3-658-47374-7_9

(E4)   Wie können Lehrkräfte durch das Unterrichtsmaterial bei Praktiken zur
Darstellungsvernetzung *unterstützt* werden?

Navigationsraum und Spezifizierung von konzeptuellen und sprachlichen Anforderungen und Ressourcen
Eine typische Fehlstrategie und zentrale Herausforderung beim Umgang mit
bedingten Wahrscheinlichkeiten ist die Verwechslung mit kombinierten und inversen Wahrscheinlichkeiten (Bea 1995; Gigerenzer & Hoffrage 1995; Pollatsek
et al. 1987). Bereits kleine sprachliche Variationen können unterschiedliche
Wahrscheinlichkeiten ausdrücken (Kapadia 2013), was die Herausforderung verdeutlicht, aus vorgegebenen Aussagen richtige Beziehungen herauszuarbeiten
(Watson & Moritz 2002).

Sowohl quantitative Leistungsstudien zur Verbesserung der Performanz beim
Lösen von Aufgaben zu bedingten Wahrscheinlichkeiten (McDowell & Jacobs
2017; Sloman et al. 2003) als auch kognitionsbezogene Studien (Loibl & Leuders 2024) verweisen auf das Explizieren der zugrunde liegenden Struktur der
Teil-Ganzes-Relationen als Ansatz, um Lösungshäufigkeiten und konzeptuelles
Verständnis zu fördern. Anstatt der Vereinfachung zu natürlichen Häufigkeiten und damit einhergehender Reduktion zentraler mentaler Schritte (Ayal &
Beyth-Marom 2014; Loibl & Leuders 2024) wird als Zugang zu bedingten
Wahrscheinlichkeiten der Anteil und das Explizieren der zugrunde liegenden Teil-
Ganzes-Strukturen gewählt (Abschnitt 2.2.2). Der Forschungsstand der Didaktik
zur Bruchrechnung ermöglicht eine erste theoriegeleitete Spezifizierung relevanter
Verstehenselemente zum Anteilskonzept (Abschnitt 2.2.2). Aus kognitionspsychologischer Perspektive sind das Verknüpfen, Auffalten und Verdichten von
Verstehenselementen zentrale epistemische Aktivitäten zur Entwicklung des dafür
notwendigen konzeptuellen Verständnisses (Aebli 1994; Drollinger-Vetter 2011).

Gegenstand quantitativer Leistungsstudien ist vielfach, den Einfluss bestimmter Darstellungen auf die Performanz zu untersuchen (McDowell & Jacobs 2017).
Einige der wenigen Studien zu Lern- und Denkprozessen verweisen darauf,
Beziehungen zwischen den Darstellungen zu explizieren, um Verständnis zu
fördern (Bruckmaier et al. 2019; Budgett & Pfannkuch 2019).

Im Navigationsraum in Abbildung 9.1 sind die aus dem Forschungsstand
abgeleiteten Verstehenselemente, Darstellungen sowie semiotischen und epistemischen Aktivitäten, die sich entlang der Designexperiment-Zyklen als relevant für
den Aufbau konzeptuellen Verständnisses und das Explizieren der Teil-Ganzes-
Strukturen erwiesen haben, abgebildet.

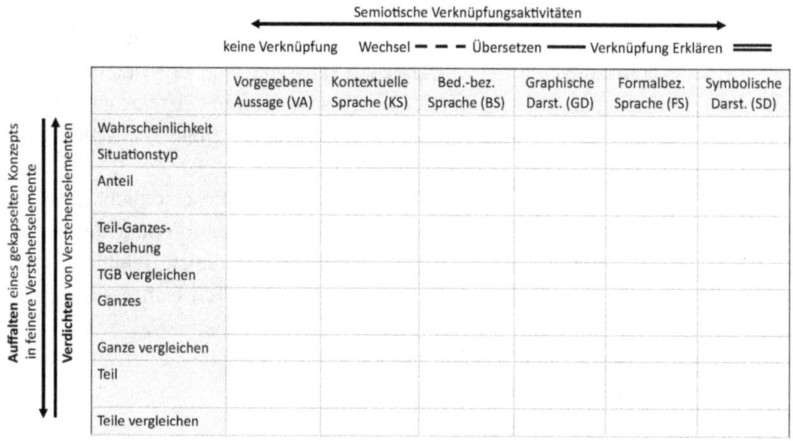

Semiotische Verknüpfungsaktivitäten

keine Verknüpfung   Wechsel – – –   Übersetzen ——   Verknüpfung Erklären ===

	Vorgegebene Aussage (VA)	Kontextuelle Sprache (KS)	Bed.-bez. Sprache (BS)	Graphische Darst. (GD)	Formalbez. Sprache (FS)	Symbolische Darst. (SD)
Wahrscheinlichkeit						
Situationstyp						
Anteil						
Teil-Ganzes-Beziehung						
TGB vergleichen						
Ganzes						
Ganze vergleichen						
Teil						
Teile vergleichen						

(Linke Achse: Auffalten eines gekapselten Konzepts in feinere Verstehenselemente / Verdichten von Verstehenselementen)

Abb. 9.1 Navigationsraum aufgespannt von Darstellungen und semiotischen Aktivitäten (in Spalten) sowie Verstehenselementen mit epistemischen Aktivitäten (in Reihen) (veröffentlicht in Post & Prediger 2024b, S. 105; hier in übersetzter und adaptierter Version)

Im Zuge der iterativen Weiterentwicklung innerhalb der Designexperiment-Zyklen wurden diese weiter ausdifferenziert (Abschnitt 2.2.2 und 2.3.3).

Dieser in den ersten empirischen Analysen entwickelte Navigationsraum mit verschränkter Perspektive auf die semiotischen und epistemischen Aktivitäten ermöglicht es, Lehr-Lern-Prozesse zu erfassen und Navigationspfade zu rekonstruieren (Post & Prediger 2024b; ähnlich in Prediger 2022b; Prediger, Quabeck et al. 2022).

Zur Bearbeitung der Entwicklungsfrage 2 konnten mithilfe des Navigationsraumes konzeptuelle und sprachliche Anforderungen und Ressourcen anhand adressierter Verstehenselemente, Darstellungen und Verknüpfungen der Lernenden bei ihren ersten Darstellungsverknüpfungsaktivitäten spezifiziert werden (Kapitel 6).

Als zentrale konzeptuelle Anforderung beim Dekodieren von Aussagen zu Anteilen hat sich herausgestellt, beim Auffalten neben dem Teil und Ganzen die Teil-Ganzes-Beziehung zu adressieren. Analysen erfolgreicher Vorgehensweisen in Kapitel 6 deuten auf die Notwendigkeit hin, die Darstellungen nicht nur für den Teil und das Ganze, sondern auch für die Teil-Ganzes-Beziehung explizit zu vernetzen.

Diese Anforderung passt zu mathematikdidaktischen und instruktionspsychologischen Befunden zu anderen Lerngegenständen, dass beim Verknüpfen von Darstellungen nicht nur einzelne Verstehenselemente zuzuordnen sind, sondern zu erklären ist, wie diese hinsichtlich der zugrunde liegenden Struktur zusammenhängen (Berthold & Renkl 2009; Renkl et al. 2013; Uribe & Prediger 2021). Im Fall des Anteilskonzepts stehen damit die separaten Verstehenselemente Teil und Ganzes nicht separat nebeneinander, sondern werden in der relevanten Struktur, der Teil-Ganzes-Beziehung, in Beziehung gesetzt, im Sinne der Deutung des Anteils als relationaler Begriff (Prediger 2013).

In den analysierten Fallbeispielen bringen Lernende unterschiedliche Ressourcen hierzu mit. Im Ansatz setzen einige Lernende die Anforderung um, indem sie das Ganze in Kombination mit den Sprachmitteln für die Beziehung mit den anderen Darstellungen in Zusammenhang bringen und die Teil-Ganzes-Beziehung formulieren.

Insbesondere hinsichtlich der Darstellung der Aussage stellte sich als Anforderung heraus, anhand der grammatischen Struktur der Aussagen (z. B. einer Genitivkonstruktion) die richtige Teil-Ganzes-Beziehung und damit diejenigen Sprachmittel zu identifizieren, über welche in der Aussage die Beziehung ausgedrückt wird. Das Erkennen der Beziehung in vorgegebenen Aussagen stellen auch Pollatsek et al. (1987) und Watson und Moritz (2002) als zentrale Herausforderung beim Dekodieren von Wahrscheinlichkeitsaussagen heraus, wobei das Interpretieren von Wahrscheinlichkeitsaussagen im Vergleich zu Formulierungen zu Häufigkeiten (z. B. über „out of") herausfordernder ist.

Designelemente zum Designprinzip der Darstellungsvernetzung
Das Designprinzip der Darstellungs- und Sprachebenenvernetzung hat sich bereits bei der Gestaltung von Lehr-Lern-Arrangements zu anderen Lerngegenständen bewährt (Moschkovich 2013; Prediger, Erath et al. 2022; Prediger & Wessel 2012). Ziel dieser Entwicklungsfrage 3 war, die Designelemente zur konkreten Realisierung des Lehr-Lern-Arrangements zu bedingten Wahrscheinlichkeiten gegenstandsspezifisch zu konkretisieren.

In Rückgriff auf bestehende Ansätze aus instruktionspsychologischer, sprachdidaktischer und mathematikdidaktischer Forschung und Entwicklung und daraus abgeleiteten Anforderungen an die Darstellungs- und Sprachebenenvernetzung (Abschnitt 2.3.2 und 2.4) konnten Zusammenhänge zu den weiteren Designprinzipien hergeleitet werden (Abschnitt 5.1.2 und 2.4):

- Fokussierung auf relevante Verstehenselemente und Strukturen statt oberflächlicher Merkmale und isolierter Elemente (Rau & Matthews 2017; Renkl et al. 2013)
- Anregung zur aktiven Etablierung und Erklärung der Vernetzung der Darstellungen (Rau & Matthews 2017)

• Unterstützung durch Scaffolds der Lehrkräfte (Prediger & Wessel 2013; Rau et al. 2017; Rau & Matthews 2017)

Konkrete Designelemente sind in der iterativen Weiterentwicklung entlang der Designexperiment-Zyklen ausgeschärft worden. Sie sind in Tabelle 9.1 zusammengefasst.

Tabelle 9.1   Überblick über Designelemente zum Prinzip der Darstellungs- und Sprachebenenvernetzung

Funktion	Designelemente
Vernetzung fokussiert unterstützen	• Vorstrukturierung der Auffaltungsaktivitäten entlang der relevanten Verstehenselemente (Teil, Ganzes, Teil-Ganzes-Beziehung) • für jedes der drei Verstehenselemente explizite Arbeitsaufträge, korrespondierende Verstehenselemente in jeder der Darstellungen zu identifizieren und Darstellungen für diese Verstehenselemente zu vernetzen • Farbkodierung, Aufforderungen zum Erklären / unterstützte Erklärungsprompts (darüber Korrespondenz aufzeigen), Abbilden relevanter Darstellungen in unmittelbarer Nähe mit sinnvoller Anordnung • Unterstützung der Lehrkraft für die Umsetzung des Mikro-Scaffoldings

Insbesondere an den Designelementen wird der enge Zusammenhang zu den weiteren Designprinzipien deutlich. Beispielsweise ist die Vorstrukturierung der Auffaltungsaktivität entlang der relevanten Verstehenselemente zugleich eine konkrete Umsetzung zur Anregung von Verknüpfungs-, Auffaltungs- und Verdichtungsaktivitäten zwischen relevanten Verstehenselementen.

Analysen des Unterstützungspotenzials des Unterrichtsmaterials zu einer Aufgabe zu Beginn des Lehr-Lern-Arrangements entlang der Designexperiment-Zyklen (Abschnitt 8.5) geben erste qualitative Hinweise, dass sich die intendierten Wirkungen der Designelemente einlösen könnten. Analysen der Praktiken der Lehrkräfte in den Zyklen 3 und 4 zeigen, dass Lehrkräfte das Vorgehen zum Prüfen von Aussagen entlang der relevanten Verstehenselemente strukturieren. In den Kursen zweier Lehrkräfte können Lernende (selbstinitiiert oder angeleitet durch die Lehrkräfte) Darstellungen für die Teil-Ganzes-Beziehung vernetzen, indem sie entsprechende Sprachmittel in der Aussage und Teil-Ganzes-Strukturen im Anteilsbild explizieren.

Vernetzen von Darstellungen wird damit als Erklären, wie Darstellungen zusammenhängen, charakterisiert, d. h., wie die relevanten Verstehenselemente des mathematischen Konzepts in Beziehung stehen (Abschnitt 2.3.2; Renkl et al. 2013; Uribe & Prediger 2021).

Lehr-Lern-Arrangement zur Förderung konzeptuellen Verständnisses zu bedingten Wahrscheinlichkeiten
In Abschnitt 5.1 sind die Designprinzipien dargestellt, welche leitend für das Design des Lehr-Lern-Arrangements waren. Das Lehr-Lern-Arrangement ist in Abschnitt 5.2 entlang der Stufen des intendierten Lernpfads konkretisiert (Entwicklungsfrage 1).

Grundlegende Ideen sind hierbei, entlang des fachlichen und sprachlichen Lernpfads (Pöhler & Prediger 2015, 2017) Vorstellungen zu komplexen Anteilsbeziehungen sowie die Unterscheidung verschiedener Anteilstypen im ersten Teil des Lehr-Lern-Arrangements zu vertiefen und zu systematisieren, um dann Strukturen in Wahrscheinlichkeitsaussagen durch Explizieren der zugrunde liegenden Teil-Ganzes-Strukturen zu identifizieren. Hierzu wird eine entsprechende Denksprache sowie die Darstellungsvernetzung relevanter Darstellungen gefördert.

Unterstützungspotenziale des Unterrichtsmaterials in der Umsetzung
Zielsetzung der vorliegenden Entwicklungsforschungsstudie ist neben der Fokussierung auf Lernprozesse auch die Analyse von Lehrprozessen (Abschnitt 4.1). In Hinblick auf die Entwicklung des Lehr-Lern-Arrangements wird in Anlehnung an Burkhardt (2006) das Unterrichtsmaterial auch in Hinblick auf Lehrende und die Umsetzung des Materials durch Lehrende optimiert. Die zugehörige Entwicklungsfrage ist, wie Lehrkräfte durch das Unterrichtsmaterial in der Umsetzung von Darstellungsvernetzung unterstützt werden können.

Analysen der Praktiken der Lehrkräfte entlang der Designexperiment-Zyklen zum Aufgabenformat „Falschaussagen prüfen" (Abschnitt 8.5) deuten darauf hin, dass Lehr-Lern-Prozesse durch das (über die Designexperiment-Zyklen hinweg) zunehmend elaborierte Unterrichtsmaterial, die Impulse sowie Vorgespräche in der Unterrichtsvorbereitung durchaus unterstützt werden können. So zeigen rekonstruierte Navigationspfade, dass Lehrkräfte der späteren Zyklen die im Material angelegten Verstehenselemente adressieren und oft explizitere Vernetzungen für diese Verstehenselemente zwischen Darstellungen etablieren als in den ersten Zyklen.

Gleichzeitig deuten die Analysen beispielsweise von Lehrkräften innerhalb eines Zyklus mit minimal abweichendem Unterrichtsmaterial auf weiterhin verbleibende Spielräume in der Umsetzung hin, zum Beispiel wie bestimmte

Scaffolds interpretiert und welche davon mit welchen Schwerpunktsetzungen umgesetzt werden. Auch gestaltet sich die Einbindung der Lernenden sehr unterschiedlich. Diese qualitativen Beobachtungen an sieben Fällen passen zu größeren quantitativen Studien zu anderen Lerngegenständen, die bei gleicher Aufgabenqualität unterschiedliche unterrichtliche Realisierungen zeigen (z. B. Neugebauer & Prediger 2023).

Dennoch geben die Analyseergebnisse erste Hinweise darauf, dass Lehrkräfte durch elaboriertes Unterrichtsmaterial, Begleitgespräche und Angebot an Impulsen zumindest zum Teil darin unterstützt werden können, bestimmte Verstehenselemente und Darstellungsvernetzungen zu etablieren.

9.1.2 Forschungsprodukte der Arbeit

Das Forschungsinteresse der vorliegenden Entwicklungsforschungsstudie umfasste folgende Forschungsfragen:

(F1) Welche gemeinsamen *Lernwege* einer Klassengemeinschaft können durch das Lehr-Lern-Arrangement zu bedingten Wahrscheinlichkeiten angeregt werden? Welche epistemischen und semiotischen Verknüpfungsaktivitäten können angeregt werden und wie hängen diese zusammen?

(F2) Welche typischen *unterrichtlichen Praktiken* von Lehrkräften zur Darstellungsverknüpfung in gemeinsamen Plenumsgesprächen zum Lerngegenstand bedingte Wahrscheinlichkeiten können rekonstruiert werden?

Rekonstruktion gemeinsamer Lernwege einer Klassengemeinschaft
Zur Rekonstruktion gemeinsamer Lernwege der Klassengemeinschaften wurden die rekonstruierten Navigationspfade aus zwei Kursen (Zyklus 1 und 4) in Kapitel 8 entlang von drei Kernaufgaben verglichen.

Während es dem Kurs aus Zyklus 4 gelingt, zum Ende der Einheit Teil-Ganzes-Strukturen in den Wahrscheinlichkeitsaussagen richtig zu interpretieren, fasst der andere Kurs aus Zyklus 1 zum Ende bedingte Wahrscheinlichkeiten falsch als kombinierte Wahrscheinlichkeiten auf. Der erfolgreiche Lernweg scheint sich dadurch auszuzeichnen, dass die relevanten Darstellungen nicht nur für Teil und Ganzes oder gekapselte Verstehenselemente separat, sondern explizit auch für die Teil-Ganzes-Beziehung konsequent vernetzt werden, in konzeptuell relevanten Momenten entlang der Kernaufgaben. Es scheint daher darauf anzukommen, dass die relevanten Verstehenselemente in den Darstellungen adressiert

werden und gleichzeitig auch die relevanten Darstellungen in die Vernetzung miteinbezogen werden, hier beispielsweise in Hinblick auf die Struktur der Aussage
oder das Anteilsbild als Scaffold zur Visualisierung der Strukturen.

Die erfolgreiche Darstellungsverknüpfungsaktivität scheint demnach das *Vernetzen von Darstellungen* zu sein, indem erklärt wird, wie die Darstellungen
insbesondere in Hinblick auf die Teil-Ganzes-Beziehung zusammenhängen. Dieses Ergebnis stützt qualitative Lernprozessstudien zu anderen Lerngegenständen,
die gerade das Vernetzen als relevante Verknüpfungsaktivität zur Entwicklung
konzeptuellen Verständnisses hervorheben (Ademmer & Prediger eingereicht;
Uribe & Prediger 2021). In ähnlicher Weise betonen Studien zu bedingten
Wahrscheinlichkeiten, Darstellungen in Beziehung zu setzen, um die Unterscheidung von bedingten, kombinierten und inversen Wahrscheinlichkeiten zu fördern
(Bruckmaier et al. 2019; Budgett & Pfannkuch 2019).

Analysen der Praktiken anderer Kurse deuten aber auch darauf hin, dass
nicht jede Aufgabe in diesem Explikationsgrad im Verlauf des Lernprozesses
besprochen wird, werden kann und werden muss. Auch konnten in Kursen
mit Praktiken, die sich durch weniger elaborierte Verknüpfungsaktivitäten und
den Fokus auf den Teil und das Ganze auszeichnen, erfolgreiche Lernprozesse
beobachtet werden, insbesondere, wenn reichhaltige Vorerfahrungen mit Teil-
Ganzes-Beziehungen vorlagen. Die Explikation ist also wichtig, um zunächst
durch Auffalten Verständnis aufzubauen. Wenn dann geeignet verdichtet wird,
kann mit diesen verdichteten Elementen weitergearbeitet werden (Aebli 1994;
Drollinger-Vetter 2011).

Analysen der Lehr-Lern-Prozesse zur Kernaufgabe „Wahrscheinlichkeiten
bestimmen" bei Herrn Schmidt zeigen, dass Lernende Strukturen in vorgegebenen
Wahrscheinlichkeitsaussagen erfolgreich identifizieren können und hierbei die
zugrunde liegenden Teil-Ganzes-Strukturen beispielsweise allgemein in kontextunabhängiger bedeutungsbezogener Denksprache explizieren. Dies gibt Hinweise
darauf, dass das Systematisieren und Verdichten unterschiedlicher allgemeiner
Anteilstypen (Teil von Teil, Teil mit 1 Merkmal vom Ganzen, Teil mit 2
Merkmalen vom Ganzen) zu Situationstypen (Teil-vom-Teil-Aussage, Teil-vom-
Gesamten-Aussage mit 1 oder 2 Merkmalen bzw. einfache und kombinierte
Aussage) und die Explikation dieser in kontextunabhängiger bedeutungsbezogener Denksprache mit Angebot entsprechender Sprachmittel Lernende dabei
unterstützen können, die Strukturen in Wahrscheinlichkeitsaussagen erfolgreich
zu identifizieren und zu unterscheiden. Auch Studien zu anderen Lerngegenständen (z. B. Alfieri et al. 2013; Sun 2011; Zindel 2019) betonen den Mehrwert
bewusster Variationen und den Vergleich von Konzepten, Formulierungen oder

Aufgabenstrukturen, um für Unterschiede sensibilisiert zu werden. Dies wurde für die Anteils- und Situationstypen hier konkretisiert.

Zusammenhänge zwischen epistemischen und semiotischen Aktivitäten
Die Rekonstruktion gemeinsamer Lernwege als auch typischer Praktiken in Kapitel 7 und 8 ermöglichte, den Zusammenhang epistemischer und semiotischer Aktivitäten genauer zu untersuchen (Forschungsfrage 1), womit die Arbeit einen theoretischen Beitrag zur gegenstandsspezifischen Ausschärfung dieser Prozesse leisten kann, der über die Bestätigung existierender Befunde zu anderen Lerngegenständen hinausgeht.

Unter den verschiedenen Verknüpfungsaktivitäten charakterisieren Uribe und Prediger (2021) das *Vernetzen* wie folgt: „[…] an explicit verbalization of *how* the elements are connected" (S. 8). Vernetzen wird demnach charakterisiert als Erklären, wie die Darstellungen zusammenhängen, d. h., wie die relevanten Verstehenselemente des mathematischen Konzepts in den Darstellungen in Beziehung stehen (Abschnitt 2.3.2). Hierbei werden die strukturell relevanten Verstehenselemente und Zusammenhänge adressiert. Diese empirisch begründete Charakterisierung deutet bereits darauf hin, dass das Vernetzen der Darstellungen eng mit der Explikation einzelner Verstehenselemente zusammenhängen könnte, sie wurden jedoch noch nicht als Auffalten genauer beschrieben.

Gegenstandsspezifische Analysen der rekonstruierten Navigationspfade zum Lerngegenstand bedingter Wahrscheinlichkeiten im Rahmen dieser Arbeit verdeutlichen nun in explizierter Form, dass zur Verknüpfung von Darstellungen über die Ebene des verdichteten Verstehenselements hinaus (z. B. ganzheitliche, aber unbegründete Übersetzung der Aussage ins Anteilsbild) feinere Verstehenselemente adressiert und dafür Darstellungen über unterschiedliche semiotische Aktivitäten verknüpft werden.

So werden in jeder der rekonstruierten typischen Praktiken in Abbildung 9.2 (ausgehend z. B. vom Anteil) bestimmte feinere Verstehenselemente adressiert. Die Praktiken unterscheiden sich darin, welche Verstehenselemente jeweils adressiert werden und über welche semiotischen Aktivitäten Darstellungen für diese verknüpft werden. Diese Beobachtungen deuten darauf hin, dass semiotische Aktivitäten mit epistemischen Aktivitäten eng verwoben sind.

Für das Vernetzen (Praktik *Erklären der Verknüpfung für Teil-Ganzes-Beziehung* in Abbildung 9.2) wird die Teil-Ganzes-Beziehung adressiert. Für die Teil-Ganzes-Beziehung wird erklärt, wie die darin enthaltenen Verstehenselemente in den Darstellungen in Beziehung stehen. Wie in Transkript 7.4 (Abschnitt 7.2) dargestellt, setzt Herr Mayer dies beispielsweise um, indem für den Teil und das Ganze die korrespondierenden Verstehenselemente in

den Darstellungen bewusst zugeordnet werden. Über Sprachmittel wie „davon"
wird die Beziehung dieser ausgedrückt. Darstellungsvernetzung erfordert für
den Lerngegenstand bedingter Wahrscheinlichkeiten damit das Auffalten in die
Teil-Ganzes-Beziehung.

Die für die Entwicklung konzeptuellen Verständnisses relevanten Aktivitäten
wie Verknüpfen, Auffalten und Verdichten (Drollinger-Vetter 2011) werden dabei
im Navigationsraum als Bewegungen bzw. Übergänge zwischen feineren und stärker verdichteten Verstehenselementen beschrieben: Auffalten des Anteils bedeutet
demnach das Adressieren der Teil-Ganzes-Beziehungen sowie der separaten Verstehenselemente Teil und Ganzes. Damit werden die ursprünglichen Beziehungen
und Verstehenselemente rekonstruiert (Drollinger-Vetter 2011). Verknüpfen bzw.
Verdichten ist der Übergang von den separaten Verstehenselementen Teil und
Ganzes zur Teil-Ganzes-Beziehung sowie zum Anteil im Sinne komplexerer
Verstehenselemente bzw. „Konzentrate" (Aebli 1994, S. 104).

Damit wurde im Zuge dieses Promotionsprozesses (Post & Prediger 2024b)
erstmals die semiotische Aktivität des Vernetzens von Darstellungen konsequent mit den epistemischen Aktivitäten des Auffaltens und Verdichtens von
Verstehenselementen in einen theoretischen und empirisch begründeten Zusammenhang gesetzt, den weitere Arbeiten der Arbeitsgruppe bereits aufgegriffen
haben (Goldschmidt & Prediger 2023; Zentgraf & Prediger 2024).

*Rekonstruktion typischer Praktiken von Lehrkräften zur Darstellungsverknüpfung
und -vernetzung*
Ein zentrales Forschungsprodukt dieser Entwicklungsforschungsstudie ist die
Rekonstruktion typischer Praktiken von Lehrkräften zur Darstellungsverknüpfung
und insbesondere zur verstehensförderlichsten Praktik des Darstellungsvernetzens
in gemeinsamen Plenumsgesprächen (Forschungsfrage 2, Kapitel 7). Damit wird
für den spezifischen Bereich des Umgangs von Lehrkräften mit Darstellungen
(dessen Forschungsbedarf z. B. Dreher & Kuntze 2015b unterstrichen haben) zur
Dekomposition von Praktiken beigetragen, die darauf abzielt, Praktiken in ihrem
Kern zu verstehen, zu beschreiben und gezielt in der Lehrkräftebildung einzubinden (Grossman, Compton et al. 2009). Abbildung 9.2 zeigt die rekonstruierten
typischen Praktiken von Lehrkräften.

Praktiken werden damit in Anlehnung an Prediger, Quabeck et al. (2022)
als Navigationspfade auf einem gegenstandsspezifischen Navigationsraum konzeptualisiert (Abschnitt 3.2). Sie werden damit als typische, wiederkehrende,
situative Steuerungsmuster von Lehrkräften charakterisiert und als ko-konstruiert
im gemeinsamen Unterrichtsgespräch betrachtet. Praktiken werden in Sinneinheiten als Analyseeinheiten mittlerer Größe (Schwarz et al. 2021) erfasst und

über Pfade im Navigationsraum beschrieben. Durch die Bindung an den Lerngegenstand bedingter Wahrscheinlichkeiten werden sie gegenstandsspezifisch
erfasst, die Abstraktion im Navigationsraum erlaubt jedoch die Vorbereitung zum
Transfer des Analysevorgehens auf weitere Lerngegenstände, zum Beispiel funktionale Zusammenhänge (Zentgraf & Prediger 2024) oder die Volumenformel
(Ademmer & Prediger eingereicht).

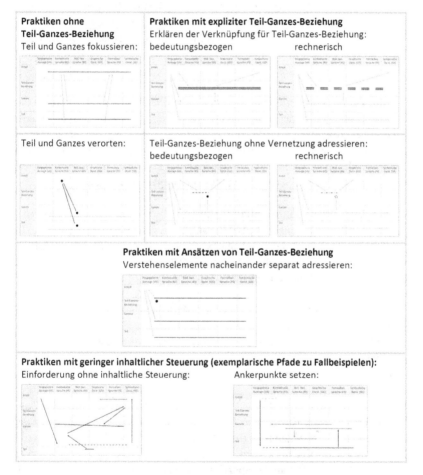

Abb. 9.2 Überblick über die rekonstruierten typischen Praktiken von Lehrkräften

Damit wird ein theoretischer Beitrag zur Analyse unterrichtlichen Handelns von Lehrkräften im Umgang mit Darstellungen geleistet und der bisherige Forschungsstand (Abschnitt 3.3.2) erweitert, indem typische, wiederholt rekonstruierte unterrichtliche Praktiken von Lehrkräften in Plenumsgesprächen gegenstandsspezifisch und in der Interaktion verortet beschrieben wurden.

Auf methodischer Ebene stellt der zusätzliche Fokus auf unterrichtliche Praktiken von Lehrkräften sowie auf die Optimierung des Unterrichtsmaterials in Hinblick auf die Umsetzung durch Lehrkräfte (Burkhardt 2006) eine Erweiterung des Forschungsformats der Fachdidaktischen Entwicklungsforschung im Dortmunder Modell mit bisheriger Fokussierung auf Lernprozesse (Gravemeijer & Cobb 2006) dar.

Präskriptive Identifikation produktiver Praktiken
Mit dem Ziel Praktiken zu identifizieren, die den Verständnisaufbau fördern und mögliche weitere Kriterien erfüllen, werden aus einer präskriptiv-evaluierenden Perspektive normative Aspekte zur Evaluierung von Praktiken herangezogen (Abschnitt 3.2.2; z. B. Ball & Forzani 2009; Grossman, Hammerness et al. 2009).

Zur präskriptiven Identifikation produktiver Praktiken im Rahmen dieser Arbeit wird auf die Spezifizierung des Lerngegenstandes aus epistemischer und semiotischer Perspektive (Kapitel 2) zurückgegriffen. Als produktiv werden diejenigen Praktiken bewertet, die Verständnis fördern und zur Vernetzung von Darstellungen für die jeweils relevanten Verstehenselemente anregen. Im Detail wurde Verstehensförderlichkeit empirisch begründet über folgende Aspekte gefasst (Abschnitt 3.2.3 nach Franke et al. 2007; Korntreff & Prediger 2022; Renkl et al. 2013; Uribe & Prediger 2021):

• Adressieren, Verknüpfen, Auffalten und Verdichten relevanter Verstehenselemente
• Erklären der Zusammenhänge zwischen relevanten Darstellungen für die konzeptuell relevanten Verstehenselemente
• Beteiligung der Lernende an den Aushandlungsprozessen

Durch die detaillierte Analyse und die systematische Kontrastierung von Praktiken zwischen sechs Kursen und longitudinal über mehrere Aufgaben hinweg können die rekonstruierten Praktiken (Kapitel 7) in der Zusammenschau der Kapitel 6–8 wie folgt bzgl. ihrer potenziellen Verstehensförderlichkeit bewertet werden: In Anschluss an die Spezifizierung konzeptueller Anforderungen und Ressourcen (Kapitel 6) sowie die empirische Rekonstruktion gemeinsamer Lernwege (Kapitel 8) können hinsichtlich der adressierten Verstehenselemente und epistemischen Aktivitäten (Abschnitt 3.2.3) diejenigen Praktiken als produktiv eingeschätzt werden, in welchen die Teil-Ganzes-Beziehung als Verstehenselement adressiert wird. Hierzu zählen die Praktiken *Erklären der Verknüpfung für Teil-Ganzes-Beziehung* sowie *Teil-Ganzes-Beziehung ohne Vernetzung* adressieren. Diese Praktiken zeichnet zudem aus, dass der Teil und das Ganze epistemisch verknüpft werden (entweder durch das Vernetzen für die Teil-Ganzes-Beziehung oder durch Formulieren der Teil-Ganzes-Beziehung im Anschluss an die zuvor adressierten Verstehenselemente Teil und Ganzes). In der Praktik *Verstehenselemente nacheinander separat adressieren* kann die Teil-Ganzes-Beziehung ebenfalls adressiert werden, allerdings wird diese als separates Verstehenselement aufgegriffen, ohne epistemisch verknüpft zu werden. Die Praktiken *Teil und Ganzes fokussieren* sowie *Teil und Ganzes verorten* zeichnen unter Umständen ebenfalls Aktivitäten des Auffaltens und Verdichtens aus, allerdings wird hierbei die Teil-Ganzes-Beziehung nicht adressiert.

Entwicklung konzeptuellen Verständnisses kann durch die vielfältigen Verknüpfungsaktivitäten von Darstellungen unterstützt werden (Duval 2006), wobei Studien gerade auf die Relevanz des Vernetzens von Darstellungen verweisen (Uribe & Prediger 2021). Das Vernetzen in Bezug auf die relevanten Verstehenselemente, d. h. die Teil-Ganzes-Beziehung, ist lediglich Teil der Praktik *Erklären der Verknüpfung für Teil-Ganzes-Beziehung*. Unter Betrachtung der semiotischen Aktivitäten und der existierenden Forschung zu Lernprozessen (Renkl et al. 2013; Uribe & Prediger 2021) lassen sich diese Ergebnisse somit klar auf die Ebene der Lehrprozesse übertragen und theoretische und substantielle empirische Belege dafür bereitstellen, dass diese Praktik am produktivsten einzuschätzen ist.

Produktive Lerngelegenheiten zeichnen sich zudem über Beteiligung der Lernenden an den Unterrichtsprozessen aus (Abschnitt 3.2.3). Während die Praktiken *Einfordern ohne inhaltliche Steuerung* und *Ankerpunkte setzen* hinsichtlich der inhaltlichen Aspekte nicht eingeschätzt werden können, zeichnen sich diese durch eine hohe eigenverantwortliche Beteiligung der Lernenden aus. Insbesondere in der Praktik *Ankerpunkte setzen* können die Lernenden abhängig von der Ausrichtung der Impulse zur gemeinsamen Diskussion, Reflexion und Darstellungsvernetzung angeleitet werden, sodass unter diesen Umständen die Praktik als produktiv eingeschätzt werden kann. Neben der Charakterisierung der Praktiken über die epistemischen und semiotischen Aktivitäten, d. h. charakteristische Navigationsbewegungen, erweist sich somit die Beteiligung der Lernenden an der Interaktion als wesentliches Merkmal, das in anderen Arbeiten ausführlicher analysiert wurde (Erath 2017; Walshaw & Anthony 2008). Im Kontext dieser Arbeit werden, die bestehenden Forschungsergebnisse zur Bedeutung der Beteiligung an epistemisch substantiellen Aktivitäten aufgreifend, diejenigen Praktiken als produktiv charakterisiert, in denen Lernende möglichst an den Prozessen beteiligt werden. Insbesondere trifft dies auf Interaktionen in geteilter Verantwortung zu. Auch das gemeinsame Erklären der Verknüpfung für die Teil-Ganzes-Beziehung über viele kleine, stark anleitende Impulse könnte ermöglichen, dass gemeinsam eine Erklärung der Verknüpfung etabliert wird.

Insgesamt scheinen aus dieser präskriptiven Einschätzung diejenigen Praktiken produktiv, d. h. potenziell verstehensförderlich, in denen Lernende angeleitet werden, die Teil-Ganzes-Beziehung zu adressieren, Darstellungen zu vernetzen und in denen Lernende möglichst an den Prozessen beteiligt werden. Damit scheinen insbesondere *Erklären der Verknüpfung für Teil-Ganzes-Beziehung* beispielsweise mit Interaktionen in geteilter Verantwortung oder gemeinsam etablierten Erklärungen sowie, abhängig von den Beiträgen der Lernenden und der Ausrichtung der Impulse, *Ankerpunkte setzen* produktive Praktiken zur Etablierung von Darstellungsvernetzung und Verständnisaufbau darzustellen.

Zusammenfassung
Abschließend werden die Entwicklungs- und Forschungsprodukte der vorliegenden Entwicklungsforschungsstudie zusammengefasst.

Entwicklungsprodukte:

• Navigationsraum zur Spezifizierung von konzeptuellen und sprachlichen Anforderungen und Ressourcen zur Darstellungsverknüpfung
• Ausdifferenzierung von Designelementen zum Designprinzip *Darstellungs- und Sprachebenenvernetzung*, auch in Hinblick auf mögliche Unterstützungspotenziale des Unterrichtsmaterials in der Umsetzung durch Lehrkräfte
• Lehr-Lern-Arrangement zur Förderung konzeptuellen Verständnisses zu bedingten Wahrscheinlichkeiten

Forschungsprodukte:

• lokale Theorien zu gemeinsamen Lernwegen einer Klassengemeinschaft in Hinblick auf epistemische und semiotische Aktivitäten
• Analyseinstrument zur Analyse von Lehr-Lern-Prozessen aus epistemischer und semiotischer Perspektive
• lokale Theorien zu Zusammenhängen zwischen epistemischen und semiotischen Verknüpfungsaktivitäten

- Rekonstruktion typischer Praktiken von Lehrkräften zur Darstellungsverknüpfung mit präskriptiver Identifikation produktiver Praktiken

Methodische Beiträge:

- Erweiterung des Forschungsformats der Fachdidaktischen Entwicklungsforschung um Fokus auf Praktiken und Optimierung des Lehr-Lern-Arrangements in Hinblick auf die Umsetzung durch Lehrkräfte

9.2 Implikationen für die Unterrichtspraxis sowie Aus- und Fortbildung von Lehrkräften

Im Anschluss an die Zusammenfassung und Diskussion der Ergebnisse der vorliegenden Arbeit werden mögliche Implikationen für die Unterrichtspraxis sowie für die Aus- und Fortbildung von Lehrkräften dargestellt.

Multiple Darstellungen sind zentraler Bestandteil des Mathematikunterrichts in zahlreichen Lehrplänen und Handreichungen (z. B. KMK 2022). Qualitative Lernprozessstudien weisen dabei gerade auf das Vernetzen von Darstellungen hin, um die Entwicklung konzeptuellen Verständnisses und die Konstruktion von Bedeutungen zu unterstützen (Ademmer & Prediger eingereicht; Uribe & Prediger 2021). Mit der vorliegenden Arbeit konnte für den Lerngegenstand bedingte Wahrscheinlichkeiten Darstellungsvernetzung gegenstandsspezifisch genauer spezifiziert und die Rolle für die Entwicklung konzeptuellen Verständnisses zu bedingten Wahrscheinlichkeiten untersucht werden.

Hinsichtlich möglicher Implikationen für die Unterrichtspraxis weist diese Arbeit erneut auf den Mehrwert hin, in der Unterrichtspraxis über wenige elaborierte semiotische Verknüpfungen (z. B. Übersetzen ohne Erläuterung) hinaus gerade das Vernetzen zu fördern, um Lernprozesse zu unterstützen. Detailliertere Untersuchungen zur Darstellungsvernetzung und anderen Verknüpfungsaktivitäten zeigen dabei auf, dass es auch darauf ankommt, die für das mathematische Konzept relevanten Verstehenselemente zu adressieren.

Für die konkrete Unterrichtsgestaltung könnten die erprobten und theoretisch begründeten Designelemente zur Darstellungsvernetzung sowie das entwickelte Lehr-Lern-Arrangement zu bedingten Wahrscheinlichkeiten in der Unterrichtsgestaltung genutzt und ggf. auch hinsichtlich der Übertragbarkeit auf andere mathematische Konzepte geprüft werden. Das Unterrichtsmaterial schließt an vielfach untersuchte Hürden beim Verständnis bedingter Wahrscheinlichkeiten (z. B. Verwechslung bedingter Wahrscheinlichkeit mit der kombinierten und

inversen Wahrscheinlichkeit in Gigerenzer & Hoffrage 1995; Hürden beim
Dekodieren von Aussagen in Watson & Moritz 2002) an und bietet Ansätze,
inhaltliche Ideen zu bedingten Wahrscheinlichkeiten verstehensorientiert aufzubauen. Der Rückgriff auf die Explikation von Teil-Ganzes-Strukturen als
inhaltlicher Zugriff zu bedingten Wahrscheinlichkeiten ermöglicht, an vorherige
Inhalte des Curriculums anzuknüpfen.

Die Rekonstruktion von Gesprächsführungspraktiken stellt zudem einen lokalen, aber gegenstandsübergreifend relevanten Beitrag dazu dar, wie die konkrete
Umsetzung von Darstellungsvernetzung gelingen kann. Die rekonstruierten Praktiken als auch die Analysen zum Unterstützungspotenzial in der Umsetzung durch
Lehrkräfte zeigen eine gewisse Breite und Heterogenität auf, wie unterschiedlich
die konkreten Lerngelegenheiten ausgestaltet werden können. So unterscheiden
sich die gemeinsamen Lernwege darin, welche Verstehenselemente Lehrkräfte
adressieren, aber auch in welchem Explikationsgrad Beziehungen zwischen Darstellungen etabliert werden. Untersuchungen zur Umsetzung des Materials zeigen,
dass das Handeln zwar durchaus unterstützt werden kann, aber Lehrkräfte in
der Umsetzung unterschiedliche Schwerpunkte setzen und daher die konkrete
Ausgestaltung von Lerngelegenheiten über das Unterrichtsmaterial nur begrenzt
gesteuert werden kann. Daher ist Aus- und Fortbildung entscheidend.

In Zukunft sollten konsequenter Beispiele aus Unterrichtsgesprächen in gegenstandsbezogene Aus- und Fortbildungsmodule eingebunden werden. Erste praktische Versuche (z. B. Post et al. 2024) deuten darauf hin, dass sie dazu beitragen
können, (angehende) Lehrkräfte zu sensibilisieren, was produktive Praktiken auszeichnet und auf welche Impulse, Verstehenselemente als auch Darstellungen
sowie Verknüpfungen es ankommt. Damit könnten die Ergebnisse möglicherweise
auch die Reflexion des eigenen unterrichtlichen Handelns unterstützen. Gegenstandsbezogen sollte dies mit Aus- und Fortbildungselementen, die Lehrkräfte für
die Relevanz von Darstellungen und Darstellungsvernetzung für den jeweiligen
Lerngegenstand sensibilisieren, flankiert werden, denn dies erscheint notwendig,
um die rekonstruierten Praktiken zu erlernen. Damit könnte der auch andernorts
festgestellte Bedarf nach Professionalisierungsgelegenheiten (Dreher & Kuntze
2015b) zu Darstellungsverknüpfung und zur Gesprächsführung integriert bearbeitet werden. Um solche Aus- und Fortbildungsmodule treffsicher auszugestalten,
sollte vertiefend untersucht werden, wie entsprechende Professionalisierungsangebote in Bezug auf Etablierung von Praktiken gestaltet und Lehrkräfte in der
professionellen Weiterentwicklung unterstützt werden könnten.

9.3 Grenzen und Anschlussfragen

In diesem Abschnitt werden Grenzen der vorliegenden Entwicklungsforschungsstudie sowie mögliche Anschlussfragen aufgezeigt.

Aufgrund des umfangreichen Analyseverfahrens als auch der beschränkten Kapazitäten des Dissertationsprojektes ist eine Grenze, dass nur eine begrenzte Anzahl an Datenmaterial in der Tiefe qualitativ untersucht werden konnte. Die Datenanalyse im Rahmen des gesamten Dissertationsprojektes zu Praktiken und gemeinsamen Lernwegen wurde auf die Plenumsgespräche von sieben Kursen für ausgewählte Aufgaben beschränkt. In der vorliegenden Arbeit wurden jeweils nur Auszüge mit einer Zusammenfassung von Ergebnissen zu weiteren Kursen im Überblick dargestellt. Diese Grenze gilt für jede Studie und ist nur durch variierende Anschlussstudien über mehrere Projekte auszuweiten. Nachfolgeprojekte könnten dabei auch andere Darstellungen einbeziehen (für einen Überblick siehe z. B. Binder et al. 2015; Khan et al. 2015) und den Übergang zur Wahrscheinlichkeit auch im Hinblick auf das Gesetz der großen Zahlen (siehe hierzu z. B. Büchter & Henn 2007; Eichler & Vogel 2013) intensiver beleuchten.

Das entwickelte Lehr-Lern-Arrangement wurde im Klassensetting erprobt und der Unterricht videographiert. Videomaterial zum Klassenunterricht sowie die Fokussierung auf gemeinsame Lernwege einer Klassengemeinschaft im empirischen Teil der Arbeit erlauben jedoch nur eine eingeschränkte Einsicht in die individuellen Lern- und Denkprozesse der einzelnen Lernenden. Damit kann beispielsweise der Einfluss bestimmter Handlungen oder rekonstruierter Praktiken der Lehrkraft auf den individuellen Lernfortschritt der Lernenden nur bedingt untersucht werden und somit Rückschlüsse immer nur auf potenzielle Verstehensförderlichkeit, aber nicht tatsächlich realisierte Verstehensförderlichkeit gezogen werden. Auch rekonstruierte Lernwege, die sich auf die Entwicklung der konzeptuellen Ideen der ganzen Klassengemeinschaft beziehen, können nur eingeschränkt in Zusammenhang mit individuellem Lernzuwachs verknüpft werden.

Zudem fehlen auf der Ebene von Lernenden empirische Nachweise der Lernwirksamkeit des Lehr-Lern-Arrangements, die durch eine Interventionsstudie im Prä-Post-Kontrollgruppen-Design erbracht werden könnten. Mit einer gekürzten Lernumgebung wurde zumindest für $n = 288$ Lehramtsstudierende des Grund-, Haupt- und Realschullehramts ein solcher Wirksamkeitsnachweis im Prä-Post-Design bereits erbracht, von denen viele vor Bearbeitung der Lernumgebung ähnliche Schwierigkeiten zeigten, wie die Forschung belegt (Korntreff et al. eingereicht). Diese erbrachte Evidenz ist auch für die Unterrichtsebene ermutigend, deren quantitative Beforschung noch aussteht.

Ähnliches gilt mit Blick auf die Lehrprozesse: Insbesondere im Hinblick auf die Weiterentwicklung des Unterrichtsmaterials in den Zyklen hinsichtlich des Unterstützungspotenzials, damit größere Gruppen mit dem Material gut unterrichten können, sollte die Umsetzung in einer für die Zielgruppe repräsentativen Gruppe erprobt werden (Burkhardt 2006). Die für die Studie ausgewählten Lehrkräfte unterscheiden sich unter anderem im Erfahrungsgrad, Schulform oder Einzugsgebiet der Schule. Aufgrund der geringen Anzahl an Lehrkräften, Vorauswahl und möglichen Vorwissen zum sprachbildenden Mathematikunterricht ergibt sich auch eine Grenze hinsichtlich der Repräsentativität der ausgewählten Lehrkräfte. In Anschlussstudien sollte daher das Datenkorpus erweitert und die Umsetzung des Materials anhand einer größeren, für die Zielgruppe repräsentativen Gruppe an Lehrkräften erprobt werden, um zu untersuchen, wie das Material für die Nutzung größerer Gruppen angepasst werden müsste.

Im Hinblick auf die Rekonstruktion typischer Praktiken von Lehrkräften können diese nur in Bezug auf das analysierte Datenkorpus als „wiederholt rekonstruiert" und „typisch" bezeichnet werden. Dieses Datenkorpus ist unter anderem auf bestimmte Aufgaben und mathematische Inhalte, aber auch auf die in den Kursen etablierten soziokulturellen Normen oder Unterrichtskulturen beschränkt, sodass die Ergebnisse zu Praktiken nicht verallgemeinerbar sind. In einer Anschlussstudie könnte das Datenkorpus beispielsweise hinsichtlich der mathematischen Inhalte und Materialien, kulturellen Kontexte und Größe erweitert werden, um weitere Erkenntnisse zu typischen Praktiken, aber auch Gemeinsamkeiten und Unterschiede zu erhalten. Die präskriptive Evaluation produktiver Praktiken könnte zudem erweitert werden, indem über die Möglichkeiten dieser Entwicklungsforschungsstudie hinaus empirisch der Zusammenhang zu Lehr-Lern-Prozessen von Lernenden genauer erfasst und untersucht wird, zum Beispiel in Formaten der Unterrichtsqualitätsforschung, die die Moderationen der Lehrkräfte zu den Lernzuwächsen in Beziehung setzen (Neugebauer & Prediger 2023).

Zur Erfassung von Praktiken ist in dieser Arbeit eine bestimmte Konzeptualisierung von Praktiken gewählt worden. Hierbei existiert eine Breite an unterschiedlichen theoretischen Hintergründen, wie Praktiken beispielsweise aus kognitionspsychologischer, interaktionistischer oder soziokultureller Perspektive konzeptualisiert werden (da Ponte & Chapman 2006), auch beispielsweise hinsichtlich der Analyseeinheit oder des Bezugs auf einen bestimmten Lerngegenstand. In Anschlussstudien könnte vergleichend untersucht werden, inwiefern verschiedene Konzeptualisierungen zu unterschiedlichen Ergebnissen führen.

Aufgrund des interventionistischen Charakters der Studie durch die Vorgabe und die Weiterentwicklung des Materials entlang der Designexperiment-Zyklen können ebenfalls keine verallgemeinerbaren Aussagen zu Unterrichtsprozessen und Handeln von Lehrkräften im regulären Unterricht getroffen werden. Eine Anschlussfrage an zukünftige Studien ist, welche Praktiken von Lehrkräften im regulären unbeeinflussten Unterricht rekonstruiert werden können. Studien zu Wissen, Orientierungen und Wahrnehmung von Lehrkräften zu Darstellungen und Darstellungsverknüpfung fordern, Lehrkräfte für die vielseitige Relevanz von Darstellungen zu sensibilisieren und konsequentere Professionalisierungsgelegenheiten anzubieten (Dreher & Kuntze 2015b; Stylianou 2010). In Anschlussstudien sollte beispielsweise in einer Entwicklungsforschungsstudie auf Ebene der Aus- und Fortbildung von Lehrkräften erforscht werden, wie Lehrkräfte in der sowohl kurz- als auch langfristigen Etablierung und Einbettung von produktiven Praktiken im regulären Unterricht unterstützt und für die Relevanz von Darstellungen für Lernprozesse sensibilisiert werden könnten.

Ergebnisse zum Zusammenhang semiotischer und epistemischer Aktivitäten sind zudem auf ein bestimmtes Unterrichtsmaterial und den Lerngegenstand bedingter Wahrscheinlichkeiten beschränkt, sodass die Übertragbarkeit auf andere Lerngegenstände erst zu untersuchen wäre. Eine Anschlussfrage hierbei ist, wie epistemische und semiotische Aktivitäten und deren Zusammenhang zu anderen mathematischen Inhalten beschrieben werden können und inwiefern die in dieser Arbeit beschriebenen Aktivitäten und Zusammenhänge übertragbar sind.

Literaturverzeichnis

Acevedo Nistal, A., van Dooren, W., Clarebout, G., Elen, J. & Verschaffel, L. (2009). Conceptualising, investigating and stimulating representational flexibility in mathematical problem solving and learning: A critical review. *ZDM – Mathematics Education, 41*(5), 627–636. https://doi.org/10.1007/s11858-009-0189-1

Ademmer, C. & Prediger, S. (eingereicht). How to connect ideas afterwards? Decomposing teachers' facilitation practices for conceptual learning opportunities. Eingereichtes Manuskript.

Adu-Gyamfi, K., Stiff, L. V. & Bossé, M. J. (2012). Lost in translation: Examining translation errors associated with mathematical representations. *School Science and Mathematics, 112*(3), 159–170. https://doi.org/10.1111/j.1949-8594.2011.00129.x

Aebli, H. (1994). *Denken: Das Ordnen des Tuns: Band II: Denkprozesse* (2. Aufl., Bd. 2). Klett-Cotta.

Ainsworth, S. (1999). The functions of multiple representations. *Computers & Education, 33*(2–3), 131–152. https://doi.org/10.1016/S0360-1315(99)00029-9

Ainsworth, S. (2006). DeFT: A conceptual framework for considering learning with multiple representations. *Learning and Instruction, 16*(3), 183–198. https://doi.org/10.1016/j.learninstruc.2006.03.001

Ainsworth, S., Bibby, P. & Wood, D. (2002). Examining the effects of different multiple representational systems in learning primary mathematics. *The Journal of the Learning Sciences, 11*(1), 25–61. https://doi.org/10.1207/S15327809JLS1101_2

Alfieri, L., Nokes-Malach, T. J. & Schunn, C. D. (2013). Learning through case comparisons: A meta-analytic review. *Educational Psychologist, 48*(2), 87–113. https://doi.org/10.1080/00461520.2013.775712

Álvarez-Arroyo, R., Lavela, J., Gea, M. & Batanero, C. (2022). High school students' probabilistic reasoning when interpreting media news. In S. A. Peters, L. Zapata-Cardona, F. Bonafini & A. Fan (Hrsg.), *Bridging the gap: Empowering and educating today's learners in statistics. Proceedings of the 11th International Conference on Teaching Statistics.* International Association for Statistical Education. https://doi.org/10.52041/iase.icots11.T6E1

Anderson, T. & Shattuck, J. (2012). Design-based research: A decade of progress in education research? *Educational Researcher*, *41*(1), 16–25. https://doi.org/10.3102/0013189X11428813

Ashby, D. (2006). Bayesian statistics in medicine: A 25 year review. *Statistics in Medicine*, *25*(21), 3589–3631. https://doi.org/10.1002/sim.2672

Askew, M. (2019). Mediating primary mathematics: Measuring the extent of teaching for connections and generality in the context of whole number arithmetic. *ZDM – Mathematics Education*, *51*(1), 213–226. https://doi.org/10.1007/s11858-018-1010-9

Ayal, S. & Beyth-Marom, R. (2014). The effects of mental steps and compatibility on Bayesian reasoning. *Judgment and Decision Making*, *9*(3), 226–242. https://doi.org/10.1017/S1930297500005775

Bakker, A. (Hrsg.). (2018). *Design research in education: A practical guide for early career researchers*. Routledge. https://doi.org/10.4324/9780203701010

Ball, D. L. & Forzani, F. M. (2009). The work of teaching and the challenge for teacher education. *Journal of Teacher Education*, *60*(5), 497–511. https://doi.org/10.1177/0022487109348479

Ball, D. L., Sleep, L., Boerst, T. A. & Bass, H. (2009). Combining the development of practice and the practice of development in teacher education. *The Elementary School Journal*, *109*(5), 458–474. https://doi.org/10.1086/596996

Barbey, A. K. & Sloman, S. A. (2007). Base-rate respect: From ecological rationality to dual processes. *Behavioral and Brain Sciences*, *30*(3), 241–297. https://doi.org/10.1017/S0140525X07001653

Bar-Hillel, M. (1980). The base-rate fallacy in probability judgments. *Acta Psychologica*, *44*(3), 211–233. https://doi.org/10.1016/0001-6918(80)90046-3

Barton, A., Mousavi, S. & Stevens, J. R. (2007). A statistical taxonomy and another "chance" for natural frequencies. *Behavioral and Brain Sciences*, *30*(3), 255–256. https://doi.org/10.1017/S0140525X07001665

Barwell, R. (2009). Multilingualism in mathematics classrooms: An introductory discussion. In R. Barwell (Hrsg.), *Multilingualism in mathematics classrooms: Global perspectives* (S. 1–13). Multilingual Matters.

Bass, H. & Ball, D. L. (2004). A practice-based theory of mathematical knowledge for teaching. In W. Jianpan & X. Binyan (Hrsg.), *Trends and challenges in mathematics education* (S. 107–123). East China Normal University Press.

Batanero, C. & Álvarez-Arroyo, R. (2024). Teaching and learning of probability. *ZDM – Mathematics Education*, *56*(1), 5–17. https://doi.org/10.1007/s11858-023-01511-5

Bea, W. (1995). *Stochastisches Denken: Analysen aus kognitionspsychologischer und didaktischer Perspektive*. Peter Lang.

Bea, W. & Scholz, R. W. (1995). Graphische Modelle bedingter Wahrscheinlichkeiten im empirisch-didaktischen Vergleich. *Journal für Mathematik-Didaktik*, *16*(3–4), 299–327. https://doi.org/10.1007/BF03338820

Berg, C. V. (2013). Enhancing mathematics student teachers' content knowledge: Conversion between semiotic representations. In B. Ubuz, Ç. Haser & M. A. Mariotti (Hrsg.), *Proceedings of the eight Congress of the European Society for Research in Mathematics Education* (S. 2946–2955). Middle East Technical University, Ankara.

Berthold, K. & Renkl, A. (2009). Instructional aids to support a conceptual understanding of multiple representations. *Journal of Educational Psychology*, *101*(1), 70–87. https://doi.org/10.1037/a0013247

Bicker, U. (2020). Negativer Test – bin ich gesund? Corona-Testergebnisse analysieren und interpretieren. *Mathematik 5–10*, *53*, 26–27.

Binder, K., Krauss, S. & Bruckmaier, G. (2015). Effects of visualizing statistical information – an empirical study on tree diagrams and 2 × 2 tables. *Frontiers in Psychology*, *6*, Artikel 1186. https://doi.org/10.3389/fpsyg.2015.01186

Binder, K., Krauss, S. & Wiesner, P. (2020). A new visualization for probabilistic situations containing two binary events: The frequency net. *Frontiers in Psychology*, *11*, Artikel 750. https://doi.org/10.3389/fpsyg.2020.00750

Binder, K., Steib, N. & Krauss, S. (2023). Von Baumdiagrammen über Doppelbäume zu Häufigkeitsnetzen – kognitive Überlastung oder didaktische Unterstützung? *Journal für Mathematik-Didaktik*, *44*(2), 471–503. https://doi.org/10.1007/s13138-022-00215-9

Böcherer-Linder, K. & Eichler, A. (2017). The impact of visualizing nested sets. An empirical study on tree diagrams and unit squares. *Frontiers in Psychology*, *7*, Artikel 2026. https://doi.org/10.3389/fpsyg.2016.02026

Böcherer-Linder, K. & Eichler, A. (2019). How to improve performance in Bayesian inference tasks: A comparison of five visualizations. *Frontiers in Psychology*, *10*, Artikel 267. https://doi.org/10.3389/fpsyg.2019.00267

Bossé, M. J., Adu-Gyamfi, K. & Cheetham, M. (2011). Translations among mathematical representations: Teacher beliefs and practices. *International Journal for Mathematics Teaching & Learning*.

Bossé, M. J., Bayaga, A., Fountain, C. & Slate Young, E. (2019). Mathematical representational code switching. *International Journal for Mathematics Teaching & Learning*, *20*(1), 33–61. https://doi.org/10.4256/ijmtl.v20i1.141

Brase, G. L. & Hill, W. T. (2015). Good fences make for good neighbors but bad science: A review of what improves Bayesian reasoning and why. *Frontiers in Psychology*, *6*, Artikel 340. https://doi.org/10.3389/fpsyg.2015.00340

Breidenstein, G. (2009). Allgemeine Didaktik und praxeologische Unterrichtsforschung. In M. A. Meyer, M. Prenzel & S. Hellekamps (Hrsg.), *Perspektiven der Didaktik* (S. 201–215). VS Verlag für Sozialwissenschaften. https://doi.org/10.1007/978-3-531-91775-7_14

Bromme, R. (1992). *Der Lehrer als Experte: Zur Psychologie des professionellen Wissens*. Huber.

Bruckmaier, G., Binder, K., Krauss, S. & Kufner, H.-M. (2019). An eye-tracking study of statistical reasoning with tree diagrams and 2 × 2 tables. *Frontiers in Psychology*, *10*, Artikel 632. https://doi.org/10.3389/fpsyg.2019.00632

Bruner, J. S. (1966). *Toward a theory of instruction*. Harvard University Press.

Büchter, A. & Henn, H.-W. (2007). *Elementare Stochastik: Eine Einführung in die Mathematik der Daten und des Zufalls* (2. Aufl.). Springer. https://doi.org/10.1007/978-3-540-45382-6

Büchter, T., Eichler, A., Steib, N., Binder, K., Böcherer-Linder, K., Krauss, S. & Vogel, M. (2022). How to train novices in Bayesian Reasoning. *Mathematics*, *10*(9), Artikel 1558. https://doi.org/10.3390/math10091558

Budgett, S. & Pfannkuch, M. (2019). Visualizing chance: Tackling conditional probability misconceptions. In G. Burrill & D. Ben-Zvi (Hrsg.), *Topics and trends in current statistics education research: International perspectives* (S. 3–25). Springer. https://doi.org/10.1007/978-3-030-03472-6_1

Burkhardt, H. (2006). From design research to large-scale impact: Engineering research in education. In J. van den Akker, K. Gravemeijer, S. McKenney & N. Nieveen (Hrsg.), *Educational design research* (S. 121–150). Routledge.

Calor, S. M., Dekker, R., van Drie, J. P., Zijlstra, B. J. H. & Volman, M. L. L. (2020). "Let us discuss math"; Effects of shift-problem lessons on mathematical discussions and level raising in early algebra. *Mathematics Education Research Journal, 32*(4), 743–763. https://doi.org/10.1007/s13394-019-00278-x

Castro, E., Cañadas, M. C., Molina, M. & Rodríguez-Domingo, S. (2022). Difficulties in semantically congruent translation of verbally and symbolically represented algebraic statements. *Educational Studies in Mathematics, 109*(3), 593–609. https://doi.org/10.1007/s10649-021-10088-3

Chapman, G. B. & Liu, J. (2009). Numeracy, frequency, and Bayesian reasoning. *Judgment and Decision Making, 4*(1), 34–40. https://doi.org/10.1017/S1930297500000681

Chow, A. F. & van Haneghan, J. P. (2016). Transfer of solutions to conditional probability problems: Effects of example problem format, solution format, and problem context. *Educational Studies in Mathematics, 93*(1), 67–85. https://doi.org/10.1007/s10649-016-9691-x

Clarkson, P. (2009). Mathematics teaching in Australian multilingual classrooms: Developing an approach to the use of classroom languages. In R. Barwell (Hrsg.), *Multilingualism in mathematics classrooms: Global perspectives* (S. 145–160). Multilingual Matters. https://doi.org/10.21832/9781847692061-012

Cobb, P. (1998). Analyzing the mathematical learning of the classroom community: The case of statistical data analysis. In A. Olivier & K. Newstead (Hrsg.), *Proceeding of the 22nd Conference of the International Group for the Psychology of Mathematics Education* (Bd. 1, S. 33–48). University of Stellenbosch.

Cobb, P., Confrey, J., diSessa, A., Lehrer, R. & Schauble, L. (2003). Design experiments in educational research. *Educational Researcher, 32*(1), 9–13. https://doi.org/10.3102/0013189X032001009

Cobb, P. & Jackson, K. (2015). Supporting teachers' use of research-based instructional sequences. *ZDM – Mathematics Education, 47*(6), 1027–1038. https://doi.org/10.1007/s11858-015-0692-5

Cobb, P., Stephan, M., McClain, K. & Gravemeijer, K. (2001). Participating in classroom mathematical practices. *The Journal of the Learning Sciences, 10*(1&2), 113–163. https://doi.org/10.1207/S15327809JLS10-1-2_6

Cramer, K. (2003). Using a translation model for curriculum development and classroom instruction. In R. A. Lesh & H. M. Doerr (Hrsg.), *Beyond constructivism: Models and modeling perspectives on mathematics problem solving, learning, and teaching* (S. 449–464). Lawrence Erlbaum.

Cummins, J. (1979). Cognitive / academic language proficiency, linguistic interdependence, the optimum age question and some other matters. *Working Papers on Bilingualism, 19*, 198–205.

Cunningham, R. F. (2005). Algebra teachers' utilization of problems requiring transfer between algebraic, numeric, and graphic representations. *School Science and Mathematics, 105*(2), 73–81. https://doi.org/10.1111/j.1949-8594.2005.tb18039.x

da Ponte, J. P. & Chapman, O. (2006). Mathematics teachers' knowledge and practices. In A. Gutiérrez & P. Boero (Hrsg.), *Handbook of research on the psychology of mathematics education: Past, present and future* (S. 461–494). Sense. https://doi.org/10.1163/9789087901127_017

da Ponte, J. P. & Quaresma, M. (2016). Teachers' professional practice conducting mathematical discussions. *Educational Studies in Mathematics, 93*(1), 51–66. https://doi.org/10.1007/s10649-016-9681-z

Dreher, A. & Kuntze, S. (2015a). Teachers facing the dilemma of multiple representations being aid and obstacle for learning: Evaluations of tasks and theme-specific noticing. *Journal für Mathematik-Didaktik, 36*(1), 23–44. https://doi.org/10.1007/s13138-014-0068-3

Dreher, A. & Kuntze, S. (2015b). Teachers' professional knowledge and noticing: The case of multiple representations in the mathematics classroom. *Educational Studies in Mathematics, 88*(1), 89–114. https://doi.org/10.1007/s10649-014-9577-8

Dreher, A., Kuntze, S. & Lerman, S. (2016). Why use multiple representations in the mathematics classroom? Views of English and German preservice teachers. *International Journal of Science and Mathematics Education, 14*(S2), 363–382. https://doi.org/10.1007/s10763-015-9633-6

Drollinger-Vetter, B. (2011). *Verstehenselemente und strukturelle Klarheit: Fachdidaktische Qualität der Anleitung von mathematischen Verstehensprozessen im Unterricht.* Waxmann.

Dröse, J. & Prediger, S. (2020). Enhancing fifth graders' awareness of syntactic features in mathematical word problems: A design research study on the variation principle. *Journal für Mathematik-Didaktik, 41*(2), 391–422. https://doi.org/10.1007/s13138-019-00153-z

Dufour-Janvier, B., Bednarz, N. & Belanger, M. (1987). Pedagogical considerations concerning the problem of representation. In C. Janvier (Hrsg.), *Problems of representation in the teaching and learning of mathematics* (S. 109–122). Lawrence Erlbaum.

Duval, R. (2006). A cognitive analysis of problems of comprehension in a learning of mathematics. *Educational Studies in Mathematics, 61*(1/2), 103–131. https://doi.org/10.1007/s10649-006-0400-z

Eddy, D. M. (1982). Probabilistic reasoning in clinical medicine: Problems and opportunities. In D. Kahneman, P. Slovic & A. Tversky (Hrsg.), *Judgment under uncertainty: Heuristics and biases* (S. 249–267). Cambridge University Press. https://doi.org/10.1017/CBO9780511809477.019

Eichler, A., Böcherer-Linder, K. & Vogel, M. (2020). Different visualizations cause different strategies when dealing with Bayesian situations. *Frontiers in Psychology, 11*, Artikel 1897. https://doi.org/10.3389/fpsyg.2020.01897

Eichler, A. & Vogel, M. (2013). *Leitidee Daten und Zufall: Von konkreten Beispielen zur Didaktik der Stochastik* (2. Aufl.). Springer Spektrum. https://doi.org/10.1007/978-3-658-00118-6

Elia, I., Panaoura, A., Eracleous, A. & Gagatsis, A. (2007). Relations between secondary pupils' conceptions about functions and problem solving in different representations.

International Journal of Science and Mathematics Education, 5(3), 533–556. https://doi. org/10.1007/s10763-006-9054-7

Ellis, K. M., Cokely, E. T., Ghazal, S. & Garcia-Retamero, R. (2014). Do people understand their home hiv test results? Risk literacy and information search. *Proceedings of the Human Factors and Ergonomics Society Annual Meeting, 58*(1), 1323–1327. https:// doi.org/10.1177/1541931214581276

Erath, K. (2017). *Mathematisch diskursive Praktiken des Erklärens: Rekonstruktion von Unterrichtsgesprächen in unterschiedlichen Mikrokulturen.* Springer Spektrum. https:// doi.org/10.1007/978-3-658-16159-0

Erath, K., Ingram, J., Moschkovich, J. & Prediger, S. (2021). Designing and enacting instruction that enhances language for mathematics learning: A review of the state of development and research. *ZDM – Mathematics Education, 53*(2), 245–262. https://doi.org/10. 1007/s11858-020-01213-2

Erath, K., Prediger, S., Quasthoff, U. & Heller, V. (2018). Discourse competence as important part of academic language proficiency in mathematics classrooms: The case of explaining to learn and learning to explain. *Educational Studies in Mathematics, 99*(2), 161–179. https://doi.org/10.1007/s10649-018-9830-7

Escudero, I. & Sánchez, V. (2002). Integration of domains of knowledge in mathematics teachers' practice. In A. D. Cockburn & E. Nardi (Hrsg.), *Proceedings of the 26th Conference of the International group for the Psychology of Mathematics Education* (Bd. 4, S. 177–184). University of East Anglia.

Evans, J. S., Handley, S. J., Perham, N., Over, D. E. & Thompson, V. A. (2000). Frequency versus probability formats in statistical word problems. *Cognition, 77*(3), 197–213. https://doi.org/10.1016/S0010-0277(00)00098-6

Falk, R. (1979). Revision of probabilities and the time axis. In D. Tall (Hrsg.), *Proceedings of the third International Conference for the Psychology of Mathematics Education* (S. 64–66). Mathematics Education Research Centre, Warwick University.

Forzani, F. M. (2014). Understanding "core practices" and "practice-based" teacher education: Learning from the past. *Journal of Teacher Education, 65*(4), 357–368. https://doi. org/10.1177/0022487114533800

Franke, M. L., Kazemi, E. & Battey, D. (2007). Mathematics teaching and classroom practice. In F. K. Lester (Hrsg.), *Second handbook of research on mathematics teaching and learning: A project of the National Council of Teachers of Mathematics* (S. 225–256). Information Age.

Friesen, M. E., Mesiti, C. & Kuntze, S. (2018). What vocabulary do teachers use when analysing the use of representations in classroom situations? In E. Bergqvist, M. Österholm, C. Granberg & L. Sumpter (Hrsg.), *Proceedings of the 42nd Conference of the International Group for the Psychology of Mathematics Education* (Bd. 2, S. 435–442). PME.

Gagatsis, A. & Nardi, E. (2016). Developmental, sociocultural, semiotic, and affect approaches to the study of concepts and conceptual development. In Á. Gutiérrez, G. C. Leder & P. Boero (Hrsg.), *The second handbook of research on the psychology of mathematics education: The journey continues* (S. 187–233). Sense. https://doi.org/10.1007/978-94-6300-561-6_6

Gagatsis, A. & Shiakalli, M. (2004). Ability to translate from one representation of the concept of function to another and mathematical problem solving. *Educational Psychology, 24*(5), 645–657. https://doi.org/10.1080/0144341042000262953

Gibbons, P. (2002). *Scaffolding language, scaffolding learning: Teaching second language learners in the mainstream classroom.* Heinemann.

Gigerenzer, G. & Hoffrage, U. (1995). How to improve Bayesian reasoning without instruction: Frequency formats. *Psychological Review, 102*(4), 684–704. https://doi.org/10.1037/0033-295X.102.4.684

Girotto, V. & Gonzalez, M. (2001). Solving probabilistic and statistical problems: A matter of information structure and question form. *Cognition, 78*(3), 247–276. https://doi.org/10.1016/S0010-0277(00)00133-5

Gitomer, D. H. & Bell, C. A. (Hrsg.). (2016). *Handbook of research on teaching* (5. Aufl.). American Educational Research Association. https://doi.org/10.3102/978-0-935302-48-6

Goldin, G. & Shteingold, N. (2001). Systems of representations and the development of mathematical concepts. In A. A. Cuoco & F. R. Curcio (Hrsg.), *The roles of representation in school mathematics* (S. 1–23). National Council of Teachers of Mathematics.

Goldschmidt, A. & Prediger, S. (2023). How can the double number line promote students with mathematical learning difficulties to conduct and explain proportional reasoning? In P. Drijvers, C. Csapodi, H. Palmér, K. Gosztonyi & E. Herendiné-Kónya (Hrsg.), *Proceedings of the thirteenth Congress of the European Society for Research in Mathematics Education* (S. 4558–4565). Alfréd Rényi Institute of Mathematics / ERME. https://hal.science/hal-04409253

Götze, D. (2019). Schriftliches Erklären operativer Muster fördern. *Journal für Mathematik-Didaktik, 40*(1), 95–121. https://doi.org/10.1007/s13138-018-00138-4

Gravemeijer, K. & Cobb, P. (2006). Design research from a learning design perspective. In J. van den Akker, K. Gravemeijer, S. McKenney & N. Nieveen (Hrsg.), *Educational design research* (S. 17–51). Routledge.

Gravemeijer, K., Lehrer, R., van Oers, B. & Verschaffel, L. (2002). *Symbolizing, modeling and tool use in mathematics education.* Springer Science+Business Media. https://doi.org/10.1007/978-94-017-3194-2

Grossman, P., Compton, C., Igra, D., Ronfeldt, M., Shahan, E. & Williamson, P. W. (2009). Teaching practice: A cross-professional perspective. *Teachers College Record: The Voice of Scholarship in Education, 111*(9), 2055–2100. https://doi.org/10.1177/016146810911100905

Grossman, P., Hammerness, K. & McDonald, M. (2009). Redefining teaching, re-imagining teacher education. *Teachers and Teaching, 15*(2), 273–289. https://doi.org/10.1080/13540600902875340

Grotjahn, R., Klein-Braley, C. & Raatz, U. (2002). C-Tests: An overview. In J. A. Coleman, R. Grotjahn & U. Raatz (Hrsg.), *University language testing and the C-Test* (S. 93–114). AKS.

Halliday, M. A. K. (1978). *Language as social semiotic: The social interpretation of language and meaning.* Edward Arnold.

Halliday, M. & Hasan, R. (1976). *Cohesion in English.* Longman.

Hammond, J. & Gibbons, P. (2005). Putting scaffolding to work: The contribution of scaffolding in articulating ESL education. *Prospect, 20*(1), 6–30.

Hattie, J. A. C. (2009). *Visible learning: A synthesis of over 800 meta-analyses relating to achievement.* Routledge.

Henningsen, M. & Stein, M. K. (1997). Mathematical tasks and student cognition: Classroom-based factors that support and inhibit high-level mathematical thinking and reasoning. *Journal for Research in Mathematics Education, 28*(5), 524–549. https://doi. org/10.2307/749690

Hiebert, J. & Carpenter, T. P. (1992). Learning and teaching with understanding. In D. A. Grouws (Hrsg.), *Handbook of research on mathematics teaching and learning: A project of the National Council of Teachers of Mathematics* (S. 65–97). Macmillan.

Hiebert, J. & Grouws, D. A. (2007). The effects of classroom mathematics teaching on students' learning. In F. K. Lester (Hrsg.), *Second handbook of research on mathematics teaching and learning: A project of the National Council of Teachers of Mathematics* (S. 371–404). Information Age.

Hiebert, J. & Wearne, D. (1992). Links between teaching and learning place value with understanding in first grade. *Journal for Research in Mathematics Education, 23*(2), 98–122. https://doi.org/10.2307/749496

Hoffrage, U. & Gigerenzer, G. (1998). Using natural frequencies to improve diagnostic inferences. *Academic Medicine, 73*(5), 538–540. https://doi.org/10.1097/00001888-199805 000-00024

Hoffrage, U., Lindsey, S., Hertwig, R. & Gigerenzer, G. (2000). Communicating statistical information. *Science, 290*(5500), 2261–2262. https://doi.org/10.1126/science.290.5500. 2261

Hußmann, S. & Prediger, S. (2016). Specifying and structuring mathematical topics: A four-level approach for combining formal, semantic, concrete, and empirical levels exemplified for exponential growth. *Journal für Mathematik-Didaktik, 37*(Suppl. 1), 33–67. https://doi.org/10.1007/s13138-016-0102-8

Jackson, K., Garrison, A., Wilson, J., Gibbons, L. & Shahan, E. (2013). Exploring relationships between setting up complex tasks and opportunities to learn in concluding whole-class discussions in middle-grades mathematics instruction. *Journal for Research in Mathematics Education, 44*(4), 646–682. https://doi.org/10.5951/jresematheduc.44.4. 0646

Jacobs, V. R. & Spangler, D. A. (2017). Research on core practices in K-12 mathematics teaching. In J. Cai (Hrsg.), *Compendium for research in mathematics education* (S. 766–792). National Council of Teachers of Mathematics.

Janvier, C. (1987). Translation processes in mathematics education. In C. Janvier (Hrsg.), *Problems of representation in the teaching and learning of mathematics* (S. 27–32). Lawrence Erlbaum.

Johnson, E. D. & Tubau, E. (2013). Words, numbers, & numeracy: Diminishing individual differences in Bayesian reasoning. *Learning and Individual Differences, 28*, 34–40. https://doi.org/10.1016/j.lindif.2013.09.004

Kahneman, D. & Tversky, A. (1972). Subjective probability: A judgment of representativeness. *Cognitive Psychology, 3*(3), 430–454. https://doi.org/10.1016/0010-0285(72)900 16-3

Kapadia, R. (2013). The role of statistical inference in teaching and achievement of students. In *Proceedings of the 59th World Statistics Congress of the International Statistical Institute* (S. 1102–1107). International Statistical Institute. https://2013.isiproceedings. org/Files/IPS112-P2-S.pdf

Kaput, J. J. (1989). Linking representations in the symbol systems of algebra. In S. Wagner & C. Kieran (Hrsg.), *Research issues in the learning and teaching of algebra* (S. 167–194).

Kattmann, U., Duit, R., Gropengießer, H. & Komorek, M. (1997). Das Modell der Didaktischen Rekonstruktion – Ein Rahmen für naturwissenschaftsdidaktische Forschung und Entwicklung. *Zeitschrift für Didaktik der Naturwissenschaften, 3*(3), 3–18.

Khan, A., Breslav, S., Glueck, M. & Hornbæk, K. (2015). Benefits of visualization in the Mammography Problem. *International Journal of Human-Computer Studies, 83*, 94–113. https://doi.org/10.1016/j.ijhcs.2015.07.001

Klieme, E. (2019). Unterrichtsqualität. In M. Harring, C. Rohlfs & M. Gläser-Zikuda (Hrsg.), *Handbuch Schulpädagogik* (S. 393–408). Waxmann.

KMK – Kultusministerkonferenz. (2022). *Bildungsstandards für das Fach Mathematik Erster Schulabschluss (ESA) und Mittlerer Schulabschluss (MSA)* (Beschluss der Kultusministerkonferenz vom 15.10.2004 und vom 04.12.2003, i.d.F. vom 23.06.2022). KMK. https://www.kmk.org/fileadmin/Dateien/veroeffentlichungen_beschluesse/2022/2022_06_23-Bista-ESA-MSA-Mathe.pdf. Zugegriffen am 15.01.2024.

Kolbe, F.-U., Reh, S., Fritzsche, B., Idel, T.-S. & Rabenstein, K. (2008). Lernkultur: Überlegungen zu einer kulturwissenschaftlichen Grundlegung qualitativer Unterrichtsforschung. *Zeitschrift für Erziehungswissenschaft, 11*(1), 125–143. https://doi.org/10.1007/s11618-008-0007-5

Korntreff, S., Post, M., Beer, B. & Prediger, S. (2023). Konzeptuelle und sprachliche Wirkungen von Erklärvideos in Systematisierungsprozessen – Ein Prä-Post-Vergleich. In IDMI-Primar Goethe-Universität Frankfurt (Hrsg.), *Beiträge zum Mathematikunterricht 2022: 56. Jahrestagung der Gesellschaft für Didaktik der Mathematik* (Bd. 1, S. 423–426). WTM. https://doi.org/10.17877/DE290R-23517

Korntreff, S., Post, M., Beer, B. & Prediger, S. (eingereicht). What conditions can promote learning from instructional videos? Effects of language use and cognitive engagement support for the case of conceptual understanding of part-whole structures in statistical information. Eingereichtes Manuskript.

Korntreff, S. & Prediger, S. (2022). Verstehensangebote von YouTube-Erklärvideos – Konzeptualisierung und Analyse am Beispiel algebraischer Konzepte. *Journal für Mathematik-Didaktik, 43*(2), 281–310. https://doi.org/10.1007/s13138-021-00190-7

Kuhnke, K. (2013). *Vorgehensweisen von Grundschulkindern beim Darstellungswechsel: Eine Untersuchung am Beispiel der Multiplikation im 2. Schuljahr.* Springer Spektrum. https://doi.org/10.1007/978-3-658-01509-1

Kunter, M., Klusmann, U., Baumert, J., Richter, D., Voss, T. & Hachfeld, A. (2013). Professional competence of teachers: Effects on instructional quality and student development. *Journal of Educational Psychology, 105*(3), 805–820. https://doi.org/10.1037/a0032583

Kuntze, S., Prinz, E., Friesen, M., Batzel-Kremer, A., Bohl, T. & Kleinknecht, M. (2018). Using multiple representations as part of the mathematical language in classrooms: Investigating teachers' support in a video analysis. In N. Planas & M. Schütte (Hrsg.), *Proceedings of the fourth ERME Topic Conference 'Classroom-based research on mathematics and language'* (S. 96–102). Technical University of Dresden / ERME. https://hal.science/hal-01856529

Leinhardt, G. (1989). Math lessons: A contrast of novice and expert competence. *Journal for Research in Mathematics Education, 20*(1), 52–75. https://doi.org/10.2307/749098

Leisen, J. (2005). Wechsel der Darstellungsformen: Ein Unterrichtsprinzip für alle Fächer. *Der Fremdsprachliche Unterricht Englisch, 78*, 9–11.

Lesh, R. A. (1979). Mathematical learning disabilities: Considerations for identification, diagnosis, remediation. In R. A. Lesh, D. Mierkiewicz & M. Kantowski (Hrsg.), *Applied mathematical problem solving* (S. 111–180). ERIC/SMEAC.

Lesh, R. A., Post, T. & Behr, M. (1987). Representations and translations among representations in mathematics learning and problem solving. In C. Janvier (Hrsg.), *Problems of representation in the teaching and learning of mathematics* (S. 33–40). Lawrence Erlbaum.

Loibl, K. & Leuders, T. (2024). Thinking in proportions rather than probabilities facilitates Bayesian reasoning. *Proceedings of the Annual Meeting of the Cognitive Science Society, 46,* 4033–4040. https://escholarship.org/uc/item/4p61c93w

Macchi, L. (2000). Partitive formulation of information in probabilistic problems: Beyond heuristics and frequency format explanations. *Organizational Behavior and Human Decision Processes, 82*(2), 217–236. https://doi.org/10.1006/obhd.2000.2895

Maier, H. & Schweiger, F. (1999). *Mathematik und Sprache: Zum Verstehen und Verwenden von Fachsprache im Mathematikunterricht.* öbv & hpt.

Mainali, B. (2021). Representation in teaching and learning mathematics. *International Journal of Education in Mathematics, Science and Technology, 9*(1), 1–21. https://doi.org/10.46328/ijemst.1111

Malle, G. (2004). Grundvorstellungen zu Bruchzahlen. *Mathematik lehren, 123,* 4–8.

Marshall, A. M., Superfine, A. C. & Canty, R. S. (2010). Star students make connections: Discover strategies to engage young math students in competently using multiple representations. *Teaching Children Mathematics, 17*(1), 38–47. https://doi.org/10.5951/TCM.17.1.0038

Mayring, P. (2015). Qualitative content analysis: Theoretical background and procedures. In A. Bikner-Ahsbahs, C. Knipping & N. Presmeg (Hrsg.), *Approaches to qualitative research in mathematics education: Examples of methodology and methods* (S. 365–380). Springer. https://doi.org/10.1007/978-94-017-9181-613

McDowell, M. & Jacobs, P. (2017). Meta-analysis of the effect of natural frequencies on Bayesian reasoning. *Psychological Bulletin, 143*(12), 1273–1312. https://doi.org/10.1037/bul0000126

McNair, S. J. (2015). Beyond the status-quo: Research on Bayesian reasoning must develop in both theory and method. *Frontiers in Psychology, 6,* Artikel 97. https://doi.org/10.3389/fpsyg.2015.00097

Meira, L. (1998). Making sense of instructional devices: The emergence of transparency in mathematical activity. *Journal for Research in Mathematics Education, 29*(2), 121–142. https://doi.org/10.2307/749895

Meyer, M. & Prediger, S. (2012). Sprachenvielfalt im Mathematikunterricht: Herausforderungen, Chancen und Förderansätze. *Praxis der Mathematik in der Schule, 54*(45), 2–9.

Micallef, L., Dragicevic, P. & Fekete, J.-D. (2012). Assessing the effect of visualizations on Bayesian reasoning through crowdsourcing. *IEEE Transactions on Visualization and Computer Graphics, 18*(12), 2536–2545. https://doi.org/10.1109/TVCG.2012.199

Morek, M. & Heller, V. (2012). Bildungssprache – Kommunikative, epistemische, soziale und interaktive Aspekte ihres Gebrauchs. *Zeitschrift für Angewandte Linguistik, 2012*(57), 67–101. https://doi.org/10.1515/zfal-2012-0011

Moschkovich, J. (2007). Using two languages when learning mathematics. *Educational Studies in Mathematics, 64*(2), 121–144. https://doi.org/10.1007/s10649-005-9005-1

Moschkovich, J. (2013). Principles and guidelines for equitable mathematics teaching practices and materials for English Language Learners. *Journal of Urban Mathematics Education, 6*(1), 45–57. https://doi.org/10.21423/jume-v6i1a204

Moschkovich, J. (2015). Academic literacy in mathematics for English Learners. *The Journal of Mathematical Behavior, 40*(A), 43–62. https://doi.org/10.1016/j.jmathb.2015.01.005

mpfs – Medienpädagogischer Forschungsverbund Südwest (Hrsg.). (2018). *JIM-Studie 2018: Jugend, Information, Medien Basisuntersuchung zum Medienumgang 12- bis 19-Jähriger.* https://www.mpfs.de/studien/jim-studie/2018/. Zugegriffen am 15.10.2023.

MSW NRW – Ministerium für Schule und Bildung des Landes Nordrhein-Westfalen (Hrsg.). (2014). *Kernlehrplan für die Sekundarstufe II Gymnasium/Gesamtschule in Nordrhein-Westfalen: Mathematik.* https://www.schulentwicklung.nrw.de/lehrplaene/leh rplan/47/KLP_GOSt_Mathematik.pdf. Zugegriffen am 01.12.2023.

MSW NRW – Ministerium für Schule und Bildung des Landes Nordrhein-Westfalen (Hrsg.). (2019). *Kernlehrplan für die Sekundarstufe I Gymnasium in Nordrhein-Westfalen: Mathematik.* https://www.schulentwicklung.nrw.de/lehrplaene/lehrplan/195/g9_m_klp_3401_2 019_06_23.pdf. Zugegriffen am 01.12.2023.

Neugebauer, P. & Prediger, S. (2023). Quality of teaching practices for all students: Multilevel analysis of language-responsive teaching for robust understanding. *International Journal of Science and Mathematics Education, 21*(3), 811–834. https://doi.org/10.1007/ s10763-022-10274-6

Oldford, R. W. & Cherry, W. H. (2006). *Picturing probability: The poverty of Venn diagrams, the richness of eikosograms.* https://sas.uwaterloo.ca/~rwoldfor/papers/venn/eik osograms/paperpdf.pdf

Ott, B. & Wille, A. (2022). Diagrammatic activity and communicating about it in individual learning support: Patterns and dealing with errors. In J. Hodgen, E. Geraniou, G. Bolondi & F. Ferretti (Hrsg.), *Proceedings of the twelfth Congress of the European Society for Research in Mathematics Education* (S. 4312–4319). Free University of Bozen-Bolzano / ERME. https://hal.science/hal-03765516

Padberg, F. & Wartha, S. (2017). *Didaktik der Bruchrechnung* (5. Aufl.). Springer Spektrum. https://doi.org/10.1007/978-3-662-52969-0

Paulus, C. (2009). *Die „Bücheraufgabe" zur Bestimmung des kulturellen Kapitals bei Grundschülern.* https://doi.org/10.23668/psycharchives.10915

Pfannkuch, M. & Budgett, S. (2017). Reasoning from an eikosogram: An exploratory study. *International Journal of Research in Undergraduate Mathematics Education, 3*(2), 283–310. https://doi.org/10.1007/s40753-016-0043-0

Pimm, D. (1987). *Speaking mathematically: Communication in mathematics classrooms.* Routledge.

Plomp, T. & Nieveen, N. (Hrsg.). (2013). *Educational design research: Part B: Illustrative cases.* SLO.

Pöhler, B. (2018). *Konzeptuelle und lexikalische Lernpfade und Lernwege zu Prozenten: Eine Entwicklungsforschungsstudie.* Springer Spektrum. https://doi.org/10.1007/978-3-658-21375-6

Pöhler, B. & Prediger, S. (2015). Intertwining lexical and conceptual learning trajectories – A design research study on dual macro-scaffolding towards percentages. *Eurasia Journal of Mathematics, Science and Technology Education, 11*(6), 1697–1722. https://doi.org/10. 12973/eurasia.2015.1497a

Pöhler, B. & Prediger, S. (2017). Verstehensförderung erfordert auch Sprachförderung – Hintergründe und Ansätze einer Unterrichtseinheit zum Prozente verstehen, erklären und berechnen. In A. Fritz, S. Schmidt & G. Ricken (Hrsg.), *Handbuch Rechenschwäche: Lernwege, Schwierigkeiten und Hilfen bei Dyskalkulie* (3. Aufl., S. 436–459). Beltz.

Pöhler, B. & Prediger, S. (2020). Sprachbildender Vorstellungsaufbau. In S. Prediger (Hrsg.), *Sprachbildender Mathematikunterricht in der Sekundarstufe: Ein forschungsbasiertes Praxisbuch* (S. 77–85). Cornelsen.

Pöhler, B., Prediger, S. & Neugebauer, P. (2017). Content-and language-integrated learning: A field experiment for the topic of percentages. In B. Kaur, W. K. Ho, T. L. Toh & B. H. Choy (Hrsg.), *Proceedings of the 41st Conference of the International Group for the Psychology of Mathematics Education* (Bd. 4, S. 73–80). PME.

Pollatsek, A., Well, A. D., Konold, C., Hardiman, P. & Cobb, G. (1987). Understanding conditional probabilities. *Organizational Behavior and Human Decision Processes, 40*(2), 255–269. https://doi.org/10.1016/0749-5978(87)90015-X

Post, M. (2023). Wie etablieren Lehrkräfte Darstellungsvernetzung im Unterricht am Beispiel Bedingter Wahrscheinlichkeiten? In IDMI-Primar Goethe-Universität Frankfurt (Hrsg.), *Beiträge zum Mathematikunterricht 2022: 56. Jahrestagung der Gesellschaft für Didaktik der Mathematik* (Bd. 3, S. 1105–1108). WTM. https://doi.org/10.17877/DE2 90R-23306

Post, M. (2024). Verstehensförderliche Unterrichtspraktiken von Lehrkräften zur Etablierung von Darstellungsverknüpfung. In P. Ebers, F. Rösken, B. Barzel, A. Büchter, F. Schacht & P. Scherer (Hrsg.), *Beiträge zum Mathematikunterricht 2024: 57. Jahrestagung der Gesellschaft für Didaktik der Mathematik* (Bd. 1, S. 211–214). WTM. https://doi.org/10.17877/ DE290R-25028

Post, M. (im Druck). By which teaching practices do teachers connect representations? A topic-specific qualitative decomposition. Paper präsentiert auf ICME 15, Sydney 2024.

Post, M. & Prediger, S. (2020a). Bedingte Wahrscheinlichkeit: Bedeutungsbezogene Sprache zum Verbal. der Teil-Ganzes-Relation in Anteilsbildern. In H.-S. Siller, W. Weigel & J. F. Wörler (Hrsg.), *Beiträge zum Mathematikunterricht 2020 auf der 54. Jahrestagung der Gesellschaft für Didaktik der Mathematik* (Bd. 2, S. 725–728). WTM. https://doi.org/10. 17877/DE290R-21499

Post, M. & Prediger, S. (2020b). *Bedingte Wahrscheinlichkeiten – Baustein A: Teil-Ganzes-Beziehungen verstehen und unterscheiden. Sprach- und fachintegriertes Unterrichtsmaterial*. Open Educational Resources unter https://sima.dzlm.de/um/9–002

Post, M. & Prediger, S. (2020c). Decoding and discussing part-whole relationships in probability area models: The role of meaning-related language. In J. Ingram, K. Erath, F. Rønning & A. Schüler-Meyer (Hrsg.), *Proceedings of the seventh ERME Topic Conference on Language in the Mathematics Classroom* (S. 105–112). ERME / HAL Archive. https://hal.science/hal-02970604

Post, M. & Prediger, S. (2020d). „Nur das ‚und' ist anders, sonst ist es gleich": Mit bedingten Wahrscheinlichkeiten sprachsensibel umgehen. *Mathematik 5–10, 53*, 38–41.

Post, M. & Prediger, S. (2022). Connecting representations for understanding probabilities requires unfolding concepts in meaning-related language. In J. Hodgen, E. Geraniou, G. Bolondi & F. Ferretti (Hrsg.), *Proceedings of the twelfth Congress of the European*

Society for Research in Mathematics Education (S. 4336–4343). Free University of Bozen-Bolzano / ERME. https://hal.science/hal-03765548

Post, M. & Prediger, S. (2024a). *Bedingte Wahrscheinlichkeiten – Baustein B: Wahrscheinlichkeiten verstehen und bestimmen. Sprach- und fachintegriertes Unterrichtsmaterial.* Open Educational Resources unter https://sima.dzlm.de/um/9–002

Post, M. & Prediger, S. (2024b). Teaching practices for unfolding information and connecting multiple representations: The case of conditional probability information. *Mathematics Education Research Journal, 36*(1), 95–127. https://doi.org/10.1007/s13394-022-004 31-z

Post, M., Wischgoll, A., Stark, J., Götze, D. & Prediger, S. (2024). Digitale Lernumgebungen in Kombination von Input und Aktivitäten: Bausteine zum sprachbildenden Mathematikunterricht für verschiedene Didaktik-Veranstaltungen. In F. Schacht & P. Scherer (Hrsg.), *Digitale Lehrkräftebildung Mathematik: Forschungsbasierte Entwicklung und Evaluation von Lehrkonzepten im Kontext des Projekts DigiMal.nrw* (S. 191–214). Springer Spektrum. https://doi.org/10.1007/978-3-662-69804-4_9

Praetorius, A.-K. & Charalambous, C. Y. (Hrsg.). (2023). *Theorizing teaching: Current status and open issues.* Springer. https://doi.org/10.1007/978-3-031-25613-4

Prediger, S. (2009). Inhaltliches Denken vor Kalkül. Ein didaktisches Prinzip zur Vorbeugung und Förderung bei Rechenschwierigkeiten. In A. Fritz & S. Schmidt (Hrsg.), *Fördernder Mathematikunterricht in der Sek. I: Rechenschwierigkeiten erkennen und überwinden* (S. 213–234). Beltz.

Prediger, S. (2013). Darstellungen, Register und mentale Konstruktion von Bedeutungen und Beziehungen – mathematikspezifische sprachliche Herausforderungen identifizieren und bearbeiten. In M. Becker-Mrotzek, K. Schramm, E. Thürmann & H. J. Vollmer (Hrsg.), *Sprache im Fach: Sprachlichkeit und fachliches Lernen* (S. 167–183). Waxmann.

Prediger, S. (2015). Sprachförderung im Mathematikunterricht – Ein Überblick zu vernetzten Entwicklungsforschungsstudien. In F. Caluori, H. Linneweber-Lammerskitten & C. Streit (Hrsg.), *Beiträge zum Mathematikunterricht 2015: Vorträge auf der 49. Tagung für Didaktik der Mathematik vom 09.02.2015 bis 13.02.2015 in Basel* (Bd. 2, S. 720–723). WTM. https://doi.org/10.17877/DE290R-16750

Prediger, S. (2017). „Kapital multiplizirt durch Faktor halt, kann ich nicht besser erklären" – Gestufte Sprachschatzarbeit im verstehensorientierten Mathematikunterricht. In B. Lütke, I. Petersen & T. Tajmel (Hrsg.), *Fachintegrierte Sprachbildung: Forschung, Theoriebildung und Konzepte für die Unterrichtspraxis* (S. 229–252). De Gruyter. https://doi.org/10.1515/9783110404166-011

Prediger, S. (2019a). Design-Research in der gegenstandsspezifischen Professionalisierungsforschung: Ansatz und Einblicke in Vorgehensweisen und Resultate am Beispiel ›Sprachbildend Mathematik unterrichten lernen‹. In T. Leuders, E. Christophel, M. Hemmer, F. Korneck & P. Labudde (Hrsg.), *Fachdidaktische Forschung zur Lehrerbildung* (S. 11–34). Waxmann.

Prediger, S. (2019b). Investigating and promoting teachers' expertise for language-responsive mathematics teaching. *Mathematics Education Research Journal, 31*(4), 367–392. https://doi.org/10.1007/s13394-019-00258-1

Prediger, S. (2019c). Theorizing in design research: Methodological reflections on developing and connecting theory elements for language-responsive mathematics classrooms.

Avances de Investigación en Educación Matemática, (15), 5–27. https://doi.org/10.35763/aiem.v0i15.265

Prediger, S. (2019d). Welche Forschung kann Sprachbildung im Fachunterricht empirisch fundieren? Ein Überblick zu mathematikspezifischen Studien und ihre forschungsstrategische Einordnung. In B. Ahrenholz, S. Jeuk, B. Lütke, J. Paetsch & H. Roll (Hrsg.), *Fachunterricht, Sprachbildung und Sprachkompetenzen* (S. 19–38). De Gruyter. https://doi.org/10.1515/9783110570380-002

Prediger, S. (Hrsg.). (2020a). *Sprachbildender Mathematikunterricht in der Sekundarstufe: Ein forschungsbasiertes Praxisbuch*. Cornelsen.

Prediger, S. (2020b). Sprachen als Lernmedium, Lernhürde und Lerngegenstand. In S. Prediger (Hrsg.), *Sprachbildender Mathematikunterricht in der Sekundarstufe: Ein forschungsbasiertes Praxisbuch* (S. 23–40). Cornelsen.

Prediger, S. (2022a). Enhancing language for developing conceptual understanding: A research journey connecting different research approaches. In J. Hodgen, E. Geraniou, G. Bolondi & F. Ferretti (Hrsg.), *Proceedings of the twelfth Congress of the European Society for Research in Mathematics Education* (S. 8–33). Free University of Bozen-Bolzano / ERME. https://hal.science/hal-03756062

Prediger, S. (2022b). Leveraging and connecting conceptions of amount and change: A content-specific approach to adaptive teaching practices. *The Journal of Mathematical Behavior, 66*, Artikel 100970. https://doi.org/10.1016/j.jmathb.2022.100970

Prediger, S. (2024). Specifying mathematical language demands: Theoretical framework of the language specification grid. In J. Wang (Hrsg.), *Proceedings of the 14th International Congress on Mathematical Education: Volume II: Invited lectures* (S. 505–519). East China Normal University Press / World Scientific. https://doi.org/10.1142/9789811287183_0034

Prediger, S. & Buró, S. (2021). Selbstberichtete Praktiken von Lehrkräften im inklusiven Mathematikunterricht – Eine Interviewstudie. *Journal für Mathematik-Didaktik, 42*(1), 187–217. https://doi.org/10.1007/s13138-020-00172-1

Prediger, S., Clarkson, P. & Bose, A. (2016). Purposefully relating multilingual registers: Building theory and teaching strategies for bilingual learners based on an integration of three traditions. In R. Barwell, P. Clarkson, A. Halai, M. Kazima, J. Moschkovich, N. Planas, M. Setati-Phakeng, P. Valero & M. Villavicencio Ubillús (Hrsg.), *Mathematics education and language diversity: The 21st ICMI study* (S. 193–215). Springer. https://doi.org/10.1007/978-3-319-14511-2_11

Prediger, S., Erath, K., Weinert, H. & Quabeck, K. (2022). Only for multilingual students at risk? Cluster-randomized trial on language-responsive mathematics instruction. *Journal for Research in Mathematics Education, 53*(4), 255–276. https://doi.org/10.5951/jresematheduc-2020-0193

Prediger, S., Gravemeijer, K. & Confrey, J. (2015). Design research with a focus on learning processes: An overview on achievements and challenges. *ZDM – Mathematics Education, 47*(6), 877–891. https://doi.org/10.1007/s11858-015-0722-3

Prediger, S. & Krägeloh, N. (2016). "X-arbitrary means any number, but you do not know which one": The epistemic role of languages while constructing meaning for the variable as generalizers. In A. Halai & P. Clarkson (Hrsg.), *Teaching and learning mathematics in multilingual classrooms: Issues for policy, practice and teacher education* (S. 89–108). Sense. https://doi.org/10.1007/978-94-6300-229-5_7

Prediger, S., Kuzu, T., Schüler-Meyer, A. & Wagner, J. (2019). One mind, two languages – separate conceptualisations? A case study of students' bilingual modes for dealing with language-related conceptualisations of fractions. *Research in Mathematics Education, 21*(2), 188–207. https://doi.org/10.1080/14794802.2019.1602561

Prediger, S., Link, M., Hinz, R., Hussmann, S., Ralle, B. & Thiele, J. (2012). Lehr-Lernprozesse initiieren und erforschen: Fachdidaktische Entwicklungsforschung im Dortmunder Modell. *Der mathematische und naturwissenschaftliche Unterricht, 65*(8), 452–457.

Prediger, S. & Özdil, E. (Hrsg.). (2011). *Mathematiklernen unter Bedingungen der Mehrsprachigkeit: Stand und Perspektiven der Forschung und Entwicklung in Deutschland.* Waxmann.

Prediger, S., Quabeck, K. & Erath, K. (2022). Conceptualizing micro-adaptive teaching practices in content-specific ways: Case study on fractions. *Journal on Mathematics Education, 13*(1), 1–30. https://doi.org/10.22342/jme.v13i1.pp1-30

Prediger, S. & Schink, A. (2009). "Three eighths of which whole?" – Dealing with changing referent wholes as a key to the part-of-part-model for the multiplication of fractions. In M. Tzekaki, M. Kaldrimidou & H. Sakonidis (Hrsg.), *Proceedings of the 33rd Conference of the International Group for the Psychology of Mathematics Education* (Bd. 4, S. 409–416). PME.

Prediger, S. & Wessel, L. (2011). Darstellen – Deuten – Darstellungen vernetzen: Ein fach- und sprachintegrierter Förderansatz für mehrsprachige Lernende im Mathematikunterricht. In S. Prediger & E. Özdil (Hrsg.), *Mathematiklernen unter Bedingungen der Mehrsprachigkeit: Stand und Perspektiven der Forschung und Entwicklung in Deutschland* (S. 163–184). Waxmann.

Prediger, S. & Wessel, L. (2012). Darstellungen vernetzen: Ansatz zur integrierten Entwicklung von Konzepten und Sprachmitteln. *Praxis der Mathematik in der Schule, 54*(45), 28–33.

Prediger, S. & Wessel, L. (2013). Fostering German-language learners' constructions of meanings for fractions—design and effects of a language- and mathematics-integrated intervention. *Mathematics Education Research Journal, 25*(3), 435–456. https://doi.org/10.1007/s13394-013-0079-2

Prediger, S., Wilhelm, N., Büchter, A., Gürsoy, E. & Benholz, C. (2015). Sprachkompetenz und Mathematikleistung – Empirische Untersuchung sprachlich bedingter Hürden in den Zentralen Prüfungen 10. *Journal für Mathematik-Didaktik, 36*(1), 77–104. https://doi.org/10.1007/s13138-015-0074-0

Prediger, S. & Zindel, C. (2017). School academic language demands for understanding functional relationships: A design research project on the role of language in reading and learning. *Eurasia Journal of Mathematics, Science and Technology Education, 13*(7b), 4157–4188. https://doi.org/10.12973/eurasia.2017.00804a

Prediger, S. & Zwetzschler, L. (2013). Topic-specific design research with a focus on learning processes: The case of understanding algebraic equivalence in grade 8. In T. Plomp & N. Nieveen (Hrsg.), *Educational design research: Part B: Illustrative cases* (S. 409–424). SLO.

Presmeg, N. (2006). Research on visualization in learning and teaching mathematics. In A. Gutiérrez & P. Boero (Hrsg.), *Handbook of research on the psychology of mathematics* education: Past, present and future (S. 205–235). Sense. https://doi.org/10.1163/978908 7901127_009

Presmeg, N. (2014). Contemplating visualization as an epistemological learning tool in mathematics. ZDM – Mathematics Education, 46(1), 151–157. https://doi.org/10.1007/s11858-013-0561-z

Putnam, R. & Borko, H. (2000). What do new views of knowledge and thinking have to say about research on teacher learning? Educational Researcher, 29(1), 4–15. https://doi.org/10.3102/0013189X029001004

Rau, M. A., Aleven, V. & Rummel, N. (2017). Making connections among multiple graphical representations of fractions: Sense-making competencies enhance perceptual fluency, but not vice versa. Instructional Science, 45(3), 331–357. https://doi.org/10.1007/s11251-017-9403-7

Rau, M. A., Aleven, V., Rummel, N. & Rohrbach, S. (2012). Sense making alone doesn't do it: Fluency matters too! ITS support for robust learning with multiple representations. In S. A. Cerri, W. J. Clancey, G. Papadourakis & K. Panourgia (Hrsg.), Intelligent tutoring systems: 11th International Conference, ITS 2012 Chania, Crete, Greece, June 14–18, 2012 Proceedings (S. 174–184). Springer. https://doi.org/10.1007/978-3-642-30950-2_23

Rau, M. A. & Matthews, P. G. (2017). How to make 'more' better? Principles for effective use of multiple representations to enhance students' learning about fractions. ZDM – Mathematics Education, 49(4), 531–544. https://doi.org/10.1007/s11858-017-0846-8

Reani, M., Davies, A., Peek, N. & Jay, C. (2018). How do people use information presentation to make decisions in Bayesian reasoning tasks? International Journal of Human-Computer Studies, 111, 62–77. https://doi.org/10.1016/j.ijhcs.2017.11.004

Reckwitz, A. (2003). Grundelemente einer Theorie sozialer Praktiken: Eine sozialtheoretische Perspektive. Zeitschrift für Soziologie, 32(4), 282–301. https://doi.org/10.1515/zfsoz-2003-0401

Renkl, A., Berthold, K., Grosse, C. S. & Schwonke, R. (2013). Making better use of multiple representations: How fostering metacognition can help. In R. Azevedo & V. Aleven (Hrsg.), International handbook of metacognition and learning technologies (S. 397–408). Springer. https://doi.org/10.1007/978-1-4419-5546-3_26

Resnick, A. F. & Kazemi, E. (2019). Decomposition of practice as an activity for research-practice partnerships. AERA Open, 5(3), 1–14. https://doi.org/10.1177/2332858419862273

Satake, E. & Murray, A. V. (2014). Teaching an application of Bayes' rule for legal decision-making: Measuring the strength of evidence. Journal of Statistics Education, 22(1). https://doi.org/10.1080/10691898.2014.11889692

Schink, A. (2013). Flexibler Umgang mit Brüchen: Empirische Erhebung individueller Strukturierungen zu Teil, Anteil und Ganzem. Springer Spektrum. https://doi.org/10.1007/978-3-658-00921-2

Schmitz, A. (2017). Beliefs von Lehrerinnen und Lehrern der Sekundarstufen zum Visualisieren im Mathematikunterricht. Springer Spektrum. https://doi.org/10.1007/978-3-658-18425-4

Schmitz, A. & Eichler, A. (2015). Teachers' individual beliefs about the roles of visualization in classroom. In K. Krainer & N. Vondrová (Hrsg.), Proceedings of the ninth Congress of the European Society for Research in Mathematics Education (S. 1266–1272). Charles

University in Prague, Faculty of Education / ERME. https://hal.archives-ouvertes.fr/hal-01287355

Schwarz, C. V., Braaten, M., Haverly, C. & de los Santos, E. X. (2021). Using sense-making moments to understand how elementary teachers' interactions expand, maintain, or shut down sense-making in science. *Cognition and Instruction, 39*(2), 113–148. https://doi.org/10.1080/07370008.2020.1763349

Sedlmeier, P. & Gigerenzer, G. (2001). Teaching Bayesian reasoning in less than two hours. *Journal of Experimental Psychology: General, 130*(3), 380–400. https://doi.org/10.1037//0096-3445.130.3.380

Seufert, T. (2003). Supporting coherence formation in learning from multiple representations. *Learning and Instruction, 13*(2), 227–237. https://doi.org/10.1016/S0959-4752(02)00022-1

Shaughnessy, M. (1992). Research in probability and statistics: Reflections and directions. In D. A. Grouws (Hrsg.), *Handbook of research on mathematics teaching and learning: A project of the National Council of Teachers of Mathematics* (S. 465–494). Macmillan.

Shaughnessy, M., Garcia, N. M., O'Neill, M. K., Selling, S. K., Willis, A. T., Wilkes, C. E., Salazar, S. B. & Ball, D. L. (2021). Formatively assessing prospective teachers' skills in leading mathematics discussions. *Educational Studies in Mathematics, 108*(3), 451–472. https://doi.org/10.1007/s10649-021-10070-z

Silver, E. A., Ghousseini, H., Gosen, D., Charalambous, C. & Strawhun, B. T. F. (2005). Moving from rhetoric to praxis: Issues faced by teachers in having students consider multiple solutions for problems in the mathematics classroom. *The Journal of Mathematical Behavior, 24*(3–4), 287–301. https://doi.org/10.1016/j.jmathb.2005.09.009

Sloman, S. A., Over, D., Slovak, L. & Stibel, J. M. (2003). Frequency illusions and other fallacies. *Organizational Behavior and Human Decision Processes, 91*(2), 296–309. https://doi.org/10.1016/S0749-5978(03)00021-9

Snow, C. & Uccelli, P. (2009). The challenge of academic language. In D. R. Olson & N. Torrance (Hrsg.), *The Cambridge handbook of literacy* (S. 112–133). Cambridge University Press. https://doi.org/10.1017/CBO9780511609664.008

Spiegelhalter, D., Pearson, M. & Short, I. (2011). Visualizing uncertainty about the future. *Science, 333*(6048), 1393–1400. https://doi.org/10.1126/science.1191181

Steckelberg, A., Balgenorth, A., Berger, J. & Mühlhauser, I. (2004). Explaining computation of predictive values: 2 x 2 table versus frequency tree. A randomized controlled trial. *BMC Medical Education, 4*, Artikel 13. https://doi.org/10.1186/1472-6920-4-13

Stein, M. K., Engle, R. A., Smith, M. S. & Hughes, E. K. (2008). Orchestrating productive mathematical discussions: Five practices for helping teachers move beyond show and tell. *Mathematical Thinking and Learning, 10*(4), 313–340. https://doi.org/10.1080/10986060802229675

Stein, M. K., Grover, B. W. & Henningsen, M. (1996). Building student capacity for mathematical thinking and reasoning: An analysis of mathematical tasks used in reform classrooms. *American Educational Research Journal, 33*(2), 455–488. https://doi.org/10.3102/00028312033002455

Stein, M. K. & Lane, S. (1996). Instructional tasks and the development of student capacity to think and reason: An analysis of the relationship between teaching and learning in a reform mathematics project. *Educational Research and Evaluation, 2*(1), 50–80. https://doi.org/10.1080/1380361960020103

Stein, M. K., Russell, J. L., Bill, V., Correnti, R. & Speranzo, L. (2022). Coach learning to help teachers learn to enact conceptually rich, student-focused mathematics lessons. *Journal of Mathematics Teacher Education, 25*(3), 321–346. https://doi.org/10.1007/s10857-021-09492-6

Steinbring, H. (1998). Mathematikdidaktik: Die Erforschung theoretischen Wissens in sozialen Kontexten des Lernens und Lehrens. *Zentralblatt für Didaktik der Mathematik, 30*(5), 161–167. https://doi.org/10.1007/s11858-998-0004-4

Steinke, I. (2000). Gütekriterien qualitativer Forschung. In U. Flick, E. von Kardorff & I. Steinke (Hrsg.), *Qualitative Forschung: Ein Handbuch* (S. 319–331). Rowohlt.

Stylianou, D. A. (2010). Teachers' conceptions of representation in middle school mathematics. *Journal of Mathematics Teacher Education, 13*(4), 325–343. https://doi.org/10.1007/s10857-010-9143-y

Sun, X. (2011). "Variation problems" and their roles in the topic of fraction division in Chinese mathematics textbook examples. *Educational Studies in Mathematics, 76*(1), 65–85. https://doi.org/10.1007/s10649-010-9263-4

Talboy, A. N. & Schneider, S. L. (2017). Improving accuracy on Bayesian inference problems using a brief tutorial. *Journal of Behavioral Decision Making, 30*(2), 373–388. https://doi.org/10.1002/bdm.1949

Tarr, J. E. & Jones, G. A. (1997). A framework for assessing middle school students' thinking in conditional probability and independence. *Mathematics Education Research Journal, 9*(1), 39–59. https://doi.org/10.1007/BF03217301

Ufer, S., Reiss, K. & Mehringer, V. (2013). Sprachstand, soziale Herkunft und Bilingualität: Effekte auf Facetten mathematischer Kompetenz. In M. Becker-Mrotzek, K. Schramm, E. Thürmann & H. J. Vollmer (Hrsg.), *Sprache im Fach: Sprachlichkeit und fachliches Lernen* (S. 185–202). Waxmann.

Uribe, Á. & Prediger, S. (2021). Students' multilingual repertoires-in-use for meaning-making: Contrasting case studies in three multilingual constellations. *The Journal of Mathematical Behavior, 62*, Artikel 100820. https://doi.org/10.1016/j.jmathb.2020.100820

van den Akker, J. (1999). Principles and methods of development research. In J. van den Akker, R. M. Branch, K. Gustafson, N. Nieveen & T. Plomp (Hrsg.), *Design approaches and tools in education and training* (S. 1–14). Springer Science+Business Media. https://doi.org/10.1007/978-94-011-4255-7_1

van den Akker, J., Gravemeijer, K., McKenney, S. & Nieveen, N. (Hrsg.). (2006a). *Educational design research*. Routledge. https://doi.org/10.4324/9780203088364

van den Akker, J., Gravemeijer, K., McKenney, S. & Nieveen, N. (2006b). Introducing educational design research. In J. van den Akker, K. Gravemeijer, S. McKenney & N. Nieveen (Hrsg.), *Educational design research* (S. 3–7). Routledge. https://doi.org/10.4324/9780203088364-9

van den Heuvel-Panhuizen, M. (2001). Realistic mathematics education in the Netherlands. In J. Anghileri (Hrsg.), *Principles and practices in arithmetic teaching: Innovative approaches for the primary classroom* (S. 49–63). Open University Press.

Vargas, F., Benincasa, T., Cian, G. & Martignon, L. (2019). Fostering probabilistic reasoning away from fallacies: Natural information formats and interaction between school levels. *International Electronic Journal of Mathematics Education, 14*(2), 303–330. https://doi.org/10.29333/iejme/5716

Velez, I., da Ponte, J. P. & Serrazina, L. (2017). Promoting the understanding of representations by grade 3 pupils: Two teachers' practices. In S. Zehetmeier, B. Rösken-Winter, D. Potari & M. Ribeiro (Hrsg.), *Proceedings of the third ERME Topic Conference on Mathematics Teaching, Resources and Teacher Professional Development* (S. 258–267). Humboldt-Universität zu Berlin.

Velez, I., da Ponte, J. P. & Serrazina, L. (2019). Teaching practice regarding grade 3 pupils' use of representations. In U. T. Jankvist, M. van den Heuvel-Panhuizen & M. Veldhuis (Hrsg.), *Proceedings of the eleventh Congress of the European Society for Research in Mathematics Education* (S. 4601–4608). Freudenthal Group & Freudenthal Institute, Utrecht University / ERME. https://hal.archives-ouvertes.fr/hal-02435334

Velez, I., Serrazina, M. d. L. & da Ponte, J. P. (2022). Teachers' practice and pupils' representations in a grade 3 class. In J. Hodgen, E. Geraniou, G. Bolondi & F. Ferretti (Hrsg.), *Proceedings of the twelfth Congress of the European Society for Research in Mathematics Education* (S. 4360–4367). Free University of Bozen-Bolzano / ERME. https://hal.science/hal-03765571

von Kügelgen, R. (1994). D*iskurs Mathematik: Kommunikationsanalysen zum reflektierenden Lernen*. Peter Lang.

Vygotsky, L. S. (1978). *Mind in society: The development of higher psychological processes*. Harvard University Press.

Walshaw, M. & Anthony, G. (2008). The teacher's role in classroom discourse: A review of recent research into mathematics classrooms. *Review of Educational Research, 78*(3), 516–551. https://doi.org/10.3102/0034654308320292

Wassner, C. (2004). *Förderung Bayesianischen Denkens: Kognitionspsychologische Grundlagen und didaktische Analysen*. Franzbecker.

Watson, J. M. & Kelly, B. A. (2007). The development of conditional probability reasoning. *International Journal of Mathematical Education in Science and Technology, 38*(2), 213–235. https://doi.org/10.1080/00207390601002880

Watson, J. M. & Moritz, J. B. (2002). School students' reasoning about conjunction and conditional events. *International Journal of Mathematical Education in Science and Technology, 33*(1), 59–84. https://doi.org/10.1080/00207390110087615

Wenger, E. (1998). *Communities of practice: Learning, meaning, and identity*. Cambridge University Press. https://doi.org/10.1017/CBO9780511803932

Wessel, L. (2015). *Fach- und sprachintegrierte Förderung durch Darstellungsvernetzung und Scaffolding: Ein Entwicklungsforschungsprojekt zum Anteilbegriff*. Springer Spektrum. https://doi.org/10.1007/978-3-658-07063-2

Wilhelm, N. (2016). *Zusammenhänge zwischen Sprachkompetenz und Bearbeitung mathematischer Textaufgaben: Quantitative und qualitative Analysen sprachlicher und - konzeptueller Hürden*. Springer Spektrum. https://doi.org/10.1007/978-3-658-13736-6

Wolpers, H. (2002). Didaktik der Stochastik. In U.-P. Tietze, M. Klika & H. Wolpers (Hrsg.), *Mathematikunterricht in der Sekundarstufe II* (Bd. 3). Vieweg. https://doi.org/10.1007/978-3-322-83144-6

Yackel, E. (2004). Theoretical perspectives for analyzing explanation, justification and argumentation in mathematics classrooms. *Journal of the Korea Society of Mathematical Education Series D: Research in Mathematical Education, 8*(1), 1–18.

Yackel, E. & Cobb, P. (1996). Sociomathematical norms, argumentation, and autonomy in mathematics. *Journal for Research in Mathematics Education, 27*(4), 458–477. https://doi.org/10.2307/749877

Yackel, E., Cobb, P., Wood, T., Wheatley, G. & Merkel, G. (1990). The importance of social interaction in children's construction of mathematical knowledge. In T. J. Cooney & C. R. Hirsch (Hrsg.), *Teaching and learning mathematics in the 1990s: 1990 yearbook* (S. 12–21). National Council of Teachers of Mathematics.

Yamagishi, K. (2003). Facilitating normative judgments of conditional probability: Frequency or nested sets? *Experimental Psychology, 50*(2), 97–106. https://doi.org/10.1026//1618-3169.50.2.97

Zentgraf, K. & Prediger, S. (2024). Demands and scaffolds for explaining the connection of multiple representations: Revisiting the bottle-filling task. *The Journal of Mathematical Behavior, 73*, Artikel 101118. https://doi.org/10.1016/j.jmathb.2023.101118

Zindel, C. (2019). *Den Kern des Funktionsbegriffs verstehen: Eine Entwicklungsforschungsstudie zur fach- und sprachintegrierten Förderung.* Springer Spektrum. https://doi.org/10.1007/978-3-658-25054-6

Zhu, L. & Gigerenzer, G. (2006). Children can solve Bayesian problems: The role of representation in mental computation. *Cognition, 98*(3), 287–308. https://doi.org/10.1016/j.cognition.2004.12.003

GPSR Compliance
The European Union's (EU) General Product Safety Regulation (GPSR) is a set
of rules that requires consumer products to be safe and our obligations to
ensure this.

If you have any concerns about our products, you can contact us on

ProductSafety@springernature.com

In case Publisher is established outside the EU, the EU authorized
representative is:

Springer Nature Customer Service Center GmbH
Europaplatz 3
69115 Heidelberg, Germany